DIETER GRAF

PRODUKTIVKRÄFTE UND NICHTKAPITALISTISCHER WEG

STUDIEN ÜBER
ASIEN, AFRIKA UND LATEINAMERIKA

Herausgegeben vom Zentralen Rat
für Asien-, Afrika- und Lateinamerika-Wissenschaften
in der Deutschen Demokratischen Republik
unter Leitung von Lothar Rathmann

Band 12:

Dieter Graf

Produktivkräfte in der Landwirtschaft und der nichtkapitalistische Weg Tansanias

DIETER GRAF

PRODUKTIVKRÄFTE IN DER LANDWIRTSCHAFT UND DER NICHTKAPITALISTISCHE WEG TANSANIAS

AKADEMIE-VERLAG BERLIN
1973

Erschienen im Akademie-Verlag GmbH, 108 Berlin, Leipziger Str. 3/4

Lizenz-Nr. 202 · 100/40/73
Herstellung: IV/2/14 VEB Druckerei »Gottfried Wilhelm Leibniz«, 445 Gräfenhainichen/DDR · 3958
Bestell-Nr. 2152/12 ES 22 A, 5 B 2, 14 C, 15 F, 15 C 1
EDV 752 186 6
32,–

Inhaltsverzeichnis

Vorwort 9

Einleitung 13

ERSTER TEIL

Erstes Kapitel

Technik, materiell-technische Basis und Produktivkräfte. Die Rolle natürlicher und ökonomischer Faktoren in der Landwirtschaft Tansanias . . . 33

I. Technik und Produktivkräfte in der Landwirtschaft 33

II. Der Boden als Hauptproduktionsmittel der Landwirtschaft 47

1. Die Bodenfruchtbarkeit als natürliche Kategorie 47

2. Die Bodenfruchtbarkeit als ökonomische Kategorie 52

III. Die Bodenfruchtbarkeit als Maßstab für die Entwicklung der Produktivkräfte in der Landwirtschaft 65

1. Die erweiterte Reproduktion der ökonomischen Fruchtbarkeit. Die Intensivierung 65

2. Die effektive ökonomische Fruchtbarkeit 76

3. Die Rolle der Bodenfruchtbarkeit in der bisherigen ökonomischen Entwicklung 81

IV. Zum Verhältnis natürlicher und ökonomischer Faktoren der Bodenfruchtbarkeit in Ostafrika 93

1. Die bodenbildenden Faktoren 95

2. Die bodenbildenden Prozesse 99

3. Schlußfolgerungen für die natürliche und ökonomische Bodenfruchtbarkeit Tansanias 100

4. Die Bodenerosion 103

ZWEITER TEIL

Zweites Kapitel

Gesellschaftliche Verhältnisse und Produktivkräfte in der Landwirtschaft vor der politischen Unabhängigkeit Tansanias 109

I. Vorherrschende gesellschaftliche Verhältnisse und landwirtschaftliche Produktivkräfte in der vorkolonialen Periode 109
1. Die historische Stellung der ackerbautreibenden Gesellschaften 109
2. Die materiell-technische Basis der ackerbautreibenden Gesellschaften 113
Exkurs: Die Entstehung des urgemeinschaftlichen Eigentums . . 120
3. Die Aushöhlung des Gemeindegrundeigentums und das Entstehen individueller Besitzformen an Boden 125
4. Die Problematik der Entwicklung der Produktivkräfte in der traditionellen Landwechselwirtschaft 135
5. Allgemeine Schlußfolgerungen 147

II. Die Produktivkräfte und ihre Veränderung in der durch das Kolonialsystem gewaltsam deformierten traditionellen Produktionsweise . . 152
1. Maßnahmen und indirekte Wirkungen der Kolonialherrschaft 152
2. Die Auswirkungen auf die traditionellen gesellschaftlichen Verhältnisse 174
3. Die Veränderungen der ackerbaulichen Nutzungsformen 185
4. Materiell-technische Basis und agrare Produktivkräfte unter der Kolonialherrschaft 197
5. Allgemeine Schlußfolgerungen 205

Drittes Kapitel

Gesellschaftliche Verhältnisse und Produktivkräfte in der Landwirtschaft nach der Erringung der politischen Unabhängigkeit 213

I. Ausgangspunkt und die ersten Maßnahmen des neuen Staates . . . 213
1. Die Agrarpolitik bis zur Arusha-Deklaration 215
2. Die Notwendigkeit, die traditionelle Dorfgemeinde auf nichtkapitalistischem Wege zu überwinden 219

II. Die nichtkapitalistische Entwicklung nach der Verabschiedung der Arusha-Deklaration 1967 226
1. Der Beginn eines klassenmäßigen Herangehens an die Agrarfrage 227
2. Die Ujamaa-Genossenschaften 229
3. Die Verstärkung der ökonomischen Funktion des nichtkapitalistischen Staates 240
Exkurs: Kritik bürgerlicher Entwicklungskonzeptionen 240

III. Die Entwicklung der agraren Produktivkräfte und die Erweiterung der materiell-technischen Basis der Landwirtschaft 251

1. Die TANU-Beschlüsse von Iringa 253
2. Einige ökonomische Probleme 265
IV. Allgemeine Schlußfolgerungen 291

DRITTER TEIL

Viertes Kapitel

Die Unterstützung der sozialistischen Länder zur Entwicklung der Produktivkräfte in der Landwirtschaft Tansanias 297
I. Die Festigung der allseitigen politischen und ökonomischen Zusammenarbeit der sozialistischen Länder mit Tansania 300
II. Wissenschaftlich-technische Zusammenarbeit und Unterstützung . . 303
III. Unterstützung auf dem Gebiet der genossenschaftlichen Produktion 310

Schlußbemerkungen 313

Anhang
Tabellen 319
Statut des Ujamaa-Dorfes Nyabange 329
Suggested by-laws for agricultural production Co-operative Societies 338
Personenregister 352
Sachregister 355
Summary/Résumé 385

Vorwort

Innerhalb der nationalen Befreiungsbewegung Afrikas und Asiens stellt der nichtkapitalistische Weg der ökonomischen und gesellschaftlichen Entwicklung eine qualitativ neue Stufe dar, wächst doch „der Kampf für die nationale Befreiung in vielen Ländern ... praktisch in einen Kampf gegen die Ausbeuterverhältnisse ... hinüber ..." [1]

Iskenderov schreibt: „Wie nie zuvor verflechten sich engstens nationale und soziale Aufgaben des antiimperialistischen Kampfes. Die Entwicklung der nationalen Befreiungsbewegung ist an jener historischen Grenze angelangt, wo die weitere Festigung der nationalen Unabhängigkeit vom Charakter und der Tiefe sozialer und ökonomischer Umgestaltungen abhängt." [2]

Bereits Lenin hatte 1921 vorausgesagt, „daß die zurückgebliebenen Länder mit Unterstützung des Proletariats der fortgeschrittenen Länder zur Sowjetordnung und *über bestimmte Entwicklungsstufen* zum Kommunismus gelangen können, ohne das kapitalistische Entwicklungsstadium durchmachen zu müssen" (Hervorhebung – D. G.).[3] Weiter sagte Lenin: „Welche Mittel hierzu erforderlich sind, läßt sich nicht voraussagen. Das wird uns die praktische Erfahrung lehren." [4]

1 Rechenschaftsbericht des Zentralkomitees der KPdSU, Referat von L. I. Breznev, Moskau/Berlin 1971, S. 25.

2 A. Iskenderov, Edinstvo nacional'nich i social'nich zadač, in: Pravda vom 10. 2. 1972, Moskau, S. 4.

3 V. I. Lenin, Werke, Bd. 31, Berlin 1961, S. 232f.

4 Ebenda.

Eine der gegenwärtig aktuellsten und wichtigsten Aufgaben der marxistisch-leninistischen Gesellschaftswissenschaft besteht daher darin, diese bereits vorliegenden praktischen Erfahrungen auszuwerten und sowohl im Hinblick auf den weiteren Weg der untersuchten Länder als auch anderer Länder theoretisch zu verallgemeinern. Suslov schreibt: „In einer Reihe von Ländern hat man bereits Erfahrungen bei der Umgestaltung der gesellschaftlichen Verhältnisse nach nichtkapitalistischen Prinzipien gesammelt... Unter diesen Bedingungen erhält die Erforschung der Formen und Methoden der Zusammenarbeit der sozialistischen Staaten mit den Entwicklungsländern, der Faktoren, die zur Vertiefung der sozialistischen Orientierung der Entwicklungsländer beitragen, eine außerordentliche Bedeutung." [5]

Hieraus ergibt sich ein weiterer wichtiger Aspekt: Es müssen die inneren Bedingungen der Länder nicht nur unter dem Gesichtspunkt der weiterhin von den nationalen Führungskräften zu treffenden Maßnahmen untersucht werden, sondern auch unter der Sicht einer zweckmäßigen und notwendigen Hilfeleistung durch die sozialistischen Länder, damit die nichtkapitalistische Orientierung vertieft und beschleunigt werden kann. Ponomarev drückt dies wie folgt aus: „Objektiv steht den befreiten Ländern ein breiter Weg zur Festigung der nationalen Unabhängigkeit und der antiimperialistischen Positionen, zum sozialen Fortschritt offen. Die entscheidende Rolle spielt jetzt die Fähigkeit der fortschrittlichen Kräfte in den ehemaligen Kolonien und der gesamten revolutionären Weltbewegung, die günstigen Bedingungen auszunutzen, damit die sog. Dritte Welt diesen Weg einschlägt." [6]

Die vorliegende Arbeit verfolgt daher das Ziel, am Beispiel Tansanias – unter vorwiegend ökonomischen Gesichtspunkten – Zusammenhänge zwischen der Entwicklung der Produktivkräfte in der Landwirtschaft und dem nichtkapitalistischen Entwicklungsweg deutlich zu machen, die gesetzmäßigen Charakter tragen.

Auf den Nachweis solcher Zusammenhänge und auf entsprechende Schlußfolgerungen für ihre aktive Ausnutzung im Interesse einer Vertiefung und Beschleunigung des nichtkapitalistischen Weges gründet sich letztlich nach Auffassung des Autors eine der entscheidenden Möglichkeiten

[5] M. Suslov, Die Gesellschaftswissenschaften – eine Waffe der Partei beim Aufbau des Kommunismus, in: Einheit, Berlin, Nr. 4/1972, S. 437.

[6] B. Ponomarev, Aktuelle Probleme der Theorie des revolutionären Weltprozesses, in: Der XXIV. Parteitag der KPdSU und die Entwicklung der marxistisch-leninistischen Theorie (Sammelband), Berlin 1971, S. 124.

der sozialistischen Länder, zielgerichtet und planmäßig Tansania (wie auch anderen Ländern Tropisch-Afrikas) wissenschaftliche und ideelle materielle Hilfe in den verschiedensten Formen zu leisten. Das Vorgehen muß dabei im wesentlichen in zwei Richtungen erfolgen: Einmal ist zu untersuchen, in welchem Umfange die Entwicklung der agraren Produktivkräfte durch die bestehenden – meist deformierten präkapitalistischen – gesellschaftlichen Verhältnisse gehemmt wird und inwieweit die nichtkapitalistische Entwicklung in der Lage ist, hier einen grundlegenden Wandel herbeizuführen. Dabei wird zunächst unterstellt, daß eine der wesentlichsten historischen Aufgaben des nichtkapitalistischen Weges gerade darin besteht, einen äußerst raschen und stetigen Aufschwung der Produktivkräfte herbeizuführen, der bisher aus den verschiedensten Gründen nicht möglich war (vgl. Einleitung S. 31 f.)

Zum andern muß festgestellt werden, wie durch eine zielgerichtete Entwicklung der agraren Produktivkräfte die bestehenden hemmenden gesellschaftlichen Verhältnisse mit überwunden und der nichtkapitalistische Entwicklungsweg weiter forciert werden kann. Es versteht sich, daß diese beiden Richtungen der Untersuchung nur gedanklich als getrennte Aufgabenstellung formuliert werden können, um die dabei auftretenden spezifischen Probleme deutlich hervortreten zu lassen. In der Praxis handelt es sich hier um eine Einheit, d. h., bei der Entwicklung der agraren Produktivkräfte z. B. eines bestimmten Stammesgebietes müssen Zug um Zug zielgerichtete Maßnahmen und Methoden sowohl im Bereich der Produktivkräfte (Entwicklung der Technik, neuer Anbaumethoden usw.) als auch im Bereich des Überbaus und der gesellschaftlichen Verhältnisse (gesetzliche Regelungen, Einführung und Stärkung der Genossenschaften usw.) zum Einsatz kommen. Darüber hinaus gibt es weitere Abhängigkeiten mit gesetzmäßigem Charakter, die das Thema der Arbeit berühren und die nicht unerwähnt bleiben können. Es sei nur an die notwendige Entwicklung der nichtlandwirtschaftlichen Sektoren (Industrie, Handel, Transport) hingewiesen, die für die Entwicklung der agraren Produktivkräfte (vor allem für die Intensivierung der Landwirtschaft) von einem bestimmten Entwicklungsabschnitt an eine unabdingbare Voraussetzung bilden. Dies geschieht jedoch nur, soweit es zum Verständnis bestimmter Probleme erforderlich ist.

Die vorliegende Arbeit konzentriert sich auf die Landwirtschaft als eine der beiden wichtigen Säulen jeder Volkswirtschaft, wobei unter den Bedingungen Tansanias dieser Wirtschaftszweig weitgehend dominiert und für längere Zeit noch eine ganz entscheidende Rolle spielt. Dabei sind die auftretenden Probleme außerordentlich komplex, da gerade in der Landwirtschaft sich der ökonomische mit dem natürlichen Reproduktionsprozeß engstens verschlingt, d. h., es können ohne ausreichende Berücksichtigung auch naturwissenschaftlicher Erkenntnisse keine realen und nutzbringenden Schlüsse gewonnen werden. Besonders drastisch zeigt sich dies am Beispiel der rasch zunehmenden Bodenerosionen als Folge der gegenwärtig angewandten ackerbaulichen Nutzungssysteme und der hierdurch bedingten negativen Veränderung des natürlichen Milieus Tansanias. Der Autor versucht deshalb, in einer ausführlicher gehaltenen Einleitung auf diesen komplexen Charakter und die mit dem Thema verbundene aktuelle Problematik im Zusammenhang hinzuweisen, da gerade dieser so wichtige Zusammenhang bei der Untersuchung von Einzelproblemen in den einzelnen Teilen der Arbeit leicht aus dem Gesichtskreis zu entschwinden droht.

Im ersten Teil der Arbeit werden eine Reihe grundsätzlicher ökonomischer Fragen des Systems landwirtschaftlicher Produktivkräfte, insbesondere des Hauptproduktionsmittels Boden, aus der Sicht von Erkenntnissen entwickelter Länder und unter Berücksichtigung der konkreten Bedingungen Tansanias behandelt. Der Hauptteil (zweiter Teil) des Buches bildet die Veränderung der Produktivkräfte unter dem Einfluß vorherrschender gesellschaftlicher Verhältnisse sowie Wechselwirkungen zwischen Produktivkräften und Produktionsverhältnissen.

Im dritten Teil werden einige Schlußfolgerungen für notwendige Hilfeleistungen der sozialistischen Länder zur Entwicklung der landwirtschaftlichen Produktivkräfte Tansanias formuliert. In diesem Zusammenhang ist auch auf die verschiedenen Aktivitäten des Maoismus in Tansania einzugehen, der unter Anwendung relativ umfangreicher Hilfeleistungen bei der Entwicklung der Produktivkräfte versucht, auf dem afrikanischen Kontinent politisch Fuß zu fassen. Es scheint daher geboten, auch in dieser Hinsicht einige Schlußfolgerungen für die künftige Orientierung der sozialistischen Länder zu ziehen.

Der Autor dankt für eine ganze Reihe kritischer Hinweise und Anregungen besonders Frau Professor Dr. habil. Irmgard Sellnow, Herrn Professor Dr. habil. Hans Pagel und Herrn Dr. Hartmut Schilling. Dank schuldet der Autor auch Kollegen und Freunden, die persönlich Hinweise zu Einzelfragen gaben.

Einleitung

Die Behandlung des Wechselverhältnisses von Produktivkräften und gesellschaftlichen Verhältnissen Tansanias erfordert zunächst einige Bemerkungen zu methodischen Fragen. Obgleich die gesellschaftlichen Verhältnisse sowohl in der vorkolonialen Periode wie auch in der Kolonialzeit und in der Gegenwart bereits durch eine starke Differenzierung gekennzeichnet sind, kann doch in keinem Falle von voll entwickelten Klassenverhältnissen in irgendeiner Richtung (Kapitalismus, Feudalismus usw.) gesprochen werden. Ganz im Gegenteil hemmen die verschiedenen gentilen institutionellen und ideologischen Erscheinungsformen noch immer die Ausbildung klarer und eindeutiger Klassenbeziehungen, werden von letzteren überlagert usw. Es ist daher z. Zt. nur bedingt möglich, ausgehend von Erfahrungen entwickelter kapitalistischer oder sozialistischer Länder und der unter diesen Bedingungen angewandten marxistischen Agrartheorie von vornherein bestimmte Verallgemeinerungen im Hinblick auf Klassen, Schichten, bestimmte ökonomische Erscheinungen usw. anzuwenden. Es ist jeweils eine konkrete Analyse der gesellschaftlichen und ökonomischen Verhältnisse erforderlich, d. h., bestimmte Erscheinungen der sozialen Differenzierung usw. lassen sich nicht primär historisch-logisch erfassen, sondern müssen (zumindest z. Zt. noch) in jedem Falle durch konkrete ökonomische und soziologische Untersuchungen ergänzt werden. Hierauf hat besonders auch Ernst anhand eigener Feldforschungen in Mali hingewiesen.[1] Das bedeutet, daß besonders die in den entwickelten

[1] Ernst, K., Tradition und Fortschritt im afrikanischen Dorf. Soziologische Pro-

kapitalistischen und sozialistischen Ländern festgestellten Zusammenhänge zwischen der Entwicklung der Produktivkräfte und den jeweiligen gesellschaftlichen Verhältnissen zunächst nur einen Anhaltspunkt für die Untersuchung geben können. Die konkreten Erscheinungsformen sind oft andersartig, obgleich sich im Prinzip letztlich gleiche oder ähnliche grundlegende Entwicklungstendenzen ganz offensichtlich abzuzeichnen beginnen.

So ist z. B. die Entwicklung der ackerbaulichen Nutzungsformen im äußeren Bild bei vielen traditionellen Bodenbauern Tansanias ähnlich wie in der Geschichte Westeuropas (Urwechselwirtschaft – durch Bracheverkürzung Übergang zu semi-permanentem Feldbau). Hieraus versuchen vor allem bürgerliche Agrarökonomen – sehr zum Schaden Tansanias – Folgerungen abzuleiten. Sie lassen dabei völlig außer acht, daß dieser Übergang in Westeuropa von einer raschen Entwicklung der Stadt und des Kapitalismus begleitet war, der Schritt für Schritt die Agrikultur in einen Teil der gesellschaftlichen Gesamtarbeit verwandelte. Das Grundeigentum hatte bei der Entwicklung der agraren Produktivkräfte in Westeuropa eine wichtige ökonomische Funktion. In Ostafrika entstehen diese veränderten ackerbaulichen Nutzungsformen meist als Folge exogener Faktoren, als Folge der durch das Kolonialsystem gewaltsam deformierten traditionellen Produktionsweise. Die Entwicklung der Produktivkräfte wurde damit sogar entscheidend gehemmt, d. h., scheinbar ins Auge springende Analogien sind mit größter Vorsicht zu bewerten.

Das gleiche Problem ergibt sich schließlich hinsichtlich agronomischer und ackerbautechnischer Erfahrungen gemäßigter Klimate: Sie sind in der Regel *nicht* ohne weiteres übertragbar. Ein solches methodisches Herangehen ist jedoch in keiner Weise gleichzusetzen mit der meist deskriptiven Behandlung der Probleme der Entwicklungsländer durch bürgerliche Autoren. So schreibt Bohnet: „Die Wirtschafts- und Sozial*beschreibung* bildet also die Hauptaktivität ... Der Forscher in Afrika geht weitgehend induktiv vor ... (Daher) könnte man dies als punktuelle Zufallsforschung bezeichnen, die sich darauf beschränkt, sich zufällig erkannter Probleme anzunehmen, *ohne den sozio-ökonomischen Zusammenhang* zu sehen ... Die Entscheidungsträger in Entwicklungsländern sehen sich theorielos der Realität gegenüber mit dem Ergebnis, daß punktuelle ad-hoc-Entscheidungen vielfach Fehlentscheidungen sind.

bleme der nichtkapitalistischen Umgestaltung der Dorfgemeinde in Mali, Studien über Asien, Afrika u. Lateinamerika, Bd. 6, Berlin 1973, S. 239–260.

Der Weg des ‚trial-and-error' in der Strategie der wirtschaftlichen Entwicklung scheint unvermeidbar."[2]

Die bürgerliche politische Ökonomie und Soziologie kapituliert mit einem solchen Herangehen nicht etwa vor der erdrückenden Vielfalt der Erscheinungen in den meisten Entwicklungsländern, sondern letztlich davor, daß es ihr an einer geeigneten *Theorie* fehlt, um sich in dieser Vielfalt zurechtzufinden, bestimmte Prozesse zu werten, sie einzuordnen und sie in ihrem notwendigen logischen und historischen Zusammenhang zu begreifen und darzustellen.

Vor dieser Schwierigkeit steht die marxistische Forschung keineswegs. Zwar hat sie es mit der gleichen Fülle verschiedenartigster Probleme zu tun. Jedoch ist es nicht nur eine Prämisse, sondern in der vielfältigsten Weise durch die jüngste Geschichte vieler Entwicklungsländer belegte *Wirklichkeit*, daß sich der ökonomisch-historische Prozeß im Prinzip nach den gleichen materialistischen Gesetzen vollzieht wie in den entwickelten Industriestaaten. Die Schwierigkeit besteht nur darin, daß solche Gesetzmäßigkeiten modifiziert wirksam sind und vor allem durch die gewaltsame koloniale Deformierung der oft präkapitalistischen Verhältnisse vieler Entwicklungsländer *spezifische Erscheinungsformen* aufweisen. Dabei gibt es noch einen Rückstand an Feldforschungen und vergleichenden Länderanalysen, so daß Verallgemeinerungen immer erst möglich sind, wenn die spezifischen und einschränkenden Bedingungen zuvor hinreichend geklärt sind. Solche Verallgemeinerungen auf der Basis systematischer Untersuchungen sind auf der Grundlage der marxistisch-leninistischen Theorie nicht nur möglich, sondern auch erforderlich und erfolgversprechend.

Um die Bedeutung der Produktivkräfte in der Landwirtschaft Tansanias (und überhaupt Tropisch-Afrikas) für die Weiterführung der nationalen Befreiungsrevolution zu vertiefen, scheint es hier zunächst erforderlich, der Frage nach den sozialen Triebkräften des nichtkapitalistischen Weges nachzugehen. Häufig wird die Ansicht vertreten, daß die nichtkapitalistische Entwicklung sich primär aus der klassenmäßigen Differenzierung im Inneren ergibt, und daß das Proletariat als Träger der nichtkapitalistischen Entwicklung auftritt.[3] So sehr der erste

[2] Bohnet, M., Wissenschaft und Entwicklungspolitik, in: Ifo-Studien, 15. Jahrg., Westberlin-München 1969, Nr. 1/2, S. 78f. (Hervorhebung D. G.).

[3] Beispielsweise ist der Anteil der Werktätigen in Tansania teilweise rückläufig, obwohl dieses Land als ein Beispiel für den eingeschlagenen nichtkapitalistischen Weg gilt. Dagegen hat Kenia mit einer ausgeprägt kapitalistischen

Teil dieser Feststellung unterstrichen werden muß, so wenig kann jedoch *gegenwärtig* von einer bestimmenden Rolle des Proletariats in den Ländern Tropisch-Afrikas gesprochen werden. Eine solche Interpretation der nichtkapitalistischen Entwicklung würde auch zu einer völlig falschen Bewertung dieses Entwicklungsstadiums führen. Ausführlich hat sich hierzu mehrfach R. Ul'janovskij geäußert.[4] Das bedeutet jedoch nicht, daß die zahlenmäßige, organisatorische und ideologische Stärkung des Proletariats in diesen Ländern von untergeordneter Bedeutung wäre. Im Gegenteil. Eine Kernfrage der weiteren politischen und ökonomischen Entwicklung Tansanias wie aller Länder, die den nichtkapitalistischen Weg eingeschlagen haben, besteht gerade in einer solchen Stärkung des Proletariats, da nur auf diesem Wege der schließliche Übergang zur sozialistischen Revolution möglich ist, der bekanntlich die führende Rolle der Arbeiterklasse unabdingbar voraussetzt. Dies ist aber gleichbedeutend mit einem umfassenden Aufschwung der industriellen wie landwirtschaftlichen Produktivkräfte. Diese dialektische Wechselwirkung zwischen der Entwicklung der Produktivkräfte und den Produktionsverhältnissen sowie den damit verbundenen sozialen Klassen erlangt für Tansania wie für viele Entwicklungsländer eine kaum zu überschätzende aktuelle Bedeutung. Es ist dies jedoch eine Bedeutung im Hinblick auf den künftigen Weg, auf das Hinüberwachsen des nichtkapitalistischen Weges in einen sozialistischen Weg der ökonomischen und gesellschaftlichen Entwicklung, dessen Träger nur das Proletariat und seine Partei im Bündnis mit allen Werktätigen sein kann.

Für den nichtkapitalistischen Weg, der eben noch kein sozialistisches Entwicklungsstadium darstellt, müssen daher andere soziale Triebkräfte maßgebend sein. Einen wichtigen Hinweis hierzu gibt Ponomarev, wenn er schreibt: „Der Vormarsch auf diesen Weg (der Festigung der nationalen

Orientierung nicht nur den höchsten Anteil an Proletariat, sondern das Industrieproletariat tritt hier örtlich und zahlenmäßig in der höchsten Konzentration aller Länder Ostafrikas auf (in Nairobi mehr als 60 Prozent, in Mombasa ca. 21 Prozent des Industrieproletariats des ganzen Landes). Vgl. hierzu: B. M. Zmeev, Vostočnaja Afrika: Rabočij klass i pravitel'stvo, in: „Tretij mir": strategija-razvitija i upravlenie ekonomikoj, Moskau 1971, S. 129 (Sammelband).

[4] Vgl. hierzu R. Ul'janovskij, Tretij mir, in: Meždunarodnaja Žizn, Nr. 8/1971 (deutsch: Horizont, Nr. 40/1971); ders., Über das marxistische Verhältnis zum nichtmarxistischen Sozialismus in den Entwicklungsländern, in: Probleme des Friedens und des Sozialismus, Nr. 9/1971, S. 1275–1282.

Unabhängigkeit, des antiimperialistischen Kampfes und des sozialen Fortschritts – D. G.) ist nur dann fest und unwiderruflich, wenn er die gesetzmäßige Folge der Tätigkeit dieser Völker selbst, der bewußten Wahl dieses Weges durch ihre revolutionären Avantgarden ist. Zugunsten dieser Wahl wirken objektive, tiefgehende Faktoren, die aus den Bedürfnissen der ökonomischen Entwicklung und des sozialen Fortschritts der befreiten Staaten erwachsen, und die in dem Maße, wie die objektiven Bedingungen heranreifen, immer bestimmter die sozialistische Orientierung erfordern."[5]

Ponomarev führt dann drei solcher objektiver Faktoren an.

Erstens: Aufgaben der realen ökonomischen Befreiung vom Imperialismus (Sicherung der ökonomischen Unabhängigkeit).

Zweitens: Überwindung der wirtschaftlichen Rückständigkeit (mittels Formen und Methoden, die der Kapitalismus nicht kennt).

Drittens: Erhöhung des Lebensstandards der werktätigen Massen (Überwindung von Armut, Arbeitslosigkeit, Hunger, hoher Kindersterblichkeit usw.).[6]

Alle drei Faktoren widerspiegeln also die ganz spezifische Situation vor allem auch der Länder Tropisch-Afrikas, die durch eine kaum zu überbietende Massenarmut, Rückständigkeit und Unterentwicklung der Werktätigen gekennzeichnet ist. Gerade auch die bäuerliche (ländliche) Bevölkerung, die in Tansania mehr als 90 Prozent der Bevölkerung ausmacht, verharrt noch immer größtenteils in einem solchen Zustand.[7] Es ist völlig einleuchtend, daß eine Regierung, eine Partei, sich gegenüber den ständigen Pressionen durch den Imperialismus und den reaktionären Kräften im Inland nur dann behaupten kann, wenn sie sichtbare Fortschritte gerade in diesen elementaren Lebensbedürfnissen der Menschen aufzuweisen hat. Und da wir es mit einem absoluten Überwiegen der bäuerlichen Bevölkerung zu tun haben, ergibt sich eindeutig, daß diese Fortschritte gerade auch die spezifischen Interessen und Anliegen des Dorfes in seiner Gesamtheit zur Kenntnis nehmen müssen.[8]

[5] B. Ponomarev, Aktuelle Probleme der Theorie des revolutionären Weltprozesses, a. a. O., S. 112.

[6] Ebenda, S. 112–114.

[7] So wurde dem 14. Parteitag der TANU 1970 von A. M. Babu berichtet, daß noch immer 40 Prozent aller Kinder unter 3 Jahren in Tansania vornehmlich an Unterernährung und Mangelkrankheiten sterben.

[8] Der 15. Parteitag der TANU im Dez. 1971 beschloß z. B. an der Spitze der aktuellen Aufgaben, in einem 20-Jahresprogramm vorrangig alle Dörfer mit ausreichend Trinkwasser zu versorgen.

Ul'janovskij formuliert das wie folgt: „Wie sich die Bauern zur Vertiefung des nationalen Befreiungskampfes und zu den sozialen Veränderungen verhalten, wird unter diesen Bedingungen zu einer Hauptfrage des Klassenkampfes."[9] Das heißt mit anderen Worten, daß vor den national-revolutionären Führungskräften nach wie vor die Lösung der Bündnisfrage mit der Bauernschaft steht, die unter den konkreten Bedingungen sogar zu einer der Hauptfragen der Staatsmacht, ihrer sozialen Stütze, wird.

Dieses Problem ist aber außerordentlich kompliziert und auch widersprüchlich. Ponomarev deutet dies wie folgt an: „Eine spezielle gründliche Untersuchung verdient die Frage nach den *politischen Kräften*, die unter den Bedingungen des Übergangs der nationalen Befreiungsrevolution auf eine höhere Stufe die entscheidenden Positionen ... einnehmen ... Dabei erfordert das konkret-historische Herangehen an die revolutionären Demokraten, neben den progressiven Seiten in ihrer Tätigkeit auch gewisse Schwächen zu sehen, die mit dem zwiespältigen sozialen Charakter der Strömungen verbunden sind, die sie repräsentieren. Zugleich hat die Erfahrung gezeigt, daß die politischen Positionen der revolutionären Demokratie *nicht etwas Unveränderliches* ... sind. Sie sind im Gegenteil *wesentlichen Veränderungen* unterworfen."[10]

Es soll dabei in der vorliegenden Arbeit gezeigt werden, wie in dem subjektiv ehrlichen Bestreben der revolutionären Demokraten Tansanias, das Land zunehmend dem Einfluß des Imperialismus zu entziehen und dabei den dringenden ökonomischen und sozialen Bedürfnissen der Massen der Bauern Rechnung zu tragen, eine Wandlung, eine verstärkte Hinwendung zu klassenmäßigen und teilweise auch schon marxistischen Positionen in ihrer ökonomischen Politik erfolgt. Gerade in diesen schrittweisen Erkenntnissen und neuen politischen Positionen, die nicht frei sind von Widersprüchen, sehen wir die entscheidenden sozialen Triebkräfte des nichtkapitalistischen Weges in Tansania.

Dabei ist von besonderer (und wie wir meinen besonders positiver) Bedeutung, daß zunehmend die Rolle der Arbeiterklasse sowohl im ökonomischen als auch im gesellschaftlichen Bereich des Landes wächst. Dies ist gerade auch im Hinblick auf die verstärkten Aktivitäten des

[9] Ul'janovskij, R., Sovremennyj etap social'no-osvoboditel'nogo dviženija i krest'janstvo, in: Mirovaja ekonomika i meždunarodnye otnošenija, Moskau, Nr. 5/1971, S. 91.

[10] Ponomarev, B., Aktuelle Probleme der Theorie des revolutionären Weltprozesses, a. a. O., S. 116, 118 (Hervorhebung, D. G).

Maoismus in Tansania von entscheidender Bedeutung, der nicht nur versucht, das Bündnis der national-revolutionären Führungskräfte mit der Bauernschaft seines klassenmäßigen Inhalts zu berauben (politische Führung der Bauernschaft), sondern der generell die Rolle der Arbeiterklasse als der fortschrittlichsten und letztlich beim Aufbau des Sozialismus führenden gesellschaftlichen Klasse jedes Landes – auch Tansanias – zu bestreiten sucht.

Die Bündnisfrage mit der Bauernschaft ist daher in Tansania nicht nur unter prinzipiellem Aspekt zu untersuchen, sondern vor allem auch unter dem Gesichtspunkt ihres jeweiligen konkret-historischen Inhalts, abhängig von der Entwicklungsstufe der nationalen Befreiungsrevolution und ihrer jeweiligen ökonomischen und gesellschaftlichen Zielstellung. Uns interessieren hier in erster Linie ökonomische Probleme, die mit der Entwicklung der Produktivkräfte im Zusammenhang stehen.

Tansania wird in zunehmendem Maße mit einem rapide ansteigenden Bevölkerungswachstum[11] konfrontiert, das die derzeitige Erzeugung an Nahrungsmitteln sowie die Beschäftigungsmöglichkeiten übersteigt. Teilweise noch zunehmende Unterernährung, Unterbeschäftigung und nur geringfügige Abnahme der Armut, vor allem auf dem Lande, sind die Folge[12].

Ökonomische Entscheidungen werden hiervon negativ beeinflußt, indem z. B. Exportüberschüsse für konsumtive anstatt für produktive Zwecke eingesetzt werden müssen. Das heißt, daß Tansania sein oberstes politisches Ziel, die ökonomische Unabhängigkeit zu erreichen, nur verwirklichen kann, wenn dabei gleichzeitig und in einem historisch sehr kurzen Zeitraum zwei so entscheidende Probleme wie Hunger und Armut (Unterbeschäftigung) grundsätzlich und in einer solchen Weise gelöst werden, daß seine nationale Wirtschaft sich dabei entwickelt und festigt.

Dabei muß man davon ausgehen, daß die Zugehörigkeit der meisten Entwicklungsländer zum kapitalistischen Weltwirtschaftssystem – so auch noch immer Tansania – dazu führt, daß sich die Widersprüche und ökonomischen Gesetzmäßigkeiten zwischen den kapitalistischen

[11] Vgl. Tabelle 7 auf S. 169.

[12] Wie Nyerere auf dem 15. Parteitag der TANU mitteilte, sind in den 10 Jahren seit der politischen Unabhängigkeit zwar die Einnahmen pro Kopf um rd. 120 Shs. gestiegen, erreichten jedoch nur rd. 2/3 des vorgesehenen Zuwachses. Die geringe durchschnittliche Lebenserwartung von gegenwärtig 41 Jahren ist vor allem Folge einer quantitativ und qualitativ unzureichenden Ernährung (vgl. S. 279 f.).

Metropolen und den ökonomisch rückständigen Ländern ständig weiter vertiefen und verschärfen (vgl. hierzu Tabelle 20 im Anhang).

Ein eindruckvolles Beispiel für die anhaltende ökonomische Ausbeutung Tansanias über die kapitalistischen Weltrohstoff-Märkte wird in den TANU-Outlines vom Mai 1972 gegeben. Danach betrug die Kaufkraft von 5,3 t tansanischer Baumwolle bzw. 17,3 t Sisal Mitte der 60er Jahre noch den Wert eines Traktors. Ende der 60er Jahre war die Kaufkraft (der Tauschwert) schon soweit gesunken, daß nunmehr 8 t Baumwolle, bzw. 42 t Sisal zum Kauf eines Traktors auf dem kapitalistischen Weltmarkt erforderlich waren.[13]

Tansania ist ein ausgesprochenes Agrarland, dessen überwiegender Bevölkerungsanteil in der Landwirtschaft beschäftigt ist[14] und dessen hauptsächliches wirtschaftliches Fundament noch immer die landwirtschaftliche Erzeugung[15] sowie der Export landwirtschaftlicher Erzeugnisse wie Baumwolle, Sisal, Kaffee, Tee, Tabak und Pyrethrum bilden.[16] Die Frage nach dem Stand der Produktivkräfte in der Landwirtschaft und hier wiederum nach dem hauptsächlichen Produktionsmittel, dem Boden, stellt sich daher zwangsläufig. Diese Frage ist um so berechtigter, als wir es mit einem Land zu tun haben, das auf Grund seiner geographischen Lage (in Nähe des Äquators) außerordentlich günstige Voraussetzungen für das Pflanzenwachstum zur Verfügung hat (extrem lange Sonneneinstrahlung und hohe Durchschnittstemperaturen täglich sowie das ganze Jahr über) und das pro Kopf der Bevölkerung über beträchtliche Mengen landwirtschaftlich nutzbarer Flächen verfügt.[17] Es ist daher nach den Gründen zu forschen, die es bisher nicht gestatteten, diese günstigen natürlichen Bedingungen in eine ökonomische Potenz zu verwandeln.

Diese Frage erhält noch aus einem anderen Grunde einen außerordentlich aktuellen Akzent. Insbesondere in den letzten Jahrzehnten hat die Bodenerosion gerade in den ackerbaulich am stärksten genutzten Gebieten Ostafrikas rasch zugenommen.[18] Das derzeit landwirtschaftlich nutzbare Potential Tansanias sowie damit die künftige Agrarproduktion sind auf

[13] Sunday News, Dar es Salaam, v. 14. 5. 1972, S. 1.

[14] Vgl. Tabelle 1 im Anhang.

[15] Vgl. Tabellen 2, 5 und 6 im Anhang.

[16] Vgl. Tabelle 4 im Anhang.

[17] Die unterschiedlichen natürlichen und ökonomischen Bedingungen der Landwirtschaft behandeln wir ausführlich auf den Seiten 93 bis 105, 177, 252 u. 261.

[18] Vgl. hierzu Weitzenberg, H., Wasser- und Bodenerhaltung in Afrika (Heft 6 der Schriftenreihe zum Handbuch der Entwicklungshilfe), Baden-Baden 1962, S. 11.

das schwerste gefährdet, wenn es nicht gelingt, die Ursachen dieser gefährlichen Entwicklung zu beseitigen. Ein nachhaltiger Erfolg auf diesem Gebiet ist aber nicht nur von größtem Interesse für die Landwirtschaft selbst, wie uns die Beispiele hochentwickelter sozialistischer Länder demonstrieren.[19] Die Bodenfruchtbarkeit stellt zugleich im System des geographischen Milieus eine zentrale Kategorie dar. Wasserhaushalt, Klima- und Landschaftsschutz als wichtige Aufgaben jedes modernen Staates werden hiervon unmittelbar berührt. Die Erhaltung und Steigerung der Bodenfruchtbarkeit nimmt daher in der strategischen Planung des wirtschaftlichen Wachstums eine hervorragende Stellung ein, wie ebenfalls die jüngsten Beispiele der sozialistischen Länder nachdrücklich unter Beweis stellen.[20]

[19] Vgl. hierzu: Breženv, L. I., Rede auf dem dritten Allunionskongreß der Kolchosbauern 1969. Es heißt dort: „Der Bodenschutz ist ein Anliegen unserer ganzen Gesellschaft ... Wer den Boden verdirbt, ihn nachlässig behandelt, seine Ertragsfähigkeit nicht steigert, der unterhöhlt die wichtigste materielle Grundlage des Volkswohlstandes ... Der Boden ist die Quelle unserer Kraft und unseres Reichtums ... Daß es notwendig ist, das ganze Volk für die Erhöhung der Ackerbaukultur, für die Organisation einer systematischen Bekämpfung der Bodenerosion zu aktivieren und daß auf dieser Grundlage reiche und stabile Erträge erreicht werden müssen, wurde in Partei- und Regierungsdokumenten sowie im Gesetz über den Boden, das vom Obersten Sowjet der UdSSR verabschiedet wurde, wiederholt hervorgehoben ... Heute muß daran ein übriges Mal deshalb errinnert werden, weil der Schutz des Bodens und die Erhöhung seiner Fruchtbarkeit die unerläßliche Bedingung ist für den weiteren Fortschritt der Landwirtschaft. Das ist eines der größten Staatsprobleme." (3. Kongreß der Kolchosen, Moskau 1969 [APN], S. 14.)

Ferner: „9. Der Kolchos verpflichtet sich: den ihm zugeteilten Boden möglichst vollständig und richtig auszunutzen, ihn ständig zu verbessern und die Bodenfruchtbarkeit zu erhöhen ..." (Aus dem Musterstatut der sowjetischen Kolchosen, angenommen auf dem 3. Allunionskongreß, ebenda, S. 60).

[20] Außer der UdSSR hat auch die DDR die planmäßige Steigerung der Bodenfruchtbarkeit durch Gesetz festgelegt.

„§ 19 Erhöhung der Bodenfruchtbarkeit

(1) Die landwirtschaftlichen Produktionsgenossenschaften, die Volkseigenen Güter sowie die anderen Betriebe der Land- und Forstwirtschaft sowie die zuständigen Staats- und Wirtschaftsorgane haben, ausgehend von den neuesten wissenschaftlichen Erkenntnissen und den besten Erfahrungen bei der Bodenpflege, durch geeignete Maßnahmen die Erhaltung und Erhöhung der Bodenfruchtbarkeit zu sichern ..." (Gesetz über die planmäßige Gestaltung der sozialistischen Landeskultur in der DDR – Landeskulturgesetz – vom 14. 5. 1969, Gbl. T. I, Nr. 12 vom 28. 5. 1970, S. 71).

In der bisherigen Darstellung ökonomischer Probleme der Entwicklungsländer ist die Tendenz ausgeprägt, ausgehend von den Erfahrungen entwickelter Länder, sich vorwiegend mit der Möglichkeit der Industrialisierung zu beschäftigen und, soweit von der Landwirtschaft die Rede ist, sich auf die Empfehlung von Agrarreformen und die Einführung moderner Technik zu beschränken. Es wird dies oft – vor allem in der Polemik mit imperialistischen Auffassungen – mit der Notwendigkeit begründet, das Produktivitätsgefälle zwischen den Entwicklungsländern und den führenden kapitalistischen Ländern abzubauen und zu überwinden und hierzu im Innern die notwendigen sozialen und technischen Voraussetzungen zu schaffen. Es muß deutlich gesagt werden, daß eine solche generelle vorrangige Orientierung auf „dynamische" Sektoren und moderne Technik nach bisherigen Erfahrungen meist Wunschdenken entspringt.[21] Ganz im Gegenteil ist z. B. Tansania – wie viele afrikanische Nationalstaaten – in immer stärkerem Maße gezwungen, die Agrarprobleme schrittweise in der Form zu lösen, daß die Steigerung der Agrarproduktion mit einer allmählichen und schrittweisen Veränderung der gesellschaftlichen und technischen Bedingungen verknüpft wird. Agrare Produktionssteigerung und Veränderung der sozialen Organisationsformen der Produktion gehen dabei Hand in Hand.

Die Lösung des Agrarproblems stellt in der Regel sogar den notwendigen ersten Schritt dar, ohne den der zweite – die Industrialisierung und damit die Veränderung der sozial-ökonomischen Struktur im Rahmen des gesamten Landes – nicht mit Erfolg getan werden kann, wobei es sich hier um eng verknüpfte dialektische Wechselwirkungen handelt, die zeitlich meist nicht voneinander zu trennen sind und die nur als sukzessive und aufeinander abgestimmte Maßnahmen durchgeführt werden können. Es zeugt von der Realistik der tansanischen Führung, daß sie von Beginn an eine solche Strategie zu verfolgen suchte.

Legt man eine solche Sicht der Zusammenhänge zugrunde, so wird deutlich, daß die notwendige Steigerung der landwirtschaftlichen Produktion und die Veränderung der sozial-ökonomischen Struktur der Länder eine zentrale Aufgabe auch für einen ganzen weiteren Entwicklungsabschnitt bilden muß. In vielen der jungen Nationalstaaten Afrikas wie Tansania, Kenia, Uganda, Sudan, Somalia, Mali und Guinea wurde die Steigerung der landwirtschaftlichen Produktion deshalb auch zu einer vordringlichen Staatsaufgabe erklärt und mit einer Reihe von Aktions-

21 Vgl. auch die Seiten 240 ff.

programmen verbunden. Zugleich wurde darauf hingewiesen, daß die Verwirklichung dieser Ziele einen bedeutenden Schritt zur Erringung der ökonomischen Unabhängigkeit gegenüber den imperialistischen Ländern darstellt.

Jedoch vermittelt eine solche allgemeine Aufgabenstellung noch nicht im entferntesten ein Bild von der Fülle bisher noch ungelöster Probleme, die damit verknüpft sind. Die Geschichte des modernen Ackerbaus bis hinein in die jüngste Gegenwart der entwickelten sozialistischen Länder weist uns nachdrücklich darauf hin, daß eine Steigerung der landwirtschaftlichen Produktion und die Erhöhung der agraren Arbeitsproduktivität wirksam und über einen langen Zeitraum hinweg nur möglich ist, wenn dabei die Bodenfruchtbarkeit nicht nur erhalten, sondern durch den Einsatz nichtlandwirtschaftlicher Produktionsmittel und durch wissenschaftliche Methoden ständig und systematisch gesteigert wird. Betrachtet man viele der bisher noch ungelösten Agrarprobleme der tropischen Länder Afrikas im Spiegel beispielsweise der europäischen Agrarentwicklung, so wird in besonders eindrucksvoller Weise deutlich, wo die Ursachen hierfür zu suchen sind.

Es ist eine Besonderheit der landwirtschaftlichen Produktion, daß ihr hauptsächliches Produktionsmittel Boden sich als Folge der Bewirtschaftung nicht nur wie alle Produktionsmittel vernutzt, an Fruchtbarkeit einbüßt, sondern daß durch geeignete Formen der Bodennutzung dieses Produktionsmittel ständig an Wirksamkeit gewinnen kann, d. h., daß die Fruchtbarkeit im Prozeß der landwirtschaftlichen Nutzung ständig steigt. In allen entwickelten Staaten ist in der Landwirtschaft zu beobachten, daß durch systematischen Einsatz mineralischer und organischer Düngemittel, durch den Anbau bestimmter Kulturpflanzen, dazu in einem ganz bestimmten Rhythmus (z. B. durch geeignete Fruchtfolgen), durch sonstige bodenverbessernde Maßnahmen, durch künstliche Bewässerung und Beregnung und nicht zuletzt durch ein ganzes System wissenschaftlicher Methoden und Verfahren die Bodenfruchtbarkeit systematisch und kontinuierlich gesteigert werden konnte. Als Folge hiervon stiegen die Flächenerträge ständig an, und zwar in einem Maße, wie dies selbst unter günstigsten natürlichen Bedingungen auf der Erde, also in einer vom Menschen nicht veränderten Natur, niemals hätte der Fall sein können. Diese durch die Arbeit und vor allem die Erfindungsgabe des Menschen erzielte und im Prinzip auf den meisten Böden der Erde auch erzielbare effektive ökonomische Bodenfruchtbarkeit bildet letztendlich die zentrale ökonomische Aufgabenstellung in jeder modernen Landwirtschaft.

In dieser ständig steigenden effektiven ökonomischen Bodenfruchtbarkeit (z. B. als Pflanzenertrag pro Hektar) spiegelt sich hauptsächlich das Wachstum und die Entwicklung der Produktivkräfte in der Landwirtschaft wider, und zwar in einem doppelten Sinne. Einmal ist zur Erzielung dieser steigenden ökonomischen Fruchtbarkeit wachsender Einsatz vergegenständlichter Arbeit in Form nichtlandwirtschaftlicher Produktionsmittel, aber auch vergegenständlichter wissenschaftlicher Tätigkeit notwendig. Die steigende effektive ökonomische Bodenfruchtbarkeit widerspiegelt so also das Wachstum der materiellen Produktivkräfte. Aber wie in fast keinem anderen Bereich der materiellen Produktion ist das Produktionsergebnis in der Landwirtschaft abhängig vom Kenntnisstand und von den Arbeitsfertigkeiten der Arbeitskraft, von ihrer Fähigkeit, Naturgesetzlichkeiten im Produktionsprozeß schöpferisch zu verwerten. Der dümmste Bauer, der angeblich die dicksten Kartoffeln erntet, ist doch nicht mehr als ein in der kapitalistischen Klassengesellschaft entstandenes Vorurteil, das die abwertende Überheblichkeit, gepaart mit Unkenntnis eben dieser auf die brutale Ausbeutung des flachen Landes gerichteten Gesellschaft zum Ausdruck bringt. Ohne ein stetig wachsendes Maß an Kenntnissen und Fähigkeiten der landwirtschaftlichen Arbeitskraft ist keine steigende effektive ökonomische Fruchtbarkeit zu erzielen. Daher bringt diese in ihrer Entwicklung auch das bemerkenswerte Wachstum der menschlichen Produktivkräfte zum Ausdruck, und wir können gerade in diesem Falle feststellen, daß bei der Entwicklung der agrikolen Produktivkräfte jede Generation in der Tat auf der Schulter der vorangegangenen stehen muß, wie Marx das treffend formulierte. Das gewaltige Reservoir an Erfahrungen im Arbeitsprozeß und in der unmittelbaren Auseinandersetzung mit der oft erdrückenden Vielfalt von Erscheinungen in der Natur, wie sie gerade im tropischen Ackerbau uns entgegentritt, ist für das Wachstum und die Entwicklung der menschlichen Produktivkräfte von kaum zu unterschätzender Bedeutung.

Die fortgesetzte Steigerung der effektiven ökonomischen Bodenfruchtbarkeit ist nicht nur die wichtigste Grundlage für die gewaltigen landwirtschaftlichen Produktionssteigerungen der Gegenwart, sondern sie stellt zugleich die Hauptmethode zur Steigerung der Arbeitsproduktivität in der Landwirtschaft und zur Senkung der Selbstkosten der gesamten Agrarproduktion dar. Deshalb kann man auch sagen, daß die Gewährleistung einer ständig steigenden effektiven ökonomischen Bodenfruchtbarkeit die Hauptmethode zur intensiven erweiterten Reproduktion in der Landwirtschaft darstellt, da ihr hauptsächliches Produktionsmittel, wie Marx sagt, nämlich der Boden mit seiner wichtigsten Eigenschaft Fruchtbarkeit, damit ständig intensiv erweitert reproduziert wird.

Diese Zusammenhänge sind im Prinzip auch für die meisten tropischen Böden Ostafrikas zutreffend, d. h., es ergibt sich die Notwendigkeit für Tansania, nach Wegen und Methoden zu suchen, die zu einer ständigen Steigerung der effektiven ökonomischen Bodenfruchtbarkeit und damit zu einer intensiven erweiterten Reproduktion im Ackerbau führen. Erst auf dieser Grundlage sind weitere Aufgaben in der gesamten Landwirtschaft – so z. B. auch in der Viehwirtschaft – mit Erfolg lösbar.

Hierbei entsteht jedoch sofort eine Fülle von Problemen, deren Lösung nicht nur schlechthin die gegenwärtigen Möglichkeiten des jungen Staates übersteigt, sondern die teilweise prinzipiell noch nicht gelöst sind, d. h. noch Gegenstand intensiver Forschungsarbeiten und ökonomischer Zielstellungen bilden müssen.

Ein Beispiel soll dies verdeutlichen. Die Mehrzahl der Böden Ostafrikas reagiert bei den derzeit zur Anwendung gelangenden ackerbaulichen Nutzungssystemen mit raschen Ertragsminderungen als Folge einer sich vermindernden Bodenfruchtbarkeit. Die gegenwärtigen, d. h. meist als Erbe des imperialistischen Kolonialsystems hinterlassenen ackerbaulichen Nutzungssysteme sind in der Regel nicht in der Lage, Bodenerosionen größeren Ausmaßes zu unterbinden. Worauf ist dies in der Hauptsache zurückzuführen?

Es handelt sich hierbei nicht nur und zunächst nicht einmal in erster Linie um das Fehlen von mineralischem Dünger, wodurch die mehrmals hintereinander genutzten Böden rasch an Pflanzennährstoffen verarmen. Das Kardinalproblem der tropischen Böden ist bei den derzeit zur Anwendung gelangenden Nutzungssystemen nicht gelöst, nämlich die Gewährleistung einer möglichst ununterbrochenen Bodenbedeckung durch eine geschlossene Pflanzendecke, die

– einen wirksamen Schutz gegen die intensive Sonneneinstrahlung bildet,
– die Gewalt tropischer Regengüsse mindert,
– den rasanten Humusabbau verhindert,
– die damit unmittelbar verbundene Strukturverschlechterung und Nährstoffauswaschung der Böden unterbindet.

Entscheidende Bedeutung gewinnt hierbei die Tatsache, daß die derzeit in Ostafrika bekannten einjährigen Kulturpflanzen in der Regel diese Funktion einer maximalen Bodenbedeckung nicht erfüllen können. Nahezu alle Versuche, nach europäischem Vorbild, d. h. auf der Grundlage von Erfahrungen gemäßigter Klimate, Fruchtfolgen und ackerbauliche

Nutzungssysteme mit einjährigen Kulturen zur Intensivierung des Ackerbaus in der Kolonialperiode einzuführen, endeten mit katastrophalen Mißerfolgen. Die beträchtliche Anbauausweitung und die agraren Produktionssteigerungen während der Kolonialzeit beruhten fast ausschließlich[22] auf der Verwendung mehrjähriger Kulturpflanzen wie Kaffee, Tee und Sisal. Mit diesen Pflanzen konnte in den meisten Fällen eine ausreichende Bodenbedeckung erzielt und die gefährlichen Bodenerosionen wenigstens zeitweise in Grenzen gehalten werden.

Es ist deshalb auch kein Zufall, daß in den Gebieten Ostafrikas, in denen vorzugsweise die einjährige Baumwolle angebaut wurde, der Umfang der Bodenerosionen mit am stärksten ist und daß die negativen Auswirkungen fortgesetzten Baumwollanbaus auf die Bodenfruchtbarkeit oftmals nur dadurch gemildert werden konnten, daß in kurzen Zeitabständen mehrjährige einheimische Kulturen – meist Cassava (Maniok) – oder aber langjährige Busch- und Waldbrachen eingeschaltet wurden. Das aber führte gleichzeitig z. B. zu einer Verschlechterung der Ernährungssituation der ansässigen Bevölkerungsgruppen, da nunmehr der Anbau hochwertiger Nahrungsmittel – wie z. B. von einjährigem Mais – aus agronomischen Gründen und aus Landmangel unmöglich wurde.

Die Dramatik besteht auch gegenwärtig noch darin, daß die meisten mehrjährigen Pflanzen wie Kaffee, Tee, Sisal usw. – mit Ausnahme der im traditionellen Anbau verbreiteten Cassava – keine direkt für Nahrungszwecke nutzbaren Gewächse sind. Sie – bzw. ihre Früchte – müssen zunächst exportiert und auf den kapitalistischen Rohstoffmärkten realisiert werden. Das große Problem der Landwirtschaft Tansanias (wie vieler Entwicklungsländer im Bereich der Tropen und Subtropen) besteht darin, daß eine sinnvolle Steigerung der ackerbaulichen Produktion gegenwärtig auf den meisten Böden nur über solche mehrjährigen Kulturen möglich ist, die diese jungen Staaten zugleich unerbittlich an die imperialistischen Rohstoffmärkte ketten. Alle Versuche zur Diversifizierung der landwirtschaftlichen Anbaustruktur und zur Veränderung der Struktur des Außenhandels mit Agrarerzeugnissen scheitern zum größten Teil an solchen, in den natürlichen und ökonomischen landwirtschaftlichen Produktionsbedingungen liegenden Hindernissen. Jeder Versuch, den Anbau einjähriger Kulturen auszuweiten, hat auf den meisten Böden binnen kürzester Frist katastrophale Folgen für die Bodenfruchtbarkeit,

22 Mit Ausnahme der Baumwolle, deren wiederholter Anbau meist nur durch die Cassava-Brache möglich war.

d. h., eine solche Anbauausweitung stellt keine Intensivierung dar, sondern nur eine besondere Form des Raubbaus an vorhandenen natürlichen Ressourcen.

Diese zum großen Teil als Erbe des Kolonialsystems hinterlassene Struktur des Anbaus[23] und der Produktivkräfte wirkt auch nach der politischen Unabhängigkeit weiter als entscheidender innerer hemmender Faktor bei der Entwicklung der Produktivkräfte im Agrarbereich und bildet ein Element der ökonomischen Rückständigkeit und Stagnation.

Eine ganze Reihe bürgerlicher Agrarökonomen zieht aus dieser Sachlage völlig einseitig und zu Unrecht den Schluß, daß die für die gemäßigten Klimate z. B. Europas festgestellten ökonomischen Gesetzmäßigkeiten hinsichtlich der Bodenfruchtbarkeit für die tropischen Böden nicht gelten; sie behaupten, daß diese Böden prinzipiell in ihrer ökonomischen Fruchtbarkeit nicht steigerungsfähig seien. Die bürgerlichen Agrarökonomen sprechen ganz offen von einer natürlichen und unveränderlichen Eigenschaft tropischer Böden, bei der ackerbaulichen Nutzung, besonders einjähriger Kulturen, ihre Fruchtbarkeit einzubüßen. Sie erheben z. B. die Forderung, der gesamte afrikanische Kontinent südlich der Sahara solle auf Grund dieser Sachlage künftig nur noch solche mehrjährigen Exportkulturen anbauen wie Kaffee, Tee, Sisal usw. und seinen gesamten Nahrungsmittelbedarf im Bereich der einjährigen Kulturen – also vor allem bei Getreide und Ölfrüchten – auf dem kapitalistischen Weltmarkt decken.

Andere Ökonomen empfehlen als Ausweg, in topographisch günstigen Gebieten nach asiatischem Vorbild zum Naß-Reis-Anbau überzugehen oder Ackerbau nur noch als Bewässerungs-Bodenbau in den Niederungen der Flüsse zu betreiben.

Es leuchtet ein, daß gerade solche vorgeschlagenen Lösungen wie ein genereller überregionaler Produktenaustausch große Risiken und Gefahren mit sich bringen und im Prinzip von Tansania und anderen Entwicklungsländern keinesfalls akzeptiert werden können. Die gegenwärtige Situation erfordert jedoch einen Ausweg, und es wäre ein Ereignis von kaum zu überschätzender Tragweite, wenn er mit direkter Hilfe der sozialistischen Länder in Form geeigneter ackerbaulicher Nutzungssysteme gefunden werden könnte.

[23] Die Exportkulturen (cash crops) wurden durch die Kolonialmächte in Ostafrika eingeführt. Vgl. S. 197 f.

Man muß prinzipiell davon ausgehen, daß jedes sozialökonomische System im Prinzip die ihm eigenen ackerbaulichen Nutzungssysteme impliziert und auch hervorbringt, modifiziert zwar entsprechend den konkreten natürlichen Bedingungen und dem gegebenen allgemeinen Stand der Produktivkräfte, jedoch unverkennbar determiniert auch durch die jeweilige Produktionsweise selbst.

Das ist jedoch nicht schematisch aufzufassen, und man muß sich vor jeder Simplifizierung hüten. Insbesondere ist zu beachten, daß ökonomische Erscheinungen – und um solche handelt es sich ja hierbei – stets nur in der Tendenz, als stochastische Gesetzmäßigkeiten in Erscheinung treten. In der konkreten Wirklichkeit sind daher auch völlig abweichende Beispiele möglich und meist auch vorhanden.

In der Arbeit kann z. B. nachgewiesen werden, daß das ackerbauliche Nutzungssystem der shifting cultivation typisch und untrennbar verbunden mit Formen der Urgemeinschaftsordnung in Tansania in Erscheinung getreten ist und z. T. weiterhin existiert. Wir finden diese Tatsache auch in anderen Kulturen und zu anderen Zeiten bestätigt. Dieses „waldursprüngliche System“, wie Engels es nannte, stellt eine ideale Anpassung der ackerbaulichen Nutzung an die Erfordernisse der Bodenfruchtbarkeit unter Bedingungen einer urgemeinschaftlichen Produktionsweise dar, in der der allgemeine Stand der Produktivkräfte und damit die Einflußnahme auf die Natur noch außerordentlich niedrig sind, ebenso aber auch der Grad der Bedürfnisse und die Anzahl der Menschen, die je Flächeneinheit zu ernähren waren.

Mit der imperialistischen Kolonialherrschaft änderten sich alle diese Bedingungen in Tanganyika. Die Bevölkerungsdichte pro Flächeneinheit stieg durch exogene Faktoren sprunghaft an, die bereits in der Auflösungsperiode befindliche urgemeinschaftliche Ordnung in den Stammesgebieten des ehemaligen Tanganyika wurde gewaltsam deformiert, es entstand eine Übergangsökonomik besonderer Art. Eines ihrer hauptsächlichen Kennzeichen war der von außen hineingetragene außerökonomische und zunehmend auch ökonomische Zwang, landwirtschaftliche Primärerzeugnisse als Waren in wachsender Menge zu produzieren. Dies beschleunigte nicht nur beträchtlich den inneren Zersetzungs- und Auflösungsprozeß dieser zumeist auf ackerbaulicher Produktion basierenden Gentilgesellschaften, sondern erhöhte schlagartig den Umfang von Agrarerzeugnissen, die mit den vorhandenen traditionellen Mitteln und Kenntnissen der Natur abgerungen werden mußten. Dabei hatte das Kolonialsystem zwei entgegengesetzte Wirkungen auf das traditionelle ackerbauliche Nutzungssystem. Einerseits wurden durch die Einführung einer Reihe neuer Kulturpflanzen wie Tee, Sisal und Baumwolle die Möglichkeiten der traditionellen Gesellschaft zur agraren Produktionssteigerung durchaus erhöht, zumal diese Kulturpflanzen oft einer züchterischen Verbesserung durch die Kolonialmächte unterlagen. Dieser erweiterten Reproduktion des Arbeitsmittels Pflanze stand aber die Tatsache gegenüber, daß das Kolonialsystem praktisch keinerlei Elemente in das ackerbauliche Nutzungssystem der traditionellen ostafrikanischen Landwirtschaft hineingetragen hat, die geeignet gewesen wären, die Bodenfruchtbarkeit zu erhalten oder sie etwa erweitert zu reproduzieren. Ganz im Gegenteil. Die katastrophalen Verschlechterungen im Bereich der natürlichen und ökonomischen Bodenfruchtbarkeit sowie die beträchtlichen Bodenerosionen sind gerade darauf zurückzuführen, daß die ostafrikanischen Stammesgesellschaften gezwungen wurden, mit den ihrer traditionellen Produktionsweise eigentümlichen und ihren *traditionellen Ansprüchen durchaus* auch *genügenden* ackerbaulichen Nutzungssystemen eine ganz unwahrscheinlich größere Menge an Ackerbauerzeugnissen hervorzubringen. Dies aber konnte nur geschehen auf Kosten der vorhandenen natürlichen Bodenfruchtbarkeit, d. h. durch fortwährenden und zunehmenden Raubbau an dieser so wichtigen Naturkraft und natürlichen Ressource.

Dabei ist es durchaus nicht so, daß der Kapitalismus und die imperialistischen Kolonialmächte vom allgemeinen Stand ihrer Produktivkräfte und der Wissenschaft her zur Ausarbeitung solcher neuen ackerbaulichen Nutzungssysteme und zur Beschaffung der dazu erforderlichen Nutzpflanzen nicht hätten beitragen können. Zwar stellt die Nutzung tropischer Böden besonders unter den außerordentlich verschiedenartigen und stark wechselnden Klima-, Niederschlags- und Bodenbedingungen Ostafrikas besondere Anforderungen an die Ausarbeitung solcher neuen Systeme, aber für die meisten tropischen Böden gibt es keine prinzipiellen Hindernisse, um sie bei geeigneten Nutzungssystemen laufend und mit steigender Effektivität in Bebauung nehmen zu können. Wohl aber gab und gibt es ökonomische Hindernisse, die im Kolonialsystem der Vergangenheit und im neokolonialistischen System sowie in der kapitalistischen Wirtschaftsweise der Gegenwart begründet liegen. Die Ausarbeitung solcher ackerbaulichen Nutzungssysteme erfordert einen außerordentlich hohen Aufwand an Kapital, auf den die Kolonialmächte zu verzichten können glaubten und den der Neokolonialismus der Gegenwart nicht zu zahlen bereit ist. Die enormen Profite der Kolonialzeit sind nicht zuletzt gerade diesem Umstand zuzuschreiben. Wenn man sich den enormen Aufwand an Kapital vergegenwärtigt, den die Ausarbeitung wirkungsvoller ackerbaulicher Nutzungssysteme in den entwickelten europäischen kapitalistischen Ländern erforderlich machten, ein Vorgang, der auch bis heute noch nicht endgültig abgeschlossen ist und z. B. ganz enorme Sach- und Bildungsinvestitionen erforderte, so ist wohl einzusehen, was unter den unbestritten komplizierteren Anbauverhältnissen der Tropen durch die Kolonialmächte versäumt wurde und nach kapitalistischen Begriffen „eingespart" und als Sonderprofite eingeheimst werden konnte. Der ökonomische Sinn des imperialistischen Kolonialsystems bestand gerade darin, sich durch einseitigen Raubbau und Raubwirtschaft an natürlichen und menschlichen Ressourcen der Kolonialgebiete imperialistischen Maximalprofit zu sichern.

Wenn der Neokolonialismus gegenwärtig in Tansania und in einer Reihe anderer afrikanischer Länder südlich der Sahara noch über Einflußmöglichkeiten verfügt, so liegt eine der wesentlichen Ursachen dafür eben darin, daß diese Länder aus ihrer kolonialen Vergangenheit eine besondere Struktur der Produktivkräfte und der Produktion und damit auch der sozialökonomischen Bedingungen vor allem im Agrarbereich übernommen haben, die sie in vielfältigster Weise an das kapitalistische Weltsystem und zum Teil an einzelne imperialistische Länder binden. Hier einen entscheidenden Durchbruch zu erzielen bildet in der gegenwärtigen Etappe der nationalen Befreiungsrevolution meist ein Hauptkettenglied zur Erringung der ökonomischen und damit auch zur endgültigen Sicherung der politischen Unabhängigkeit.

Eine solche Aufgabenstellung hat unabdingbar zur Voraussetzung, neue ackerbauliche Nutzungssysteme zu entwickeln und einzuführen, die einerseits die notwendigen landwirtschaftlichen Primärerzeugnisse im Bereich der einjährigen Kulturen – und hier besonders wieder bei Getreide – sicherstellen, die aber andererseits auch ein ausreichendes Maß an Erhaltung und Steigerung der ökonomischen Bodenfruchtbarkeit gewährleisten. Neben den allgemein bekannten Voraussetzungen bei der Beschaffung nichtlandwirtschaftlicher Produktionsmittel (wie Mineraldünger, Maschinen, Pflanzenschutzmittel usw.), d. h. der Industrialisierung, erfordert dies vorrangig spezielle und umfangreiche Forschungsarbeiten im Bereich der bodenkundlichen Forschung und anderer naturwissenschaftlicher Grundlagendisziplinen sowie z. B. der Auswahl und Züchtung neuer und ertragreicher, besonders einjähriger Pflanzen.

Aus einer solchen komplexen Betrachtung wird deutlich sichtbar, daß bei aller Priorität, die man progressiven gesellschaftlichen Verhältnissen beimessen muß, es einen folgenschweren Irrtum bedeuten würde, wollte man allein damit die hier anstehenden Probleme Tansanias im Prinzip bereits als gelöst betrachten. Es ist gleichermaßen erforderlich, den natürlichen und naturwissenschaftlichen Problemen die erforderliche Aufmerksamkeit zu schenken. Dies ist der Ausdruck für die außerordentlich enge Verflechtung des natürlichen mit dem ökonomischen Reproduktionsprozeß in der Landwirtschaft, dessen Beachtung, wie Marx treffend formulierte, „Gedankenwirren fern hält" und uns davor bewahrt, gefährlichen Illusionen nachzujagen.

Andererseits ist aber ohne eine – in der Regel vorausgehende – Veränderung gesellschaftlicher Verhältnisse die angestrebte rasche Entwicklung der Produktivkräfte ebenfalls nicht möglich. Es ist gerade eines der hauptsächlichen Anliegen der vorliegenden Arbeit, diesen Zusammenhang nachzuweisen und zu zeigen, daß hierzu keine beliebige, sondern gerade eine *nicht*-kapitalistische Veränderung der traditionellen gesellschaftlichen Verhältnisse notwendig ist.

Die gegenwärtige wissenschaftlich-technische Revolution läßt dabei eine völlig neue Situation für die meisten Entwicklungsländer entstehen, eine Situation, die bei allen Vorbehalten, die man solchen Vergleichen entgegenbringen muß, etwa derjenigen der westeuropäischen Länder im 19. Jahrhundert ähnlich ist. In diesem Zeitraum war es in der Landwirtschaft fast ausschließlich durch neue naturwissenschaftliche Entdeckungen und Erfindungen und ihre Anwendung in der praktischen Agrikultur möglich, die Flächenproduktivität sowie die agrikole Arbeitsproduktivität erheblich zu steigern, und zwar noch *bevor* die maschinellen Arbeitsmittel in der Landwirtschaft in größerem Umfange Eingang fanden. In Deutschland z. B. stieg hierdurch die Nahrungsmittelerzeugung sogar schneller als das Bevölkerungswachstum, obgleich sich die Gesamtbevölkerung Deutschlands allein von 1818 bis 1888 etwa verdoppelte.

Eine entscheidende Voraussetzung hierzu – darauf muß besonders aus der Sicht des vorliegenden Themas hingewiesen werden – bildeten die in diesem Zeitraum durchgeführten sozialen Reformen im Agrarbereich, die zu einer weitgehenden Überwindung oder doch Anpassung feudaler Produktionsverhältnisse in der Landwirtschaft an die Erfordernisse der neuentstandenen Produktivkräfte des Kapitalismus führten.[24] Aus

[24] So bildete der mit dem Feudalsystem verknüpfte Flurzwang ein ernstes Hindernis für die Einführung von Kartoffeln und Klee in die Fruchtfolge (Forts. S. 32).

solchen Tatbeständen muß man versuchen, für die Entwicklungsländer prinzipielle Folgerungen zu ziehen! Gerade am Beispiel des tropischen Afrika wird offensichtlich, in welchem Maße ein schreiendes Mißverhältnis zwischen den potentiellen Möglichkeiten agrarer Produktionssteigerung und den hierzu erforderlichen wissenschaftlichen und vor allem ökonomischen und gesellschaftlichen Voraussetzungen das gesamte Entwicklungstempo in sehr engen Grenzen hält.

Das Hauptproblem nahezu aller afrikanischen Entwicklungsländer südlich der Sahara besteht darin, daß ihre ökonomische Unterentwicklung nicht nur einen katastrophalen Tiefstand in der Entwicklung und der Struktur der materiellen und menschlichen Produktivkräfte, der gesellschaftlichen Arbeitsteilung, der Infrastruktur, des Kommunikationssystems und auf dieser Grundlage zugleich auch der Produktionsverhältnisse widerspiegelt, sondern daß sich hieraus größtenteils auch die ökonomische Abhängigkeit gegenüber den imperialistischen Ländern herleitet. Die ökonomische Rückständigkeit bildet die Basis fortwährender imperialistischer Ausbeutung. Die Erringung der ökonomischen Unabhängigkeit und damit die Stärkung der antiimperialistischen Position Tansanias erfordert daher vordringlich eine planmäßige und rasche Entwicklung der Produktivkräfte, vor allem im Agrarbereich.

Es ist eine vordringliche Aufgabe der marxistischen Ökonomen, mit eigenen Untersuchungen die Vielschichtigkeit dieser Aufgabenstellung, ihre Dringlichkeit, aber auch ihre engstens mit dem nichtkapitalistischen Weg verbundene Zielstellung deutlich zu machen.

Seine Beseitigung bedeutete einen enormen Fortschritt für die Produktivkräfte in der Landwirtschaft und das Wachstum der Agrarproduktion. Finckenstein weist durchaus zu Recht darauf hin, „... daß neben den betriebswirtschaftlichen Umstellungen auch die grundlegenden Änderungen der Rechtsordnung und der Eigentumsverhältnisse entscheidend auf die Betriebsergebnisse der Landwirtschaft ... eingewirkt haben ... die nachhaltigen Auswirkungen und letztlich Erfolge der (Stein–Hardenbergschen) Reformen wurden ... (bisher) nicht hinreichend gewürdigt". (Finckenstein, H. W. Finck v., Die Entwicklung der Landwirtschaft in Preußen und Deutschland 1800–1930, Würzburg 1906, S. 95).

ERSTER TEIL

Erstes Kapitel

Technik, materiell-technische Basis und Produktivkräfte. Die Rolle natürlicher und ökonomischer Faktoren in der Landwirtschaft Tansanias

I. Technik und Produktivkräfte in der Landwirtschaft

Bei der Darstellung von Produktivkräften in der Landwirtschaft gerade wirtschaftlich rückständiger Länder besteht ein Mangel oft darin, daß die technische Ausrüstung hochentwickelter Länder den wenigen primitiven landwirtschaftlichen Arbeitsgeräten der Entwicklungsländer gegenübergestellt wird. Es ergibt sich so meist ein frappierendes Bild, und entsprechend einfach fallen auch meist die Schlußfolgerungen aus: möglichst umfassende Einführung moderner Agrartechnik, wie sie in entwickelten sozialistischen und kapitalistischen Ländern zur Anwendung gelangt. Ja noch mehr: Der Grad des Fortschritts wird gerade hiervon abhängig gemacht.

Ein solch einseitiges Herangehen zeitigt in der Praxis oft nicht nur Mißerfolge, sondern eine solche Betrachtungsweise desorientiert zeitweise die Entwicklungsländer in ihrer wirtschaftlichen Strategie. Den Hintergrund bildet meist ein ungenügendes Verständnis der Rolle der Technik im Rahmen der Entwicklung der Produktivkräfte in der Landwirtschaft. Bei dieser einseitigen Betrachtung der Produktivkräfte in der Landwirtschaft wird in der Regel übersehen, daß das mit einer bestimmten Technik erzielte Produktionsergebnis sowie die erreichbare Arbeitsproduktivität in der Landwirtschaft nur zu einem Teil Ergebnis dieser Technik sind. Ein anderer Teil ist Resultat von „verschiednen Naturumständen“ (Marx).

Wir müssen also beide Komponenten bei der Untersuchung berücksichtigen, wobei mit fortschreitender ökonomischer Entwicklung der Faktor Technik an Bedeutung gewinnt. Beides, die Rolle der Technik sowie die Eigenart der „Naturumstände“ bei der Entwicklung der agraren Produktivkräfte, muß daher zunächst hier Gegenstand einer allgemeineren Betrachtung sein, um im Fortgang der Untersuchung die Spezifik beider Komponenten für Tansania deutlich hervortreten zu lassen.

Bei der Behandlung der Rolle der Technik in ökonomisch wenig entwickelten Gesellschaften darf zunächst allgemein nicht übersehen werden, daß der Charakter und der Inhalt des Begriffes Technik sich wesentlich von dem unterscheidet, was in technisch und ökonomisch fortgeschrittenen Ländern darunter verstanden wird. Mit anderen Worten: Der Begriff Technik hat im Laufe der Zeit – als Widerspiegelung objektiv bedingter Vorgänge in der Geschichte der Technik und der Produktivkräfte – eine wesentliche Veränderung erfahren. So heißt es in einer neueren Arbeit über die Rolle der Technik in der Geschichte, „... daß sich der Inhalt des Begriffs ‚Technik‘ in Übereinstimmung mit der Entwicklung der Produktion gewandelt hat. Die Etymologie des Wortes Technik führt uns in die Periode der Entwicklung der Technik zurück, wo die Kunstfertigkeit und die Meisterschaft des einzelnen die ausschlaggebenden Elemente waren. Doch schon unter den Bedingungen des Handwerks treten die Verfahren, Methoden und Rezepte in den Vordergrund, und das Aufkommen der maschinellen Produktion rückte die Arbeitsmittel an die erste Stelle ...“ [1]

Es finden sich in dieser Arbeit weitere außerordentlich nützliche methodologische Hinweise zur Rolle der Technik im Rahmen der Entwicklung der Produktivkräfte, die den weiteren Untersuchungen zugrunde gelegt werden sollen.

Als erstes scheint uns für den Gegenstand der vorliegenden Arbeit noch einmal die Unterstreichung des Gesichtspunktes von Bedeutung zu sein, daß der Inhalt des Begriffes Technik sich nicht in materiellen Mitteln (z. B. Arbeitsmitteln) erschöpft, ja daß historisch gesehen diese nicht einmal den hauptsächlichen Inhalt dieses Begriffes bildeten. „J. S. Meleščenko (hat) zu Recht auf den Bedeutungswandel des Begriffs Technik aufmerksam gemacht ..., woraus allerdings noch nicht folgt,

[1] Die gegenwärtige wissenschaftlich-technische Revolution (Autorenkollektiv des Instituts für Geschichte der Naturwissenschaften und Technik der Akademie der Wissenschaften der UdSSR), Berlin 1972, S. 23.

daß er *auch heute noch* sowohl die *Mittel* als auch die *Verfahren* einschließt, die der ... Mensch nutzt" (Hervorhebung D. G.).[2] Hieraus folgt, daß man den jeweiligen Inhalt der Technik immer unter den konkreten Bedingungen des einzelnen Landes und seines ökonomischen Entwicklungsstandes betrachten muß, d. h., daß im Falle Tansanias z. B. die angewandten *Verfahren* in der Landwirtschaft[3] für die Entwicklung der Produktivkräfte eine bedeutsame, wenn nicht noch immer eine entscheidende Rolle spielen.

„Wir glauben, daß der Hauptinhalt des Begriffs Technik die Arbeitsmittel sind, d. h. Dinge und Komplexe von Dingen, die der Mensch zur Erlangung von materiellen Gütern einsetzt ... Verallgemeinert man diese Überlegungen, so kann man sagen, daß der Begriff Technik die künstlich geschaffenen Mittel der menschlichen Tätigkeit umschließt ... In all diesen Tätigkeiten verleihen die Menschen *je nach der Art der zu lösenden Aufgabe* der Technik die unterschiedlichsten Formen. Sie kann die Form von Arbeitsinstrumenten, Maschinen ... usw. annehmen, aber auch *nicht-maschineller* Formen ..." (Hervorhebung D. G.)[4]

Uns scheint dieser Hinweis auf die sehr unterschiedlichen Formen der Technik – wozu also z. B. auch bestimmte Verfahren und Methoden gehören – gerade für die Landwirtschaft von entscheidender Bedeutung zu sein, weil die Kenntnis und mögliche Ausnutzung bestimmter Naturgesetze damit besser erfaßt wird. Das heißt, mit gleichen Arbeitsmitteln kann je nach dem Grad der Beachtung solcher Naturgesetze ein sehr unterschiedliches Produktionsergebnis erzielt werden, d. h., im Rahmen einer ganzen Gesellschaft kann sich damit ein deutlich unterschiedliches Entwicklungsniveau der agraren Produktivkräfte widerspiegeln.

Zum Verhältnis von Produktivkräften der Gesellschaft und Technik werden weiterhin zwei wichtige Feststellungen getroffen.

Erstens. Die einzelnen technischen Mittel und Verfahren existieren nicht isoliert voneinander und können in ihrer Rolle und Entwicklung daher auch nicht isoliert betrachtet werden. Es wird zur Charakterisierung der Gesamtheit und wechselseitigen Bedingtheit technischer Mittel der Begriff der „materiell-technischen Basis der Gesellschaft" verwandt. „Die materiell-technische Basis der Gesellschaft läßt sich, als die Gesamtheit der dinglichen Elemente der Produktivkräfte bestimmen ..., die auf der

[2] Ebenda.

[3] Vgl. S. 255ff.

[4] Die gegenwärtige wissenschaftlich-technische Revolution, a. a. O., S. 23, 24.

Grundlage historisch bestimmter Prinzipien der Organisation, Produktion und Technologie organisch miteinander verbunden sind, wobei diese Prinzipien durch die herrschenden Produktionsverhältnisse und das in der Entwicklung von Wissenschaft und Technik erreichte Niveau bestimmt sind'."[5] Ergänzend wird hierzu bemerkt, daß zur materiell-technischen Basis die Gesamtheit der Produktionsmittel (einschließlich Arbeitsgegenstände), die angewandten Energieformen sowie die von der Gesellschaft bereits erschlossenen natürlichen Ressourcen wie Wasser, Böden usw. gehören.[6] Eine solche Charakterisierung umfaßt begrifflich zum größten Teil das, was wir in der traditionellen Landwirtschaft Tanganjikas/Tansanias als die Gesamtheit der ackerbaulichen Nutzungssysteme[7] vorfinden. Dabei dürfen insbesondere die natürlichen Grundlagen der Agrarproduktion, die Gesamtheit des geographischen Milieus (Klima, Vegetation usw.), nicht unbeachtet bleiben. Bereits Engels schrieb: „Unter den ökonomischen Verhältnissen ... verstehen wir die Art und Weise, worin die Menschen einer bestimmten Gesellschaft ihren Lebensunterhalt produzieren ... Also die *gesamte Technik* der Produktion und des Transports ist da einbegriffen ... Ferner sind einbegriffen unter den ökonomischen Verhältnissen die *geographischen Grundlagen* ..., natürlich auch das diese Gesellschaften nach außen hin umgebende Milieu ..."[8]

Aus diesen grundsätzlichen methodologischen Hinweisen von Engels ergibt sich nicht nur die Notwendigkeit, bei der Untersuchung der „ökonomischen Verhältnisse" einer Gesellschaft, also bei der Untersuchung des Wechselverhältnisses von Produktivkräften und Produktionsverhältnissen, die natürlichen Bedingungen (geographisches Milieu) immer mit im Auge zu behalten, sondern umgekehrt auch die Rückwirkungen auf das geographische Milieu gerade aus den spezifischen „ökonomischen Verhältnissen" heraus zu erklären. Hierauf ist in den einzelnen Abschnitten der Arbeit noch einzugehen.

Für das Verhältnis von Technik und Produktivkräften in der Landwirtschaft ergibt sich hieraus im besonderen der wichtige Hinweis, daß mit der Charakterisierung eines bestimmten Standes der materiellen

[5] Ebenda, S. 41.

[6] Ebenda, S. 20, 40.

[7] Vgl. S. 40. Dabei ist jedoch zu beachten, daß im ackerbaulichen Nutzungssystem der Grad der Arbeitserfahrung, der Geschicklichkeit usw. der Arbeitskraft mit einfließt.

[8] F. Engels an W. Borgius, Brief v. 25. 1. 1894, in: Marx/Engels, Werke, Bd. 39, Berlin 1968, S. 205.

Technik noch nicht der Entwicklungsstand der Produktivkräfte insgesamt wiedergegeben werden kann, da die außerordentliche Mannigfaltigkeit der natürlichen Bedingungen (Gunst oder Ungunst der Natur) ebenfalls einen sehr unterschiedlichen Entwicklungsstand der agraren Produktivkräfte zur Folge haben *kann* (zu dieser Problematik vgl. die Seiten 73 und 82). Es heißt daher u. E. zu Recht: „Deshalb zeichnet sich jede sozial-ökonomische Formation nicht nur durch ihr spezifisches Entwicklungsniveau der Produktivkräfte aus, sondern auch durch ihre besondere materiell-technische Basis. Den einzelnen Elementen der materiell-technischen Basis muß dabei in den verschiedenen historischen Epochen durchaus *nicht die gleiche Bedeutung* zukommen" (Hervorhebung D. G.).[9]

Zweitens. Bei der Charakterisierung und Untersuchung von Technik und Produktivkräften einer Gesellschaft muß in jedem Falle auch der Entwicklungsstand der menschlichen Produktivkraft berücksichtigt werden. „Wir stellen fest, daß die Produktivkraft des Menschen relativ langsam zunimmt, die der technischen Mittel dagegen ‚außerordentlich rasch ... Das wichtigste Element der Produktivkräfte sind aber *dennoch die Menschen* als Produzenten ... Das hat seine Ursache darin, daß sich mit der weiteren Entwicklung der Produktivkräfte nicht nur die technischen Mittel, sondern auch die Menschen selbst ändern. Ihre Qualifikation erhöht sich, ihre Erfahrungen nehmen zu, ihre Fertigkeiten und Kenntnisse erweitern sich" (Hervorhebung D. G.).[10]

Diese Art des historisch-konkreten Herangehens an die Bedeutung und den Inhalt des Begriffes Technik werden wir in den folgenden Untersuchungen zugrunde legen, ohne dabei aus den Augen zu verlieren, daß der historische Entwicklungsgang der Technik in Richtung einer wachsenden Bedeutung der *materiellen* Technik (materielle Arbeitsmittel, Maschinen usw.) verläuft und auch in Tansania verlaufen muß. In einer solchen Erkenntnis bestehen z. B. die Nützlichkeit und die große Bedeutung der Auswertung der Erfahrungen hochentwickelter Länder für die Entwicklungsländer. Dabei darf man jedoch nicht abstrakt herangehen und beispielsweise eine solch prinzipiell richtige Forderung wie die Überwindung der technischen Rückständigkeit der Entwicklungsländer (als Kampflosung gegen die von seiten des Neokolonialismus verfolgte Politik einer Konservierung arbeitsintensiver Verfahren und rückständiger

[9] Die gegenwärtige wissenschaftlich-technische Revolution, a. a. O., S. 42.
[10] Ebenda, S. 36.

Techniken usw.[11]) in der Weise überziehen und in ihr Gegenteil verkehren, daß man die konkreten Bedingungen zur Einführung und zur möglichen Wirksamkeit neuer Technik und neuer Produktionsmittel außerhalb jeder Betrachtung läßt. Hierauf wird ausführlicher im Kapitel III eingegangen.

Ein solch konkretes Herangehen ist von ganz entscheidender Bedeutung für die Einschätzung dessen, was als progressive und mögliche technische Veränderung und Entwicklung in solchen noch wenig entwickelten Gesellschaften wie Tansania anzusehen ist (vom Standpunkt hochentwikkelter Länder kann es sich dabei um kaum ins Auge springende Geringfügigkeiten handeln, vom Standpunkt der wenig entwickelten Länder jedoch um bereits bedeutende Veränderungen). Hiervon wird auch die technische Orientierung bestimmt. Zum Beispiel zeigt uns die Praxis Tansanias und anderer Entwicklungsländer, daß in ein- und demselben Entwicklungsabschnitt gleichzeitig unterschiedliche technische Systeme eingeführt werden. Beispielsweise ist für die breite Praxis der tansanischen bäuerlichen Landwirtschaft der Ochsenpflug gegenwärtig das Hauptkettenglied zur technischen Entwicklung. Gleichzeitig weist die TANU mit Recht darauf hin, daß vor allem in den Staatsgütern – und soweit möglich, auch in wirtschaftlich gefestigten Ujamaa-Genossenschaften – Traktoren und andere moderne Landtechnik zum Einsatz kommen müssen, um so allmählich den allgemeinen Übergang auch der übrigen Landwirtschaft auf die moderne Technik vorzubereiten und die bereits vorhandenen objektiven Möglichkeiten zur Einführung modernster Technik (vor allem im staatlichen Sektor der Landwirtschaft) voll auszuschöpfen. Wenn wir davon ausgehen, daß die *materielle* Technik (in Gestalt von Maschinen oder anderen hochentwickelten Arbeitswerkzeugen) erst in einem relativ späten Entwicklungsabschnitt den Hauptinhalt des Begriffes Technik ausmacht, so impliziert dies gleichzeitig auch einen ganz bestimmten Stand der jeweils damit verbundenen gesellschaftlichen Arbeitsteilung, der gesellschaftlichen Kommunikation und allgemein auch der gesellschaftlichen Verhältnisse, der erst nach einem längeren Entwicklungsstadium in breitem Maße erreicht werden kann.

Es ist also vom Standpunkt der Interessen der noch wenig entwickelten Länder aus notwendig, genau den Charakter und den Inhalt der jeweiligen Technik zu bestimmen, die in großem Umfange in einem bestimmten

[11] Vgl. hierzu besonders Tjagunenko, V., Neokolonialistische Arbeitsteilung, in: Probleme des Friedens und des Sozialismus, Nr. 2/1972, S. 234–239. Dabei gibt es auch noch einen Unterschied zwischen Industrie und Landwirtschaft. Hierauf ist noch einzugehen.

Entwicklungsabschnitt zum Einsatz gelangen soll, damit ein maximaler Effekt zur Entwicklung der Produktivkräfte erzielt wird.

Der jeweilige Stand der Produktivkräfte wird meist durch den Umfang der möglichen Produktion in Naturaleinheiten wiedergegeben (Produktionskapazität).[12] Das scheint jedoch nicht ausreichend zu sein. Man muß den jeweiligen Stand der Produktivkräfte unbedingt auch danach bewerten, mit welchem Aufwand an Arbeit eine bestimmte Menge Produkt erzeugt wird, d. h., der erreichte Stand der Arbeitsproduktivität ist ebenfalls ein wichtiger Gradmesser hierfür[13] (ausgedrückt in Naturaleinheiten pro Zeiteinheit, beispielsweise, wieviel kg Getreide pro Person und Tag erzeugt werden können).

Diese Frage hat insoweit große praktische Bedeutung, als es prinzipiell nicht möglich ist, die Landwirtschaft Tansanias wie auch anderer Länder Ostafrikas sozusagen über Nacht mit moderner Technik auszurüsten und damit die Arbeitsproduktivität spürbar zu steigern. Mottek schreibt hierzu richtig: „Die Überwindung der technischen Rückständigkeit hat also nicht nur qualitative, sondern vor allem auch quantitative Seiten. Mit diesen quantitativen Seiten hängt aber auch die Tatsache zusammen, daß die Erreichung des Weltstandes selbst bei größtmöglicher Beschleunigung einen längeren Zeitabschnitt verlangt. Dieser Zeitabschnitt ist als Übergangsphase durch das Nebeneinanderbestehen von alter und neuer Technik gekennzeichnet. Ein solches Nebeneinanderbestehen ist ökonomisch notwendig und auch in den führenden Industrieländern zu beobachten.“[14]

Andererseits ist es aber unbedingt erforderlich, die landwirtschaftliche Produktion sowie die Arbeitsproduktivität sofort zu steigern. Hieraus ergibt sich zwingend die Notwendigkeit, nach Elementen im System der vorhandenen (meist traditionellen) landwirtschaftlichen Produktivkräfte zu suchen, die ein dynamisches Moment enthalten, d. h. die eine Steigerung der Produktion und der Produktivität erlauben (wenn auch in Grenzen). Es ist ferner nach den gesellschaftlichen und ökonomischen Bedingungen zu forschen, die zu ihrer möglichst umfassenden Anwendung erforderlich

[12] Vgl. hierzu Mottek, H., Zu einigen Fragen der Entwicklung der Produktivkräfte und ihrer gesellschaftlichen Bedingungen, in: Jahrbuch für Wirtschaftsgeschichte, Teil II/III, Berlin 1964, S. 183.

[13] Vgl. auch Abschnitt Intensivierung, S. 71.

[14] Mottek, H., Die Wahl der richtigen Technik und die Beschleunigung des Wirtschaftswachstums in den Entwicklungsländern, in: Jahrbuch für Wirtschaftsgeschichte, Teil I, Berlin 1968, S. 14.

sind.[15] In diesem Sinne darf man in der Landwirtschaft Tansanias also nicht – wie bereits weiter oben angedeutet – nur die unmittelbare *materielle* Technik (Handarbeitsgeräte usw.) im Auge haben, sondern muß die Technik der landwirtschaftlichen Produktion in einem weiteren Sinne fassen.[16] Hierzu gehören z. B. die Art und Weise sowie der Zeitpunkt der Bodenbearbeitung, bestimmte Anbautechniken (Dammkultur, Naßreisanbau), die Wahl bestimmter Kulturpflanzen für bestimmte Böden, vor allem aber die Vielfalt der Fruchtfolgen, die bereits unter traditionellen Bedingungen erprobt und angewandt werden. Wir verwenden in der Arbeit zur Charakterisierung solcher Elemente eines umfassenderen Begriffes Technik in der Landwirtschaft den Begriff des *ackerbaulichen Nutzungssystems*[17]. Die Entwicklung dieses Systems folgt ganz bestimmten Gesetzmäßigkeiten, es ist weitgehend determiniert durch den Stand der jeweiligen Produktionsverhältnisse; es bildet andererseits aber einen

15 „Im größten Teil der Tropen ... wenden die Bauern extensive Techniken an, gemessen sowohl an dem niedrigen Ergebnis (Ertrag pro Hektar) als auch gemessen an der Produktivität (Ertrag pro Arbeitstag). Die Qualität der Landnutzung ist sehr gering; eine solche Situation ist primär das Ergebnis der Technik (und der Zivilisation im breiteren Sinne) und nicht direktes Ergebnis ungünstiger physikalischer Bedingungen ..." (Gourou, P., The Quality of Land Use of Tropical Cultivators, in: Man's Role in Changing the Face of the Earth (Hrsg. W. L. Thomas)' Chicago – Illinois 1956, S. 343).

16 Das heißt im Sinne eines unentwickelten frühen Stadiums der ökonomischen Entwicklung,

17 Das für den praktischen Landwirt wie auch für den Ökonomen gleichermaßen wichtige Verbindungsglied und die Erscheinungsform der engen Verflechtung von natürlichem und ökonomischem Reproduktionsprozeß in der Landwirtschaft ist das jeweilige ackerbauliche Nutzungssystem. Wir verstehen darunter die Gesamtheit der agrobiologischen, agrotechnischen, agrarwissenschaftlichen und betriebswirtschaftlichen Methoden und Systeme zur ackerbaulichen Produktion nebst den dazu erforderlichen Böden und Kulturpflanzen. Im ackerbaulichen Nutzungssystem schlagen sich sowohl der Grad der Naturbeherrschung des Menschen wie auch die Erfordernisse des jeweiligen sozialen Systems an die Agrarproduktion nieder.

Das jeweilige ackerbauliche Nutzungssystem ist entscheidend für den Entwicklungsverlauf der effektiven ökonomischen Bodenfruchtbarkeit. Deshalb muß man vor allem seine Bedingungen und Potenzen eingehend untersuchen und insbesondere den inneren notwendigen Zusammenhang zum jeweiligen sozialen System erforschen, um die Möglichkeiten für eine Veränderung und Entwicklung der agraren Produktivkräfte aufzudecken.

wichtigen Faktor (als Element der Produktivkräfte) für den jeweiligen Stand der Produktionsverhältnisse. Gerade aus einer solchen Betrachtung läßt sich abermals schlußfolgern: Zur Charakterisierung des Standes der Technik und der Produktivkräfte in der Landwirtschaft (dazu unter Bedingungen ökonomisch rückständiger oder gering entwickelter Länder wie Tansania) darf der Stand der materiellen Technik nicht isoliert und als ausschließlicher Maßstab der Entwicklung der Produktivkräfte betrachtet werden. Wir kennen beispielsweise aus der deutschen Agrargeschichte (als Deutschland noch ein rückständiges, ökonomisch wenig entwickeltes Gebiet war) die außerordentlich bedeutsame Rolle der ackerbaulichen Nutzungssysteme (Nutzungsformen), die sich hinsichtlich der verwendeten materiellen Technik (Arbeitsmittel) nicht prinzipiell unterschieden. Über Jahrhunderte wurden oft die gleichen Arbeitsmittel verwandt. Von gewaltigem Einfluß war aber dagegen die Tatsache, daß sich aus der zur Zeit des Tacitus noch bekannten Zweifelder-Umlagewirtschaft (1 Jahr Winterweizen, 1 Jahr Sommergerste, Brache, mit anschließender langjähriger Nutzung als Weide) schließlich die verbesserte Dreifelderwirtschaft (stationär, ohne Umlage, 1 Jahr Wintergetreide, 1 Jahr Sommergetreide, an Stelle der Brache Besömmerung des Bodens mittels Klee oder anderem Viehfutter bzw. Anbau von Hackfrüchten bei systematischer Anwendung von Viehdung) und die moderne Fruchtwechselwirtschaft entwickelten.[18]

Entscheidend für diese Entwicklung waren die Einführung neuer Pflanzen zum Teil aus anderen Kontinenten[19], die Aufstallung von Vieh vornehmlich für Düngerzwecke sowie ein ganzes System wissenschaftlich begründeter Maßnahmen (die nicht immer an zusätzliche materielle Technik gebunden waren), mit dessen Hilfe die Bodenfruchtbarkeit erhalten und

[18] Vgl. hierzu F. Aereboe, Agrarpolitik, Berlin 1928, S. 89–124. „Nach Roscher konnte man unter der Dreifelderwirtschaft auf mittelmäßigem Boden kaum 20% der Feldmark mit Brotfrüchten bestellen. Dagegen nahm Thünen an, daß man bei Fruchtwechselwirtschaft mit Stallfütterung 55, ja 60% der Feldmark zum Getreidebau verwenden könne" (Kautsky, K., Die Agrarfrage, Berlin 1899, S. 34).

Es handelt sich hier um die Demonstration des Fortschritts aus rein agronomischer Sicht, d. h., der kleinbäuerliche Betrieb war natürlich zu einem solchen Anteil von Getreide in der Fruchtfolge wie der Thünensche Großbetrieb niemals in der Lage.

[19] Beispielsweise die Kulturpflanzen amerikanischen Ursprungs, Kartoffeln, Mais, Klee, Tabak.

schließlich beträchtlich gesteigert werden konnte. Als Ergebnis dessen vollzog sich z. B. in der deutschen Landwirtschaft eine gewaltige Produktionssteigerung, und zwar noch bevor eine umfassende Einführung moderner technischer Arbeitsmittel durch den Kapitalismus in der Landwirtschaft erfolgte.

Allerdings wird bei einer solchen Darstellung der technischen Seite der Entwicklung in der bürgerlichen Wissenschaft nahezu völlig unbeachtet gelassen, daß in diesem Zeitraum die gesellschaftlichen Beziehungen der germanischen Gens überwunden, das feudale Entwicklungsstadium durchlaufen und die kapitalistische Entwicklung außerhalb der Landwirtschaft bereits weit fortgeschritten war. Das heißt, daß die Entwicklung des ackerbaulichen Nutzungssystems sich nicht isoliert von den übrigen Bereichen und vor allem nicht losgelöst von den allgemeinen gesellschaftlichen Bedingungen vollzog.[20] Gerade die Einführung neuer Kulturpflanzen war mit dem sich entwickelnden Welthandel des Frühkapitalismus verbunden, die Wissenschaft der Agronomie mit dem allgemeinen Aufschwung der Wissenschaft in Verbindung mit Industrie und Handel usw. Auch der Mechanismus des Bevölkerungswachstums, der zu steigender Nachfrage nach Bodenprodukten und zur Notwendigkeit der Steigerung der primären Agrarproduktion führte, ist gänzlich verschieden vom demographischen Faktor im afrikanischen Dorfgemeindesystem.

Trotzdem sind gewisse Analogien und bestimmte Rückschlüsse von großem Interesse und methodologischer Bedeutung.

Wir werden daher im folgenden Technik und Produktivkräfte in der Landwirtschaft aus einer solchen umfassenden Sicht behandeln, um zu wirksamen Schlußfolgerungen im Hinblick auf eine progressive Veränderung der materiell-technischen Basis und der Entwicklung der agraren Produktivkräfte Tansanias zu gelangen.

Wenn die sachlichen Produktivkräfte in der Landwirtschaft dargestellt werden, so erscheint der Boden oft als ein Produktionsmittel neben

[20] „Die Industrie bildet die Triebkraft nicht nur ihrer eigenen, sondern auch der landwirtschaftlichen Entwicklung ... Wir haben ... gefunden, daß die Landwirtschaft der Feudalzeit sich in einer Sackgasse verrannte, aus der sie durch eigene Kraft sich nicht herausarbeiten konnte. Es war die städtische Industrie, welche die revolutionären Kräfte schuf, die gezwungen und imstande waren, das feudale Regime niederzureißen ... und damit der Landwirtschaft neue Bahnen zu eröffnen ... Es war die Industrie, die dann die technischen und wissenschaftlichen Bedingungen der neuen rationellen Landwirtschaft erzeugte" (Kautsky, K., Die Agrarfrage, a. a. O., S. 292).

anderen Arbeitsmitteln und Arbeitsgegenständen, wie z. B. Hacken, Pflügen, Pflanzen usw.[21] Eine solche Betrachtungsweise entspricht in keiner Weise der Bedeutung des Bodens und seiner wichtigsten Eigenschaft Fruchtbarkeit. Wenn daher vom System der landwirtschaftlichen Produktivkräfte die Rede ist, muß der Boden nicht nur schlechthin an erster Stelle genannt werden, sondern es ist auch erforderlich, zu verstehen, weshalb der Boden das Hauptproduktionsmittel der Landwirtschaft darstellt. Die jeweilige, mit ökonomischen Mitteln erzielte effektive ökonomische *Bodenfruchtbarkeit* (ausgedrückt im Ertrag pro Flächeneinheit) ist letztlich der entscheidende Gradmesser für den erreichten Entwicklungsstand der Produktivkräfte in der Landwirtschaft. Das gilt in vollem Umfange gerade auch für das Gebiet der Tropen (und Subtropen).

Das bedeutet keine Geringschätzung der übrigen Arbeitsmittel (z. B. der landwirtschaftlichen Arbeitsgeräte, der Zugkräfte usw.) sowie der Arbeitsgegenstände (Pflanzen, z. T. Saatgut, Tiere usw.). Sie sind insgesamt die materielle (technische) Voraussetzung, um den Boden überhaupt in Betrieb zu nehmen, um eine bestimmte ökonomische Bodenfruchtbarkeit zu erzielen. Daher wird oft vor allem in technisch entwickelten Gesellschaften ein verkürztes Verfahren zur Bestimmung des Entwicklungsstandes der Produktivkräfte in der Landwirtschaft angewandt: Man schließt vom Stand einer bestimmten materiellen Agrartechnik (z. B. gesamtes Maschinen- und Transportsystem) unmittelbar auf die erzielbaren materiellen Produktionsergebnisse der Landwirtschaft, d. h., die technischen Investitionen z. B. werden zu den Produktionsergebnissen unmittelbar in Beziehung gesetzt, wobei sich *in der Regel* aus wachsenden Investitionen im Bereich der technischen Arbeitsmittel auch wachsende Produktionsergebnisse (z. B. Hektar-Erträge) ergeben.[22] Ein solches

[21] In der Landwirtschaft können viele Produktionsmittel sowohl Arbeitsgegenstand als auch Arbeitsmittel sein, je nach ihrer Bestimmung innerhalb des Reproduktionsprozesses. Marx schreibt: „In der Agrikultur können Samen, Dünger, Vieh etc. ebenso wohl wie Rohstoff, wie als matières instrumentales betrachtet werden. Sie bildet eine Produktionsweise sui generis, weil zum mechanischen und chemischen Prozeß der organische hinzukommt und der natürliche Reproduktionsprozeß bloß kontrolliert und dirigiert wird." (K. Marx, Grundrisse der Kritik der Politischen Ökonomie, Berlin 1953, S. 614).

[22] Vgl. hierzu: Löhrke, L., Stegmann, H., Horn, K., Grundmittel und Investitionen in der landwirtschaftlichen Produktion und Nahrungsgüterwirtschaft, Berlin 1970, S. 78–81.

Herangehen unterstellt aber zugleich stillschweigend ein ganzes System von Maßnahmen sowie Investitionen im Bereich des Bodens und der Bodenfruchtbarkeit, d. h. das Verfahren, allein aus dem Stand der materiellen Agrartechnik vornehmlich den Entwicklungsstand der Produktivkräfte ablesen zu wollen, ist höchst einseitig.[23] Gerade in frühen Gesellschaften, z. B. auch in den ostafrikanischen ackerbautreibenden Gesellschaften, wird mit einem nahezu gleichen Stand der materiellen Agrartechnik ein außerordentlich verschiedenartiger Stand der Produktivkräfte in der Landwirtschaft insgesamt erreicht. Allerdings ist richtig, daß ein bestimmter Entwicklungsstand der materiellen Technik dem jeweiligen Entwicklungsstand der Produktivkräfte in der Landwirtschaft insgesamt bestimmte Grenzen setzt.

Allgemeiner ausgedrückt: Der Stand der sachlichen Produktivkräfte in der Landwirtschaft kann nur richtig und aussagekräftig ermittelt werden, wenn die Produktivkräfte als ein System von Faktoren aufgefaßt werden, dessen Kernstück der Boden mit seiner Fruchtbarkeit bildet. Dieser Seite wird daher in den folgenden Abschnitten besondere Aufmerksamkeit gewidmet.

Wir dürfen, wenn wir derzeit für Tansania (wie für viele andere Entwicklungsländer) einen Inhalt des Begriffes Technik zugrunde legen, der stark *Verfahren* und *Methoden* betont, nicht aus dem Auge verlieren, daß es sich hierbei nur um eine bestimmte *Etappe* der Entwicklung handeln kann. Das Ziel muß sein, den Charakter der Technik in Richtung auf eine Zunahme ihres materiellen Inhalts (materielle Arbeitsmittel oder, ökonomisch ausgedrückt, den Anteil von konstantem Kapital oder Grundfonds) zu verändern. Das kann aber nicht isoliert in der Landwirtschaft geschehen, sondern dies ist nur möglich, indem eine nationale Industrie, ein eigenes Transport- und Kommunikationssystem, das Bildungswesen usw. aufgebaut und entwickelt werden, d. h. in dem Maße, wie die Land-

[23] „In den bisherigen Analysen innerhalb der Landwirtschaft und auch bei Vergleichen zwischen den Zweigen und Bereichen der Volkswirtschaft wurde die im Boden vergegenständlichte Arbeit in ihrer quantitativen und qualitativen Veränderung nur ungenügend beachtet. Das führte zu einer Unterschätzung ihrer Bedeutung im Produktionsprozeß und zu falschen Folgerungen hinsichtlich der Produktivitäts- und Effektivitätsentwicklung. Daraus ergibt sich, daß in Zukunft sowohl diese Untersuchungen über die Stellung der Landwirtschaft in der Volkswirtschaft hinsichtlich der Fondseffektivität als auch bei Entscheidungen über Investitionsvarianten die im Boden vergegenständlichte Arbeit ... einzubeziehen ... (ist)“ (Ebenda, S. 18).

wirtschaft organisch in die gesellschaftliche Arbeitsteilung einbezogen und so zum Teil des gesellschaftlichen Gesamtarbeiters wird.

Das ist jedoch nicht nur eine ökonomische, sondern zugleich eine äußerst wichtige politische Aufgabe, da hiermit bestimmte moderne Klassenbeziehungen (als soziologische Widerspiegelungen von Veränderungen in der Ökonomik) verbunden sind. Im Kern geht es dabei zugleich um die künftigen Klassenbeziehungen zwischen der Bauernschaft (Dorf) und der Arbeiterklasse (Stadt) in Tansania.

Der Aufbau der nichtlandwirtschaftlichen Sektoren und Bereiche muß sich dabei zunächst zu einem erheblichen Teil auf die Landwirtschaft stützen. Insoweit unterscheidet sich, historisch gesehen, die Aufgabenstellung der Entwicklungsländer nicht von der aller entwickelter Länder, wo der Aufbau und Ausbau der Industrie und der nichtlandwirtschaftlichen Sektoren und Bereiche gleichfalls zu einem beträchtlichen Teil durch die Landwirtschaft ökonomisch getragen wurde. (Es gibt hier zwischen kapitalistischen und sozialistischen Ländern einen grundlegenden Unterschied. Während im Kapitalismus sich dieser ökonomische Fortschritt einseitig auf Kosten und zu Lasten des flachen Landes vollzieht – wie bereits Kautsky[24] überzeugend nachweisen konnte –, leistet die Arbeiterklasse der werktätigen Bauernschaft in der Periode des sozialistischen Aufbaus zugleich eine umfassende Hilfe auf den verschiedensten Gebieten und schafft mit der umfassenden Industrialisierung eine wesentliche Voraussetzung für einen nachfolgenden raschen Aufschwung des Dorfes[25]. Diese Erfahrungen der sozialistischen Länder haben prinzipielle

[24] Kautsky, K., Die Agrarfrage, a. a. O., S. 208.
Kautsky schreibt weiter: „Auch auf dem flachen Lande geräth das ganze ökonomische Leben, das sich bisher so einförmig streng, in ewig gleichen Gleisen bewegte, in den Zustand ständiger Revolutionierung, der das Kennzeichen der kapitalistischen Produktionsweise ist. Dieser ständige Wechsel zieht alle auf den Grund, die nicht außergewöhnliches Glück, außergewöhnliche Rücksichtslosigkeit, außergewöhnliche geschäftliche Intelligenz und außergewöhnliche Geldmittel aufweisen können. Und so inauguriert die Revolutionierung der Landwirtschaft für sie alle eine Hetzjagd, in der sie erbarmungslos weitergetrieben werden, bis sie erschöpft zusammenbrechen – mit Ausnahme einiger brutaler Glückspilze, denen es gelingt, auf den Körpern der Unterliegenden sich emporzuschwingen in die Reihen der Hetzenden, der großen Kapitalisten" (Ebenda, S. 298).

[25] Zu diesen spürbaren Hilfen der Arbeiterklasse für die Bauernschaft in der Übergangsperiode zum Aufbau des Sozialismus gehören die Bodenreform und die Beseitigung feudaler sowie besonders drückender kapitalistischer Aus-

Bedeutung auch für die Entwicklungsländer. Von Anfang an spielen z. B. die ökonomischen Interessen der werktätigen Bauernschaft und ihre Berücksichtigung bei der Festlegung des Tempos der industriellen Entwicklung eine besondere Rolle, d. h., für die ökonomische Grundlage des Bündnisses der revolutionär-demokratischen Führungskräfte mit der Bauernschaft entsteht hier ein Angelpunkt.

Nach Meinung des Autors besteht eine große historische Chance Tansanias – wie vieler anderer Entwicklungsländer – darin, daß die mit der Industrialisierung zwangsläufig auftretenden Belastungen des Dorfes nicht nur in der Weise gemildert werden können, daß die sozialistischen Länder unmittelbar bei der Industrialisierung usw. Hilfe leisten, sondern daß bereits jetzt die potentiell gegebenen Möglichkeiten zur raschen Entwicklung der agraren Produktivkräfte und zur Hebung des Lebensstandards der Bauernschaft mit Unterstützung der sozialistischen Länder vor allem auf agrarwissenschaftlichem Gebiet voll ausgeschöpft werden können.

Dies kann die ökonomische und soziale Entwicklung auf dem Lande auch in Richtung auf den nichtkapitalistischen Weg bedeutend fördern und sich positiv auf die Lösung des Bündnisses der revolutionär-demokratischen Führungskräfte und der internationalen Arbeiterklasse mit den Massen der Bauernschaft auswirken.[26] Hierzu ist jedoch erforderlich, die Ansatzpunkte für eine Unterstützung der sozialistischen Länder im Bereich der natürlichen sowie ökonomischen und gesellschaftlichen Bedingungen der Landwirtschaft möglichst genau zu bestimmen, damit diese Unterstützung in einem Höchstmaß auch wirksam werden kann (vgl. hierzu Kapitel IV).

beutungsformen wie des Wucherkapitals usw. Die werktätige Bauernschaft erhält umfassende politische Rechte usw.

[26] Offenbar hatte dies Brežnev im Auge, als er erklärte: „Heute ist die zentrale Frage des revolutionären Prozesses in Afrika und Asien die Position der Bauernschaft, die dort die Mehrheit der Bevölkerung bildet ... Unter den gegenwärtigen Verhältnissen hat das Problem der Beziehungen zwischen der Arbeiterklasse und der Bauernschaft der ehemaligen Kolonialländer weitgehend internationalen Charakter. Es geht um die Festigung des Bündnisses der gesamten internationalen Arbeiterklasse mit der Bauernschaft ... der jungen Staaten, die sich befreit haben" (Brežnev, L. I., Rede auf der Internationalen Beratung der kommunistischen und Arbeiterparteien, Moskau 1969, Berlin 1969, S. 191/192).

II. Der Boden als Hauptproduktionsmittel der Landwirtschaft

1. *Die Bodenfruchtbarkeit als natürliche Kategorie*

Als Boden bezeichnen wir die oberen Schichten der Erdoberfläche, die unter dem Einfluß von Atmosphärilien (Temperatur, Niederschläge usw.), Vegetation und Mikroflora im Verlaufe eines sehr langen Zeitraumes die Eigenschaft erworben haben, höheren Pflanzen ausreichende Wachstumsbedingungen zu gewährleisten. Diese objektive Eigenschaft des Bodens, höheres Pflanzenwachstum zu ermöglichen, bezeichnen wir als die Fruchtbarkeit des Bodens. Sie variiert im Naturzustand außerordentlich stark, je nachdem, welcher Art das Ausgangsgestein der Bodenbildung ist (ob also größere Mengen Pflanzennährstoffe freigesetzt werden können oder nicht), ferner, in welchen klimatischen Zonen sich die Bodenbildung vollzieht und damit, welcher Art die sich entwickelnde Vegetation ist. Eine bedeutsameRolle spielt ferner die Art der biologischen Aktivität im Boden, d. h., welche Arten von Mikroorganismen im Boden die günstigsten Lebensbedingungen vorfinden (aerobe oder anaerobe Prozesse). Diese biologische Aktivität ist dabei ursächlich bedingt durch die klimatischen Bedingungen (Temperatur und Feuchtigkeit) sowie die Art der sich ausbildenden Vegetation. Einen örtlich beherrschenden Einfluß auf die Bodenbildung hat außerdem das Relief, das innerhalb bestimmter Klimazonen recht unterschiedliche Bodentypen bedingt (z. B. Hanglagen mit Flachgründigkeit, Niederungen mit Sumpfbildung usw.).

Für die Bodenbildung auf natürlichem Wege ist charakteristisch, daß sie sehr lange Zeiträume umfaßt, daß also Hunderte, ja Tausende von Jahren vergehen, ehe bestimmte Böden mit einer gewissen Mächtigkeit der Krume entstehen. Das schließt ein, daß Veränderungen im Bodenbildungsprozeß nur sehr langsam vor sich gehen, im Verlaufe eines Menschenalters nahezu unmerklich. Lediglich bei Naturkatastrophen und extremen Witterungsbedingungen über mehrere Vegetationsperioden hinweg kann es zu relativ kurzfristigen und nachhaltigen Veränderungen der Vegetation kommen, die sich im Bodenbildungsprozeß niederschlagen. Ansonsten bildet sich ein relativ stabiles (dynamisches) Gleichgewicht zwischen den einzelnen bodenbildenden und bodenzerstörenden Faktoren heraus, in dessen Ergebnis ein bestimmter Bodentyp über lange Zeiträume hinweg erhalten bleibt und die Bodenkrume langsam an Mächtigkeit gewinnt, d. h., daß immer mehr Muttergestein in die Bodenbildung einbezogen wird.

„Einen solchen natürlichen Gleichgewichtszustand, in dem Vegetation und Boden im Gleichgewicht mit Klima, Gestein und Relief stehen, nennt man Klimaxzustand.“[27]

Im Ergebnis eines bestimmten Klimaxzustandes entsteht eine bestimmte natürliche Fruchtbarkeit, die für einen langen Zeitraum nur wenig Veränderung zeigt. Man kann sie daher als Konstante annehmen und dies schematisch so darstellen:

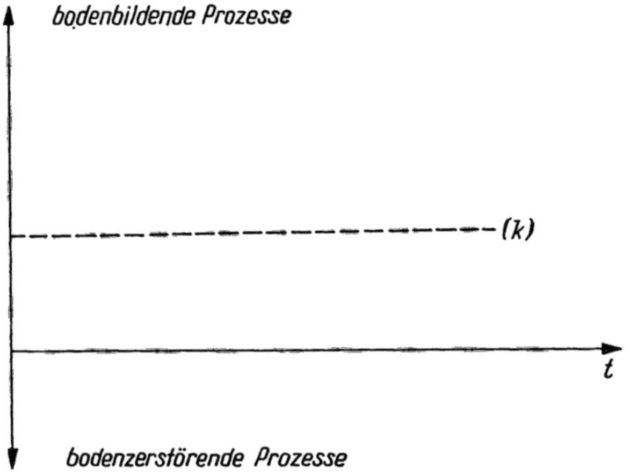

Abb. 1. Schematische Darstellung natürlicher Fruchtbarkeit

Völlig anders gestaltet sich die Situation bei Eingriff des Menschen in den ablaufenden Bodenbildungsprozeß. Hier genügen oft wenige Jahrzehnte, um erhebliche Veränderungen im laufenden Bodenbildungsprozeß (und damit der Bodenfruchtbarkeit) zu bewirken. Eine reine Aufzählung der bodenbildenden Faktoren vermittelt noch kein Bild der ausgeprägten Komplexität und Kompliziertheit der Abläufe im Boden und kann leicht dazu führen, zweitrangige Probleme für die dringlichsten zu halten und umgekehrt. So war es für die Anfangsperiode der Agronomie in Westeuropa während des 19. Jahrhunderts charakteristisch, daß sie

[27] Mutscher, H., Bodenerhaltung, Bd. 1, Materialien zum Hochschulstudium der Landwirtschaftswissenschaften, Tropische und subtropische Landwirtschaft, hrsg. v. Staatssekretariat für das Hoch- u. Fachschulwesen der DDR, Leipzig 1967, S. 71.

der Nährstoffversorgung der Pflanze (Justus v. Liebig 1855: Formulierung des Gesetzes vom Minimum) eindeutig die Priorität einräumte. Demzufolge ergab sich für die Erforschung der Fruchtbarkeitsprobleme des Bodens und für die Erforschung seiner Genesis von selbst eine Priorität des Ausgangsgesteins. Man glaubte z. B., daß Böden, die auf der Basis alkalireichen Muttergesteins entstehen, in jedem Falle die besten Bedingungen für das Pflanzenwachstum liefern und daß diese damit in der Spitze der Fruchtbarkeitspyramide rangieren. Die rasche Zunahme der agronomischen Zweigdisziplinen mit der Anhäufung exakten vergleichbaren Materials und gesicherten langjährigen Untersuchungsergebnissen hat dann recht schnell zu der Einsicht geführt, daß vor allem die Struktur der Böden, die Humusversorgung, die Azidität usw. optimal gesichert sein müssen, wenn nicht die im Ausgangsmaterial vorhandenen Nährstoffe im Verlaufe des geologischen Kreislaufs ausgewaschen und die von Natur aus reichen Böden schnell in arme verwandelt werden sollen.

In der Folgezeit begann man daher immer mehr, den Prozeß der Bodenbildung im Zusammenhang, als ein Zusammenwirken verschiedenster Faktoren, als ein komplexes System von Ursache und Wirkung, aufzufassen. Die Erforschung dieses komplexen und dynamischen Systems ist auch heute beileibe noch nicht abgeschlossen. Beispielsweise bildet die gesamte Humusforschung (ihre biochemische und biologische Komponente) auch heute noch einen Hauptgegenstand der entsprechenden agronomischen Disziplinen. Mit den gegenwärtigen Mitteln der Wissenschaft können wir z. B. in einem Gramm Boden rd. 100 Millionen Bakterien, Algen und Pilze nachweisen, deren Funktion nur teilweise bekannt ist. Die Kenntnis über die Anzahl und Tätigkeit der Mikroorganismen, die für den Aufbau der verschiedenen hochmolekularen Humussäuren von erstrangiger Bedeutung sind, dürfte aber mit dem weiteren Eindringen des Menschen in die Geheimnisse des Mikrokosmos sicher noch differenzierter und umfassender werden, so daß durchaus noch eine Reihe prinzipiell neuer Erkenntnisse auf diesem Gebiet erwartet werden kann.[28]

Aus einem dynamischen und selbstregulierenden System, wie es der Bodenbildungsprozeß im Naturzustand darstellt, entsteht bei der ackerbaulichen Nutzung ein System, in dem der Mensch zunehmend eine steuernde und regelnde Funktion erfüllt. Dabei ist, wie in allen dynamischen Systemen, die Effektivität des Gesamtsystems durchaus nicht

28 Nach neueren Forschungen sind z. B. an der Panzerbildung tropischer Böden, die zur Unfruchtbarkeit führen, auch Mikroorganismen beteiligt.

gleich der Summe der Effektivität der Teilsysteme, sondern es tritt eine potenzierende Wirkung ein, sobald die Teilsysteme effektiver werden. Es kann dies als eine der wichtigen Ursachen dafür angesehen werden, weshalb die Anwendung wissenschaftlicher Erkenntnisse in Teilbereichen der Agronomie so außerordentlich effektiv ist. Beispielsweise ist die bekannte ertragssteigernde Wirkung von Bodenbearbeitungsmaßnahmen zu den agrotechnisch günstigsten Terminen – was keinerlei zusätzliche Aufwendungen erforderlich macht – eben darauf zurückzuführen, daß dies die biologischen Vorgänge im Boden günstig beeinflußt, die Bildung der Krümelstruktur fördert und damit die bodenbildenden Faktoren unterstützt.

Die natürliche Bodenfruchtbarkeit

Für die Bodenfruchtbarkeit, die Fähigkeit des Bodens, ein bestimmtes höheres Pflanzenwachstum zu ermöglichen, gibt es zahlreiche, zum Teil umstrittene Definitionen. Der Verfasser schließt sich der von der Deutschen Akademie der Landwirtschaftswissenschaften zu Berlin gegebenen Definition an, in der es heißt: „... die Bodenfruchtbarkeit ist eine objektive Eigenschaft des Bodens. Wir verstehen darunter die Eigenschaft des Bodens zur Pflanzenerzeugung ... Die Bodenfruchtbarkeit wird durch eine große Zahl einzelner Bodeneigenschaften und durch zahlreiche, im Boden ablaufende Vorgänge bedingt. Besondere Bedeutung hat dabei das Transformations- und Speicherungsvermögen des Bodens ..."[29]

Diese Definition erfaßt das Kernproblem der Bodenfruchtbarkeit sowohl im Hinblick auf das Pflanzenwachstum (Ertrag) als auch auf die bereits dargelegte Komplexität der Probleme, die mit dem Boden, seiner Bildung und seiner spezifischen Funktion verbunden sind. Wir haben es beim Boden mit einer eigenständigen Kategorie zu tun. Er ist nicht ersetzbar.

Es müssen jedoch gegenüber dem bisher Gesagten noch einige ergänzende Feststellungen und Erweiterungen getroffen werden. Es betrifft dies im wesentlichen die Unterschiede, die zwischen den Kategorien Boden und Bodenfruchtbarkeit bestehen. Während wir es beim Boden

[29] Beschluß des Plenums der Deutschen Akademie der Landwirtschaftswissenschaften vom 11. Oktober 1963 zur Definition des Begriffs Bodenfruchtbarkeit, in: Zeitschrift für Agrarökonomie, Berlin, Nr. 12/1963, S. 361.

schlechthin mit seiner Fähigkeit zu tun haben, höheres Pflanzenwachstum zu gewährleisten, wird in die Kategorie Bodenfruchtbarkeit eine quantitative Bestimmung mit eingeführt: Wir wollen die Höhe des Pflanzenertrages wissen, den uns ein bestimmter Boden als Ausdruck seiner Fruchtbarkeit liefert. Anders ausgedrückt: Die Bodenfruchtbarkeit ist für uns nicht nur eine qualitative Unterscheidung für die oberen Erdschichten gegenüber dem toten Muttergestein, sondern sie ist zugleich eine Art Kennziffer für die einzelnen Böden, die die jeweils zu erreichende Höhe der Pflanzenerträge ausdrückt.

Von einem landwirtschaftlichen Ertrag als Ziel einer bestimmten menschlichen Tätigkeit (Arbeit) kann man jedoch nur dort sprechen, wo der Boden bereits Gegenstand ackerbaulicher Maßnahmen ist (Pflügen, Säen, Pflege usw.). Es handelt sich daher hier schon nicht mehr um die natürliche Fruchtbarkeit, sondern bereits um eine Form der ökonomischen Fruchtbarkeit.

Worin aber besteht nun das Spezifische der natürlichen Fruchtbarkeit? Alle Böden verfügen im Naturzustand über unterschiedliche Eigenschaften wie Nährstoffgehalt, Struktur, Mächtigkeit der Krume usw., die bei der ackerbaulichen Nutzung bei gleichem Aufwand an Arbeit und eingesetzten Hilfsmitteln zu unterschiedlich hohen Pflanzenerträgen führen. Es ist dies eine objektive Eigenschaft jedes Bodens, eine bestimmte natürliche Fruchtbarkeit zu besitzen. Sie darf nicht verwechselt werden mit der noch zu behandelnden ökonomischen Fruchtbarkeit, die zwar gleichfalls eine objektive Eigenschaft des Bodens darstellt, aber nicht als Ergebnis eines reinen Naturprozesses, sondern als Folge zweckgerichteter Tätigkeit des Menschen auf den Boden (unter Beachtung von Naturgesetzen) entstanden ist.

Gerade diese objektiv gegebene Eigenschaft des Bodens im Naturzustand ist es, die unter den Bedingungen der Warenproduktion zur Quelle von Differentialrente (Fruchtbarkeitsrente oder Differentialrente I a nach Marx) wird.

Zusammenfassung

Die Kategorie natürliche Bodenfruchtbarkeit ist das Ergebnis eines naturhistorischen Prozesses[30], in dessen Verlauf *ohne Zutun des Menschen*

[30] Marx, K., Theorien über den Mehrwert, T. 2, in: Marx/Engels, Werke, Bd. 26/2, Berlin 1967, S. 244.

unter vorherrschendem Einfluß ganz bestimmter klimatischer Bedingungen (Atmosphärilien), einer typischen Vegetation sowie einer Reihe anderer natürlicher Bedingungen aus den oberen Gesteinschichten die neue Qualität Boden entsteht, deren hauptsächliche Eigenschaft darin besteht, höheres Pflanzenwachstum zu ermöglichen. Diese Eigenschaft nennen wir natürliche Bodenfruchtbarkeit. Sie umfaßt zugleich eine quantitative Bestimmung, die bei der ackerbaulichen Nutzung zweier Bodenstücke sich in unterschiedlichen Flächenerträgen niederschlägt, obwohl für beide Felder die gleiche Menge und Art gesellschaftlicher Arbeit verausgabt wurde. Wir haben es daher mit einer von der Natur gegebenen objektiven Eigenschaft des Bodens zu tun, die die Arbeit des Menschen im Ackerbau unterschiedlich produktiv macht und sich ökonomisch in der Differentialrente I a (Fruchtbarkeitsrente) niederschlägt.

2. *Die Bodenfruchtbarkeit als ökonomische Kategorie*

Nach Marx unterscheiden wir eine *natürliche* Bodenfruchtbarkeit (in der Natur in Gestalt jungfräulicher Böden vorkommend) und eine *ökonomische* Bodenfruchtbarkeit. Die erstere ist Ergebnis eines naturhistorischen Prozesses, die letztere dagegen Ergebnis der Einwirkung des Menschen auf den Arbeitsgegenstand Boden im Verlaufe eines gesellschaftlichen Arbeitsprozesses, eines Produktionsprozesses. Marx schreibt: „Die Fruchtbarkeit des Bodens rührt erstens von seiner natürlichen Fruchtbarkeit her ... Der andere Teil der Fruchtbarkeit *des bebauten Bodens* ist künstliches Produkt, der Kultur geschuldet, der Anlage von Kapital.“[31]

Beide Arten der Fruchtbarkeit (ihrer Herkunft nach) verschmelzen miteinander, so daß auf einem gegebenen bebauten Feldstück kaum noch feststellbar ist, was natürliche (ursprüngliche) und was ökonomische (künstliche) Fruchtbarkeit ist. Indes ist diese Unterscheidung besonders auch für die Zwecke der vorliegenden Arbeit von grundlegender Bedeutung.

Worin besteht nun das Wesen der ökonomischen Bodenfruchtbarkeit? Es besteht darin, wie Marx immer wieder hervorhebt, daß gesellschaftliche Arbeit in lebendiger und vergegenständlichter Form auf dem gleichen Bodenstück sukzessive und ständig angewendet wird. Als Folge hiervon verbessern sich die Bodeneigenschaften, die Bodenfruchtbarkeit steigt (bei zweckmäßigem Einsatz der verausgabten lebendigen und vergegen-

[31] Ebenda, S. 134 (Hervorgehoben D. G.).

ständlichten Arbeit), die Agrikultur wird intensiver, und das Ergebnis der aufgewendeten Arbeit wird effektiver, d. h., auch die Arbeitsproduktivität steigt.

Marx schreibt: „Diese Anlagen (von Kapital), wie die bloße Bebauung überhaupt, wenn sie einigermaßen rationell betrieben wird, also sich nicht auf die brutale Aussaugung des Bodens reduziert, ... verbessern den Boden, steigern sein Produkt und verwandeln die Erde aus bloßer Materie in Erdekapital.“[32] Wir können daher sagen, daß die ökonomische Bodenfruchtbarkeit als Ergebnis der Einwirkung des Menschen auf den Boden entsteht, ein Ergebnis des gesellschaftlichen Produktionsprozesses darstellt.

Dabei kann es sich jedoch um eine ökonomische Fruchtbarkeit handeln, die über der natürlichen Fruchtbarkeit liegt (wir bezeichnen sie hier als positive ökonomische Fruchtbarkeit), sie kann aber auch die Bodeneigenschaften verschlechtern (wir bezeichnen sie hier als negative ökonomische Fruchtbarkeit). Schematisch läßt sich dies so darstellen, daß im Koordinatensystem die gegebene natürliche Fruchtbarkeit eines Feldstückes als Konstante angenommen wird, während die ökonomische

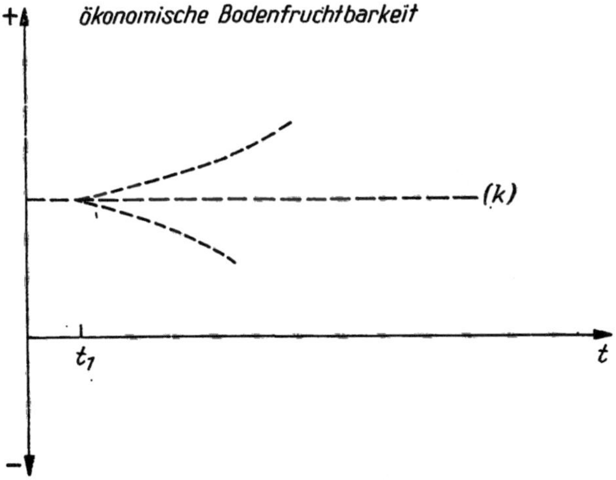

Abb. 2. Schematische Darstellung der Entstehung ökonomischer Bodenfruchtbarkeit

[32] Marx, K., Das Kapital, Dritter Band, in: Marx/Engels, Werke, Bd. 25, Berlin 1964, S. 632f.

Fruchtbarkeit (als Ergebnis verausgabter lebendiger und vergegenständlichter Arbeit) auf die Ordinate abgetragen wird, wobei dies sowohl in positiver Richtung (was die Regel und das Ziel jeder ackerbaulichen Maßnahme ist) als auch in negativer Richtung erfolgen kann.

Die Bedingungen zur Erzielung wachsender ökonomischer Bodenfruchtbarkeit

Wir haben daher nach den Bedingungen zu fragen, unter denen im Rahmen des gesellschaftlichen Produktionsprozesses ökonomische Bodenfruchtbarkeit entsteht, da hiervon abhängig ist, ob es sich um eine mit positivem oder negativem Vorzeichen handelt.

Wir betrachten zunächst die natürliche Seite des Produktionsprozesses, und hier wiederum die unmittelbare Einwirkung des Menschen auf den Arbeitsgegenstand Boden mittels bestimmter Arbeitsmittel. Hierbei ist charakteristisch, daß der Boden in der agrikolen Nutzung sowohl als Arbeitsgegenstand als auch als Arbeitsmittel[33] fungiert. Arbeitsgegenstand ist er, soweit er gewendet, gelockert oder bepflanzt wird. Als Arbeitsmittel ist er anzusehen, soweit er bei sachgemäßer Behandlung wachsende Pflanzenerträge liefert. Denn: Der Mensch kann die Pflanze nicht direkt wachsen lassen (Hydrokulturen in gewissem Umfange ausgenommen), selbst wenn er über alle übrigen Bedingungen des Pflanzenwachstums wie Sonnenlicht, Wasser, Nährstoffe und den Pflanzenkörper (bzw. den Samen) selbst verfügt. Er muß sich zu der erforderlichen Massenproduktion von Pflanzen noch immer des Arbeitsmittels Boden bedienen.

Um dieses Arbeitsmittel Boden jedoch produktionswirksam zu machen, sind andere Arbeitsmittel erforderlich.[34] Es handelt sich jedoch nicht um Arbeitsmittel schlechthin, sondern sie müssen so beschaffen sein, daß sie die natürlichen Prozesse im Boden berücksichtigen, daß sie möglichst die Bodenfruchtbarkeit steigern. Deshalb kommt besonders jener Gruppe Arbeitsmittel – wie z. B. Mineraldünger, Meliorationsmaschinen usw. – besondere Bedeutung zu, deren spezielle Funktion die Steigerung der Bodenfruchtbarkeit im eigentlichen Sinne ist. Man kann daher auch die

[33] Marx spricht vom Boden sogar als von einer Maschine. Vgl. S. 85.

[34] „Die Erde selbst ist ein Arbeitsmittel, setzt jedoch zu ihrem Dienst als Arbeitsmittel in der Agrikultur eine ganze Reihe anderer Arbeitsmittel und eine schon relativ hohe Entwicklung der Arbeitskraft voraus" (Marx/Engels, Werke, Bd. 23, S. 194).

Arbeitsmittel in die Gruppe der mechanischen Arbeits- und Arbeitshilfsmittel wie Hacken, Pflüge usw. unterteilen, mit deren Hilfe der Arbeitsgegenstand Boden als Arbeitsmittel vorbereitet wird; ferner in eine Gruppe Arbeitsmittel, die die allgemeine Bedingung dafür darstellen, daß der Boden als Arbeitsmittel überhaupt fungieren kann wie z. B. die Pflanzen; schließlich die eingangs genannten unmittelbar fruchtbarkeitsverbessernden Arbeitsmittel. Hinsichtlich dieser Unterteilung gibt es viele Übergänge und recht fließende Grenzen, so daß in der Regel eine solche Unterteilung wenig sinnvoll ist. Zum Beispiel kann das Pflügen eines Feldes den Boden zur Aufnahme der Saat einfach nur herrichten. Wenn wir jedoch mit dem gleichen Pflug eine sachgemäße Tiefenlockerung vornehmen, so wird sich die potentielle Fruchtbarkeit des Bodens in der Regel zugleich mit erhöhen.[35] An diesen Beispielen soll nur gezeigt werden, daß der Arbeitsprozeß in der Landwirtschaft in einem sehr starken Maße die natürlichen Bedingungen des Bodens berücksichtigen muß und daß die Beeinflussung der Bodenfruchtbarkeit nicht nur an bestimmte Arbeitsmittel gebunden ist, sondern in beinahe noch stärkerem Maße an das Wissen, die Erkenntnisfähigkeit und die Arbeitsfertigkeit der Arbeitskraft. Sie entscheidet weitgehend darüber, ob mit bestimmten Arbeitsmitteln eine positive oder eine negative ökonomische Fruchtbarkeit erzielt wird. Wir müssen daher gerade in der Landwirtschaft den Einsatz von Arbeitsmitteln zur Erzielung einer steigenden Bodenfruchtbarkeit immer im direkten Zusammenhang mit der jeweiligen Entwicklungsstufe der Arbeitskraft untersuchen.

Diese Frage hat außerordentlich große Bedeutung für Tansania, und zwar unter zwei Gesichtspunkten. Erstens sind ausreichend Kenntnisse

[35] Beispielsweise wurden für die Gebiete Westkasachstans und Westsibiriens zur Abwehr von Bodenerosionen von A. I. Barajev, I. F. Gossen u. a. ein neues ackerbauliches Nutzungssystem entwickelt, das u. a. Pflüge zum Einsatz bringt, die den Boden nicht mehr wie bisher wenden. Verbunden damit kommt eine neue Form von Stachelwalze sowie eine tiefgehende Sämaschine zum Einsatz. M. Keldyš, Zum Nutzen des Volkes, Pravda, Moskau vom 22. 4. 1972, S. 3.

Es ist aber auch der umgekehrte Fall denkbar. Beispielsweise betrugen in den Jahren 1961 bis 1965 die Ernteerträge bei Sommerweizen in Westkasachstan (UdSSR) auf Flächen, die mit Wendepflügen gepflügt worden waren, durchschnittlich 8,7 Doppelzentner je Hektar. Auf Flächen jedoch, die mit alter Technik nur aufgebrochen worden waren, betrugen die Erträge 11,7 Doppelzentner (Efimov, V. P., Socialističeskaja intensifikacija, Moskau 1971, S. 75).

der Arbeitskraft über Boden und Kulturpflanzen gerade unter tropischen Bedingungen von besonderer Bedeutung für den Einsatz neuer Arbeitsmittel. Zum anderen gibt es eine Reihe von Erfahrungen der traditionellen Ackerbauern bei der erfolgreichen Nutzung tropischer Böden, deren Berücksichtigung bei der Einführung neuer Arbeitsmittel und neuer ackerbaulicher Nutzungssysteme unbedingt erforderlich ist, um einen Erfolg zu sichern (vgl. S. 257).

Welche besondere Rolle spielt nun der Mensch im landwirtschaftlichen Arbeitsprozeß im Hinblick auf die Bodenfruchtbarkeit? Er kann im Grunde nicht anders verfahren wie die Natur auch, er muß die bodenbildenden und fruchtbarkeitssteigernden Prozesse fördern und unterstützen. Die Abbildung 3 zeigt übersichtlich, auf welche unterschiedliche Weise dies geschehen kann. Als erstes sind die Maßnahmekomplexe zur Beeinflussung des Wasserhaushalts des Bodens sowie der Vegetation zu nennen, die die wichtigsten Komponenten der Bodenbildung darstellen. Während die Regulierung des Wasserhaushalts in der Regel hohe Aufwendungen an lebendiger (z. T. auch vergegenständlichter) Arbeit erforderlich macht, also meist auch schon einen entwickelten gesellschaftlichen Arbeitsprozeß mit einheitlicher Leitung usw. voraussetzt, erfordert die Einflußnahme auf die Vegetation nicht nur schlechthin die Verausgabung von Arbeit (z. B. Roden von Urwald, Jäten von Unkraut usw.), sondern hier ist eine recht detaillierte Kenntnis der Pflanzen, ihrer Anforderungen an die Umwelt und ihrer Wirkung auf den Boden, auf seine Mikroflora usw. erforderlich, wenn eine positive ökonomische Fruchtbarkeit erzielt werden soll.

Andrae vermerkt dazu: „Der Ackerbau ist ... eine Kulturart des Reinanbaus nur einer einzigen Pflanzenart, und zwar zumeist nur einjähriger Pflanzen. Diese geben den Boden nach ihrer Aberntung auf längere Zeit, der Pflanzendecke entblößt, schutzlos den Witterungseinflüssen preis. Der Ackerbau ist also von Haus aus eine naturwidrige Form der Bodennutzung ... Ackerbau schädigt ständig die Bodenfruchtbarkeit, sofern der Mensch nicht besondere Maßnahmen ergreift, die der Naturwidrigkeit des Ackerbaus entgegenwirken .... Die Geschichte des Landbaus (ist) die Geschichte einer langen Kette von Maßnahmen, die der Mensch ersann, um der dem Ackerbau immanenten Gefahr der schwindenden Bodenfruchtbarkeit entgegenzuwirken.“[36]

[36] Andrae, B., Die Bodenfruchtbarkeit in den Tropen (Problems of soil fertility in the Tropics), Hamburg und Westberlin 1965, S. 35f.

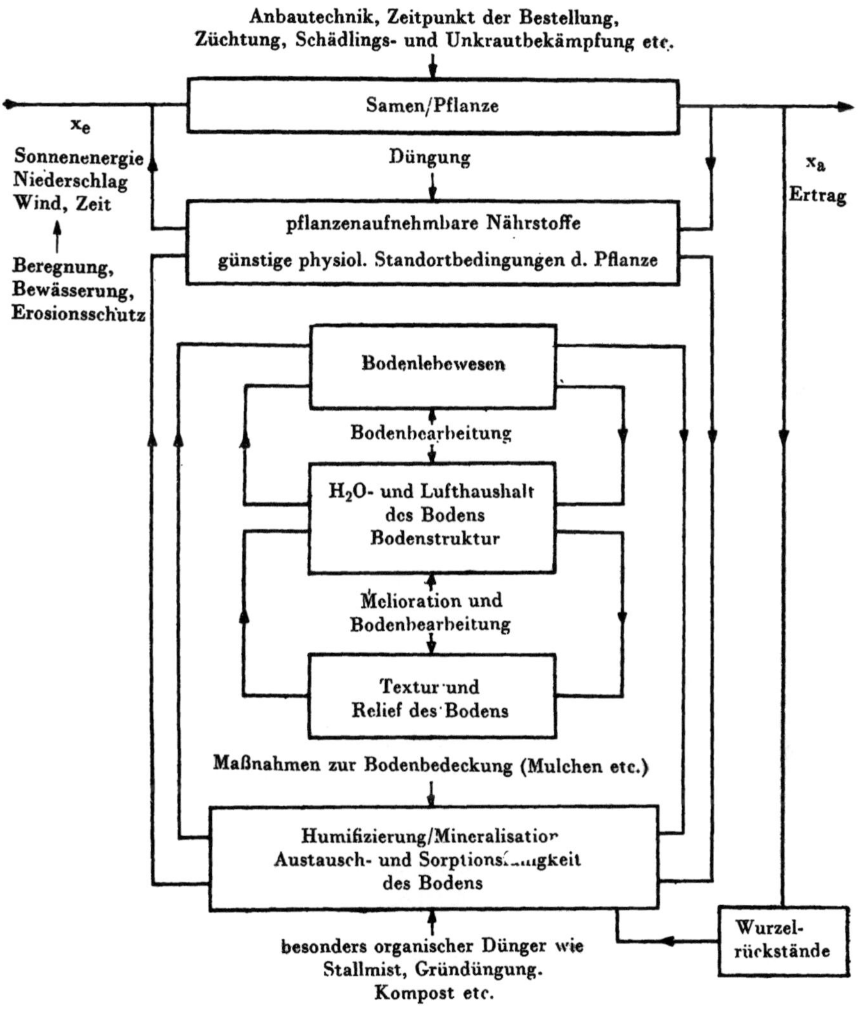

Abb. 3. Das Zusammenwirken von Boden und Pflanze und die Einflußnahme des Menschen (→) bei der Entstehung effektiver ökonomischer Bodenfruchtbarkeit
(Nach: Klose, M., Schulze, E., Kybernetik – Boden – Bodenfruchtbarkeit, in: Ztschr. für Agrarökonomie, Nr. 3/1969, S. 91. Abänderungen – D. G.).

Die Einwirkung des Menschen auf den Boden mittels des Arbeitsprozesses (der uns hier interessiert; es gibt auch Formen der Einwirkung des Menschen, die denen des Tieres ähnlich sind) hat also zur Folge, daß eine Veränderung innerhalb des dynamischen selbstregulierenden Systems Boden eintritt. Im kybernetischen Sinne bedeutet dies eine Steuerung des Systems gekoppelter Wirkungen. Es kann dies eine Steuerung sein, die die bodenbildenden Eigenschaften des Systems verstärkt. Es kann aber auch eine Steuerung stattfinden, die unter bestimmten Umständen bis zur fast vollständigen Zerstörung des Systems Boden (zur Bodenerosion und damit zur Zurückführung des Bodens auf die ursprüngliche Erdmaterie) führt. Andrae weist daher richtig darauf hin, daß in den Anfängen der Ackerkultur eine Steuerung im Sinne einer Minderung der bodenbildenden Eigenschaften des Systems charakteristisch war, die erst mit der Zeit überwunden wurde. Der für das Pflanzenwachstum nutzbare Boden ist, wie Marx sagt, ein Arbeitsmittel, das sich bei der ackerbaulichen Nutzung ständig vernutzt und daher ständig auch reproduziert werden muß.[37] In den Kulturanfängen und in dem in Afrika südlich der Sahara z. B. vorherrschenden ackerbaulichen Nutzungssystem der shifting cultivation geschah dies im Wege einer natürlichen Regeneration der Bodenfruchtbarkeit (automatische Lenkung des Systems durch die natürlichen bodenbildenden Faktoren). Sobald aber der Mensch im Rahmen des gesellschaftlichen Arbeitsprozesses in dieses System eingreift und versucht, es in seinem Sinne zu steuern, es also aktiv wieder herzustellen, es zu *reproduzieren*, entstehen sofort zwei ganz entscheidende Bedingungen der Reproduktion: eine „ganze Reihe anderer Arbeitsmittel“ sowie eine „relativ hohe Entwicklung der Arbeitskraft“.

Die komplizierten Vorgänge der Bodenbildung und der Bodenfruchtbarkeit sind dabei durch den Menschen nur zu einem sehr geringen Teil im Wege der Versuch-Irrtum-Methode zu erfassen.[38] Um ständig und

[37] Marx schreibt: „Das Bodenkapital ist ein fixes Kapital, aber das fixe Kapital nutzt sich ebensogut ab wie die zirkulierenden Kapitalien. Die Meliorationen des Bodens bedürfen der Reproduktion und der Erhaltung.“ (K. Marx, Das Elend der Philosophie, in: Marx/Engels, Werke, Bd. 4, S. 174).

[38] Beispielsweise ist ein solch wichtiges Teilmoment der Bodenfruchtbarkeit wie die Azidität des Bodens nur exakt feststellbar und daher sinnvoll beeinflußbar, wenn der ph-Wert mittels chemischer Analyse festgestellt wird. Erst dann ergeben sich genaue Rückschlüsse für die Art der Düngeranwendung, den günstigsten Anbau bestimmter Kulturen, ja selbst für die geeignetsten Bearbeitungsmaßnahmen.

unter allen, sehr oft wechselnden Boden- und Witterungsbedingungen eine positive ökonomische Fruchtbarkeit zu erzielen, müssen die Arbeitskräfte durch eine gründliche Bildung und Ausbildung die Fähigkeit erlangen, mittels wissenschaftlicher Kenntnisse die ablaufenden Vorgänge richtig zu erfassen und aus der Skala der möglichen agronomischen Maßnahmen schnell und selbständig die richtigen Entscheidungen treffen zu können, da Fehlentscheidungen die Bodenfruchtbarkeit der folgenden Jahre sehr stark negativ beeinflussen können. Die Bedeutung der Qualifikation landwirtschaftlicher Arbeitskräfte ist kaum zu überschätzen und spielt auch für den tropischen Ackerbau Ostafrikas eine bedeutsame Rolle.[39]

Die Rolle der menschlichen Produktivkraft (des Faktors Arbeitskraft) ist dabei nicht nur unter dem Gesichtspunkt des Kenntnisstandes von Bedeutung, sondern es ist gleichermaßen zu beachten, daß ein ganz bestimmtes *sozial* bedingtes Verhalten zum Boden und zum agraren Produktionsprozeß das Arbeitsergebnis beeinflußt. Diese Frage spielt vor allem im Zusammenhang mit dem traditionellen Verhalten der afri-

[39] Die von Tansania angestrebte Beseitigung des Analphabetentums stellt in diesem Zusammenhang eine richtige und notwendige Maßnahme auch zur Entwicklung der Agrarproduktion dar. Mottek erklärt völlig zu Recht: „Es ist in hohem Maße die Vernachlässigung solcher (Bildungs-) Investitionen durch die Kolonialherrschaft, welche die Heranbildung einer modernen Industrie und Landwirtschaft in den sog. schwach entwickelten Ländern erschwerte und heute noch erschwert. Darin zeigt sich, daß die Qualifikation der Arbeitskraft ein Faktor ist, der nicht nur die Ausnutzung dieser neuen Technik, sondern sogar ihre Einführung hemmt." (H. Mottek, Zu einigen Fragen der Entwicklung der Produktivkräfte und ihrer gesellschaftlichen Bedingungen, a. a. O., S. 197)

Und gegen Malthus' reaktionäre „Übervölkerungstheorie" gerichtet, schreibt Aereboe: „Nicht die Bodenfrage ist es, welche in erster Linie den Nahrungsspielraum der Menschen und Völker bestimmt, sondern es sind die Bodenausnutzungsmittel und die Kenntnisse der Menschen, welche dies tun ... Das Malthussche Gesetz ist also zumindest ohne praktische Bedeutung ... Das Neuland, welches zur Erweiterung des Nahrungsmittelspielraums der Menschen gewonnen und urbar gemacht werden muß, befindet sich in erster Linie in den Köpfen der Menschen und Völker" (Aereboe, F., Das Ernährungsproblem der Völker und die Produktionssteigerung der Landwirtschaft, in: Weltwirtschaftliches Archiv, Bd. 21, Jena 1925, S. 167, 182).

Ergänzend ist hierzu allerdings anzumerken, daß die Bodenfrage im Sinne der Boden*besitz*frage natürlich eine ganz entscheidende Rolle spielt.

kanischen Bodenbauern eine wichtige Rolle, das mit der traditionellen Produktionsweise entsteht und sowohl durch Vermittlung neuer Kenntnisse als auch durch schrittweise Überwindung der traditionellen Produktionsweise selbst beseitigt werden kann (vgl. Kapitel III, S. 290 f.).

Die Rolle der Wissenschaft

Der Wissenschaft sowohl als angewandter Wissenschaft wie auch als Voraussetzung moderner Bildung und Ausbildung kommt zur Entwicklung der Bodenfruchtbarkeit sowie der landwirtschaftlichen Produktion insgesamt eine eigenständige und kaum zu überschätzende Bedeutung zu. Die erzielte hohe Bodenfruchtbarkeit in den westeuropäischen Ländern konnte u. a. nur deshalb erreicht werden, weil genau abgestimmte Fruchtfolgen den Boden mit Humus anreicherten, ihm nicht einseitig Nährstoffe entzogen, seine Struktur verbesserten und ihn (weitgehend) vor sogenannten Ermüdungserscheinungen schützten. Eine große Rolle spielte hierbei das ganze System der biologischen und chemischen Wissenschaften, deren Erkenntnisse eine wesentliche Voraussetzung dafür bildeten, daß die Einflußnahme des Menschen auf Boden und Vegetation auch die beabsichtigte positive Wirkung hatte.[40] Es ist kein Zufall, daß die Erforschung der einzelnen Teilsysteme der Bodenbildung und der Bodenfruchtbarkeit in unmittelbarem Zusammenhang mit der allgemeinen Entwicklung der Wissenschaft steht. So bildet die Erforschung der physikalischen Eigenschaften des Bodens und seiner chemischen Reaktionen (anorganische Chemie) den Anfang. Man glaubte im 19. Jahrhundert, mit den analytisch nachgewiesenen mineralischen Pflanzennährstoffen und ihrem Kreislauf den wesentlichen Bedingungen der Bodenfruchtbarkeit bereits auf die Spur gekommen zu sein. Die Fortschritte der Mikrobiologie und der organischen Chemie eröffneten aber dann sehr schnell neue Wege der Forschung und der Erkenntnis, und erst seit wenigen Jahrzehnten wissen wir, daß z. B. der Humus, der eine

[40] „Ein großer Teil der ... Erfahrungen (der landwirtschaftlichen Produzenten, D. G.) stammt allerdings nicht aus den praktischen landwirtschaftlichen Betrieben, sondern ist auf die Ergebnisse wissenschaftlicher Forschungen zurückzuführen. Die wissenschaftlichen Großbetriebe unserer Zeit ... sind es, welche ... dauernd Neuland schaffen, dauernd die Erträge der Landwirtschaft steigern." (Aeroboe, F., Allgemeine landwirtschaftliche Betriebslehre, 2. uv. Aufl., Berlin 1917, S. 488.)

so wichtige Rolle für die gesamte Bodenstruktur, für die Austauschfähigkeit und Nährstoffsorption des Bodens spielt, nicht einfach Zerfallsprodukt abgestorbener Pflanzen und Wurzelreste darstellt, sondern einen ganzen Komplex hochmolekularer organischer (Humus-) Säuren, die nur unter der Mitwirkung von Mikroorganismen und vorwiegend unter mehrjährigen Pflanzen entstehen. Auf dieser Tatsache beruht z. B. auch im wesentlichen die fruchtbarkeitssteigernde Wirkung mehrjähriger Klee-Gras-Gemische, ein agronomisches Verfahren, das besonders auch auf gefährdeten Böden und unter ungünstigen klimatischen Bedingungen zur Anwendung kommt.

Im Hinblick auf mögliche wissenschaftliche Erkenntnisse und ihre praktische Verwertbarkeit gibt es allerdings für das Gebiet des tropischen Afrika ernste Rückstände und auch Versäumnisse. Die bodenkundlichen Grundlagen sind nur ungenügend ausgearbeitet (Bodengenese, Klassifikation von Böden usw.), es gibt ungenügend vergleichbare Daten über die Wirksamkeit bestimmter Fruchtfolgen, Bodenbearbeitungsmaßnahmen, Düngung, Anbautechnik usw. unter verschiedenen Boden- und Klimabedingungen. Beispielsweise gibt es für das Gebiet des tropischen Regenwaldes und des in Tansania verbreiteten Miombo-Waldes außer den derzeit bekannten Dauerkulturen (Exportkulturen) wie Kaffee, Tee und Kokospalmen keine geeigneten Pflanzen, um eine ackerbaulich und zugleich ökonomisch wirksame Fruchtfolge für eine Dauernutzung der Böden einzurichten. Alle einjährigen Pflanzen führen zu starken Bodenzerstörungen. Wir glauben daher, daß auf dem Gebiet der verschiedenen agronomischen Wissenschaften eine besonders wirksame Möglichkeit zur Unterstützung des Ackerbaus in Tansania und damit zugleich eine der effektivsten Formen der Unterstützung dieses Landes durch die sozialistischen Länder besteht (vgl. Kapitel IV).

Betrachten wir nun noch die gesellschaftliche Seite des landwirtschaftlichen Arbeitsprozesses. Bekanntlich arbeiten die Menschen nicht isoliert voneinander, sondern im Arbeitsprozeß, in der Auseinandersetzung mit der Natur, bilden sich zwischen den Menschen ganz bestimmte Beziehungen heraus, wirken sie auch aufeinander. Die Gesamtheit dieser Beziehungen bezeichnen wir als Produktionsverhältnisse.

Die Frage ist nun, ob diese Produktionsverhältnisse einen nachweisbaren Einfluß auf die Erzielung ökonomischer Fruchtbarkeit ausüben und wenn ja, welcher Art diese Einflußnahme ist. Wir wollen dies an zwei einfachen Beispielen veranschaulichen. In den Anfangsperioden der Gesellschaft sind die Produktivkräfte derart gering entwickelt, daß die

Menschen gezwungen sind, gemeinsam zu jagen, zu fischen, gemeinsam ein Stück Wald zu roden und zu bearbeiten, es gemeinsam abzuernten usw. Die Ergebnisse der Arbeit gehören daher allen gemeinsam, jedes Mitglied der Gemeinschaft hat Anspruch auf einen Teil des gemeinsam Erzeugten (Gesammelten etc.), wobei allerdings bei der Verteilung bereits gewisse Differenzierungen (nach Alter usw.) zutage treten (die jedoch erst später, unter bestimmten Bedingungen, zu ökonomischen Unterschieden in der Gemeinschaft führen). Die ökonomische Grundlage dieser Gemeinschaftlichkeit ist die übergroße Abhängigkeit gegenüber der Natur. Der einzelne ist lebensunfähig ohne die Gemeinschaft. Diesem niedrigen Stand der Produktivkräfte und den Möglichkeiten der Bedürfnisbefriedigung entsprechen daher auch gänzlich unentwickelte Bedürfnisse.[41] Dies trifft sowohl zu für die Bedürfnisse im Bereich der individuellen wie auch der produktiven Konsumtion. Letztere ist gerade derart gering entwickelt, und die Impulse, die von ihr ausgehen, sind infolge des fast völligen Fehlens geregelter Tauschbeziehungen so wenig wirksam, daß es den frühen Gesellschaften häufig Schwierigkeiten bereitete, mit dem zeitweise entstehenden Mehrprodukt überhaupt fertig zu werden.[42] Die Handlungsziele des einzelnen wie der Gemeinschaft insgesamt sind daher fast ausschließlich auf die physische Existenzsicherung der Gemeinschaft gerichtet; ein anderes Ziel erlaubt der Stand der Produktivkräfte nicht. Die Rationalität dieser Gesellschaften erschöpft sich deshalb vorwiegend darin, die Existenzmittel bei maximaler Sicherheit mit einem Minimum an Aufwand zu erhalten.[43]

[41] Marx sagt: „In den Kulturanfängen sind die erworbenen Produktivkräfte der Arbeit gering, aber so sind die Bedürfnisse, die sich mit und an den Mitteln ihrer Befriedigung entwickeln.". (Marx, K., Das Kapital, Erster Band, in: Marx/Engels, Werke, Bd. 23, S. 535).

[42] Ausdruck dafür ist beispielsweise die rituale Beseitigung von Mehrprodukt. In Ostafrika treffen wir in der Kolonialperiode auf eine Form, in der die traditionelle Gesellschaft ihr Mehrprodukt zu verwerten sucht, die zu beträchtlichen ökonomischen und natürlichen Schäden führt. Es handelt sich hier um die rasch anwachsenden Viehbestände als Folge der gewaltsam deformierten traditionellen Produktionsweise. Auf diese Frage wird noch ausführlicher eingegangen (vgl. S. 163 bis 167).

[43] Der Aufwand entspricht nicht in jedem Falle dem möglichen Minimum. In Ostafrika verteilen viele Ackerbauern die Anbauzeiten für Subsistenzkulturen so, daß in einer Reihe von Fällen die optimalen Aussaat- oder Pflanzzeiten über- oder unterschritten werden, was erhebliche Mindererträge zur Folge hat. Es ist dies eine notwendige Anpassung an die sehr unsicheren Regenzeiten.

Dem niedrigen Stand der Produktivkräfte entsprechen die Produktionsverhältnisse, insbesondere die Eigentumsverhältnisse. Die Produktionsbedingungen sowie auch die Produktionsergebnisse sind gemeinsames Eigentum. Die sich darauf gründende Produktionsweise ist in der Regel mit ausreichenden Vorräten an natürlich fruchtbarem Land ausgestattet. Sowohl hieraus als auch aus der Unmöglichkeit, gelegentlich entstehende Überschüsse produktiv oder im Wege des Austausches verwertbar zu machen, entsteht im Hinblick auf die Entwicklung der Bodenfruchtbarkeit und der landwirtschaftlichen Produktivkräfte insgesamt ein nur sehr geringes Interesse. Sofern nicht exogene Faktoren wirksam werden, kommt es meist sogar zu einer weitgehenden Stagnation der Produktivkräfte. Die Wirkung der urgemeinschaftlichen Produktionsverhältnisse auf die Entwicklung der landwirtschaftlichen Produktivkräfte, insbesondere auf die ökonomische Bodenfruchtbarkeit, ist somit wenig begünstigend.

Stellt man solchen urgemeinschaftlichen Produktionsverhältnissen eine moderne kapitalistische Agrarproduktion gegenüber, die nicht nur über die gesamte Skala moderner Produktivkräfte verfügt (Dünger, Maschinen, wissenschaftliche Erkenntnisse, ausgebildete Fachkräfte usw.), sondern in deren Rahmen es dem einzelnen Kapitalisten auch möglich ist, zusätzliche Kapitalanlagen in einem ziemlich genau berechenbaren Profit sich niederschlagen zu lassen bzw. der durch die Konkurrenz zum technischen Fortschritt gezwungen ist, so wird sofort deutlich, daß die gesellschaftliche Seite des Produktionsprozesses (hier in Gestalt kapitalistischer Produktionsverhältnisse) einen ganz entscheidenden Antrieb zur Entwicklung der Produktivkräfte in der Landwirtschaft bietet.

Marx und Engels maßen dabei den kapitalistischen Produktionsverhältnissen die entscheidende Bedeutung für die Entwicklung der Bodenfruchtbarkeit, für die Entwicklung der Agrikultur zu einem erstmals nach wissenschaftlichen Gesichtspunkten betriebenen Produktionszweig zu[44], obgleich sich im Kapitalismus die Klassengegensätze gewaltig zuspitzten

Mit dieser Maßnahme wird zwar ein höherer Aufwand (im Verhältnis zum erzielten Ergebnis) in Kauf genommen, aber die Sicherheit, daß auf einigen Parzellen dadurch in jedem Falle wenigstens ein Mindestertrag garantiert wird, wiegt dies wieder auf.

44 „Die Bourgeoisie hat in ihrer kaum hundertjährigen Klassenherrschaft massenhaftere und kolossalere Produktionskräfte geschaffen als alle vergangenen Generationen zusammen. Unterjochung der Naturkräfte, Maschinerie, An-

und die Ausbeutung und Unterdrückung ganzer Völker riesige Ausmaße erreicht.[45] Gerade die Periode der kapitalistischen Kolonialherrschaft in Afrika ist ein eindrucksvolles Beispiel für diese widersprüchliche Entwicklung, wobei die Ausbeutung von Bevölkerung und natürlichen Ressourcen der kolonial unterdrückten Länder durch den Imperialismus sich in der Regel *nicht* in Verbindung mit einer Entwicklung der Produktivkräfte vollzog. Es ist umgekehrt charakteristisch, daß die Produktivkräfte größtenteils stagnierten und daß die Ausbeutung sich in der Regel auf die Vergrößerung von absolutem Mehrwert und die Zerstörung von Naturressourcen gründete, woraus unter anderem gegenwärtig sich die ökonomische Rückständigkeit vieler Länder Tropisch-Afrikas erklärt.

Aber auch für den Kapitalismus ist die Steigerung der Bodenfruchtbarkeit nur die Regel, zeit- und gebietsweise ist auch eine gänzlich andere Entwicklung möglich, wie die verheerenden Bodenerosionen im Mittel-

wendung der Chemie auf Industrie und Ackerbau ... — welch früheres Jahrhundert ahnte, daß solche Produktionskräfte im Schoß der gesellschaftlichen Arbeit schlummerten." (Manifest der kommunistischen Partei, in: Marx/Engels, Werke, Bd. 4, Berlin 1959, S. 467).

45 Engels schreibt dazu: „Mit dieser Grundverfassung (der Spaltung der Gesellschaft in Klassen auf der Grundlage von Privateigentum — D. G.) hat die Zivilisation Dinge vollbracht, denen die Gentilgesellschaft nicht im entferntesten gewachsen war. Aber sie hat sie vollbracht, indem sie die schmutzigsten Triebe und Leidenschaften des Menschen in Bewegung setzte und auf Kosten seiner ganzen übrigen Anlagen entwickelte. Die platte Habgier war die treibende Seele der Zivilisation von ihrem ersten Tage bis heute ... Jeder Fortschritt der Produktion ist gleichzeitig ein Rückschritt in der Lage der unterdrückten Klasse, d. h. der großen Mehrzahl." (F. Engels, Der Ursprung der Familie, des Privateigentums und des Staates, in: Marx/Engels, Werke, Bd. 21, Berlin 1962, S. 171.)

Und: „Die bürgerliche Periode der Geschichte hat diese materielle Grundlage einer neuen Welt zu schaffen: einerseits den auf der gegenseitigen Abhängigkeit der Völker beruhenden Weltverkehr und die hierfür erforderlichen Verkehrsmittel, andererseits die Entwicklung der menschlichen Produktivkraft und die Umwandlung der materiellen Produktion in wissenschaftliche Beherrschung der Naturkräfte ... Hat die Bourgeoisie jemals mehr geleistet? Hat sie je einen Fortschritt zuwege gebracht, ohne Individuen wie ganze Völker durch Blut und Schmutz, durch Elend und Erniedrigung zu schleifen?" (Marx, K., Die künftigen Ergebnisse der britischen Herrschaft in Indien, in: Marx/Engels, Werke, Bd. 9, Berlin 1960, S. 226).

westen der USA seit Beginn der dreißiger Jahre nachdrücklich bezeugen.[46]

In den Gesellschaften, in denen es noch keinen oder nahezu keinen Klassenantagonismus gibt, spielen zunächst andere Faktoren die beherrschende Rolle. (Vgl. S. 92)

III. Die Bodenfruchtbarkeit als Maßstab für die Entwicklung der Produktivkräfte in der Landwirtschaft

1. *Die erweiterte Reproduktion der ökonomischen Fruchtbarkeit. Die Intensivierung*

Wir werden in diesem Abschnitt die bisherigen Ergebnisse unter dem Gesichtspunkt eines sich ständig wiederholenden Produktionsprozesses, also der Reproduktion, betrachten. Jede Produktion ist zugleich Reproduktion aller Teile des Produktionsprozesses. Wir müssen daher untersuchen, wie der landwirtschaftliche Produktionsprozeß in einem längeren Zeitraum auf die Bodenfruchtbarkeit einwirkt und welche ökonomischen Zusammenhänge und Gesetzmäßigkeiten dabei hinsichtlich der Reproduktion der Bodenfruchtbarkeit zutage treten.

Es erweist sich als zweckmäßig, sich dabei der bekannten Unterteilung der Reproduktion nach dem Charakter (einfach und erweitert) sowie nach der Methode (extensiv oder intensiv) zu bedienen, so daß wir für den agrikolen Reproduktionsprozeß die extensive und intensive einfache Reproduktion sowie die extensive und intensive erweiterte Reproduktion zu unterscheiden haben.

Dabei ist besonders für das vorliegende Thema von großer Bedeutung, daß der natürliche Reproduktionsprozeß in der Landwirtschaft (wir betrachten hier vornehmlich die Bodenfruchtbarkeit) zwar außerordentlich eng mit dem ökonomischen verbunden und verschlungen ist[47], daß

[46] Mutscher gibt an, daß in den USA auf rund 8,6 Mill. Hektar schwere bis spürbare Erosionsschäden zu verzeichnen sind und daß die daraus entstehenden volkswirtschaftlichen Verluste auf jährlich 1 Mrd. US-Dollar zu beziffern sind (Mutscher, H., Bodenerhaltung, a. a. O., S. 18 und 34.)

[47] „Der ökonomische Reproduktionsprozeß, was immer sein spezifisch gesellschaftlicher Charakter, verschlingt sich auf diesem Gebiet (der Agrikultur) stets mit einem natürlichen Reproduktionsprozeß. Die handgreiflichen Bedingungen des letzteren klären auf über die des ersteren und halten Gedanken-

dies jedoch nicht bedeutet, daß beide hinsichtlich des Charakters und der Methode der Reproduktion nicht zeitlich und örtlich auch auseinanderfallen können. Beispielsweise ist es typisch für die Kolonialzeit in Tansania, daß die von den Kolonialmächten eingeführten Kulturpflanzen oft züchterisch verbessert werden, als Arbeitsmittel also ständig mit ökonomischen Mitteln erweitert reproduziert werden. Dagegen wird die Bodenfruchtbarkeit auf den traditionell bewirtschafteten Flächen nicht einmal einfach reproduziert (erst nach und nach teilweise mittels extensiver Methoden), sondern sie wird weitgehend einer meist unvollständigen natürlichen Regeneration überlassen. Hieraus ergeben sich enorme Widersprüche und Verluste des gesamten landwirtschaftlichen Reproduktionsprozesses. Hierauf ist im einzelnen noch einzugehen, jedoch ist wichtig zu erkennen, daß solche Erscheinungen in der Eigenart der Landwirtschaft nur eine natürliche Basis haben. Entscheidend für einen solchen konkreten Verlauf des Reproduktionsprozesses ist nicht die Natur, wie die bürgerliche Forschung oft unterstellt, sondern dafür zeichnen allein die ökonomischen und sozialen Bedingungen verantwortlich, unter denen sich der Reproduktionsprozeß vollzieht.

Marx versteht zunächst unter Intensivierung des landwirtschaftlichen Produktionsprozesses die gesteigerte Anwendung gesellschaftlicher Arbeit (in lebendiger oder vergegenständlichter Form) auf ein und demselben Bodenstück. Er schreibt: „... (und ökonomisch verstehen wir unter intensiver Kultur nichts als die Konzentration von Kapital auf demselben Bodenstück statt seiner Verteilung auf nebeneinanderliegenden Bodenstrecken)."[48]

Ist das aber nicht ein Widerspruch zu der an anderer Stelle getroffenen Feststellung, daß sich die Bodenfruchtbarkeit bei dauernder Inanspruchnahme des gleichen Bodenstücks, d. h. bei dauernder Anwendung von Arbeit in der einen oder anderen Form auf gleichen Flächen vernutzt, daß also der Grad der Vernutzung steigt mit dem Grad der Nutzung des Bodens zur Pflanzenproduktion, mit der Intensität des Anbaus? Ist es nicht gerade die so deutlich in den Tropen zu beobachtende rasche Vernutzung der Bodenfruchtbarkeit, die die traditionelle Landwirtschaft fortwährend zwingt, lange Brachezeiten zwischen die ackerbauliche Nutzung einzuschieben?

wirren fern ..." (Marx, K., Das Kapital, Zweiter Band, in: Marx/Engels, Werke, Bd. 24, Berlin 1963, S. 359).

48 Marx, K., Das Kapital, Dritter Band, in: Marx/Engels, Werke, Bd. 25, S. 687.

Betrachten wir dies etwas genauer. In der Tat ist die eingeschobene Brache eine auf jahrhundertealter Erfahrung der traditionellen tropischen Ackerbauern (aber auch z. B. der Landwirtschaft des europäischen Mittelalters) beruhende geschickte Anpassung an die Tatsache, daß sich das Arbeitsmittel Boden vernutzt, daß der Anbau die Fruchtbarkeit mindert und die Erträge sinken. Veranschaulichen wir uns dies schematisch:

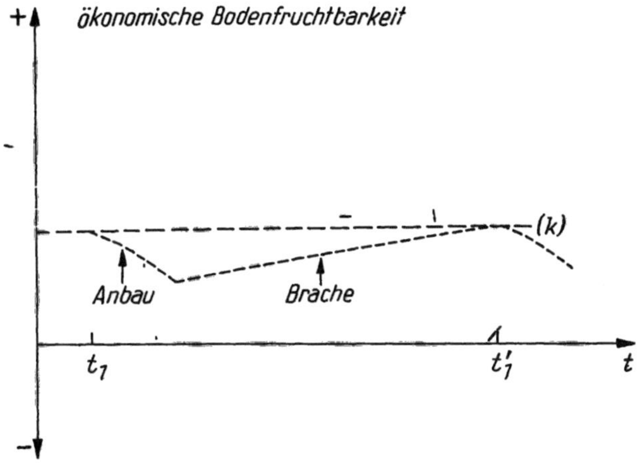

Abb. 4. Schematische Darstellung der Vernutzung und der Regeneration der Bodenfruchtbarkeit im Wanderfeldbau

Während der Anbauperiode sinkt die Fruchtbarkeit ab, d. h., es entsteht als Folge der Bodennutzung und der Verausgabung gesellschaftlicher Arbeit in einer ganz bestimmten Form eine negative ökonomische Fruchtbarkeit. Dies drückt sich in sinkenden Erträgen aus, so daß ein weiterer Anbau uneffektiv wird, d. h., daß die verausgabte Arbeit trotz gleichbleibender Höhe nicht mehr genügend Nahrungsmittel zur physischen Reproduktion der Anbauer liefert. Der Anbau wird unterbrochen und eine natürliche Brache eingeschoben. Auf dem Wege einer automatischen Lenkung des Systems Boden wird die ursprüngliche Fruchtbarkeit nach einer Reihe von Jahren (die die Dauer des Anbaus in der Regel beträchtlich übersteigt) auf natürlichem Wege, d. h. ohne jedes Zutun des Menschen, wiederhergestellt (regeneriert).

Das Ziel der ackerbaulichen Maßnahmen des Menschen ist seit jeher darauf gerichtet, diesem Absinken der Fruchtbarkeit entgegenzuwirken bzw. die Bracheperiode durch wirksame agronomische Verfahren abzukürzen oder schließlich auch in dieser Phase ackerbauliche Nutzung zu treiben (z. B. durch Zwischenfrüchte, Dauerkulturen usw.).

Bleiben wir bei den Versuchen der traditionellen Ackerbauern, zumindest den Fruchtbarkeitsabfall zu mindern, d. h. den negativen Kurvenanstieg flacher zu halten und damit die Dauer der Nutzung zu verlängern bzw. den Ertragsabfall zu mildern. Diese Zielstellung verfolgte die Landwirtschaft auch in Europa praktisch bis zu Beginn des 19. Jahrhunderts, solange es ihr nämlich nicht möglich war, das Zusammenwirken der einzelnen bodenbildenden Faktoren und damit das Wesen der Bodenfruchtbarkeit wissenschaftlich zu erkennen und durch eine Reihe von Erfindungen, die mit dem Fortschritt der Industrie entstanden und technologisch anwendbar wurden, die Bodennutzung wesentlich effektiver zu gestalten, und zwar in einem Umfang, wie es im Naturzustand der Böden bisher nicht möglich war.

Bis zum 19. Jahrhundert konnte bei einer längeren ackerbaulichen Nutzung durch die Anwendung von organischem Dünger und agronomischen Verfahren, die auf reiner Erfahrung beruhten, eine Fruchtbarkeit erzielt werden, die im günstigsten Falle der ursprünglich vorhandenen nahekam. Ökonomisch war dies gleichbedeutend mit einer einfachen bzw. eingeschränkten Reproduktion des Hauptproduktionsmittels Boden. Ein erheblicher Teil der verausgabten gesellschaftlichen Arbeit war nicht nur verloren, sondern hatte teilweise sogar in Gestalt negativer ökonomischer Fruchtbarkeit nachteilige Folgen, indem der Boden für mehrere Jahre nicht bebauungsfähig wurde.

Mit der durch die kapitalistische Produktionsweise erstmals gegebenen Möglichkeit, die Bodenfruchtbarkeit erheblich über die im Naturzustand vorkommende Fruchtbarkeit hinaus – und zwar während des laufenden Produktionsprozesses – zu steigern, wurde in der Landwirtschaft eine Revolutionierung der Produktivkräfte erzielt, die in ihrer Auswirkung nur mit der industriellen Revolution gleichgesetzt werden kann.

Veranschaulichen wir uns dies wieder schematisch, so zeigt sich, daß durch die Anwendung von Wissenschaft und Technik das Arbeitsmittel Boden nicht mehr nur vernutzte, sondern, daß es bei zunehmender Intensität des Anbaus ökonomisch an Wirksamkeit gewann.[49]

[49] „Es liegt ferner in den Naturgesetzen des Feldbaus, daß bei einer gewissen Höhe der Kultur und ihr entsprechender Erschöpfung des Bodens das Kapital, hier zugleich in dem Sinne von produzierter Produktionsmittel, das entscheidende Element der Bodenproduktion wird." (Marx, K., Das Kapital, Dritter Band in: Marx/Engels, Werke, Bd. 25, S. 688).

Ökonomisch war diese kontinuierliche Fruchtbarkeitssteigerung der meisten Kulturböden die entscheidende Bedingung dafür, daß die Landwirtschaft in der Folgezeit die beträchtlich vorausgeeilte Produktivitätsentwicklung der Industrie einholen konnte. Die im Boden angelegten Kapitalien verwandelten sich unter kapitalistischen Bedingungen in fixes Kapital, diese sukzessive ausgelegten Kapitalien zu seiner Fruchtbarkeitssteigerung blieben erhalten und steigerten ständig seinen Wert. Auf diese Weise wurde der dem Profitgesetz gehorchende technische Fortschritt im Kapitalismus größtenteils auch in der Agrikultur wirksam.

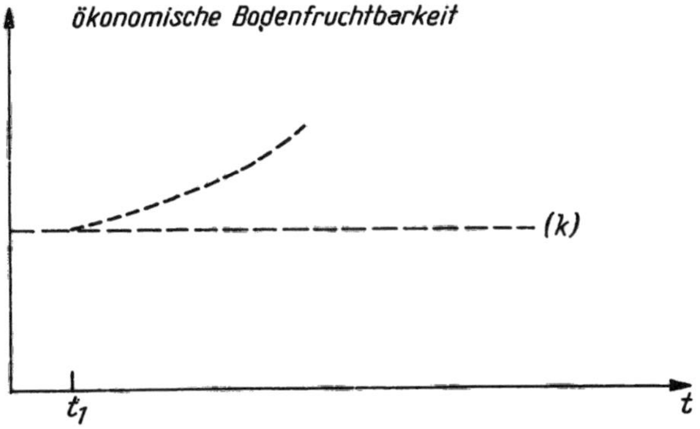

Abb. 5. Die Entstehung steigender ökonomischer Fruchtbarkeit als Ergebnis der Intensivierung

Erst diese Möglichkeit, den Boden durch Einsatz außerlandwirtschaftlicher Produktionsmittel und mittels technischem Fortschritt weit über die im Naturzustand hinaus vorkommende Fruchtbarkeit hinaus ertragreich zu machen[50], verwandelte die Naturkraft Bodenfruchtbarkeit in eine gesellschaftliche Produktivkraft, deren Wirksamkeit und damit Effektivität in der ackerbaulichen Nutzung praktisch unendlich gesteigert werden kann; es ist dies allein abhängig vom jeweiligen Stand der Wissenschaft und der anwendbaren Technik. Hier liegt zugleich auch der entscheidende Ansatzpunkt für die marxistische Kritik am sogenannten

[50] Zwar sind die fruchtbarkeitsmindernden Prozesse auch weiterhin wirksam und nehmen mit der Intensität des Anbaus zu. Die fruchtbarkeitsmehrenden Wirkungen der menschlichen Arbeit, der Erfindungen überwiegen aber, so daß insgesamt eine fruchtbarkeitssteigernde Wirkung erzielt wird.

Gesetz vom abnehmenden Bodenertrag[51] (genauer: vom abnehmenden Ertragszuwachs), da dieses „Gesetz" die dialektische Beziehung zwischen Bodenfruchtbarkeit und wissenschaftlich-technischem Fortschritt weitgehend ignoriert.

Für alle Teildisziplinen der tropischen Landwirtschaft liegt hier noch ein weites Aufgabengebiet, da die erfolgreiche Lösung dieses Problems – die landwirtschaftliche Dauernutzung der meisten tropischen Böden – von großer praktischer und theoretischer Bedeutung ist.

Für die Auseinandersetzung mit dem Neokolonialismus ist der Nachweis einer möglichen Dauernutzung von Böden der Tropen und Subtropen dabei von prinzipieller Bedeutung. Es wird noch immer in der bürgerlichen Literatur der Versuch unternommen, die Rückständigkeit vieler Entwicklungsländer im Bereich der Tropen und Subtropen auf sogenannte natürliche Faktoren, insbesondere im Bereich des natürlichen Reproduktionsprozesses der Bodenfruchtbarkeit, zurückzuführen. Mit dem Nachweis der Haltlosigkeit solcher Auffassungen ist es möglich, in stärkerem Maße als bisher den ökonomischen Ursachen der wirtschaftlichen Rückständigkeit auf die Spur zu kommen und zu entsprechenden ökonomischen und politischen Aufgabenstellungen zu gelangen.

Das Wesen der Intensivierung

Bei der Bestimmung des Wesens der Intensivierung in der Landwirtschaft herrschte bisher in der marxistischen ökonomischen Literatur meist eine Betrachtung vor, wonach die Intensivierung der Landwirtschaft nahezu ausschließlich als ein Prozeß zusätzlicher Aufwendungen je

[51] Vgl. hierzu Lenin, W. I., Werke, Bd. 5, Berlin 1955, S. 101ff. Im Grunde hält die bürgerliche Agrarökonomie im Hinblick auf den Ackerbau in den Tropen auch heute noch an diesem Gesetz fest, denn sie betrachtet den Fruchbarkeitsverfall tropischer Böden bei ackerbaulicher Nutzung als objektive Eigenschaft dieser Böden, d. h., sukzessive Mehraufwendungen je Fläche haben nach dieser Auffassung rasch sinkende Erträge zur Folge. Das Fehlen geeigneter ackerbaulicher Nutzungssysteme (einschließlich der dazu erforderlichen Kulturpflanzen, Maschinen, Fruchtfolgen, Düngemaßnahmen u. a. m.) zur möglichen Dauernutzung vieler tropischer Böden ist jedoch kein hinreichender Beweis für eine solche „Gesetzmäßigkeit". Es zeigt nur den Grad der Versäumnisse auf diesem Gebiet, deutet also auf den ökonomischen Tatbestand hin, nicht auf einen natürlichen.

Flächeneinheit betrachtet wird sowie als eine Erscheinung, die in dieser Form *nur* für die Landwirtschaft charakteristisch ist.[52] Demgegenüber muß jedoch festgestellt werden: Die Intensivierung ist eine allgemeine volkswirtschaftliche Kategorie, die eine intensiv erweiterte Reproduktion auf der Grundlage der Entwicklung der Produktivkräfte zum Ausdruck bringt. Marx schreibt: „Worin besteht im allgemeinen jede Verbesserung, sei es im Ackerbau, sei es in der Industrie? Darin, mit derselben Arbeit mehr, mit weniger Arbeit ebensoviel oder sogar noch mehr zu produzieren."[53]

Für die Landwirtschaft gibt es eine Reihe von Besonderheiten, die sich aus dem relativ großen Eigengewicht des natürlichen Reproduktionsprozesses sowie auch z. T. den spezifischen Eigentumsverhältnissen ergeben. Sie berühren jedoch nicht die prinzipiellen Fragen der Intensivierung. Das Wesen der Intensivierung ausschließlich in der Zunahme von Aufwendungen je Flächeneinheit sehen zu wollen, wie viele Ökonomen dies aus dem eingangs angeführten Zitat von Marx ableiten wollen, ist daher einseitig und sogar falsch. Die Intensivierung ist untrennbar mit der steigenden Effektivität des gesellschaftlichen Reproduktionsprozesses verbunden, d. h., „im theoretischen Aufbau der Intensivierung darf man das Wachstum der Arbeitsproduktivität als Faktor der Intensivierung nicht ignorieren. In Abhängigkeit von der verschiedenen Struktur der angewandten Fonds, der unterschiedlichen Qualität der Fonds selbst und ihres Einflusses auf den nachfolgenden Produktionszyklus kann die Produktenmenge je Flächeneinheit wachsen und zwar auch ohne Erhöhung des Wertes der Produktionsfonds. Gleichzeitig darf man die Tatsache nicht unbeachtet lassen, daß die Kompensierung des bereits verschlissenen Teils der Grundfonds als technischer Fortschritt dazu führt, daß im Rahmen des früheren Wertes der Fonds neue produktive Kapazitäten erschlossen werden (sodaß sie durch produktivere Grundfonds ersetzt werden). ... Die Intensivierung der Landwirtschaft allein mit zusätzlichen Aufwendungen an Fonds auf dem gleichen Bodenstück zu verbinden, bedeutet jenes vielfältige System von Faktoren außer acht zu lassen, das genauso wirkt, als würden zusätzliche preiswerte Elemente neuer Mittel eingeführt."[54] Intensivierung bedeutet also vor allem Entwicklung der Produktivkräfte, d. h. Steigerung der Produktion und zugleich auch der

52 Vgl. hierzu Ökonomisches Lexikon, Bd. 1, Berlin 1960, S. 906.

53 Marx, K., Das Elend der Philosophie, in: Marx/Engels, Werke, Bd. 4, S. 174.

54 Efimov, V. P., Socialističeskaja intensifikacija: Suščnost', faktory, effektivnost', Moskau 1971, S. 73, 74.

Arbeitsproduktivität. Das relativ große Eigengewicht natürlicher Prozesse in der Landwirtschaft erfordert und gestattet zugleich, Produktions- und Produktivitätssteigerungen durch effektivere natürliche Reproduktionsprozesse zu erzielen, in bestimmten Fällen auch ohne zusätzliche Aufwendungen (oder umgekehrt zusätzliche Aufwendungen werden ohne ausreichende Beachtung natürlicher Reproduktionsbedingungen nicht oder nur ungenügend wirksam). Wissenschaftliche Erkenntnisse oder aber selbst nur ein großes Maß an praktischer Erfahrung der Produzenten vermögen oft Produktions- und Produktivitätsleistung in der Landwirtschaft erheblich zu steigern. Diese Erkenntnis hat prinzipielle Bedeutung für die Entwicklungsländer, insbesondere für die Entwicklung der menschlichen Produktivkraft. Hieraus leiten sich unmittelbar dringende Forderungen an das Bildungssystem und den Aufbau eines leistungsfähigen landwirtschaftlichen Beratungsdienstes ab.

Ein besonderes Problem ergibt sich jedoch für die Entwicklungsländer dadurch, daß oft durch fehlende Ware-Geld-Beziehungen sowie durch das Fehlen materieller Voraussetzungen (Technik, Dünger, Kulturpflanzen, Wissenschaft, ausgebildete Arbeitskräfte usw.) eine Intensivierung noch nicht möglich ist (besser wäre zu sagen, eine Intensivierung, wie sie klassisch in entwickelten kapitalistischen und sozialistischen Ländern verläuft).

Es ist aber gerade nach den konkreten Formen und Methoden zu suchen, wie die Entwicklung der Produktivkräfte in der Landwirtschaft unter den Bedingungen der Entwicklungsländer erfolgt und erfolgen kann. Das bedeutet, daß man das Wesen der Intensivierung vor allem als Entwicklung der Produktivkräfte (in einer intensiven Form) erfassen muß. Die Frage so zu stellen erlaubt, auch unter den Bedingungen der Entwicklungsländer bereits zu gewissen positiven Schlußfolgerungen im Hinblick auf die Intensivierung zu gelangen.

Allgemein kann man zunächst folgende Schlüsse ziehen:

1. Von einem Intensivierungsprozeß in der Landwirtschaft kann dann gesprochen werden, wenn sich nicht nur die Aufwendungen an lebendiger und vergegenständlichter Arbeit je Fläche erhöhen, sondern auch die Erträge je Flächeneinheit bei gleichzeitiger Steigerung der Arbeitsproduktivität. und zwar über einen längeren Zeitraum.
2. Es sind durchaus Fälle denkbar, daß Flächenerträge und Arbeitsproduktivität steigen, ohne daß hierzu eine Steigerung der Aufwendungen an vergegenständlichter Arbeit pro Flächeneinheit erforderlich ist.

3. Die Intensivierung ist eine ökonomische Kategorie. Zusätzliche Aufwendungen und Effektivität bzw. Effektivitätskriterien können daher nicht losgelöst von der jeweiligen Produktionsweise, d. h. den jeweils vorherrschenden ökonomischen Bedingungen untersucht werden. Insoweit muß sich die Intensivierung unter den Bedingungen der Entwicklungsländer grundlegend von der Intensivierung in den kapitalistischen sowie sozialistischen Ländern unterscheiden. (Näheres hierzu wird in Kapitel III, S. 273 bis 279 ausgeführt.)

Die wachsende Rolle der vergegenständlichten Arbeit

Im ökonomischen Sinne ist wichtig, daß die Effektivität des Arbeitsmittels Boden den gleichen ökonomischen Gesetzen unterliegt wie die übrigen Arbeitsmittel.

Bei Marx heißt es dazu: „Abgesehen von Naturbedingungen, wie Fruchtbarkeit des Bodens usw., ... drückt sich der gesellschaftliche Produktivgrad der Arbeit aus im relativen Größenumfang der Produktionsmittel, welche ein Arbeiter, während gegebener Zeit, mit derselben Anspannung von Arbeitskraft, in Produkt verwandelt. Die Masse der Produktionsmittel, womit er funktioniert, wächst mit der Produktivität seiner Arbeit. Diese Produktionsmittel spielen dabei eine doppelte Rolle ... z. B. ... ist die Masse der angewandten Maschinerie, Arbeitsviehs, mineralischen Düngers usw. Bedingung der wachsenden Produktivität der Arbeit ... Ob aber Bedingung oder Folge, der wachsende Größenumfang der Produktionsmittel im Vergleich zu der ihnen einverleibten Arbeitskraft, drückt die wachsende Produktivität der Arbeit aus.“[55]

Es entspricht dies ganz der historischen Entwicklung der Landwirtschaft in den entwickelten kapitalistischen und sozialistischen Ländern, daß die beträchtliche Steigerung der ökonomischen Fruchtbarkeit (als entscheidender Einflußfaktor der Arbeitsproduktivität in der Landwirtschaft) nur insoweit erreicht werden konnte, wie die technische Zusammensetzung der Fonds (Kapitals) in der Landwirtschaft sich zugunsten des konstanten fixen Kapitals verändert hat. Das bedeutet, daß die Ökonomie der vergegenständlichten Arbeit für die Landwirtschaft ebenfalls von erstrangiger Bedeutung ist.[56] Wir können allgemein sogar

[55] Marx, K., Das Kapital, Erster Band, in: Marx/Engels, Werke, Bd. 23, S. 650f.
[56] Vgl. auch S. 44, Fußnote.

sagen, daß die gewaltigen Fortschritte auf dem Gebiet der landwirtschaftlichen Produktion und der agrikolen Arbeitsproduktivität nur in dem Maße erzielt werden konnten, wie vergegenständlichte Arbeit, vor allem in Form von konstantem fixem Kapital, zur Anwendung kam.

Hier sind jedoch im Hinblick auf Tansania (wie für viele Entwicklungsländer) eine ganze Reihe von Einschränkungen bzw. Konkretisierungen zu machen. Die Zunahme der vergegenständlichten Arbeit in der organischen Zusammensetzung der Fonds, die ja nur ein anderer Ausdruck für die wachsende Bedeutung der Arbeitsmittel innerhalb der Technik ist (oder für den sich verändernden Inhalt des Begriffs Technik), spielt in der Landwirtschaft Tansanias gegenwärtig noch eine untergeordnete Rolle. Das hängt sowohl mit den begrenzten Investitionsmitteln zusammen wie auch vor allem mit der Tatsache, daß für die verschiedenen Boden- und Klimabedingungen noch nicht ausreichend (oder überhaupt noch nicht) die erforderlichen natürlichen und ökonomischen Bedingungen für den Einsatz von Technik, für Meliorationsmaßnahmen sowie für geschlossene und wirksame ackerbauliche Nutzungssysteme insgesamt erforscht sind. Daher werden für eine geraume Zeit Maßnahmen, die vorwiegend an den Einsatz lebendiger Arbeit (oder an eine niedrige organische Zusammensetzung der Fonds) gebunden sind, in der Landwirtschaft erforderlich sein. Hierbei spielt auch der Qualifikationsstand der Arbeitskräfte eine entscheidende Rolle, der zunächst eine durchgreifende Verbesserung erfahren muß.

Es darf insgesamt auch nicht übersehen werden, daß gerade unter den Bedingungen ökonomisch rückständiger Länder bei der Entwicklung der agraren Produktivkräfte in einem bestimmten Umfange eine Substitution vergegenständlichter durch lebendige Arbeit möglich und erforderlich ist. Es hängt dies mit dem Charakter der Technik dieser Entwicklungsstufe und den konkreten Bedingungen ihrer Anwendung zusammen. Es ist letztlich für die Abwehr von Bodenerosionen gleichgültig, ob die Terrassen mit modernen Maschinen oder primitiven Handarbeitsgeräten angelegt wurden, ob die Aufforstung mit Maschinen oder dem Grabstock erfolgte usw. Die agraren Produktivkräfte (über eine gesteigerte Agrarproduktion ohne Zerstörung natürlicher Ressourcen) wachsen, die latente Unterbeschäftigung auf dem Lande wird verringert usw. Deutlich muß man jedoch die Grenzen einer solchen Entwicklung im Auge behalten, da die Arbeitsproduktivität durch eine solche Substitution stark begrenzt und die Agrarproduktion mit außerordentlich hohen Kosten belastet wird. Auch ist dies nur *extensive* einfache bzw. erweiterte Reproduktion. Es kann sich jedoch auch um eine Form der intensiven einfachen Reproduktion handeln, wenn wissenschaftliche Erkenntnisse in Teilbereichen des Ackerbaus angewandt werden. Insgesamt kann jedoch die Folgerung abgeleitet werden, daß die derzeit noch geringe Anwendungsmöglichkeit von konstantem fixem Kapital in der Landwirtschaft Tansanias dem Intensivierungsprozeß eine deutliche Grenze setzt.

Intensivierung und Produktionsverhältnisse

Intensivierung bedeutet vor allem wachsenden Einsatz nichtlandwirtschaftlicher (industrieller) Produktionsmittel in der Landwirtschaft. Das setzt jedoch bereits eine sehr weitgehende Arbeitsteilung sowohl zwischen Industrie und Landwirtschaft wie auch innerhalb dieser beiden Wirtschaftsbereiche voraus. Diese gesellschaftliche Arbeitsteilung ist ihrerseits wieder untrennbar mit entwickelten Ware-Geld-Beziehungen verknüpft, in denen das Wertgesetz eine dominierende Rolle spielt. Das Wertgesetz ist jedoch in seiner Wirkungsweise und Erscheinungsform einer Reihe von Modifikationen durch die jeweils vorherrschenden Produktionsverhältnisse (Produktionsweise) unterworfen. Beispielsweise drükken im Kapitalismus die Warenpreise nicht die individuellen Werte der Waren aus, sondern sie erscheinen modifiziert als durchschnittliche Produktionspreise. Die Agrarpreise sind — von den gegenwärtigen monopolistischen Erscheinungen einmal abgesehen — darüber hinaus modifiziert durch das kapitalistische Grundeigentum. Über die Agrarpreise wird zugleich die kapitalistische Grundrente realisiert, so daß wir es in der Landwirtschaft nicht nur mit den durchschnittlichen Produktionspreisen wie etwa in der Industrie zu tun haben, sondern mit Preisen, die den Durchschnittsprofit plus Grundrente realisieren und die somit zugleich den Produktionspreisen des schlechtesten in kapitalistischer Bebauung befindlichen Bodens entsprechen müssen. Der konkrete Verlauf der Intensivierung im Kapitalismus wird über diesen Mechanismus gesteuert, d. h., die gesellschaftlichen Verhältnisse, von denen an anderer Stelle bereits die Rede war, treten im Hinblick auf ihre Wirksamkeit gegenüber der Bodenfruchtbarkeit und den agraren Produktivkräften in einer ganz spezifischen, historisch konkreten Form in Erscheinung. Gerade diese konkreten Bedingungen müssen Gegenstand der Untersuchung sein, denn im Kapitalismus erfordert die Verwirklichung der objektiv vorhandenen Möglichkeit zur Steigerung der Bodenfruchtbarkeit, daß hieraus ein Profit entsteht, und zwar zumindest der Durchschnittsprofit (plus kapitalistische Grundrente). Marx hat auf diesen Zusammenhang deutlich aufmerksam gemacht, als er schrieb: „Endlich ist die Fruchtbarkeit nicht eine so bloß natürliche Eigenschaft, wie man wohl glauben könnte. Sie steht im engen Zusammenhang mit den jeweiligen gesellschaftlichen Verhältnissen."[57]

2. *Die effektive ökonomische Fruchtbarkeit*

In den bisherigen Betrachtungen spielten prinzipielle Zusammenhänge eine Rolle, die für die Entwicklung der Bodenfruchtbarkeit relevant sind. In der Praxis tritt uns die Bodenfruchtbarkeit aber als quantitative Bestimmung in Gestalt bestimmter unterschiedlicher Flächenerträge (meist in Dezitonne oder Doppelzentner je Hektar angegeben) entgegen. Es ist daher zu prüfen, ob solche genau meßbaren Erntemengen einen adäquaten Ausdruck für die jeweilige Bodenfruchtbarkeit darstellen.

Bisher wurde deutlich, daß der meßbare Flächenertrag das Ergebnis einer ganzen Reihe von Faktoren darstellt. An erster Stelle haben wir es dabei zweifellos mit der Bodenfruchtbarkeit im eigentlichen Sinne zu tun, jedoch werden auch Faktoren wirksam, die sehr wenig oder überhaupt nichts mit der Bodenfruchtbarkeit zu tun haben. Beispielsweise ist der konkrete Witterungsverlauf eines Jahres mit extremer Feuchtigkeit (oder Trockenheit) oder einer extrem langen (oder kurzen) Vegetationsperiode (in gemäßigten Klimaten) von großer Bedeutung für die jeweilige Ertragshöhe. Oder aber die Art des verwendeten Saatgutes, die Wahl des Bestelltermins, der Zeitpunkt der Pflegemaßnahmen u. a. m. Dies alles beeinflußt nachhaltig den Ertrag, hat aber mit der Bodenfruchtbarkeit im Sinne der von uns dargestellten Naturkraft recht wenig zu tun. Wir messen die Effekte dieser Maßnahmen und Faktoren aber nur in einer einzigen Kennziffer – nämlich dem Ertrag. Hieraus wird deutlich, daß die jeweilige Ertragshöhe einer bestimmten Ernte keineswegs einen Rückschluß auf die tatsächlich vorhandene Fruchtbarkeit eines bestimmten Bodenstückes erlaubt. Hier sind sehr große Abweichungen und kurzfristig sogar entgegengerichtete Tendenzen möglich und auch tatsächlich vorhanden.

[57] Marx, K., Das Elend der Philosophie, in: Marx/Engels, Werke, Bd. 4, Berlin 1952, S. 172.

Bevor wir auf die einschränkenden Bedingungen eingehen, unter denen der Flächenertrag Aussagekraft für die Bodenfruchtbarkeit erhält, muß dieser Flächenertrag entsprechend den bisherigen Darlegungen eine kategoriale Bestimmung erfahren. Wir bezeichnen den tatsächlich meßbaren Flächenertrag als die effektive ökonomische Fruchtbarkeit eines Bodens und bringen damit zum Ausdruck, daß es sich um die unter dem Einfluß einer Reihe von Faktoren vermehrt oder vermindert in Erscheinung tretende, objektiv vorhandene ökonomische Fruchtbarkeit eines Bodens handelt.[58]

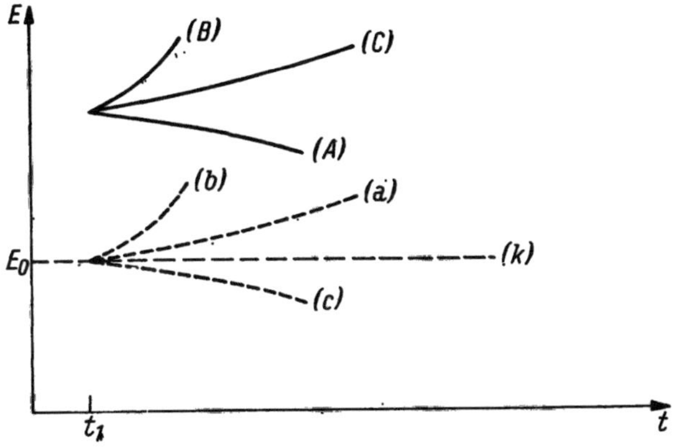

Abb. 6. Schematische Darstellung des Zusammenhanges zwischen ökonomischer und effektiver ökonomischer Bodenfruchtbarkeit (E = Ertrag)

Wir haben damit aber noch keinerlei Hinweis darauf erhalten, wie der konkrete Verlauf der effektiven ökonomischen Bodenfruchtbarkeit

[58] Die Deutsche Akademie der Landwirtschaftswissenschaften hat in ihrem bereits zitierten Beschluß zur Definition der Bodenfruchtbarkeit vorgeschlagen, hierfür den Begriff „effektive Bodennutzung" zu verwenden. Dem kann man keinesfalls zustimmen, da dem zugrunde liegt, den notwendigerweise einheitlichen Reproduktionsprozeß in der Landwirtschaft aufzuspalten in Teilprozesse, die die potentielle Fruchtbarkeit steigern, und in solche, die zu ihrer effektiven Nutzung führen. Vgl. hierzu: Beschluß des Plenums der DAL vom 11. Oktober 1963 zur Definition des Begriffs Bodenfruchtbarkeit, in: Ztschr. für Agrarökonomik, Berlin, Nr. 12/1963, S. 361f.

Es heißt dort: „Als Gesamtausdruck für die Wirksamkeit aller die Pflanzenerzeugung beeinflussenden Faktoren wird „Effektivität der Bodennutzung" vorgeschlagen. Maßstab ist der Naturalertrag ..."

bei einer bestimmten ökonomischen Fruchtbarkeit ist. Theoretisch sind hierbei unzählige Varianten möglich (b, a, c), einschließlich des Entstehens negativer ökonomischer Fruchtbarkeit.[59]

Dies ist letztlich darauf zurückzuführen, daß in der Landwirtschaft die Reproduktion der natürlichen und der ökonomischen Bedingungen des Produktionsprozesses auseinanderfallen kann, d. h., daß die einzelnen Faktoren des Produktionsprozesses dem Charakter und der Methode nach unterschiedlich reproduziert werden können.

Jedoch ergibt sich sofort eine Einschränkung in der Hinsicht, daß dieses Auseinanderfallen zeitlich nicht unbegrenzt möglich ist, ohne daß sich hieraus ernste Konsequenzen für die effektive ökonomische Fruchtbarkeit des Bodens ergeben.

Wir deuten dies in Abb. 6 mit dem unterschiedlichen Kurvenverlauf der effektiven ökonomischen Fruchtbarkeit an (B, C, A). Das heißt, wenn in unserem Falle die Erfordernisse des gesamten Reproduktionsprozesses – also einer intensiv erweiterten und damit steigenden ökonomischen Fruchtbarkeit – nicht ausreichend Berücksichtigung finden, so wird nach einem bestimmten Zeitraum die effektive ökonomische Fruchtbarkeit absinken, ganz gleich, von welch hoher potentieller Teileffektivität die sonstigen Maßnahmen auch sein mögen. In einer hohen effektiven ökonomischen Fruchtbarkeit schlagen sie sich erst nieder, wenn die ökonomische Bodenfruchtbarkeit steigt oder doch zumindest nicht absinkt. Dies ist letzten Endes auch der Grund, weshalb auch für den Ökonomen der *Flächenertrag* – mit den nachfolgend genannten Einschränkungen – *immer Ausdruck der ökonomischen Bodenfruchtbarkeit* darstellt. Alle Versuche, den Flächenertrag ökonomisch als effektive Bodennutzung oder anders begrifflich zu fassen, verwirren nur, weil sie von der zentralen Funktion des Bodens und seiner objektiven Eigenschaft Fruchtbarkeit im landwirtschaftlichen Produktionsprozeß wegführen und den notwendigen inneren Zusammenhang aller Maßnahmen in der Agrikultur mit diesem Tatbestand aus dem Auge zu verlieren drohen.[60]

[59] Diese Tatsache ist der praktischen Landwirtschaft seit langem unter der Formel „Reiche Väter – arme Söhne" bekannt, worunter zu verstehen ist, daß man durch einseitige ertragssteigernde Maßnahmen, die nicht zugleich die Bodenfruchtbarkeit berücksichtigen, zwar kurzfristig die Erträge steigern kann, aber nur auf Kosten rasch absinkender Erträge in den Folgejahren.

[60] Man kann diesen Gedanken noch dahingehend erweitern, daß es uns auf absehbare Zeit im Prinzip nicht möglich sein wird, auf den Boden und seine objektive Eigenschaft Fruchtbarkeit bei der Ernährung insgesamt zu verzichten. Er ist

Mit welcher Einschränkung kann nun der Flächenertrag als Kriterium für die Fruchtbarkeit des Bodens angesehen werden?

Es ist hierzu erforderlich, daß die Flächenerträge über einen langen Zeitraum hinweg gemessen und hierbei die durch extreme Witterungsbedingungen, falsche Anbautechnik usw. hervorgerufenen Schwankungen weitgehend eleminiert werden.[61] Die Festlegung des Zeitraumes richtet sich dabei sowohl nach der Qualität des angebauten Bodens, als auch nach der Art der angebauten Kulturen (Fruchtfolgen), kurz nach dem Umfang und der relativen Bedeutung der Faktoren, die geeignet sein können, das Bild der potentiellen (ökonomischen) Fruchtbarkeit eines Bodens zu trüben. Es versteht sich, daß außerdem entsprechende durchschnittliche Vergleichserträge derjenigen Kulturen bekannt sein müssen, deren Flächenertrag als Maß der ökonomischen Fruchtbarkeit dient.

Für Tansania ist es z. Zt. noch nicht möglich, an Hand der vorhandenen Ernteerträge konkrete Aussagen über den Verlauf der effektiven ökonomischen Bodenfruchtbarkeit im Ackerbau zu machen. Die Angaben über Flächenerträge beruhen nicht nur auf äußerst groben Schätzungen, sondern es ist auch nicht möglich, verläßliche Angaben über einen längeren Zeitraum – unter vergleichbaren Bedingungen – eines bestimmten Bodenstückes zu erhalten. Diese Effektivitätsmessung ist jedoch die Voraussetzung zur ökonomischen Bewertung bestimmter Maßnahmen oder neu einzuführender ackerbaulicher Nutzungssysteme sowie letztlich auch zur Bewertung der einzelnen Bodenarten selbst. Vageler[62] bezweifelt allerdings die Möglichkeit, angesichts der nahezu „unbegrenzten Variabilität tropischer Böden" ein relatives Bodenbewertungsverfahren ähnlich dem der gemäßigten Klimate zu entwickeln.

Das empirisch feststellbare Absinken der Bodenfruchtbarkeit in allen verstärkt ackerbaulich genutzten Gebieten deutet jedoch

durch nichts ersetzbar. Dort, wo die Bodenfruchtbarkeit unterschätzt wird, ergeben sich große Schwierigkeiten, ja Katastrophen für die gesamte Volkswirtschaft. Deshalb ist es nicht nur richtig, sondern auch absolut notwendig, den Stand der Bodenfruchtbarkeit ökonomisch in der Ertragshöhe zum Ausdruck zu bringen, um alle Maßnahmen im landwirtschaftlichen Bereich auf diese zentrale Frage zu konzentrieren.

61 Unter dieser Einschränkung ist für das gemäßigte Klima eine Skala der Bodenfruchtbarkeit erarbeitet worden (in Deutschland z. B. in Form der Ackerwertzahlen und der Grünlandzahlen).

62 Vageler, P., Die Untersuchung tropischer Böden und ihre Auswertung für die Praxis, Berlin 1942, S. 24.

bereits auf eine einheitliche Tendenz hin, daß nämlich die durch die Einführung z. T. fortlaufend züchterisch verbesserter Kulturpflanzen ermöglichte agrare Produktionssteigerung meist kein Wachstum der Produktivkräfte widerspiegelt, sondern nur vortäuscht, indem diese Produktionssteigerung in der Regel mit der zunehmenden Zerstörung natürlicher Ressourcen erkauft wurde.[62] Uns scheint eine solche globale Schlußfolgerung auf Grund der Untersuchungsergebnisse in Tanganyika bereits gerechtfertigt, d. h., daß die Kolonialmächte sich einen Großteil ihrer Kolonialprofite auf Kosten natürlicher Ressourcen Tanganjikas verschafft haben und daß eine der Ursachen für die außerordentlich große Kluft der ökonomischen Entwicklung zwischen Tansania und den imperialistischen Metropolen z. T. in dieser zurückliegenden Raubwirtschaft begründet ist, die modifiziert bis heute anhält. Vieles, was Tansania heute zur Beseitigung dieser Störungen und Zerstörungen im Bereich von Bodenfruchtbarkeit und geographischem Milieu tun muß, ist zum großen Teil Folge dieser Kolonialherrschaft, d. h., die ehemaligen Kolonialmächte waren die „reichen Väter" (oder „Mutter"-länder), die jungen Nationalstaaten sind die „armen Söhne", die für die Sünden dieser „Väter" heute zu büßen haben.

Wir können den Stand der Entwicklung der Produktivkräfte in der Landwirtschaft vor allem daran messen, inwieweit es dem Menschen gelang, positive ökonomische Fruchtbarkeit zu erzeugen, d. h. die Naturkraft Fruchtbarkeit nicht nur passiv zu ntuzen (sie schwindet bei passiver Nutzung sehr schnell), sondern sie durch ein System geeigneter Maßnahmen und durch den Einsatz von Wissenschaft und Produktionsmitteln auf einem gegebenen Bodenstück ständig und rasch zu vermehren. Der Mensch ist auf diese Weise in der Lage, Boden faktisch zu vermehren, er macht sich auf diese Weise in der Agrikultur zunehmend von Naturbedingungen in Gestalt bestimmter Bodenflächen unabhängiger.

Damit wird nicht nur die Flächenproduktivität erhöht, d. h., daß pro Einheit Fläche mehr Menschen ernährt werden können, sondern zugleich bildet diese Steigerung der Naturkraft Fruchtbarkeit die wichtigste Quelle zur Steigerung der Arbeitsproduktivität in der Landwirtschaft, indem je Einheit Arbeitsaufwand mehr Produkt erzeugt wird. Erst an diesem Punkt setzt die Freisetzung agrikoler Arbeit für andere Zwecke in großem Umfange ein, und erst hiermit entstehen die enormen Wachstumsimpulse der Landwirtschaft für die übrige Wirtschaft.[63]

[63] An diese Frage muß u. E. in Tansania mit äußerster Vorsicht noch herangegangen werden, da die Städte (Industrie) nur beschränkt für Abwanderer vom

Es ist bezeichnend für Tansania (wie für viele Länder Tropisch-Afrikas), daß als Folge der Kolonialherrschaft und des Eindringens der kapitalistischen Warenproduktion die Bodenfruchtbarkeit nicht anstieg, sondern im Gegenteil sich verminderte. Auf diese Weise wurde nicht wie in den kapitalistischen Ländern faktisch ständig mehr Boden geschaffen, sondern es wurde – bei gleichem Territorium – ständig die nutzbare Fläche absolut und relativ vermindert. Die materiell-technische Basis dieser traditionellen Gesellschaften wurde eingeschränkt und die bereits entstandene ökonomische Kluft zu den imperialistischen Metropolen weiter vertieft. Es ist bezeichnend, daß die bürgerliche Wissenschaft auf nahezu allen Gebieten versucht, solche Zusammenhänge in Abrede zu stellen[64] und statt dessen „objektive" und „natürliche" Gesetze für die ökonomische Rückständigkeit zu erfinden.

3. Die Rolle der Bodenfruchtbarkeit in der bisherigen ökonomischen Entwicklung

Bodenfruchtbarkeit und Arbeitsproduktivität

Unter Arbeitsproduktivität ist hier im Sinne von Marx das Ergebnis konkret nützlicher Arbeit in einer bestimmten Zeiteinheit zu verstehen.[65] Es wird sofort deutlich, daß in der Agrikultur im weitesten Sinne die Arbeitsproduktivität in einem starken Maße durch die Bodenfruchtbarkeit bestimmt wird. Gleiche Mengen verausgabter konkret nützlicher Arbeit führen bei unterschiedlicher ökonomischer Fruchtbarkeit zu verschiedenen Flächenerträgen und damit zu unterschiedlichen Mengen an Gebrauchs-

Lande aufnahmefähig sind. Es ist gerade ein Kennzeichen für viele Länder Tropisch-Afrikas, daß der spontane Zerfall der Dorfgemeinde schneller voranschreitet (mit der entsprechenden sozialen Differenzierung und Freisetzung von Bauern), als die Aufnahmefähigkeit der Städte wächst. Hieraus ergeben sich offene Formen von Pauperismus und Arbeitslosigkeit, die zu einer beträchtlichen politischen Instabilität dieser Länder beitragen. Vgl. hierzu auch: Jordanskij, V., Tropičeskaja Afrika: v poiskach v političeskoj stabil'-nost', in: Mirovaja ekonomika i meždunarodnaja otnošenija, Nr. 1/1971, S. 45f.

64 Vgl. hierzu auch Tjagunenko, V., Korennaja problema razvivajuščich stran, in: Mirovaja ekonomika i meždunarodnaja otnošenija, Nr. 11/1971, S. 12–15.

65 Vgl. dazu: Marx, K., Das Kapital, Erster Band, in: Marx/Engels, Werke, Bd. 23, S. 60f.

werten, d. h. also zu einer unterschiedlichen Arbeitsproduktivität. Bei Marx heißt es: „Der Mensch kann in seiner Produktion nur verfahren, wie die Natur selbst, d. h. nur die Formen der Stoffe ändern. Noch mehr. In dieser Arbeit der Formung selbst wird er beständig unterstützt von Naturkräften. Arbeit ist also nicht die einzige Quelle der von ihr produzierten Gebrauchswerte, des stofflichen Reichtums. Die Arbeit ist sein Vater, wie William Petty sagt, und die Erde seine Mutter.“[66]

Und: „Die Produktivität der agrikolen Arbeit ist an Naturbedingungen geknüpft, und je nach der Produktivität derselben stellt sich dasselbe Quantum Arbeit in viel oder wenig Produkten, Gebrauchswerten dar.“[67]

Diesen Zusammenhang zwischen der Arbeitsproduktivität in der Landwirtschaft und der unterschiedlichen effektiven ökonomischen Bodenfruchtbarkeit in Gestalt verschieden hoher Pflanzenerträge je Flächeneinheit kann man wie folgt veranschaulichen:

Tabelle 1

Zusammenhang von Flächenertrag und Arbeitsproduktivität[68]

Anbaufläche	Zahl der Arbeitskräfte	Ertrag/ha	Bruttoproduktion	Arbeitsproduktivität
100	10	10	1000	100
100	10	15	1500	150
120	10	10	1200	120
150	10	15	2250	225
120	12	10	1200	100

66 Marx, K., Das Kapital, Erster Band, in: Marx/Engels, Werke, Bd. 23, S. 57f.

67 Marx, K., Das Kapital, Dritter Band, in: Marx/Engels, Werke, Bd. 25, S. 825.

68 Aus den angeführten Zahlenbeispielen wird deutlich, daß die Bodenfruchtbarkeit nur einen Einflußfaktor – wenn auch in der Gesamtentwicklung den wichtigsten – für die Steigerung der Arbeitsproduktivität in der Landwirtschaft darstellt. Einen weiteren Faktor bilden die mechanischen Arbeitsmittel, die unmittelbar, also nicht mittelbar über den Mechanismus Boden, die Produktivkraft der menschlichen Arbeit steigern. Hierzu zählen z. B. Maschinen, die einer Arbeitskraft nunmehr die mechanische Bearbeitung von 10 Hektar Boden anstelle von einem Hektar mit der Hand ermöglichen (Gesamtkomplex Mechanisierung).

Vgl. hierzu auch Behrens, F., Die Bedeutung der Steigerung der Arbeitsproduktivität für die Landwirtschaft, Diskussionsbeiträge zu Wirtschaftsfragen, Heft 13, Berlin 1954, S. 43.

Wenn wir unter Berücksichtigung der bisherigen Ergebnisse die Bedeutung der nichtlandwirtschaftlichen Produktionsmittel für die Steigerung der Bodenfruchtbarkeit zugrunde legen, so kommen wir zu dem Ergebnis, daß für die Steigerung der landwirtschaftlichen Arbeitsproduktivität den nichtlandwirtschaftlichen Produktionsmitteln, d. h. der Industrie, eine ausgesprochen führende Rolle zukommt (genaugenommen besteht der ökonomische Zusammenhang darin, daß die jeweilige ökonomische Bodenfruchtbarkeit weitgehend die landwirtschaftliche Arbeitsproduktivität bestimmt. Jedoch ist diese Bodenfruchtbarkeit keine konstante Größe, sondern sehr variabel, in Abhängigkeit vom Stand der jeweiligen nichtlandwirtschaftlichen Produktivkräfte, so daß der Stand der allgemeinen Arbeitsproduktivität wiederum bestimmend in die Bodenfruchtbarkeit und damit in die landwirtschaftliche Arbeitsproduktivität eingeht).[69]

Daraus leitet sich letztlich die führende Rolle der Industrie für die Entwicklung der Arbeitsproduktivität in der Landwirtschaft insgesamt ab. Diese Entwicklung vollzieht sich jedoch in den vorsozialistischen Gesellschaften in einem offenen und stets wachsenden Gegensatz zwischen Industrie und Landwirtschaft, da sich die Industrie von der Landwirtschaft loslöst, was nur ein anderer Ausdruck für die ökonomisch in Klassen gespaltene Gesellschaft darstellt. Gerade hierin sahen Marx und Engels jedoch die entscheidende Bedingung für den ökonomischen Fortschritt im Kapitalismus bzw. in den vorkapitalistischen Produktionsweisen, da nur so die entscheidenden Hemmnisse des agrikolen Gemeindeeigentums überwunden werden konnten.[70]

69 Für die moderne Landwirtschaft ist charakteristisch, daß beide Faktoren meist untrennbar miteinander verbunden sind und verbunden sein müssen, daß also ein Arbeitsmittel (meist als komplexes System) unmittelbar wie auch mittelbar über die Steigerung der Bodenfruchtbarkeit die Arbeitsproduktivität erhöht. In der Wirtschaftsgeschichte zeichnen sich Perioden ab, in denen die Arbeitsproduktivität vorwiegend durch neue mechanische Arbeitsmittel gesteigert wurde (die notwendige Arbeit je Einheit Produkt wird gesenkt); es gibt jedoch auch Perioden, vor allem bei neuen wissenschaftlichen Entdeckungen und einem entsprechenden technischen Fortschritt, wo die Steigerung der Arbeitsproduktivität vorwiegend über eine Steigerung der Bodenfruchtbarkeit erzielt wird (bei gleichen Mengen verausgabter Arbeit mehr Produkt).

70 „Die ursprüngliche Einheit zwischen Arbeiter und Arbeitsbedingungen ... hat zwei Hauptformen: das asiatische Gemeinwesen ... und die kleine Familienagrikultur ... Beide Formen sind Kinderformen und gleich wenig geeignet,

Jedoch darf man hierbei die ebenfalls von Marx deutlich hervorgehobenen negativen Konsequenzen dieses Gegensatzes nicht übersehen, da sich hieraus unmittelbar die ökonomische Ausbeutung des Landes durch die Stadt ableitet, woraus besonders unter den Bedingungen des Kapitalismus das zeitweise erhebliche Zurückbleiben des Landes gegenüber der allgemeinen Entwicklung und der tiefe Gegensatz von Stadt und Land zu erklären sind.

Diese gegensätzliche Entwicklung unter kapitalistischen Bedingungen, auf die internationale Ebene projiziert, liefert uns bereits so eine wichtige Erklärung für die ökonomische Ausbeutung der einstigen Kolonien und der heute zunächst nur politisch unabhängigen Entwicklungsländer. Im Kern handelt es sich um den Gegensatz agrikoler Arbeit (Kolonien und Entwicklungsländer als vorwiegende Agrarländer) und nichtagrikoler Arbeit (Metropolen als Industrieländer mit eindeutiger Vorherrschaft der Industriemonopole). Bei der ökonomischen Analyse des Neokolonialismus zeigt sich gerade, daß unabhängig von einer Reihe außerökonomischer Faktoren (Ausnutzung der Abhängigkeit dieser Länder von den kapitalistischen Weltmärkten, Preisschere zwischen Import- und Exportertzeugnissen usw.) der entscheidende Mechanismus der fortwährenden Ausbeutung der Entwicklungsländer das gravierende Produktivitätsgefälle zwischen agrikoler Arbeit der Entwicklungsländer und nichtagrikoler Arbeit der Metropolen darstellt. Auf diese Weise wird selbst bei Einhaltung des Wertgesetzes (oder gerade deshalb) ein noch immer steigender Anteil gesellschaftlicher Arbeit von den Entwicklungsländern in die Metropolen umverteilt, weil das Wertgesetz hier modifiziert in der Weise in Erscheinung tritt, daß die individuellen Werte der Kolonien und Entwicklungsländer nicht bestimmend in die Warenpreise der exportierten Agrarerzeugnisse eingeht. Entscheidend hierfür sind die kapitalistischen Weltmarktpreise, die sich in der Hauptsache auf der Basis der fortgeschrittenen Agrarproduktion unter *kapitalistischen* Bedingungen bilden.

Wir haben hier eine analoge Situation zu den entwickelten kapitalistischen Ländern, wo die individuellen Werte der bäuerlichen kleinen Warenproduzenten ebenfalls nicht in die Bestimmung der (durch das kapitalistische Grundeigentum modifizierten) Produktionspreise eingehen und so die kleinen Warenproduzenten einer ständigen Ausbeutung unterliegen.

... die Produktivkraft der gesellschaftlichen Arbeit zu entwickeln. Daher die Notwendigkeit der Trennung, der Zerreißung, des Gegensatzes zwischen Arbeit und Eigentum ..." (Marx, K., Theorien über den Mehrwert, T. 3, in: Marx/Engels, Werke, Bd. 26/3, S. 414).

Aus dem bisher Gesagten muß man für die nichtkapitalistische Entwicklung (nicht nur Tansanias) eine generelle Folgerung ziehen: Die ökonomisch und historisch notwendige, auch in den Entwicklungsländern wiederum getrennt verlaufende Entwicklung von Industrie und Landwirtschaft (territorial und hinsichtlich der gesellschaftlichen Organisationsform, der Methoden und des Tempos usw.) darf nicht zu einem ökonomischen, sozialen und politischen Gegensatz Stadt – Land führen. Gerade das aber ist mit der kapitalistischen Entwicklung unvermeidlich. Die Kernfrage ist die Errichtung und Festigung des ökonomischen und politischen Bündnisses der national-revolutionären Führungskräfte mit den werktätigen Massen des Dorfes. Eine solche Aufgabenstellung, die objektiv vor Tansania steht, ist aber dem Kapitalismus fremd (vgl. auch S. 270).

Das Entwicklungstempo agrikoler und nichtagrikoler Arbeitsproduktivität

Aus dieser Gegensätzlichkeit der Entwicklung agrikoler und allgemeiner Arbeitsproduktivität ergibt sich eine wichtige Schlußfolgerung im Hinblick auf das Entwicklungstempo beider. Marx schreibt: „Im ganzen ist anzunehmen, daß in der roheren, vorkapitalistischen Produktionsweise die Agrikultur *produktiver* ist als die Industrie, weil die Natur als Maschine und Organismus mitarbeitet, während die Naturkräfte in der Industrie fast noch ganz durch Menschenkraft ersetzt werden . . .“[71] Ferner: „Und ursprünglich die Agrikultur produktiver, weil hier eine von Natur eingerichtete Maschine, nicht *nur* Naturkräfte mitwirken; der einzelne Arbeiter sofort mit einer Maschine arbeitet.“[72] Und: „Hier in der Agrikultur ist von vornherein die Mitarbeit der Naturkräfte . . . ein Automat, im großen und ganzen gegeben.“[73]

Wie ist das zu verstehen, daß der Boden bereits im Naturzustand als Automat, als Maschine wirkt? Es ist dies im Hinblick auf die Anforderung der Pflanze zu verstehen (auf deren Wachstum sich letztlich das ganze Bemühen der Menschen in der Agrikultur richtet), zu einem ganz bestimmten Zeitpunkt und in ausreichender Menge Wasser, Nährstoffe (in pflanzenaufnehmbarer Form) und Spurenelemente zu erhalten sowie

71 Marx, K., Theorien über den Mehrwert, T. 2, in: Marx/Engels, Werke, Bd. 26/2, S. 103.

72 Ebenda, S. 13.

73 Marx, K., Theorien über den Mehrwert, T. 1, in: Marx/Engels, Werke, Bd. 26/1, S. 19.

für ihren Standort günstige biologische Bedingungen (Ausbreitung der Wurzeln, optimale Zusammensetzung der Bodenluft usw.) vorzufinden. Es ist also eine Fülle von Teilfunktionen, die der Boden im Hinblick auf das Pflanzenwachstum zu erfüllen hat. In diesem Sinne, daß diese Teilfunktionen während der gesamten Vegetationsperiode selbsttätig (automatisch), und dazu optimal, durch den Boden erfüllt werden, ist der Boden eine Maschine, wobei nichts verfehlter wäre, als dies in einem rein mechanischen Sinne zu verstehen. Das bedeutet, daß für die Anfänge der Kulturentwicklung die (natürliche) Bodenfruchtbarkeit eine weitaus wichtigere Rolle spielt als in der Folgezeit[74], da so trotz des niedrigen Standes der Produktivkräfte günstige Voraussetzungen für die Entwicklung der Arbeitsproduktivität gegeben waren.

Marx schreibt dann weiter: „... in der Sturmperiode der kapitalistischen Produktion entwickelt sich die Produktivität der Industrie rasch gegen die Agrikultur ... Aber auf einem gewissen Höhepunkt der Industrie muß die Disproportion abnehmen, d. h. die Produktivität der Agrikultur sich relativ rascher vermehren als die der Industrie."[75]

Der bisherige Verlauf der Wirtschaftsgeschichte der entwickelten kapitalistischen Länder hat diese Prognose von Marx vollauf bestätigt. Während bis etwa zur Zeit des zweiten Weltkrieges die Arbeitsproduktivität der Industrie sich rasch gegenüber der Landwirtschaft weiter erhöhte, können wir in den führenden kapitalistischen Ländern seit den fünfziger Jahren beobachten, daß die Arbeitsproduktivität in der Landwirtschaft erheblich schneller als in der Industrie steigt. Das ist in erster Linie eine Folge des wissenschaftlich-technischen Fortschritts in diesem Bereich. Wir sehen also, wie diese Wechselwirkung zwischen der Produktivität in der Landwirtschaft und der Entwicklung der übrigen Teilbereiche der Wirtschaft und Gesellschaft universellen Charakter trägt, und die Tatsache, daß bis in die jüngste Gegenwart die Probleme der Freisetzung von Arbeitskraft aus der Landwirtschaft für die Entwicklung der Industrie (und das ökonomische Wachstum) der entwickelten kapitali-

[74] „Die äußeren Naturbedingungen zerfallen ökonomisch in zwei große Klassen, natürlichen Reichtum an Lebensmitteln, also Bodenfruchtbarkeit ... und natürlichen Reichtum an Arbeitsmitteln ... In den Kulturanfängen gibt die erstere, auf höherer Entwicklungsstufe die zweite Art des natürlichen Reichtums den Ausschlag" (Marx, K., Das Kapital, Erster Band, in: Marx/Engels, Werke, Bd. 23, S. 535).

[75] Marx, K., Theorien über den Mehrwert, T. 2, in: Marx/Engels, Werke, Bd. 26/2, S. 103.

stischen Länder von erstrangiger Bedeutung sind, läßt die zusammenfassende Bemerkung von Marx, daß die „ganze bisherige ökonomische Entwicklung sich in dem Gegensatz von Land und Stadt resümieren“[76] läßt, in ihrer ganzen Bedeutung richtig erfassen. Beinahe mathematisch faßt Marx diesen Zusammenhang, wenn er schreibt: „Abstrahiert man vom auswärtigen Handel . . ., so ist es klar, daß die Masse der . . . von der Agrikultur losgelösten Arbeiter bestimmt ist . . . durch die Masse der Agrikulturprodukte, die die Ackerbauarbeiter über ihren eigenen Konsum hinaus produzieren.“[77] Es ist dies jedoch keine starre, sondern eine dynamische Beziehung, deren Variabilität darin besteht, daß durch den wachsenden Einsatz industrieller Produktionsmittel in der Landwirtschaft deren Produktivität (über eine gesteigerte Bodenfruchtbarkeit) erhöht wird, was die wachsende Freisetzung und den Einsatz landwirtschaftlicher Arbeitskräfte in der Industrie ermöglicht, als deren Ergebnis weitere produktions- und produktivitätsfördernde Produktionsmittel der Landwirtschaft wiederum zugeführt werden können. In dieser komplizierten und dialektischen Wechselwirkung vollzog sich im Verlaufe besonders der kapitalistischen Entwicklungsperiode die Entfaltung der landwirtschaftlichen Produktivkräfte und der Arbeitsproduktivität in der Landwirtschaft. Marx weist immer wieder darauf hin, daß es diese Gegensätzlichkeit Stadt – Land mit ganz bestimmten Klassenbeziehungen gewesen ist, die in den vorsozialistischen Formationen eine solche Entwicklung ermöglichte.

Die Bodenfruchtbarkeit als natürliche Basis des agrikolen Mehrwerts

Von fundamentaler Bedeutung ist die Entwicklung der landwirtschaftlichen Arbeitsproduktivität aber vor allem für den gesamten weiteren Verlauf der gesellschaftlichen Arbeitsteilung und für die Ausbildung der nichtagrikolen Zweige der Produktion. Damit die Stadt und die Industrie ökonomisch überhaupt entstehen konnten, mußte die Landwirtschaft (die agrikole Arbeit) so produktiv sein, daß sie die nicht in der Landwirtschaft Tätigen miternähren konnte. Auf diese Grundfunktion der Landwirtschaft, die überhaupt erst die bahnbrechende Entwicklung der Indu-

[76] Marx, K., Das Kapital, Erster Band, in: Marx/Engels, Werke, Bd. 23, S. 350.
[77] Marx, K., Theorien über den Mehrwert, T. 1, in: Marx/Engels, Werke, Bd. 26/1, S. 18.

strie, der Wissenschaft, kurzum der gesellschaftlichen Entwicklung und letztlich auch wiederum der Landwirtschaft in der modernen Form ermöglichte, weist Marx immer wieder hin. Bei ihm heißt es hierzu: „Die naturwüchsige Produktivität der agrikolen Arbeit ... ist die Basis aller Mehrarbeit ..."[78] Und: „Noch näher betrachtet, da die Produktion der Nahrungsmittel die allererste Bedingung ihres Lebens und aller Produktion überhaupt ist, muß die in dieser Produktion aufgewandte Arbeit, also die agrikole Arbeit im weitesten ökonomischen Sinne, fruchtbar genug sein, damit nicht die ganze disponible Arbeitszeit in der Produktion von Nahrungsmitteln für die unmittelbaren Produzenten absorbiert wird, also agrikole Mehrarbeit und agrikoles Mehrprodukt möglich sei."[79]

Und ferner: „Eine über das individuelle Bedürfnis des Arbeiters hinausgehende Produktivität agrikoler Arbeit ist die Basis aller Gesellschaft ..."[80]

Diese Grundfunktion der agrikolen Arbeitsproduktivität ist dabei prinzipiell in zweierlei Hinsicht von Bedeutung. Zum ersten bildet sie eine entscheidende Voraussetzung der gesellschaftlichen Arbeitsteilung und damit der weiteren Entwicklung der Produktivkräfte, denn die nichtagrikolen Zweige der Wirtschaft und damit die allgemeine Arbeitsproduktivität können sich nur auf der Basis einer genügend fruchtbaren agrikolen Arbeit entfalten. Während wir also bisher feststellten, daß die allgemeine Arbeitsproduktivität gegenüber der agrikolen eine führende Rolle spielt und sie zunehmend beeinflußt und bestimmt, sehen wir jetzt, daß umgekehrt dieser Vorgang nur auf der Basis eines Mindestmaßes agrikoler Produktivität sich entwickeln kann, wobei historisch gesehen die agrikole Arbeitsproduktivität sogar den Ausgangspunkt, die natürliche Basis, wie Marx sagt, bildete.

Das hat natürlich auch für Tansania wie für die Entwicklungsländer insgesamt grundsätzliche Bedeutung. Sie besteht darin, daß man sich trotz des im Augenblick vorhandenen Arbeitskräfteüberschusses bereits jetzt ernsthaft Gedanken machen muß, wie die Arbeitsproduktivität kontinuierlich in der Landwirtschaft gesteigert werden kann. Es ist eine Tatsache, daß der Arbeitskräfteüberschuß oft nur zeitweise auftritt. In den Arbeitsspitzen (Aussaat und Ernte) ist die Arbeitskapazität meist gerade ausreichend. Werden hier überstürzt Arbeitskräfte abgezogen, ohne daß

[78] Marx, K., Das Kapital, Dritter Band, in: Marx/Engels, Werke, Bd. 25, S. 645.
[79] Marx, K., Das Kapital, Dritter Band, in: Marx/Engels, Werke, Bd. 25, S. 648.
[80] Ebenda, S. 794.

zuvor die Produktivität steigt, kommt es zum Absinken der Produktion, weil wichtige Arbeiten nicht oder nicht ordnungsgemäß ausgeführt werden können. Auch zur Senkung der Kosten der Agrarproduktion (zur Gewährleistung eines erträglichen Preisniveaus für Nahrungsmittel und für die Lohnstabilität) ist eine Anhebung der agraren Arbeitsproduktivität erforderlich.

Marx leitet zum zweiten aus der agrikolen Arbeitsproduktivität und der Entstehung von agrikolem Mehrwert die entscheidende Bedingung für das Entstehen gesellschaftlicher Klassen, also der hauptsächlichen Triebkraft der bisherigen ökonomischen Entwicklung, ab. Er schreibt: „Braucht der Arbeiter alle seine Zeit, um die zur Erhaltung seiner selbst und seiner Race nötigen Lebensmittel zu produzieren, so bleibt ihm keine Zeit, um unentgeltlich für dritte Personen zu arbeiten. Ohne einen gewissen Produktivitätsgrad der Arbeit keine solche disponible Zeit für den Arbeiter, ohne solche überschüssige Zeit keine Mehrarbeit und daher keine Kapitalisten, aber auch keine Sklavenhalter, keine Feudalbarone, in einem Wort, keine Großbesitzerklasse“.[81] Der Stand und die Entwicklung der agrikolen Arbeitsproduktivität haben damit vor allem für die Klassendifferenzierung der frühen Gesellschaft ganz entscheidende Bedeutung.

Die Bodenfruchtbarkeit in den Kulturanfängen

Wir müssen für unser Thema auf der Grundlage des bisher Gesagten noch einige Überlegungen darüber anstellen, welche Rolle die Bodenfruchtbarkeit, insbesondere die natürliche Fruchtbarkeit, in der Anfangsperiode der Kulturgeschichte innerhalb der ökonomischen Entwicklung spielt. Wenn, wie Marx nachweist, durch die Funktion des Bodens als Maschine, als Automat, günstige Voraussetzungen für die agrikole Arbeitsproduktivität gegeben waren, so ist nicht ohne weiteres verständlich, weshalb sich nicht überall dort, wo günstige natürliche Bedingungen in Gestalt hoher natürlicher Fruchtbarkeit vorhanden waren, frühzeitig auch gesellschaftliche Arbeitsteilung, Klassendifferenzierung und Entwicklung der übrigen Produktivkräfte (allgemeine Arbeitsproduktivität)

[81] Marx, K., Das Kapital, Erster Band, in: Marx/Engels, Werke, Bd. 23, S. 534. Marx zitiert dort ergänzend Ravenstone: „Wenn die Arbeit jedes Mannes nur genügen würde, seine eigene Nahrung zu produzieren, könnte es kein Eigentum geben“ (ebenda).

vollzogen.[82] Diese Fragestellung ist besonders auch für die afrikanischen Gesellschaften von Bedeutung, da sich zumindest örtlich günstige Bedingungen vorfanden und noch vorfinden, ohne daß etwa eine für die europäische Geschichte z. B. typische ökonomische und gesellschaftliche Entwicklung eingesetzt hätte.

Marx veranschaulicht die Ursache eines solch scheinbaren Widerspruchs an einem einfachen Beispiel: „Gesetzt, ein ... ostasiatischer Brotschneider brauche 12 Arbeitsstunden in der Woche zur Befriedigung aller seiner Bedürfnisse. Was ihm die Gunst der Natur unmittelbar gibt, ist viel Mußezeit. Damit er diese produktiv für sich selbst verwende, ist eine ganze Reihe *geschichtlicher Umstände*, damit er sie in Mehrarbeit für fremde Personen verausgabe, ist *äußrer Zwang* erheischt. Würde kapitalistische Produktion eingeführt, so müßte der Brave vielleicht 6 Tage in der Woche arbeiten, um sich selbst das Produkt eines Arbeitstages anzueignen. Die Gunst der Natur erklärt nicht, warum er jetzt 6 Tage in der Woche arbeitet oder warum er 5 Tage Mehrarbeit liefert. Sie erklärt nur, warum seine notwendige Arbeitszeit auf einen Tag in der Woche beschränkt ist."[83]

Es ist also ganz entscheidend, nicht nur die natürliche Seite des agraren Produktionsprozesses zu sehen (also das Vorhandensein fruchtbarer Böden z. B.), sondern jeweils auch die gesellschaftliche Seite im Auge zu behalten, da sich von dort her, auf der Grundlage eines komplizierten, historisch bedingten Wechselverhältnisses zwischen Bedürfnissen und den Möglichkeiten ihrer Befriedigung einerseits und einer auf der Grundlage

[82] Wir müssen diese Fragestellung insoweit einschränken, als in den Kulturanfängen teilweise – wenn auch in wesentlich geringerem Umfange – andere wirtschaftliche Tätigkeiten (wie Jagd und Fischfang) die Basis der Gesellschaft bildeten als z. B. Ackerbau und Viehzucht. Die vorkommenden natürlichen Reichtümer spielen dabei eine der Bodenfruchtbarkeit nicht unähnliche Rolle.

„So haben beispielsweise die Itelmenen und einzelne Gruppen unter den Bewohnern der Nordwestküste Nordamerikas ohne die Kenntnis von Bodenbau und Viehzucht und nur auf der Grundlage einer Fischfangwirtschaft das Auflösungsstadium der Urgemeinschaft erreicht. Der Arbeitsertrag war in beiden Fällen groß genug, um einen Überschuß über den eigenen Lebensunterhalt hinaus zu liefern ..." (Sellnow, I., Grundprinzipien einer Periodisierung der Urgemeinschaft. Ein Beitrag auf der Grundlage ethnographischen Materials, Völkerkundliche Forschungen, Bd. 4, Berlin 1961, S. 474).

[83] Marx, K., Das Kapital, Erster Band, in: Marx/Engels, Werke, Bd. 23, S. 538 (Hervorhebung D. G.).

entwickelterer Produktivkräfte entstandenen Klassendifferenzierung der Gesellschaft andererseits ein entscheidender Stimulus zur Steigerung der Produktion und damit zur weiteren Entwicklung der Produktivkräfte herausbildet.

Es wird sicher noch umfangreicher historischer Untersuchungen bedürfen, um die Frage zu klären, weshalb die in der vorkolonialen Periode Ostafrikas bereits sehr deutlich nachweisbare Erzeugung von Mehrprodukt und seine teilweise Aneignung durch bestimmte soziale Gruppen nicht zu einer für die europäische Geschichte charakteristischen ökonomischen und sozialen Entwicklung geführt haben. Das in der Kolonialperiode stark zunehmende Mehrprodukt[84] wurde z. B. durch äußeren Zwang in die imperialistischen Metropolen umverteilt, führte dort zu einer rascheren ökonomischen (und auch sozialen) Entwicklung, während dieser Raub von Mehrprodukt Tanganyika (wie auch andere koloniale Länder) in seinem ökonomischen und sozialen Fortschritt ernsthaft behinderte, und zwar sowohl hinsichtlich der Entfaltung der Produktivkräfte als auch der Ausbildung antagonistischer Klassen.

Marx schreibt beispielsweise: „Nicht das tropische Klima mit seiner überwuchernden Vegetation, sondern die gemäßigte Zone ist das Mutterland des Kapitals. Es ist nicht die absolute Fruchtbarkeit des Bodens, sondern seine Differenzierung, die Mannigfaltigkeit seiner natürlichen Produkte, welche die Naturgrundlage der gesellschaftlichen Teilung der Arbeit bildet und den Menschen durch den Wechsel der Naturumstände ... zur Vermannigfachung seiner eigenen Bedürfnisse, Fähigkeiten, Arbeitsmittel und Arbeitsweisen anspornt ... Die Gunst der Naturbedingungen liefert immer nur die Möglichkeit, niemals die Wirklichkeit der Mehrarbeit ... oder des Mehrprodukts.“[85]

Daraus kann man den durchaus berechtigten Schluß ziehen, daß die Bodenfruchtbarkeit für sich genommen, losgelöst von den konkreten gesellschaftlichen Bedingungen betrachtet, für den ökonomischen Fortschritt nahezu keine Bedeutung hat.[86] Erst eine Reihe geschichtlicher

[84] Es handelt sich in der Regel um steigendes Mehrprodukt auf der Basis einer „brutalen Aussaugung von Menschen und Boden“ (Marx).

[85] Marx, K., Das Kapital, Erster Band, in: Marx/Engels, Werke, Bd. 23, S. 536f.

[86] Man könnte in diesem Sinne die natürliche Bodenfruchtbarkeit mit den gewaltigen Vorkommen an Erdöl, Eisenerzen, Uranerzen usw. Afrikas vergleichen, deren Nutzung den afrikanischen Staaten erst jetzt ökonomisch möglich ist, obwohl diese Vorräte seit vielen Jahrtausenden in der Erde

Umstände, wie Marx sagt, verwandeln die natürliche Bodenfruchtbarkeit in eine ökonomische Potenz, veranlassen oder zwingen den Menschen dazu, natürliche Fruchtbarkeit in ökonomische Fruchtbarkeit, in eine gesellschaftliche Produktivkraft zu verwandeln.[87]

Wir können daher zusammenfassend folgende Einschätzung der Rolle der Bodenfruchtbarkeit im Verlaufe der bisherigen ökonomischen Entwicklung geben: Eine gewisse Fruchtbarkeit des Bodens ist die Naturbasis, die natürliche Voraussetzung für die Erzielung einer bestimmten agrikolen Arbeitsproduktivität, so daß Mehrarbeit (Mehrprodukt) überhaupt möglich wird. Ob aber diese objektiv (in Gestalt der natürlichen Fruchtbarkeit) oder potentiell (in Gestalt erzielbarer positiver ökonomischer Fruchtbarkeit) vorhandene Naturgrundlage zur Erziehlung von Mehrarbeit und damit für die ökonomische Entwicklung insgesamt auch genutzt wird, hängt ganz entscheidend von den gesellschaftlichen Umständen, von der jeweiligen Produktionsweise ab.[88] Es ergibt sich hier keinerlei funktionale Abhängigkeit etwa in dem Sinne, daß eine hohe natürliche Fruchtbarkeit auch eine entsprechend günstige ökonomische Entwicklung zur Folge hätte (und umgekehrt). Es kann dies, muß aber nicht so sein. Entscheidend sind die konkreten gesellschaftlichen Bedingungen, unter denen der Produktionsprozeß sich vollzieht, wobei in den Anfängen der Kulturentwicklung, als es noch keine Klassendifferenzierung oder eine solche erst in Keimform gab, die psychische Eigenart der Gemeinschaften und Stämme im Hinblick auf ihre Bedürfnisentwicklung, die Tradition und – auch das kann nicht außer acht gelassen werden – gewiß auch der Zufall eine große Rolle spielen, inwieweit die Bodenfruchtbarkeit im ökonomischen Sinne nutzbar gemacht wird. In den späteren Perioden

schlummern. Auch hierfür sind die gesellschaftlichen Bedingungen entscheidend.

87 Marx zitiert beispielsweise James Steuart (Principles of Polit. Econ., Dublin 1770, S. 116): „Die naturwüchsigen Erzeugnisse der Erde, die in geringen Mengen und ganz unabhängig vom Menschen vorkommen, scheinen von der Natur in der gleichen Art gegeben zu sein, wie man einem jungen Mann eine knappe Summe gibt, um ihn auf den Weg des Fleißes und des Reichwerdens zu führen." (Zitiert in: Marx/Engels, Werke, Bd. 23, S. 193, Fußnote).

88 Marx schreibt: „Das Kapitalverhältnis entspringt übrigens auf einem ökonomischen Boden, der das Produkt eines langen Entwicklungsprozesses ist. Die vorhandene Produktivität der Arbeit ... ist nicht Gabe der Natur, sondern einer Geschichte, die Tausende von Jahrhunderten umfaßt" (Das Kapital, Erster Band, in: Marx/Engels, Werke, Bd. 23, S. 535).

spielt zunehmend die Entwicklung der Klassengegensätze der Gesellschaft, die an die Entwicklung eines bestimmten Standes der Produktivkräfte gebunden ist, die ausschlaggebende Rolle.

IV. Zum Verhältnis natürlicher und ökonomischer Faktoren der Bodenfruchtbarkeit in Ostafrika

„Man könnte zunächst meinen, daß dieses Problem der Bodenfruchtbarkeit für die sprichwörtlich ‚unermeßlich fruchtbaren' Tropen überwiegend positive Akzente trägt. Doch das ist ein Trugschluß. Im Gegenteil: Es gibt wohl keine Klimabereiche auf unserem Erdball, in denen die Fragen der Bodenfruchtbarkeit so viele ernste, ungelöste, den Lebensnerv ganzer Völker gefährdender Probleme in sich bergen als gerade die Tropen ... Das Schicksal der Tropen hängt wesentlich davon ab, wie weit es gelingt, der Zerstörung der Bodenfruchtbarkeit *mit wirtschaftlichen Mitteln* Herr zu werden."[89]

Diese Bemerkung macht auf eine allgemeine Erscheinung in der tropischen Landwirtschaft (und damit auch Tansanias) aufmerksam: den außerordentlich raschen Rückgang der Fruchtbarkeit vieler Böden bei den derzeit bekannten Formen der ackerbaulichen Nutzung durch den Menschen. Da viele Bodenforscher diese Erscheinung des raschen Rückganges der Bodenfruchtbarkeit auf eine Eigenart der tropischen Böden[90], also auf eine objektive, eine Natureigenschaft, zurückführen, ist es an dieser Stelle zunächst notwendig herauszuarbeiten, welche natürlichen Bodeneigenschaften ggf. zu einer solchen allgemeinen Charakterisierung tropischer Böden (Tansanias) berechtigen, bzw. in welchem Umfang es objektive, natürliche und vom Menschen zunächst nicht zu beeinflussende Faktoren[91] sind, die einen solch raschen Fruchtbarkeitsverfall zur Folge

89 Andrae, B., Die Bodenfruchtbarkeit in den Tropen, a. a. O., S. 17f. (Hervorhebung D. G.)

90 Finck spricht direkt von einer „Eigenschaft tropischer Böden", bei ackerbaulicher Nutzung rasch an Fruchtbarkeit einzubüßen (ders., Tropische Böden, Einführung in die bodenkundlichen Grundlagen tropischer und subtropischer Böden, Hamburg—Westberlin 1963, S. 114).

91 Genau genommen ändern sich natürlich mit den jeweiligen gesellschaftlichen Verhältnissen und dem Stand der Produktivkräfte, der Wissenschaft, der Technik usw. auch die Möglichkeiten, objektive Bodeneigenschaften so umzugestalten, daß die betreffenden Böden in den Dienst des Menschen

haben. Ist es jedoch so, daß gewisse negative Erscheinungen im Bereich der Bodenfruchtbarkeit erst durch eine bestimmte ackerbauliche Nutzung vakant werden (z. B. der rasche Humusabbau), so kann man nicht von objektiven Bodeneigenschaften im naturwissenschaftlichen Sinne sprechen. Hier kann man höchstens sagen, daß die ackerbauliche Nutzung dieser Böden durch bestimmte Naturumstände erschwert ist. Es hängt dann weitgehend von den jeweiligen ökonomischen und gesellschaftlichen Bedingungen (die mit einem besonderen ackerbaulichen Nutzungssystem verbunden sind) ab, ob diese Erschwernisse überwunden werden oder nicht.[92]

Wir wollen dies an einem Beispiel zeigen. Um die Jahrhundertwende wurden aus dem West-Usambara-Gebirge (damals Deutsch-Ostafrika) begeisternde Erfolge im Anbau landwirtschaftlicher Kulturen berichtet.[93] Die Erträge lagen teilweise höher als zur gleichen Zeit im kaiserlichen Deutschland.[94] Nach wenigen Jahren aber sanken die Erträge als Ergebnis der Bodenerschöpfung stark ab. Der Anbau kam zum Erliegen ebenso wie die sich ankündigende Siedlungswelle deutscher Pflanzer.[95] Was waren die Gründe? Wohltmann schrieb dazu: „Schon 1897 habe ich auf Grund von Analysen nachweisen können, daß der Boden der Usambara-Berge einen nur mäßigen Nährstoffgehalt aufweist und daß es besonders an löslichen Mengen von Kali und Kalk, meist auch Phosphorsäure ... fehlt ... Wir dürfen hieraus die Lehre ziehen, daß der Kaffeeanbau in jenen Gebieten auf die Dauer nur dann haltbar ist, wenn die mangelnden Stoffe durch Düngung ersetzt werden ... Daß dies große Mengen Dünger erfordert und sehr viel kostspieliger ist ..., liegt auf der Hand. Und

gestellt werden können. Wir gehen hier jedoch vom gegenwärtigen wissenschaftlich-technischen Stand aus und unterstellen bestimmte Bodeneigenschaften wie z. B. die weit verbreitete Versauerung und die extreme Neigung einer Reihe von Böden zur Panzerbildung als gegeben und nicht ohne weiteres veränderbar.

92 Für viele tropische Böden sind – allerdings sehr aufwendige – Verfahren zur Fruchtbarkeits*erhaltung* (Mulchen, Terrassierung) bereits bekannt. Es sind ökonomische und gesellschaftliche, nicht natürliche Ursachen, weshalb sie oft nicht angewendet werden.

93 Neubaur, Die Besiedlungsfähigkeit von Westusambara, in: Der Tropenpflanzer, Bd. 6 (Jahrg. 1902), S. 498.

94 Stuhlmann, F., Über die wirtschaftliche Entwickelung Deutsch-Ostafrikas, in: Der Tropenpflanzer, Bd. 2 (Jahrg. 1898), S. 124.

95 Neubaur, a. a. O., S. 500f.

darin liegen meines Erachtens die großen Bedenken der Rentabilität jener Unternehmen.“ [96]

Starke Preisrückgänge für die angebauten Kulturen auf den Weltmärkten machten es den Pflanzern in den Folgejahren ökonomisch unmöglich, die Böden ausreichend zu düngen und von den Erträgnissen zu existieren. Hier allein davon sprechen zu wollen, daß „objektive“ Bodeneigenschaften die Pflanzer verdrängten und z. B. die Deutsch-Ostafrikanische Plantagengesellschaft an den Rand des Bankrotts brachten [97], wäre sicher unsinnig.

Es soll daher im folgenden den hauptsächlichen natürlichen Bedingungen bodenbildender Faktoren und Prozesse die notwendige Aufmerksamkeit geschenkt und es sollen entsprechende Schlußfolgerungen hieraus für die weiteren Untersuchungen abgeleitet werden.

1. Die bodenbildenden Faktoren

Bei der Bodenbildung bzw. bei der natürlichen Regeneration der Bodenfruchtbarkeit unter tropischen Bedingungen ist allgemein von den bestimmenden klimatischen Faktoren auszugehen: dem Faktor Wasser (der Höhe und zeitlichen Verteilung der Niederschläge) sowie dem Faktor Temperatur (konkret der durchschnittlichen Bodentemperatur). Beide Faktoren sind nicht nur schlechthin Charakteristika der Tropen und Subtropen, sondern bilden über einen komplizierten Wechselwirkungsmechanismus zwischen Klima-Vegetation-Boden die entscheidenden und bestimmenden Faktoren für die Ausbildung bestimmter Vegetationszonen und bestimmter Bodentypen [98].

Wir unterscheiden daher in direkter Abhängigkeit von dem Faktor Wasser beiderseits des Äquators zunächst die Zone des immerfeuchten tropischen Regenwaldes (Urwaldes), die in Tansania nahezu keine Ausprägung erfahren hat. Ihr schließt sich an die wechselfeuchte Savannenwaldzone, die im Gegensatz zu der ausreichend das ganze Jahr über mit

96 Wohltmann, F., Die Aussichten des Kaffeebaues in den Usambara-Bergen, in: Der Tropenpflanzer, Bd. 6 (Jahrg. 1902), S. 613.

97 Warburg, O., Zum neuen Jahr, in: Der Tropenpflanzer, Bd. 12, (Jahrg. 1908), S. 10.

98 Vgl. hierzu auch Mohr, E. C. J., Baren, F. A. van, Tropical soils (A critical study of soil genesis as related to climate, rock and vegetation), Hague, London, New York, S. 20–31, 66–72.

Niederschlägen versorgten tropischen Regenwaldzone wie folgt gekennzeichnet ist: „Sie besitzt nur noch eine Regenzeit, auf die eine kurze Trockenzeit folgt, während welcher die meisten Laubhölzer ihre Blätter abwerfen ... Die Verteilung der Niederschläge ist sehr viel ungleichmäßiger als im Regenwaldgürtel ... Ein weiteres Klimamerkmal ... ist die sehr viel geringere Luftfeuchtigkeit ... Die recht heterogene natürliche Vegetation dieses Klimagürtels erstreckt sich also vom Trockenwald ohne Grasdecke bis zur baum- und strauchlosen Hochgrassavanne ... In der Nähe der Regenwaldzone ... dominiert der Wald, und die Grasdecke tritt zurück. Je weiter man sich aber vom Äquator entfernt ... je trockener das Klima wird, um so lichter wird der Wald und um so geschlossener die Grasdecke, bis dann schließlich eine Baumsavanne den Übergang zur Buschsavanne bildet."[99]

Es schließt sich dann die trockene Buschsavanne an, die schließlich in die Zonen der Halbwüste und der Wüste übergeht.

Eine Sonderstellung in dieser recht groben Gliederung der Tropengebiete nehmen die tropischen Höhenlagen Ostafrikas ein, die für das gesamte Gebiet Tansanias charakteristisch sind.

Als Faktoren für die Modifizierung von Klima und Vegetation gelten hierbei:

a) Die unterschiedlichen Höhenlagen über N. N., die typische Klimadaten für bestimmte Großgebiete ausschließen und eine Unzahl von Mikroklimaten zur Folge haben;

b) Die verschiedensten Einflüsse der Monsune, die eine beträchtliche örtliche und zeitliche Modifizierung des Klimaablaufs (besonders der Niederschlagsverteilung) zur Folge haben.

In allen Veröffentlichungen wird besonders die für Ostafrika typische Erscheinung hervorgehoben, daß nicht nur im langjährigen Mittel die Niederschläge innerhalb des jahreszeitlichen Ablaufs stark variieren (Regen-und-Trockenperioden), sondern daß es sehr häufig vorkommt, daß die für die verschiedenen Klimagebiete im langjährigen Mittel ausgewiesene Niederschlagsverteilung sowohl zeitlich wie auch in der absoluten Regenmenge von Jahr zu Jahr großen Schwankungen unterworfen ist. Es kann z. B. vorkommen, daß die erwartete Regenzeit erheblich später einsetzt oder mitunter örtlich auch ganz ausbleibt. Es bedarf keiner weiteren Erklärung, daß dies den Ackerbau mit einem großen Risiko belastet und sicher auch ein wichtiges Moment für die weiter

[99] Andrae, B., Die Bodenfruchtbarkeit in den Tropen, a. a. O., S. 52f.

unten angeführte ökologische Instabilität vieler ostafrikanischer Böden bildet.

Aus den genannten modifizierenden Faktoren ergibt sich eine auffallende andersartige Verteilung der Vegetationsgebiete Ostafrikas gegenüber den eigentlich zu erwartenden Vegetationszonen entsprechend der geographischen Breite (Lage zum Äquator) dieser Gebiete. So zerfällt z. B. Tansania „. . . durch die geschilderten Vorgänge in zwei verschiedene Klimaregionen: der mittlere und südliche Teil des Landes gehört zu den äußeren Tropen mit sommerlicher Regenzeit (November bis April) und winterlicher Trockenzeit (Mai bis Oktober); der in Äquatorebene gelegene Norden weist unter der Einwirkung der Monsune keine gleichmäßige Regenverteilung auf, sondern hat Regenzeiten nur in den Monaten März bis Mai und Oktober bis Dezember, während die übrigen Monate als Trockenzeit zu gelten haben. Die Einschaltung monatelanger Trockenzeiten bewirkt, daß eigentlicher tropischer Regenurwald . . . so gut wie gänzlich fehlt, obwohl das Land in seinem Nordabschnitt ebensoviel südlich des Äquators gelegen ist wie die Urwaldgebiete an der Oberguineaküste . . . Savannen, Steppen und Trockenwälder beherrschen das Pflanzenkleid . . . und weite Teile des Binnenlandes weisen in der Breite der inneren Tropen bei durchaus tropischen Temperaturen jährliche Niederschlagsmengen von weniger als 750 mm auf . . ." [100]

Nach den klimatischen Bedingungen ist gerade für die Böden Ostafrikas (Tansanias) das Relief als bodenbildender Faktor von großer Bedeutung. Die neueren Bodenkarten geben hierüber deutlich Auskunft und zeigen eine große Mannigfaltigkeit an Bodentypen in Abhängigkeit von der Vielfalt des Reliefs.[101]

Es ist nach den klimatischen Bedingungen der wichtigste bodenbildende Faktor, da es zum Teil die klimatischen Bedingungen in ihrer Wirksamkeit modifiziert, aber auch als relativ selbständiger Faktor stark in Erscheinung tritt. Šokal'skaja schreibt: „Das mannigfaltige, stellenweise äußerst stark zerschnittene Relief, das stark differenzierte Entwässerungsverhältnisse zur Folge hat, schafft die Bedingungen dafür, daß sich nahezu nebeneinander außerordentlich mannigfaltige Typen und Untertypen entwickeln können." [102]

100 Handbuch der tropischen und subtropischen Landwirtschaft, Bd. I (Hrsg. Geo. A. Schmidt, A. Marcus), Berlin 1943, S. 7.

101 Vgl. hierzu R. Ganssen/F. Hädrich (Hrsg.), Atlas zur Bodenkunde, Mannheim 1965, S. 72.

102 Šokal'skaja, J., Die Böden Afrikas, Berlin 1953, S. 275.

„Ostafrika, das Seenhochland und das ihm vorgelagerte Küstentiefland ist im ganzen viel trockener als ... der Westen in gleichen geographischen Breiten ... Es fehlt die Verkehrsschranke des Regenwaldgürtels ... Durch die Grabenbrüche und die damit zusammenhängenden Vulkane hat Ostafrika das mannigfaltigste Relief von allen afrikanischen Großlandschaften ... dem Relief entspricht das sehr mannigfaltige Klima, das sich von der Halbwüste bis zum tropischen Regenurwald, von der gleichmäßigen Hitze des tropischen Tieflandes bis zur Kälte des ewigen Schnees abstuft. Am ausgedehntesten sind die weiten Flächen mit Trockenwald oder Dornbuschsteppe."[103]

Als weiterer wichtiger bodenbildender Faktor für die Böden Tansanias muß die Art des Ausgangsgesteins Beachtung finden. Die Böden vulkanischen Ursprungs z. B. im Gebiet des Kilimandjaro, des Meru und südöstlich des Tanganyika-Sees sind infolge ihrer hohen Nährstoffreserven (sog. junge Böden) außerordentlich fruchtbar und für eine landwirtschaftliche Dauernutzung bestens geeignet.

Insgesamt sind die bodenbildenden Faktoren als Gesamtheit zu betrachen, die in ihrem Zusammenwirken einen bestimmten Bodentyp (mit einem bestimmten Profil, einer bestimmten Mächtigkeit, Dynamik usw.) hervorbringen.[104]

Eine Reihe von Autoren zählt zu den bodenbildenden Faktoren auch die menschliche Wirtschaft.[105] Jedoch sollte nach Ansicht des Autors aus methodologischen Gründen eine Trennung vorgenommen werden, da es immer nachdrücklicher zum Forschungsgegenstand ökonomischer und agrarökonomischer Untersuchungen gehört, eben jenen spezifischen Anteil der menschlichen Wirtschaft an der Veränderung der Böden und ihrer Fruchtbarkeit nachzuweisen, d. h. die Gesetzmäßigkeiten zwischen dem jeweiligen sozialen System und den Veränderungen von Böden und ihrer Fruchtbarkeit aufzudecken.

103 Jaeger, F., Afrika. Ein geographischer Überblick, Bd. I. Der Lebensraum, 2. unbearb. Aufl., Westberlin 1954, S. 170.

104 Vgl. hierzu auch: Pagel H., Bodenkunde (2. Aufl.), Lehrmaterial z. Hochschulstudium der Landwirtschaftswissenschaften — Trop. und subtrop. Landwirtschaft, hrsg. v. Staatssekretariat für d. Hoch- u. Fachschulwesen der DDR, Teil I, Leipzig 1966, S. 22; Ganssen R., Grundsätze der Bodenbildung (Ein Beitrag zur theoretischen Bodenkunde), Mannheim 1965, S. 19.

105 Vgl. hierzu: Pagel H., Bodenkunde, Teil I, a. a. O., S. 16; R. Ganssen, Grundsätze der Bodenbildung, a. a. O., S. 23.

2. *Die bodenbildenden Prozesse*

Die gerade zum Verständnis der jeweiligen Bodenfruchtbarkeit erforderlichen Zusammenhänge und Ablaufprozesse in den einzelnen Böden erfordern ein Erfassen des Bodens als einer dynamischen Erscheinung. Dabei „kann die einfache chemische Zusammensetzung oder Beschreibung sonstiger Merkmale der festen Bodensubstanz *allein* noch kein Abbild des Wesens des Bodens und seiner Bedeutung als Gesamtheit vermitteln ... mit andern Worten (erst) die Dynamik der Böden geben uns einen Begriff vom Wesen und ihrer Bedeutung für Natur und Kultur".[106]

Die bodenbildenden Prozesse in den tropischen Gebieten Tansanias sind durch folgende Erscheinungen charakterisiert:

a) alle chemischen und biologischen Vorgänge laufen weitaus schneller ab als beispielsweise unter gemäßigten Klimaten („... die mikrobielle Aktivität ist in den feuchten Tropen ... zehn- bis zwanzigmal höher als in den Mittelbreiten ..."[107] „Das Fehlen des Winters erhöht ... die Intensität der chemischen Vorgänge um das Fünf- bis Zehnfache ... Die Temperatur des Bodens beträgt im Schatten höchstens 25–28 Grad, dagegen in der Sonne 70–80 Grad."[108] Der außerordentlich schroffe Wechsel der Temperaturen drückt damit der Dynamik der afrikanischen Böden weitgehend das Gepräge auf.

b) Die Mineralisationsrate liegt beträchtlich höher als in den gemäßigten Klimaten. Nach Pagel[109] liegt die jährliche Mineralisationsrate in den Tropen durchschnittlich über 50 Prozent und erreicht Werte bis zu 75 Prozent gegenüber 10 Prozent in gemäßigten Klimaten;

c) Alle chemischen und biologischen Vorgänge sind dabei abhängig vom Faktor Wasser. Je feuchter das Klima ist, um so intensiver verlaufen alle Prozesse. Mit aus diesem Grunde ergeben sich die ackerbaulich kompliziertesten Probleme in humiden und subhumiden Tropengebieten Tansanias. Dieser Gesichtspunkt ist insbesondere gegenwärtig auch bei allen Bewässerungsprojekten zu beachten. Es ist daher erforderlich, von Anfang an auch Bodenforscher bei der Ausarbeitung solcher Projekte mit heranzuziehen.

d) Alle bodenbildenden, aber auch alle bodenzerstörenden Prozesse laufen daher bei ausreichender Feuchtigkeit mit großer Geschwindigkeit

106 R. Ganssen, Grundsätze der Bodenbildung, a. a. O., S. 11, 12. Vgl. hierzu auch H. Pagel, Bodenkunde, Teil I, S. 20.

107 Andrae, B., Die Bodenfruchtbarkeit in den Tropen, a. a. O., S. 63.

108 Šokal'skaja, J., Die Böden Afrikas, a. a. O., S. 376.

109 Pagel, H., Bodenkunde, Teil I, a. a. O., S. 16.

ab. Von besonderer Bedeutung ist dies hinsichtlich des Auf- und Abbaus der Humuskomplexe, die eine entscheidende und zentrale Funktion bei der Erhaltung und Regeneration (Reproduktion) der Bodenfruchtbarkeit innehaben. Der rasche Abbau von aktiven Humusstoffen durch die starke mikrobielle Tätigkeit ist eine der Hauptursachen des raschen Verfalls der Bodenfruchtbarkeit bei der ackerbaulichen Nutzung und ist bisher noch zu wenig beachtet worden.[110] Die Ursache liegt vor allem darin, daß auf vielen tropischen (besonders ferrallitischen) Böden im Bereich der humiden und subhumiden Tropen die organische Bodensubstanz als der entscheidende Träger der Kationensorption auftritt. Humusverlust führt daher zur Verminderung der pflanzenverfügbaren Nährstoffe, aber auch zu verringerter Wasserhaltefähigkeit und zum Verlust anderer günstiger physikalischer Eigenschaften der Böden. Die bei einer bestimmten Form der ackerbaulichen Nutzung rasch einsetzende Bodenerosion hat hierin ihre objektive Grundlage.

Die außerordentliche Mannigfaltigkeit der Klimate und Bodenbedingungen Tansanias erfordert somit, die Erforschung spezifischer Probleme der Bodenfruchtbarkeit sehr differenziert und örtlich und zeitlich konkret vorzunehmen. Das bedeutet, daß sich für die einzelnen Klima- und Vegetationszonen Tansanias (denen jeweils bestimmte vorherrschende Bodentypen entsprechen) unterschiedliche Aufgaben und Probleme hinsichtlich der Ausarbeitung ackerbaulicher Nutzungssysteme ergeben. Für die Entwicklung der landwirtschaftlichen Produktivkräfte zeigen sich damit unterschiedliche natürliche Voraussetzungen, die unbedingt zu beachten sind, um einerseits Fehlentwicklungen und Fehlinvestitionen zu vermeiden und andererseits mit den gegebenen Mitteln ein höchstmögliches Ergebnis zu erzielen.

3. *Schlußfolgerungen für die natürliche und ökonomische Bodenfruchtbarkeit Tansanias*

Auf der Grundlage der bisher geschilderten Eigenart bodenbildender Faktoren und Prozesse ergibt sich für Tansania eine Reihe von Schlußfolgerungen:

a) In den charakteristischen Bodenlaufprozesse werden gefährliche und die Bodenfruchtbarkeit rasch verringernde Werte in den humiden

[110] Vgl. dazu: Russell, E. J. Sir, Soil Conditions and Plant Growth, ninth ed. by E. W. Russell, London 1961, S. 646 und 654; ferner S. 117 der vorl. Arbeit.

Tropen jeweils dann erreicht, wenn eine geschlossene Pflanzendecke fehlt. Dann erfolgt ein derart rascher Humusabbau, daß sich die Struktur des Bodens, seine Sorptions- und Wasserhaltefähigkeit und damit seine Fruchtbarkeit schnell vermindern. Es setzen sehr rasch Erosionsvorgänge ein. Daher ist eine möglichst ständige Bodenbedeckung oberstes Prinzip.

b) Als Folge des Vorhandenseins zahlreicher Übergangsgebiete bestimmter klimatischer und damit Vegetationszonen sowie verbunden damit rasch und schroff wechselnder Niederschlags- und Temperaturbedingungen entstehen in vielen Gebieten Tansanias instabile ökologische Bedingungen für die Bodenbildung, die bei Neuinbetriebnahmen zu beachten sind.

Unter der ökologischen Instabilität ist zu verstehen, daß die außerordentliche Variabilität der Klimafaktoren rasch wechselnde Bedingungen für Vegetation und Mikroflora schafft. Durch das Tempo, mit der die bodenbildenden und bodenzerstörenden Vorgänge ablaufen (die sich normalerweise in einem Gleichgewicht befinden), werden diese in rascher Folge bald in die eine, bald in die andere Richtung gedrängt, so daß trotz scheinbarer äußerlicher Stabilität in den Bodenablaufprozessen, wie sie für einen bestimmten Bodentyp charakteristisch sind, eine innere Labilität des Systems in Erscheinung tritt, die sich bei der ackerbaulichen Nutzung rasch in einer Zunahme bodenzerstörender Prozesse äußern kann.

Šokal'skaja schreibt: „Die Dynamik aller die Bodenbildung bedingenden Faktoren ist in tropischen Gebieten so stark, daß oft schon kleine Abweichungen eine Wendung des Bodenbildungsprozesses nach der einen oder anderen Seite verursachen“ und „. . . daß sich Böden von verschiedener Ertragsfähigkeit oft nur um Zehntelmilliäquivalente in der Summe austauschbarer Basen unterscheiden.“ [111]

c) Infolge der bisher aus wissenschaftlichen Untersuchungen bekannt gewordenen Eigenarten der chemischen Verwitterung tropischer Böden ist besonders bei alten Böden, die die Mehrzahl auch der tansanischen Böden ausmachen, eine ausgesprochene Verarmung an mineralischen Hauptnährstoffen festzustellen. Soweit Stickstoff vorhanden ist, liegt er in Formen vor, wie er für die Pflanze nicht verwertbar ist. Darüber hinaus reagieren viele Böden in den oberen Schichten sauer (Bildung von saurem Humus), selbst z. T. dort, wo sie sich auf Kalkstein gebildet haben. Die Mineraldüngung hat daher für die meisten Böden außerordentlich große Bedeutung.

[111] Šokal'skaja, J., Die Böden Afrikas, a. a. O., S. 376.

d) Diese Eigenart führt zu einer starken Auswaschung der Kieselsäure, wodurch die sekundäre Tonbildung nahezu unmöglich wird. Daher können Tonminerale praktisch nicht als Träger der Kationensorption auftreten. Diese wichtige Funktion muß die organische Bodensubstanz übernehmen, deren systematische Anreicherung im Rahmen geeigneter ackerbaulicher Nutzungssysteme (z. B. als Gründungung, als mehrjährige Klee-Gras-Gemische usw.) daher zu einer Hauptaufgabe des tropischen Ackerbaues in diesem Klimabereich wird. Das Vorherrschen der Sesquioxyde[112] auf den Böden der humiden Tropen führt zu verminderter Sorptionsfähigkeit des Bodens und hat eine Reihe weiterer negativer chemischer Eigenschaften und Reaktionen des Bodens zur Folge.[113] Besondere Maßnahmen im Bereich der Düngung und der Bodenpflege müssen hier noch Gegenstand weiterer Untersuchungen bilden;

e) eng im Zusammenhang mit der Eigenart der chemischen Verwitterung steht die für viele tropische Böden charakteristische Bereitschaft zur Panzerbildung. Sie beginnt innerhalb des Bodenprofils (in der Regel im B-Horizont). Nach dem gegenwärtigen Stand der agrarwissenschaftlichen Forschung kann eine forstwirtschaftliche Nutzung, die zur Erhaltung des A-Horizonts beiträgt, als eine wirksame Gegenmaßnahme angesehen werden.[114]

In diesem Zusammenhang ist auf ein grundlegendes Problem aufmerksam zu machen, das die tropische Bodenforschung insgesamt berührt. Infolge der noch immer ungenügenden Kenntnis über die Genese der tropischen Böden (Bodengenetik) sowie unterschiedlicher Auffassungen der Bodenforscher ist eine einheitliche und umfassende Klassifizierung der tropischen Böden und damit die Festlegung typischer Maßnahmekomplexe zur Erhaltung und Steigerung ihrer Fruchtbarkeit zur Zeit noch immer nicht möglich. Die Meinungen der Bodenforscher über die Zuordnung einzelner Böden gehen hier noch sehr weit auseinander[115], denn die Erfahrungen der gemäßigten Klimate sind für die tropischen Gebiete so gut wie nicht verwertbar.[116]

[112] Sesquioxyde sind Großkolloide, die vorwiegend aus Al-, Fe-, Mn- und Ti-Oxyden bestehen und eine Eigenart dieser Böden darstellen.

[113] Vgl. hierzu Pagel, H., Bodenkunde, Teil 2, Leipzig 1967, 2. Aufl., S. 15f.

[114] Pagel, H., Bodenkunde, Teil 4, Leipzig 1968, 2. Aufl., S. 82–104.

[115] Vgl. hierzu: Buringh, P., Introduction to the study of soils in tropical and subtropical regions (second ed.), Wageningen 1970, S. 2.

[116] So schreibt beispielsweise Šokal'skaja: „Das wesentlichste und auffallendste Merkmal der im tropischen und subtropischen Klima vorherrschenden Schwarzerden besteht in ihrem niedrigen Humusgehalt, während als ent-

Hierin bestehen gegenwärtig zweifellos noch die größten Schwierigkeiten und auch Unsicherheiten, d. h. die einzelnen objektiven Bodeneigenschaften, die in ihrem Zusammenwirken verläßliche Grundlage für die Bewertung der natürlichen Fruchtbarkeit der einzelnen Böden und für die hieraus abzuleitenden Maßnahmekomplexe sowie geeignete ackerbauliche Nutzungssysteme bilden, können für eine Reihe von Böden noch nicht ermittelt und angegeben werden.

4. Die Bodenerosion

Eines der zweifellos gravierendsten Momente für die Bodenfruchtbarkeit Tansanias sind die zunehmenden Erosionserscheinungen auf vielen Böden unter den bisher bekannt gewordenen Formen ihrer ackerbaulichen Nutzung. Unter Erosion ist dabei die „laterale Verlagerung von Oberflächenmaterial der Erdkruste“[117] zu verstehen, wobei im Gegensatz zur geologischen (natürlichen) Erosion das Wesen der *Bodenerosion* darin besteht, daß der Mensch in das dynamische System Klima-Vegetation-Boden eingreift und hierdurch einseitig eine beträchtliche Zunahme der bodenzerstörenden Prozesse auslöst, d. h. das im Naturzustand vorhandene Gleichgewicht der Klimax zwischen bodenbildenden und bodenzerstörenden Prozessen einseitig zugunsten der letzteren verschiebt.[118]

Bereits aus der Unterscheidung beider Formen der Erosion wird also der spezifisch soziale Charakter der *Boden*erosion erkennbar, eine Erscheinung also, die es in dieser Form in der Natur nicht gibt und die an eine systematische Einwirkung des Menschen auf die Natur gebunden ist.[119]

scheidendes Merkmal für die Klassifikation eines Bodens als Schwarzerde gerade der hohe Humusgehalt dient.“ (Šokal'skaja, J., Die Böden Afrikas, S. 296). Viele Bodenforscher warnen sogar eindringlich davor, die in gemäßigten Klimaten gesammelten Erfahrungen in den Tropen zur Anwendung bringen zu wollen. Viele Mißerfolge in der von Europäern initiierten tropischen Landwirtschaft sind hierauf zurückzuführen, so z. B. auch das mißglückte Tanganyika-Erdnußprojekt der Engländer 1947.

117 Mutscher, H., Bodenerhaltung, Teil 1, a. a. O., S. 11.

118 Ebenda, S. 13.

119 „Es wird ... ein geeigneter Unterschied zu machen sein zwischen einem normalen geologischen Prozeß und einem accelerierten Prozeß, der vom Menschen ausgelöst wird.“ Strahler, A. N., The Nature of Induced Erosion

Trotzdem ziehen viele (auch marxistische) Bodenforscher hieraus nicht den Schluß, die Ursachen der Bodenerosion im engen Zusammenhang mit dem jeweiligen sozialen System der Menschen zu erforschen, sondern sie untersuchen die Bodenerosion ebenso wie die geologische Erosion als selbständige natürliche Erscheinung, wobei z. B. für die verheerenden Bodenerosionen der USA (als Erscheinung des Kapitalismus) und die beträchtlichen Erosionen tropischer Länder Afrikas (unter Bedingungen z. B. einer durch die Kolonialherrschaft gewaltsam deformierten traditionellen Produktionsweise) lediglich eine einheitliche „anthropogene" Komponente als Ausgangspunkt mit herangezogen wird. Der innere Zusammenhang des jeweiligen sozialen Systems zum Verlauf und Umfang der Erosion (auf der Basis sicher gleicher oder ähnlicher natürlicher Vorgänge) wird aber nicht untersucht, sondern ausschließlich der Boden als Naturkörper hinsichtlich seiner Bereitschaft zur Erodibilität usw. Diese Loslösung der Bodenerosion von den jeweiligen sozialen Systemen geht so weit, daß die Bodenerosion weitgehend als natürliche Erscheinung unterstellt und als Eigenschaft bestimmter Böden „objektiviert" wird.

Es erscheint daher notwendig, hierzu noch einige ergänzende Bemerkungen zu machen. Mutscher schreibt: „In jeder natürlichen Landschaft bilden die sie prägenden biotischen und abiotischen Faktoren eine ökologische Gesamtheit, die durch einen inneren Gleichgewichtszustand charakterisiert ist. Da die landschaftsprägenden Faktoren im Normalfalle nur langsamen Veränderungen unterliegen . . ., ist das Gleichgewicht von Naturlandschaften relativ stabil. Unter diesen Bedingungen unterliegt in der Regel auch der Boden nur langsamen Veränderungen seiner Fruchtbarkeit . . . In dem Maße, wie aus dem durch die Verwitterung aufgeschlossenen Ausgangsmaterial sich ein Boden bildet, können auch Vorgänge der Verlagerung des Bodenmaterials in Erscheinung treten. Da jedoch jegliche Bodenbildung nur in engster Wechselwirkung mit der Entwicklung einer Vegetationsdecke vonstatten geht, wird der Boden in dem Maße, wie er sich entwickelt und seine natürliche Fruchtbarkeit sich erhöht, auch vor der Einwirkung erodierender Kräfte geschützt. Die Pflanzendecke schirmt den Boden vor dem direkten Angriff von Niederschlägen und Wind ab, sie verringert den Oberflächenabfluß und stabilisiert den durchwurzelten Oberflächenhorizont mechanisch. Dadurch kommt es unter natürlichen Bedingungen zu einer so weitgehenden Hemmung der Bodenerosion,

and Aggradation, in: Man's Role in Changing the Face of the Earth, Chicago – Illinois 1956, S. 621.

daß der Abtrag meist durch die Bodenbildung kompensiert oder sogar übertroffen wird. Nur durch diese schützende Wirkung der Pflanzendecke konnten sich in weiten Gebieten überhaupt ... mächtige und differenzierte Böden bilden ... Die natürliche Pflanzendecke ist somit Grundlage der Entstehung eines Gleichgewichts zwischen bodenbildenden und erosiven Kräften. Wenn der Mensch durch Nutzung der natürlichen Vegetation ... oder gar deren Beseitigung und Ersatz durch Anbau von Kulturpflanzen in dieses Gleichgewicht eingreift, so kann sich das auf die Rolle der Bodenerosion entscheidend auswirken. Die Geschichte der Landnutzung zeigt, daß der Mensch in weiten Gebieten der Erde in Unkenntnis dieses Zusammenhangs oder auch bewußt Raubbau treibend das Verhältnis ... so ... veränderte, daß es zu weitreichenden Bodenverschlechterungen bis zu völligen Verwüstungen kam. Die Verhinderung dieser beschleunigten (accelerierten) Bodenerosion ist der eigentliche Gegenstand der Erosionsbekämpfung ..."

Es ist um so unverständlicher, wenn gerade Mutscher weiter schreibt: „Von manchen Autoren ... wird der Einfluß der menschlichen Bodennutzung in die Stellung eines selbständigen erosionsbeeinflussenden Faktors erhoben ... Dennoch kann die Bodennutzung kaum als selbständiger, Klima, Gestein, Relief und Vegetation gleichgeordneter Faktor betrachtet werden, weil ihre Wirkung eine ausschließlich mittelbare ist ... Aus diesem Grunde wird der Einfluß der Bodennutzung nicht als erosionsbeeinflussender Faktor im engeren Sinne betrachtet."[120]

Der Verfasser ist der Ansicht, daß eine solche Schlußfolgerung nicht gerechtfertigt ist. Die Bodenerosion ist überhaupt nur als soziale Erscheinung[121] – auf der Grundlage bestimmter Naturvorgänge – d. h. auf der Grundlage einer bestimmten Form ackerbaulicher Nutzungssysteme zu begreifen; denn wie Mutscher weiter oben völlig zu Recht ausführt, verhindert im Naturzustand die Pflanzendecke eine Bodenerosion (oder reduziert sie so weit, daß die bodenbildenden Prozesse in der Regel überwiegen).

Wir werden die Bodenerosion als soziale Erscheinung der Kolonialperiode in einem späteren Abschnitt (vgl. S. 194 f.) noch einmal behandeln. Hier sollte nur der prinzipielle Standpunkt erläutert werden, weshalb die Bodenerosion *nicht* zu den objektiven Bodeneigenschaften gerechnet werden darf.

[120] Mutscher, H., Bodenerhaltung, Teil 1, a. a. O., S. 12f.

[121] Man sollte die Bodenerosion als ökonomische, d. h. im Kern als soziale Erscheinung sogar noch genauer bestimmen nach dem Charakter der zugrunde liegenden sozialen Prozesse.

Zusammenfassung

Die bodenbildenden Prozesse und die natürliche Bodenfruchtbarkeit sind in Tansania durch eine Reihe von Eigentümlichkeiten gekennzeichnet, die in erster Linie in den klimatischen Bedingungen und den Besonderheiten des Reliefs begründet liegen. Hieraus leitet sich gegenüber den gemäßigten Klimaten z. B. bei der ackerbaulichen Nutzung dieser Böden eine Reihe erschwerender Bedingungen ab. Es müssen besondere agrarwissenschaftliche Verfahren und Mittel zum Einsatz kommen. Nicht in jedem Falle sind dabei bisher alle Ursachen von Bodenverschlechterungen aus naturwissenschaftlicher Sicht ausreichend erforscht; es gibt kaum genügend ausgearbeitete agrobiologische und agrotechnische Verfahren und Methoden (ackerbauliche Nutzungssysteme), um diesen Eigenarten der tropischen Böden Tansanias bereits gerecht zu werden.[122]

Im Sinne gegenwärtig gegebener objektiver Bodeneigenschaften und natürlicher Bedingungen der Fruchtbarkeit sind dabei die unter a) bis d) (Seite 99 ff.) aufgeführten Charakteristika zu betrachten, die für die meisten Böden Tansanias gelten und die die ackerbauliche Nutzung z. B. gegenüber den gemäßigten Klimaten zum Teil erheblich erschweren.

Anders muß die Bodenerosion bewertet werden. Hier kann man nicht von einer objektiven Bodeneigenschaft sprechen, da sie in erster Linie Ergebnis einer spezifischen Form der Einwirkung des Menschen auf den Boden ist. Zwar begünstigen eine Reihe der unter a) bis d) genannten objektiven Bodeneigenschaften und natürlichen Bedingungen die Erosion (insoweit gibt es einen Zusammenhang), aber nur bei Anwendung der derzeitigen ackerbaulichen Nutzungssysteme. Im Naturzustand gibt es die Bodenerosion in dieser Form trotz der gleichen vorhandenen objektiven Bodeneigenschaften in der Regel nicht. Durch geeignete agronomische Verfahren kann die Bodenerosion auch in Tansania bei der ackerbaulichen Nutzung wirksam unterbunden werden. Auf eine solche Aufgabenstellung weisen mit Recht die meisten Autoren hin.

Es müssen also die ökonomischen und gesellschaftlichen Bedingungen untersucht werden, die in dem einen Falle die Bodenfruchtbarkeit und das geographische Milieu nur wenig, im anderen Falle dagegen stark negativ verändert haben, d. h., es ist eine ökonomisch-historische Untersuchung des Entstehens bestimmter Erscheinungen im Ackerbau Tansanias erforderlich.

122 Vgl. hierzu: Andrae, B., Die Bodenfruchtbarkeit in den Tropen, a. a. O., S. 83; Pagel, H., Bodenkunde, Teil I, a. a. O., S. 16f.

Die Natur ist in der Lage, bestimmte negative Wirkungen auf natürliche Systeme (wie sie z. B. die Böden darstellen), wieder auszugleichen. Kommt es jedoch zu Dauerwirkungen bestimmter Intensität, so „kippen" solche natürlichen Systeme „um". Man muß daher sowohl die Bedingungen dieser natürlichen Systeme selbst (ihre Konsistenz, den Mechanismus ihrer Selbstregelung, ihre Entwicklungsfähigkeit usw.) als auch jene „Schaltstellen" im *sozialen System* untersuchen, von wo aus die negative Dauerwirkung auf das natürliche System seinen Ausgang nimmt. Lenin schrieb:

„Das Allerwichtigste in der Gesellschaftswissenschaft, das Allernotwendigste ... besteht darin, den grundlegenden historischen Zusammenhang nicht außer Acht zu lassen, jede Frage vom Standpunkt aus zu betrachten, wie eine bestimmte Erscheinung in der Geschichte entstanden ist, welche Hauptetappe diese Erscheinung in ihrer Entwicklung durchlaufen hat, und vom Standpunkt dieser ihrer Entwicklung aus zu untersuchen, was aus der betreffenden Sache jetzt geworden ist."[123]

Nur auf diese Weise sind richtige Schlußfolgerungen für die einzelnen Untersuchungsabschnitte wie auch für die Gegenwart zu gewinnen.

[123] Lenin, V. I, Werke, Bd. 29, Berlin 1961, S. 463.

ZWEITER TEIL

Zweites Kapitel

Gesellschaftliche Verhältnisse und Produktivkräfte in der Landwirtschaft vor der politischen Unabhängigkeit Tansanias

I. Vorherrschende gesellschaftliche Verhältnisse und landwirtschaftliche Produktivkräfte in der vorkolonialen Periode

1. *Die historische Stellung der ackerbautreibenden Gesellschaften*

Die Untersuchung ackerbautreibender Stämme Ostafrikas[1] erstreckt sich auf den Zeitraum, der den kolonialen Eroberungen des 19. Jahrhunderts unmittelbar vorgelagert ist. Wir haben es, historisch gesehen, mit der Auflösungsperiode der Urgemeinschaftsordnung[2] zu tun, die teilweise bereits auch durch eine beträchtliche gesellschaftliche und ökonomische Differenzierung der einstmals egalitären Stammesgesellschaften bis hin zu Ansätzen der Staatsbildung gekennzeichnet ist.

Weithin beherrschend ist noch immer die auf das gemeinsame kollektive Grundeigentum gegründete Gentilgesellschaft, an deren Spitze in der Regel als gesellschaftliche Institution eine Häuptlingschaft steht. Diese im Schoße der Urgemeinschaft entstandene Institution der Häuptlinge ist jetzt Ausdruck einer unterschiedlich fortgeschrittenen Auflösung und Differenzierung dieser Urgemeinschaft, da die Häuptlinge nicht mehr nur traditionelle Aufgaben wahrnehmen (Funktionen des „Erdherrn", d. h. Aufgaben wie die periodische Neuaufteilung des Bodens, die Bestimmung der Saat- und Erntetermine usw. sowie priesterliche und richterliche Funktionen), sondern im Gefolge einer – wenn auch relativ geringen – ökono-

[1] Von den nachfolgenden Untersuchungen sind die Viehzüchter-Nomaden ausgenommen.

[2] Vgl. hierzu: Sellnow, I., Grundprinzipien einer Periodisierung der Urgemeinschaft, a. a. O., S. 111–117.

mischen Entwicklung dieser Stammesgesellschaften sich einen Teil des erzeugten Mehrproduktes bereits in den unterschiedlichsten Formen aneignen und so eine beginnende Klassendifferenzierung zum Ausdruck bringen. Diese gegenüber der Gentilgesellschaft verselbständigte und im Gegensatz zu ihr stehende Funktion und Stellung der Häuptlinge erfuhr in der vorkolonialen Periode in den einzelnen Stammesgebieten eine unterschiedliche Ausprägung. Während im Gebiet der Nyamwezi bereits Ansätze zu einer Staatsbildung vorliegen, kann im Gebiet der Haya von einer feudalähnlichen Entwicklung gesprochen werden. Weitaus wirkungsvoller und verläßlicher als Maßstab für die gesellschaftliche Differenzierung innerhalb der ostafrikanischen Stammesgesellschaften ist jedoch die bereits feststellbare Entwicklung und Differenzierung der Eigentumsformen, die letztlich auch die ökonomische Grundlage für diese veränderte Stellung und Funktion der Häuptlinge bilden.

Dies liegt vor allem auch darin begründet, daß sich auf der Basis des von Marx als „Dorfgemeindesystem" oder auch als „asiatische Produktionsweise" bezeichneten Typs der Stammesorganisation (der von den meisten marxistischen Forschern auch für den größten Teil Ostafrikas für diesen Zeitraum als gegeben unterstellt wird)[3] recht unterschiedliche gesellschaftliche (politische) Systeme aufbauten. Da die Entwicklung der verschiedenen Bodeneigentumsformen auch für die Entwicklung der agraren Produktivkräfte, insbesondere der ackerbaulichen Nutzungssysteme und der ökonomischen Bodenfruchtbarkeit, von entscheidender Bedeutung ist, wenden wir uns in den nachfolgenden Untersuchungen im Hinblick auf gesellschaftliche und klassenmäßige Differenzierungen vor allem diesen nachweisbaren Veränderungen der Eigentumsformen zu.

Oldaker gab in einem Interimsbericht, auf der Grundlage verschiedener ausgewerteter Feldforschungsergebnisse der Jahre 1950–1955, einen Überblick über die Formen des Bodeneigentums der verschiedenen Stämme Tanganyikas.[4] Der Bericht, der die verschiedenen Formen des Boden-

[3] Verschiedentlich wird die Berechtigung mit dem Hinweis darauf bestritten, daß in Ostafrika eine Siedlungsweise dominiert (Shamba-Wirtschaft, d. h. eine extreme Form der Streu-Siedlung), die angeblich dem Begriff des *Dorfgemeinde*-Systems widerspricht. Jedoch ist dieser Begriff eine ökonomisch-historische Kategorie und nicht an bestimmte Siedlungsformen gebunden (wie etwa die geschlossenen *Dorf*-Siedlungen Westafrikas).

[4] Oldaker, A. A., Tribal Costumary Land Tenure in Tanganyika, in: Tanganyika Notes and Records, Nr. 47/48, Dar es Salaam 1957, S. 113–144. Es sind hier folgende bodenbauende Stämme behandelt: Gogo, Kwere, Luguru, Zawamo.

eigentums in 6 Gruppen (Stufen) einteilt, läßt wichtige Rückschlüsse auf die Entwicklung des Bodeneigentums in der vorkolonialen Periode zu, da in der Kolonialperiode nur partiell und gebietsweise durch verschiedene Umstände und Maßnahmen[5] eine beschleunigte Entwicklung der Eigentumsformen in der von Oldaker angegebenen Stufenfolge stattfand. Diese 6 Gruppen (Stufen) sind:

- ausschließlich gemeinschaftliches Eigentum, d. h. die Landnutzung erfolgt durch alle Mitglieder der lokalen Gruppe ohne besondere Rechte des einzelnen. Keine stationären Behausungen (homes),
- die lokale Gruppe bietet volle Sicherheit für den einzelnen, das Anspruchsrecht liegt daher bei der Gemeinschaft. Dauerhafte Behausungen (homes),
- die lokale Gruppe bietet volle Sicherheit an Boden für den einzelnen, jedoch ohne Verkäuflichkeit desselben. Das Anspruchsrecht ist geringer (da der Boden jetzt bei der Familie liegt).
- Der Verkauf von Boden ist möglich, jedoch unter Kontrolle der Gemeinschaft. Das Anspruchsrecht der Gruppe besteht nur noch theoretisch.
- Der Verkauf ist auch ohne Kontrolle der Gemeinschaft möglich, jedoch nur innerhalb des Stammes.
- Unbeschränktes individuelles Eigentumsrecht, wie es von der Royal Commission festgelegt und vorgesehen ist.

Oldaker kommt (Mitte der 50er Jahre!) zu dem Schluß, daß sich alle Stämme auf den Stufen 1–4 befinden, davon die Mehrheit auf den Stufen 3–4, einige auf Stufe 5. Kein Stamm befindet sich auf Stufe 6.[6] Des weiteren vermerkt er, daß eine ähnliche Situation auch für die von ihm nicht näher untersuchten Stämme angenommen werden muß, wobei die Richtung der Veränderung auf eine permanente Landverteilung (d. h. von Dauer, mit Blickrichtung auf einen individuellen Bodenbesitz) hinausläuft[7]. Die eingangs erwähnte gesellschaftliche Differenzierung in Gestalt des Häuptlingssystems findet damit eine weitere Ausprägung in Gestalt einer Eigentumsdifferenzierung (am Hauptproduktionsmittel Boden) weiterer Mitglieder der einst egalitären Stammesgesellschaft. Diese Entwicklung wird vor allem charakteristisch mit dem Eindringen der Waren-

Haya, Sukuma, Chagga, Makonde, Makua, Hehe, Nyakyusa, Nyamwanga, Safwa, Zigua, Sambaa, Pare, Bondei, Ha, Nyamwezi (Appendix, S. 144).

5 Vgl. die Seiten 152 bis 173.

6 Oldaker, A. A., Tribal Costumary Land Tenure in Tanganyika, a. a. O., S. 123.

7 Ebenda, S. 128. Vgl. hierzu auch die Seiten 177 ff. der Arbeit.

produktion, d. h. der örtlich unterschiedlich starken Einführung von cash crops als Folge der Kolonialherrschaft.

Eine gewisse zusammenfassende Wertung der in der vorkolonialen Periode entstandenen differenzierten gesellschaftlichen Verhältnisse in Tropisch-Afrika gibt Zak, wenn er schreibt: „Die französischen (marxistischen) Forscher . . . sind der Ansicht, daß für die ökonomische Geschichte der Länder Afrikas der vorkolonialen Epoche, für die Länder des tropischen Afrika auch in die Gegenwart, Züge der ‚asiatischen Produktionsweise' charakteristisch sind. Uns scheint die Meinung richtig zu sein, daß diese Produktionsweise die Übergangsform von der Vorklassengesellschaft zur Klassen-Zivilisation darstellt.

Die Klassenverhältnisse, die aus der Gemeinde-Struktur entstanden und neben ihr und über ihr existierten, bildeten sich im besten Falle als gesellschaftliche Formen heraus, die (mit ihr) koexistierten, sich gegenseitig durchdrangen, vorherrschten; aber keine von diesen konnten sich in die dominierende Form verwandeln, schon gar nicht in die dominierende Produktionsweise . . ."[8]

Auch Suret-Canale bringt prinzipiell einen solchen Standpunkt zum Ausdruck, wenn er (im Hinblick auf Westafrika) schreibt: „So erschienen die vorkolonialen afrikanischen Gesellschaften als Übergangsformen der verschiedenen Stadien der klassenlosen Gesellschaft (Urkommunismus) und der Klassengesellschaft. Sie haben dennoch gemeinsame Züge, die man mit Ausnahme der primitivsten dem Charakter nach als gemischte, widersprüchliche gesellschaftliche Strukturen bezeichnen kann."[9]

Dabei ist jedoch wichtig, die diesen „gemischten" und „widersprüchlichen" Produktionsweisen innewohnende, deutlich wahrnehmbare und zunehmend beherrschende Tendenz im Hinblick auf die Ausbildung von *Klassenverhältnissen* hervorzuheben. Diese Frage hat deshalb prinzipielle Bedeutung, weil z. B. auch in den ersten Schriften Nyereres[10] noch die

[8] Zak, S. D., K voprosy o vlijanii tradicionnoj struktury na razvitie proizvoditel'nich sil v stranach Afriki, in: Sovremennye problemy razvitija i razmeščenija proizvoditel'nich sil v Afrike (Sammelband), Moskau 1971, S. 25f.

[9] Suret-Canale, J., Die Bedeutung der Tradition in den westafrikanischen Gesellschaftsordnungen, in: Tradition und nichtkapitalistischer Entwicklungsweg in Afrika – Probleme der Überwindung gesellschaftlicher Verhältnisse in Basis und Überbau (Autorenkollektiv unter Leitung von I. Sellnow und H. Mardek), Berlin 1971, S. 112.

[10] Vgl. z. B. Nyerere, J., Ujamaa – The Basis of African Socialism, in: Essays on Socialism, Dar es Salaam, London, Nairobi, New York, 1968, S. 12.

Auffassung zu finden ist, daß die Ausbildung von Klassen sowie das Entstehen individueller und privater Bodeneigentumsformen ein Ergebnis der europäischen Kolonialherrschaft seien; den vorkolonialen afrikanischen Gesellschaften dagegen seien solche Erscheinungen fremd.

Das Hervorheben der obengenannten Tendenz ist auch deshalb von Bedeutung, weil die außerordentlich starke Beschleunigung der Klassen- und Bodeneigentums-Differenzierung in der Kolonialperiode nicht allein aus außerökonomischen Faktoren erklärt werden kann (Rolle der Gewalt). Diese Wirkung des Kolonialsystems muß auf der Grundlage innerer Faktoren verstanden werden, die bereits in den afrikanischen Gesellschaften der vorkolonialen Periode wirksam waren (was die äußerst negative ökonomische Auswirkung der Kolonialherrschaft auf diese Gesellschaften in keiner Weise berührt). Dies bekräftigt auch Zak: „In der Gemeinde werden jene Prozesse beschleunigt, die sich schwach in der vorkolonialen Periode entwickelten (Ausbeutung einer Reihe von Gemeindemitgliedern durch die wohlhabende Oberschicht, das Anwachsen der Vermögensungleichheit und der Klassenbildung usw.).“[11]

Insgesamt ist jedoch zu betonen, daß die Auffassungen der Forscher sowohl über den Begriff der „asiatischen Produktionsweise“ als auch darüber noch auseinandergehen, ob für Ostafrika für den Zeitraum der vorkolonialen Periode diese historisch-ökonomische Formation unterstellt werden kann. Hierauf soll nicht weiter eingegangen werden.

2. *Die materiell-technische Basis der ackerbautreibenden Gesellschaften*

An sachlichen Arbeitsmitteln (materielle Technik) sind für den Ackerbau vorhanden: die eiserne Schlaghacke sowie das eiserne Haumesser, teilweise hölzerne Pflanzstöcke, ferner Behältnisse zum Bergen der Ernte, Ausbringen von Dung usw. Unbekannt sind der Pflug sowie mechanische Transportmittel (das Rad ist unbekannt), alle Lasten im Feldbau werden vom Menschen bewegt. Dementsprechend ist die Verwendung von Tieren zu Arbeitszwecken unbekannt. Für die Entwicklung dieser materiellen Technik ist von einer gewissen Bedeutung, daß das Dorfhandwerk relativ entwickelt ist, d. h., daß die landwirtschaftlichen Geräte von spezialisierten (und oft ethnisch getrennten) Bevölkerungsgruppen (Eisenge-

[11] Zak, S. D., K voprosy o vlijanii . . ., a. a. O., S. 28.

winnung, Schmiede) hergestellt werden.[12] Jedoch ist dieser lokal und im Umfang begrenzte Austausch nicht bedeutungsvoll genug, um über qualitativ neue technische Arbeitsmittel eine Veränderung der Produktionsweise mit zu bewirken.

Der Entwicklungsstand der menschlichen Arbeitskraft (Produktivkraft) ist gleichfalls außerordentlich niedrig. Der Kenntnisstand der ostafrikanischen Bodenbauern beschränkt sich auf die im Wege von trial-and-error mit der gegebenen einfachen materiellen Technik erfaßbare Kausalbeziehung Mensch – Natur. Es kommt nirgendwo zu einer *bewußten* Veränderung der Natur im Interesse des Menschen, sondern nur zu einer sehr unterschiedlichen optimalen *Anpassung*.[13] Das findet seinen Ausdruck in einer starken Aufgliederung (Parzellierung) der landwirtschaftlich genutzten Gebiete entsprechend der riesigen Vielfalt natürlicher Bodeneigenschaften sowie den außerordentlich stark variierenden Regenzeiten, ferner in der großen Variationsbreite der Bodennutzungssysteme entsprechend den natürlichen Bedingungen, in der Art der Bewässerung, die ausschließlich natürliche Gefälle nutzbar macht usw. Jedoch muß an dieser Stelle betont werden, daß im Umfang der Anpassung an die Natur gerade unter traditionellen Bedingungen eine bereits beträchtlich differenzierte Möglichkeit für die Entwicklung der Produktivkräfte liegt, wenn auch die generelle Limitierung dabei nicht übersehen werden darf. Es ist eben ein Unterschied, ob in den wechselfeuchten Tropen reiner Regenfeldbau betrieben wird, d. h., daß das Pflanzenwachstum und der Ertrag weitgehend von den zeitlich und in ihrer Ergiebigkeit recht unterschied-

[12] Vgl. hierzu Stern, R., Die Gewinnung des Eisens bei den Nyamwezi, in: F. Stuhlmann, Handwerk und Industrie in Ostafrika, Kulturgeschichtliche Betrachtungen, Hamburg 1910 (Anhang).

[13] So schreibt Nyerere: „Afrika muß sich aus einem Gebiet, in dem die Menschen ein kümmerliches Dasein fristen und sich ihrer Umgebung anpassen, in einen Kontinent verwandeln, der gegen seine Umwelt angeht und sie den Bedürfnissen des Menschen anpaßt." (Nyerere, J., Freedom and Unity. Uhuru na Umaja. A selection from Writings and Speeches 1952–1965, London-Nairobi-New York 1967, S. 21. Die hier angeführte Anpassung in der vorkolonialen Periode ist natürlich relativ zu verstehen, denn auch die traditionelle Shamba-Wirtschaft führte bereits zu einer gewissen Veränderung des geographischen Milieus. (Vgl. hierzu Graf, D., Einige Probleme der Veränderung des geographischen Milieus, insbesondere der Bodenfruchtbarkeit, unter Bedingungen einer gewaltsam deformierten traditionellen Produktionsweise, dargestellt am Beispiel Ostafrikas, in: Jahrbuch für Wirtschaftsgeschichte, Teil I, Berlin 1972, S. 121).

lichen Niederschlagsmengen abhängen oder aber daß – wie im Falle der Shambala und der Chagga z. B. – die günstigen topographischen Bedingungen genutzt werden, um die Felder im Bedarfsfalle zu bewässern (Kanalbewässerung).

Für die vorkoloniale Periode ist dabei nicht mit Sicherheit in jedem Falle zu entscheiden, was die Ursachen für die Bewässerung sind. Die Bevölkerungsdichte war bei den Chagga bereits relativ hoch, so daß der Druck auf das bebaubare Land (worauf auch die bereits ausgeprägte andauernde individuelle Bodennutzung ein und desselben Bodenstücks hindeutet) offenbar die Ursache gewesen ist. Bei den Shambala war dies zu diesem Zeitpunkt jedoch nicht so. Trotzdem bewässerten sie regelmäßig. Wahrscheinlich spielt auch das sehr ausgeprägte Motiv der traditionellen Bodenbauern eine Rolle, die Sicherheit der Erträge zu erhöhen sowie die gerade unter tropischen Bedingungen schwierigen Bevorratungsprobleme dadurch zu lösen, daß mittels Bewässerung die Trockenzeit verkürzt und eine möglichst kontinuierliche und ausreichende Ernte ermöglicht wird (z. B. ausgeprägter Bananenanbau der Shambala in der vorkolonialen Periode).[14]

Das vorherrschende Bodennutzungssystem

Diese Problematik der Entwicklung der agraren Produktivkräfte wird besonders deutlich, wenn wir uns das für die vorkoloniale Periode typische ackerbauliche Nutzungssystem betrachten, das insgesamt eine ideale Anpassung an die Erfordernisse zur Wiederherstellung bzw. Erhaltung der natürlichen Bodenfruchtbarkeit darstellt und dabei zugleich den Entwicklungsstand der Arbeitskraft widerspiegelt.

Das in einer Vielzahl von Variationen und Abstufungen typische System der Bodennutzung ist der Wanderfeldbau.[15] Er beruht im wesent-

[14] „Obwohl die Usambara-Berge in früheren Zeiten nicht dicht bevölkert waren und die Shambala über genügend Landreserven ... verfügten, übten sie schon vor dem Eintreffen der Europäer künstliche Bewässerung. Unter Ausnutzung der vielen, ganzjährig wasserführenden Bäche und des natürlichen Gefälles berieseln die Shambala ihre Felder" (Attems, M., Bauernbetriebe in tropischen Höhenlagen Ostafrikas, Afrika-Studie Nr. 25, Ifo-Institut, München 1967, S. 42).

[15] Der Wanderfeldbau (shifting cultivation) ist in der Literatur unter verschiedenen Synonyma eingeführt, so z. B.: Landwechselwirtschaft (Land rotation);

lichen darauf, daß die natürliche Bodenfruchtbarkeit eines bestimmten Wald- oder Feldstückes so lange für den Anbau bestimmter Pflanzen genutzt wird (in der Regel 3 bis 5 Jahre), bis der Rückgang der Bodenfruchtbarkeit die Pflanzenerträge soweit absinken läßt, daß der Anbau nicht mehr lohnt, d. h., daß der Mensch trotz der bisher durchschnittlich dafür aufgewandten Arbeit vom Ertrag dieser Arbeit nicht mehr leben kann.[16] Die bewirtschaftende Familie wird somit gezwungen, regelmäßig ein neues Stück Land, das noch (oder bereits wieder) über natürliche Fruchtbarkeit verfügt, urbar zu machen und dieses ebenfalls so lange ackerbaulich zu nutzen, bis auch hier der Rückgang der natürlichen Bodenfruchtbarkeit zu einem erneuten Wechsel zwingt. Auf diese Weise entsteht ein nahezu nomadisierender Feldbau (auch dieser Begriff ist verschiedentlich verwendet worden), der für seine Durchführung beträchtliche Flächen Land erfordert.

Land rotation with bush following (UNESCO 1952); Slash and burn Agriculture; Acker-Wald-Wechselwirtschaft usw.
In der deutschsprachigen Literatur wird eine Unterscheidung zwischen Wanderfeldbau und Landwechselwirtschaft getroffen, mit zahlreichen Übergangsstufen, besonders für Ostafrika.
Danach wird der eigentliche Wanderfeldbau als Urwechselwirtschaft bezeichnet, der über Bracheverkürzung, meist als Folge von Landmangel, sich in einen semi-permanenten Feldbau (mit wilder Feld-Gras-Wirtschaft) verwandelt.
Bei Fortschreiten des Landmangels tritt Seßhaftwerdung der Bodenbauern ein mit Landwechsel bei der Bewirtschaftung (Landwechselwirtschaft). Hieraus kann sich unter bestimmten Umständen durch Einführung mehr oder weniger geregelter Fruchtfolgen (z. B. geregelte Feld-Gras-Wirtschaft) schließlich ein permanenter Feldbau bis zur Fruchtwechselwirtschaft hin entwickeln. Für die bürgerliche Agrarforschung ist charakteristisch, daß sie diese Entwicklungsstufen der ackerbaulichen Nutzungssysteme in der Regel ohne Zusammenhang mit den Veränderungen der traditionellen Produktionsweise – insbesondere der Bodeneigentumsformen – betrachtet.
Für die wechselfeuchte Savannenwaldzone ist der Begriff der Wald-Feld-Umlagewirtschaft eingeführt, für die Trockenzone der Begriff der Steppen-Umlagewirtschaft.

16 „Bevorzugt für die Neuanlage eines Feldes (im Usambara-Gebirge Tanganyika, D. G.) wird der Wald, besonders gern die feuchten Ufer- und Schluchtenwälder. Der Wald wird umgeschlagen und niedergebrannt. Hierauf wird zunächst auf dem gewonnenen Boden Mais gepflanzt ... Ist die Schamba nicht mehr ertragsfähig, wird sie verlassen und neuer Wald niedergeschlagen für neue Schamben." (Der Tropenpflanzer, Bd. 1, Berlin 1897, S. 83).

Die durch die ackerbauliche Nutzung des Menschen zerstörte, bzw. stark geminderte Bodenfruchtbarkeit muß nun im Wege einer ausschließlich natürlichen Regeneration (Dauer meist zwischen 12 und 30 Jahren und mehr) wiederhergestellt werden, ehe ein erneuter Anbau möglich, d. h. ökonomisch sinnvoll ist. Das Zentralproblem ist hierbei in den meisten Fällen der Humusersatz.[17] De Schlippe schreibt: „In vielen Fällen können Natur- und Handelsdünger sowie Kompost durch ihre chemische Wirkung zeitweilig die Produktivität eines Ackers steigern, nicht aber den Zeitpunkt hinausschieben, in dem physikalische Eigenschaften des Bodens durch die Mineralisierung der organischen Stoffe zerstört sind und beim kleinsten Regenfall eine Erosion eintritt.“[18]

Die Urbarmachung der neuen Feldstücke geschieht in der Regel durch ein- oder mehrmaliges Abbrennen der natürlichen Vegetation. Daher kommen auch solche Kennzeichnungen dieses Nutzungssystems wie Wanderfeldbau mit Brandrodung, Brandrodewirtschaft, Waldbrandwirtschaft usw. in der Literatur vor.[19]

Es ist hierbei zu beachten, daß der Wanderfeldbau und die dabei jeweils in Erscheinung tretenden Probleme sich wesentlich unterscheiden, je nachdem, in welcher Klima-(Vegetations-)zone Wanderfeldbau betrieben wird. Er wird unterschieden zwischen

– Wanderfeldbau des Waldes (Feld-Wald-Wechsel). Hier ist die längste Regenerationszeit erforderlich, und hier entstehen bei der ackerbaulichen Nutzung bisher auch die kompliziertesten Probleme;

[17] „Der Humusersatz ist ein Zentralproblem der Fruchtbarkeit tropischer Böden, weil Wärme und Feuchtigkeit hier einen äußerst starken Humusabbau verursachen.“ (B. Andrae, Die Bodenfruchtbarkeit in den Tropen, a. a. O., S. 66) „Es sind für das humide Tropenklima 3–4 Jahre sorglose Kultur als ausreichend zur Vernichtung des Humusgehalts eines Urwaldbodens angegeben. Im semi-humiden Tropen- und Subtropenklima lassen sich allgemein 95 Prozent Humusverlust in 2 Jahren nachweisen.“ (Vageler, P., Grundriß der tropischen und subtropischen Bodenkunde für Pflanzer und Studierende, 2. Aufl., Berlin 1938, S. 163) Vgl. hierzu auch die Seite 100.

[18] De Schlippe, P., Hackbau in primitiver Waldbrandwirtschaft, Dortmund 1958, S. 24.

[19] Umfangmäßig leben auch heute immer noch etwa 200 Mill. Menschen (knapp 10% der Weltbevölkerung) unter diesem ackerbaulichen Nutzungssystem und bewirtschaften dabei etwa 14 Mill. Quadratmeilen, was ca. 30% des derzeit bebauungsfähigen Bodens der Erde entspricht (Nye, P. H. und Greenland, D. J., The soil under shifting cultivation, Buks 1960, S. V).

- Wanderfeldbau der Savanne (Feld-Busch-Wechsel). Mittlere Regenerationszeiten von 12 bis 15 Jahren, rasche Gefahr der Steppenbildung;
- Wanderfeldbau des Graslandes (Feld-Gras-Wechsel). Hier ergeben sich relativ die wenigsten Probleme, die Nutzung hat Ähnlichkeit mit den unter gemäßigten Klimaten bekannten Bedingungen.

Finck schildert das Verfahren der shifting cultivation zusammenfassend wie folgt: „Bei der shifting cultivation werden Teile des Waldes oder der Savanne von Feldgröße abgebrannt, weil dies die einfachste Art der Waldvernichtung darstellt. Die Hitze macht dabei gleichzeitig die obere Bodenlage krümelig, und die Asche düngt. Das Feld wird keineswegs völlig gesäubert, sondern zwischen den verbleibenden Stümpfen, Stämmen, Termitenhügeln bringt man die Saat mit dem Pflanzstock oder Hacke in die Erde. Wenn nach einigen Jahren der Kultivierung die natürliche Fruchtbarkeit erschöpft ist ..., wird das Feld dem Wald wieder überlassen ... Die Brachperiode unter Wald beträgt oft 20–30 Jahre, wodurch für jede Familie ein großer Waldbedarf entsteht ... Die Bodenerschöpfung ... beruht nicht so sehr auf dem Anbau von Kulturpflanzen an sich als auf der Methode der Kultivierung, die den Boden oft dem direkten Angriff der klimatischen Faktoren aussetzt und den Nährstoffkreislauf unterbricht ...“[20]

Das hier im Prinzip geschilderte Ackerbausystem kommt in einer Unzahl von Variationen und Übergangsformen vor, die in erster Linie durch die Mannigfaltigkeit der unterschiedlichen natürlichen Bedingungen (tropischer Regenwald, wechselfeuchte Savannenwaldzone, Savanne usw.) verursacht sind.[21]

Der außerordentliche Formenreichtum des Wanderfeldbaus hat aber

[20] Finck, A., Tropische Böden, a. a. O., S. 116.

[21] „In der ethnologischen und agronomischen Literatur über Tropisch-Afrika werden eine ganze Reihe von weiteren Systemen des Wanderfeldbaus bzw. der Landwechselwirtschaft beschrieben, die im allgemeinen nur regionale Bedeutung besitzen. Sie ähneln sich vielfach in Rodung, Anbau und Umtriebsart, sind aber im einzelnen oft recht differenziert ... Eine Anzahl von Sonderformen des Wanderfeldbaus und der Landwechselwirtschaft sind durch die Ungunst der Böden bedingt“, schreibt Manshard. (Manshard, W., Agrargeographie der Tropen. Eine Einführung, Mannheim 1968, S. 89). Das bei einigen kleineren Stämmen Südtansanias vorkommende Dinhasystem verwendet z. B. für die Düngung der Felder Holz und Geäst, das etwa $1^1/_2$ m hoch ausgebreitet wird und im Verlaufe von 3 bis 4 Monaten durch Termiten in eine Art Vorstufe von Humus umgewandelt wird.

auch seine Ursache häufig in außerökonomischen Faktoren (Wanderung und dadurch verursachte Kontakte mit anderen Stämmen, Assimilation oder Überlagerung usw.). In diesem Zusammenhang spielen der Umfang der Produktionserfahrung und die überlieferte Arbeitsfertigkeit eines Stammes sowie die Stärke des im Traditionalismus verwurzelten spezifischen Systems der Landnutzung eine ganz entscheidende Rolle, das auch dann beibehalten wird, wenn der Stamm z. B. nach längeren Wanderungsbewegungen unter gänzlich veränderten natürlichen Bedingungen produzieren muß. Auch auf diese Weise kann es zur Modifikation der ackerbaulichen Nutzungssysteme unter gleichen natürlichen Bedingungen kommen bzw. zur Ausbildung gleicher oder ähnlicher Nutzungssysteme unter ganz verschiedenen natürlichen Bedingungen.[22]

Es kann nicht Aufgabe der vorliegenden Arbeit sein, alle bisher bekannt gewordenen verschiedenen Systeme[23] Tansanias aufzuführen, ihre Gemeinsamkeiten und Unterschiede festzustellen. Es ist dies vor allem deshalb nicht erforderlich, weil die im folgenden behandelten ökonomischen Probleme und Charakteristika im Hinblick auf das interessierende Problem der agraren Produktivkräfte und der Bodenfruchtbarkeit für alle Systeme des Wanderfeldbaus ausnahmslos die gleichen sind.[24]

Ein solches Kernproblem des Wanderfeldbaus und der hieraus sich entwickelnden traditionellen Landwechselwirtschaft ist die strikte

[22] Vgl. dazu: Meyers Handbuch über Afrika, Mannheim 1962, S. 279f.

[23] Einige solcher Systeme sind beschrieben bei:
De Schlippe, P., Shifting cultivation in Afrika, The Zande System of Agriculture, London 1965; Blohm, W., Die Nyamwezi – Land und Wirtschaft, Hamburg 1931; Nye, P. H., and Greenland, D. J., The Soil under Shifting Cultivation, Buks 1960, in dem die wichtigsten Typen des Wanderfeldbaus Ostafrikas niedergelegt sind; ferner Agrarnyj vopros i krest'janstov v tropičeskoj Afrike, (Potechin, I. I., otveč. red.), Moskau 1964, S. 65–72.

[24] Eine völlig andere Fragestellung ergibt sich selbstverständlich, wenn z. B. bestimmte Gebiete und bestimmte Stämme in ihrer historischen Entwicklung untersucht werden sollen oder aber, wenn nunmehr vor Tansania die Frage steht, auf welche Weise solche traditionellen Systeme überwunden werden sollen. Hier spielt die genaue Kenntnis aller Details, auch des ackerbaulichen Nutzungssystems eines einzelnen Stammes sowie seine Vorgeschichte, für die zu treffenden Maßnahmen eine ganz entscheidende Rolle. Hierauf hat bereits Sellnow nachdrücklich hingewiesen. (Vgl. hierzu: Sellnow, I., Der Anteil der Ethnographie an der Erforschung aktueller Probleme in Afrika, Budapest 1967. Center for Afro-Asian Research of the Hungarian Academy of Sciences, Budapest, Studies of Developing Countries, No. 14).

Beachtung des Zusammenhangs mit der jeweiligen Entwicklungsstufe des traditionellen sozialen Systems und des damit verbundenen Entwicklungsniveaus von Technik und Produktivkräften insgesamt. Die bereits erwähnte UN-Konferenz stellte hierzu fest: „Die Praxis der Stiftung Cultivation hat sich ... nach einem langen evolutionären Prozeß als das erfolgreichste landwirtschaftliche System *unter den vorherrschenden Verhältnissen* und den *gegebenen technologischen Bedingungen* ... entwickelt.“ [25]
Es führt daher mit Sicherheit zu falschen Schlüssen, den Wanderfeldbau losgelöst von den spezifischen sozialen und historischen (aber auch natürlichen) Bedingungen betrachten zu wollen.[26]

Ein weiteres Problem besteht darin, daß die verschiedenen Formen des Wanderfeldbaus noch weiter ernsthaft untersucht und verglichen werden müssen, um ihre teilweise beachtliche Rationalität unter den spezifischen Bedingungen tropischer Böden besser erfassen und bewerten zu können. Kellogg schreibt durchaus zu Recht: „Erstens, es ist tatsächlich nicht bekannt, ‚wie diese Systeme arbeiten‘, alles, was bekannt ist, ist, daß sie nicht mit Methoden arbeiten, die wir als klassisch bezeichnen und die für die Landwirtschaft anderswo geeignet wären.“ [27]

Exkurs: Die Entstehung des urgemeinschaftlichen Eigentums an Boden

Um die außerordentliche Stabilität der urgemeinschaftlichen gesellschaftlichen Verhältnisse und besonders die Rolle des Überbaus im Hinblick auf die Produktivkräfte und ihre Entwicklung noch etwas ausführlicher zu beleuchten, seien im folgenden einige ergänzende Bemerkungen an Hand von Arbeiten der Klassiker des Marxismus gemacht.

Marx ging auf der Grundlage seiner Studien über die urgemeinschaftliche Ordnung davon aus, daß ausnahmslos alle diese Gesellschaften ursprünglich nicht ein bestimmtes Territorium besetzt hielten, sondern erst nach und nach bestimmte Gebietsteile okkupierten (zu Zwecken der Jagd, des Ackerbaus oder der nomadisierenden Viehzucht usw.). Hieraus zog er den außerordentlich wichtigen Schluß, daß das natürliche Gemeinwesen die „natürliche und göttliche Voraussetzung“ für jede Form der Aneignung der natürlichen Produktionsbedingungen durch die Stammes-

[25] UN/E./Conf. 39/1, Vol. III, S. 49. (Hervorhebung D. G.)
[26] Vgl. hierzu auch S. 148.
[27] UN/E./Conf. 39/1, Vol. III, S. 50.

mitglieder bildete. Er schreibt: „Die naturwüchsige Stammgemeinschaft ... ist die erste Voraussetzung ... der Aneignung der objektiven *Bedingungen* ihres Lebens, und der sich reproduzierenden und vergegenständlichten Tätigkeit derselben (Tätigkeit als Hirten, Jäger, Ackerbauer etc.)."[28]

Das kann auch nicht anders sein, denn es ging dem keine andere Art der gesellschaftlichen Produktion voraus, die irgendeine Form gesellschaftlicher Beziehungen der Menschen im Produktionsprozeß, in der Auseinandersetzung mit der Natur zur Folge gehabt hätte und auf die diese sich niederlassenden Stämme hätten aufbauen oder zurückgreifen können. Das, wie Marx sagt, erst später „durch Arbeit entstandene" System gesellschaftlicher Beziehungen war zunächst nur vorhanden als das „naturwüchsige", „natürliche" System der Stammesgemeinschaft, da keine wie immer geartete systematische Produktionstätigkeit einer Menschengemeinschaft möglich ist, ohne daß sich zugleich zwischen ihnen ein bestimmtes System sozialer (gesellschaftlicher) Beziehungen herausbilden würde. Marx schreibt dazu: „Worauf es hier eigentlich ankommt, ist dies: In allen diesen Formen, worin Grundeigentum und Agrikultur die Basis der ökonomischen Ordnung bilden, und daher die Produktion von Gebrauchswerten ökonomischer Zweck ist, ... ist vorhanden:

1. Aneignung, nicht durch Arbeit, sondern als der Arbeit vorausgesetzt; ...
2. aber dieses Verhalten zu dem Grund und Boden, zur Erde, ... ist sofort vermittelt durch das naturwüchsige ... Dasein des Individuums als Mitglied einer Gemeinde – sein naturwüchsiges Dasein als Glied eines Stamms etc."[29]

Das hat höchst praktische Konsequenzen. Zum ersten bestimmen damit die jeweiligen sehr unterschiedlichen Stammesverhältnisse mit das konkrete Bild der jeweiligen Produktionsweise, besonders der Eigentumsformen. Neben der Mannigfaltigkeit der Formen ist zum zweiten wesentlich, daß das Stammessystem als das anfangs beherrschende Element der Produktionsweise ihr zugleich einen außerordentlich stationären Charakter verleiht. Das naturwüchsige Stammessystem mit seiner streng gegliederten traditionellen Ordnung und Einteilung und der auf dieser Basis vorgenommenen urkommunistischen Verteilung der gewonnenen Güter enthält nur geringe Elemente zur Entwicklung der Produktivkräfte.

[28] Marx, K., Grundrisse der Kritik der Politischen Ökonomie, Berlin 1953, S. 376.
[29] Ebenda, S. 385.

Die streng beachtete natürliche Arbeitsteilung innerhalb des Stammes und zwischen den Geschlechtern sowie den verschiedenen Altersgruppen als im wesentlichen einziger Form der Arbeitsteilung wirkt in gleicher Richtung. (Die vollzogene erste gesellschaftliche Arbeitsteilung zwischen Ackerbauern und Viehzüchtern hat dabei in Ostafrika auf das System der Produktionsweise insgesamt kaum verändernden Einfluß gehabt, da die einzelnen Stämme in sich konsistent geblieben sind und ein systematischer Produktenaustausch nicht zustande kam.)[30]

Marx sagt: „*Eigentum* meint also ursprünglich nichts als Verhalten des Menschen zu seinen natürlichen Produktionsbedingungen ... Eine natürliche Produktionsbedingung für das lebende Individuum ist sein Zugehören zu einer naturwüchsigen Gesellschaft, Stamm etc."[31]

Und: „Das *Eigentum* meint also Gehören zu *einem* Stamm (Gemeinwesen) ..."[32]

Das hier zugrunde liegende Bodeneigentum kann also überhaupt nur begriffen werden aus der gleichzeitigen Existenz des Stammes, d. h. aus der Tatsache, daß ein Stamm ein gewisses Territorium besetzt hält. Das Verhalten zu den jeweiligen Bodenstücken entspricht daher dieser ursprünglichen Form des Eigentums. Es ist dies die entscheidende ökonomisch-gesellschaftliche Ursache, weshalb das Stammessystem einen solch beherrschenden Einfluß auf die ganzen gesellschaftlichen Beziehungen in dieser Produktionsweise hat und lange Zeit behält, ja daß diese Produktionsweise nur vermittelt über das Stammessystem für einen langen Zeitraum überhaupt existent ist.

Hieraus darf jedoch nicht der Schluß gezogen werden, als sei das Gemeineigentum für alle Zeit nur existent vermittels des Stammessystems. Sehr bald kommt es zu eigenständigen und materiell nachweisbaren Formen des Gemeineigentums, die wir nunmehr in einer neuen Stufe – dem *Gemeindegrundeigentum* – vorfinden. Die Stämme halten genau abgegrenzte Gebiete besetzt, auf der nunmehr materiell fixierten Basis des Gemeineigentums entsteht ein ganzes System sozialer Regeln zur Nutzung des Gemeindegrundeigentums usw.[33]

[30] Vgl. hierzu: Das Verhältnis von Bodenbauern und Viehzüchtern in historischer Sicht, Herausgeber: I. Sellnow, Berlin 1968.

[31] Marx, K., Grundrisse der Kritik der Politischen Ökonomie, a. a. O., S. 391.

[32] Ebenda, S. 392.

[33] Aus dem Nichtverstehen dieses eigentümlichen Mechanismus der Entstehung des traditionellen Gemeindebodeneigentums sind offenbar auch die verschiedenartigen Bemühungen bürgerlicher Wissenschaftler zu erklären, dafür allerlei

Marx entwickelt seine Gedanken weiter für die gesamte Produktionsweise: „Die ursprüngliche Einheit zwischen einer besonderen Form des Gemein-(Stamm-)wesens und damit zusammenhängenden Eigentums an der Natur oder Verhalten zu den objektiven Bedingungen der Produktion ... hat ihre lebendige Wirklichkeit in einer bestimmten *Weise der Produktion* selbst, einer Weise, die ebensosehr als Verhalten der Individuen zueinander erscheint, wie ihr ... Verhalten zur Natur ..."[34]

Und weiter: „Eine bestimmte Stufe der Entwicklung der Produktivkräfte ... – der bestimmte Verhältnisse derselben zueinander und zur Natur entsprechen –, darein löst sich in letzter Instanz sowohl ihr Gemeinwesen auf, wie das auf demselben gegründeten Eigentum."[35]

Es sind dies ganz entscheidende Hinweise von Marx, die bestimmte „Weise der Produktion" im unmittelbaren Zusammenhang mit der Form des Eigentums, d. h. mit den über das jeweilige spezifische Stammessystem „angeeigneten objektiven Bedingungen der Produktion" zu betrachten und zu erklären. Wir haben hier die außerordentlich interessante Erscheinung, daß die Kategorien Produktivkräfte, Produktionsverhältnisse, Überbau und die verschiedensten Formen der blutsverwandtschaftlichen Beziehungen so untrennbar ineinander verwoben sind und daß sie teilweise gleiche Funktionen erfüllen, so daß die Untersuchung einer beliebigen Erscheinung unter diesen Bedingungen die Berücksichtigung aller Elemente in ihrem Zusammenhang erforderlich macht. Es ist dies ein weiterer Grund dafür, weshalb die vorliegende Arbeit, um zu verbindlichen Aussagen zu kommen, einen solch komplexen Charakter annehmen mußte. Auch W. Jonas u. a. weisen in ihrer Arbeit „Die Produktivkräfte in der Geschichte"[36] wiederholt darauf hin, „... daß

mystische und subjektive Ursachen zu erfinden. So schreibt Ringer: „... viele ... nennen als eine wichtige Eigenschaft der afrikanischen Agrarverfassungssysteme ihr magisch-religiöses Fundament: Von einem tiefgreifenden Einfluß auf die Einstellung der Afrikaner ihrem Grund und Boden gegenüber. Das gilt sowohl für die persönliche Bindung des Menschen in seiner Gruppe an den Boden als auch für die Bodennutzung ... Mit der Verkettung des Bodens an die Geschlechterfolge erklärt man seine Unveräußerlichkeit ..." (Ringer, K.-E., Agrarverfassungen im tropischen Afrika. Zur Lehre der Agrarverfassung: Veränderungen zur Hebung der Agrartechnik, Freiburg i. Brsg. 1963, S. 180).

[34] Marx, K., Grundrisse der Kritik der Politischen Ökonomie, a. a. O., S. 394.

[35] Ebenda, S. 395.

[36] Ders., Berlin 1969, S. 34f. und 53.

bestimmte Elemente der Produktionsverhältnisse sich nicht nur aus dem jeweiligen Stand der Produktivkräfte ableiten, sondern ... gleichermaßen auch Element und Bestandteil der gesellschaftlichen Produktivkräfte sind. Ebenfalls falsch wäre es, die gesellschaftlichen Produktivkräfte vom Überbau mechanisch zu trennen." (Vgl. dazu das Schema auf S. 142.)

Wir sehen, daß aus dieser spezifischen Form des Grundeigentums Marx bereits in Keimform die negativen Erscheinungen der darauf gegründeten Produktionsweise ableitet: Begrenzung der Entwicklung der Produktivkräfte und ein beschränktes Verhalten der Individuen zur Natur und zueinander. In der „Deutschen Ideologie" heißt es dazu: „Die Naturreligion oder dies bestimmte Verhalten zur Natur ist bedingt durch die Gesellschaftsform und umgekehrt. Hier, wie überall, tritt die Identität von Natur und Mensch auch so hervor, daß das bornierte Verhalten der Menschen zur Natur, ihr borniertes Verhalten zueinander, und ihr borniertes Verhalten zueinander ihr borniertes Verhältnis zur Natur bedingt ..."[37]

Man kann das Wesen einer Produktionsweise nicht besser zum Ausdruck bringen als in der Formulierung ihres ökonomischen Ziels. Auch hier finden wir bei Marx entscheidende Hinweise: „Der Zweck aller Gemeinwesen ist Erhaltung, d. h. *Reproduktion der Individuen, die es bilden, als Eigentümer, d. h. in derselben objektiven Existenzweise, die ... die Gemeinde selbst* bildet.[38]

Und: „In dem ursprünglichen Gemeinwesen, wo naturwüchsiger Kommunismus herrscht, ... ist es dies Gemeinwesen selbst mit seinen Bedingungen, das als Basis der Produktion sich darstellt, wie seine Reproduktion als ihr letzter Zweck."[39] Und weiter: „In allen diesen Formen ist die *Reproduktion* vorausgesetzter ... Verhältnisse des Einzelnen zu seiner Gemeinde und ein bestimmtes, ihm *vorherbestimmtes objektives* Dasein, sowohl im Verhalten an den Bedingungen der Arbeit, wie zu seinen Mitarbeitern, Stammesgenossen etc. – Grundlage der Entwicklung, die von vornherein daher eine *beschränkte* ist ..."[40]

[37] Marx/Engels, Die deutsche Ideologie, in: Marx/Engels, Werke, Bd. 3, Berlin 1959, S. 31.

[38] Marx, K., Grundrisse der Kritik der Politischen Ökonomie, a. a. O., S. 393.

[39] Marx, K., Das Kapital, Dritter Band, in: Marx/Engels, Werke, Bd. 25, Berlin 1969, S. 839.

[40] Marx, K., Grundrisse der Kritik der Politischen Ökonomie, a. a. O., S. 387.

Das ökonomische Ziel dieser Produktionsweise ist also

1. Erhaltung und Reproduktion ihrer „natürlichen Voraussetzung“, nämlich des Stammessystems und der Naturbedingung der Arbeit;
2. Reproduktion der Individuen als Teil dieser „natürlichen Voraussetzung“.

Diesem Ziel entsprechen ganz und gar die Mittel, die sowohl im Bereich der sachlichen wie vor allem aber auch der menschlichen Produktivkräfte zur Anwendung gelangen. Auch hier wieder Marx: „Alle Formen ..., worin das Gemeinwesen die Subjekte in bestimmter objektiver Einheit mit ihren Produktionsbedingungen ... unterstellt, entsprechen notwendig nur limitierte und prinzipiell limitierter Entwicklung der Produktivkräfte.“[41]

„Aber an freie und volle Entwicklung, weder des Individuums noch der Gesellschaft nicht hier zu denken, da eine solche Entwicklung mit dem ursprünglichen Verhältnis im Widerspruch steht.“[42]

Der Aspekt liegt hier auf der Einheit von Ziel und Mitteln. Marx zeigt deutlich, daß dem Ziel dieser Produktionsweise, das auf die Erhaltung und Beibehaltung des bestehenden Zustandes gerichtet ist, auch nur begrenzte Mittel (sachliche und menschliche Produktivkräfte) entsprechen. Jedoch ist nicht zu übersehen, daß diese Grenze nicht absolut, sondern relativ ist, d. h., daß gerade an Hand der ackerbaulichen Nutzungssysteme sich eine relative Entwicklungsfähigkeit zeigt.

3. *Die Aushöhlung des Gemeindegrundeigentums und das Entstehen individueller Besitzformen an Boden*

Wenn wir, wie Marx völlig zu Recht unterstellt, davon ausgehen, daß das über die gentile Ordnung blutsverwandtschaftlicher Beziehungen vermittelte Verhalten zur Natur eben die „Weise der Produktion selbst“ der Urgemeinschaftsordnung bildet, so müssen sich entscheidende Rückwirkungen ergeben, sobald in dieses Verhalten zur Natur (in die „waldursprüngliche Form“ der ackerbaulichen Nutzung z. B.) neue Elemente eintreten, die nicht gentilen Ursprungs sind. Diese können zufälligen Charakter tragen, sie können aber auch ökonomisch bedingt und damit notwendig sein. Wir betrachten die letzteren.

[41] Ebenda, S. 396.
[42] Ebenda, S. 387.

An erster Stelle steht für das Dorfgemeindesystem die Zunahme der Bevölkerungsdichte, d. h., der demographische Faktor ist eine ökonomische Potenz erster Ordnung für diese Produktionsweise (wir lassen hier die Wirkung exogener Faktoren wie der Kolonialherrschaft zunächst außer Betracht). Marx schreibt hierzu:

„... die Überpopulation, ebenso sehr ein geschichtlich bestimmtes Verhältnis ..., keineswegs durch Zahlen bestimmt oder durch die absolute Grenze der Produktivität von Lebensmitteln, sondern durch von *bestimmten Produktionsbedingungen* gesetzte Grenzen ... Dies Surplus rein relativ: in gar keinem Verhältnis zu *Subsistenzmitteln* überhaupt, sondern der Weise sie zu produzieren.“[43]

Viele Autoren weisen mit Recht darauf hin, daß die traditionelle Produktionsweise auf der Basis des Wanderfeldbaus (shifting cultivation) nur funktioniert, wenn eine niedrige Bevölkerungsdichte existiert und dem Boden so genügend Zeit zur natürlichen Regeneration einer Fruchtbarkeit zur Verfügung steht. Bereits Engels meinte, daß dieses „waldursprüngliche System“ des Ackerbaus nur bei geringer Bevölkerungsdichte existieren kann. Sobald hier aber – aus welchen Gründen immer – eine erhebliche Verschiebung eintritt, wird die Erhaltung der Bodenfruchtbarkeit (und später ihre Steigerung) mit ökonomischen Mitteln akut. Das urgesellschaftliche Gemeineigentum kennt aber ein solches Verhalten zum Boden nicht. Dabei ist die Sache jedoch nicht so einfach, wie die bürgerliche Wissenschaft sie darstellt.

Beispielsweise schreibt Aereboe: „Die ... Bevölkerungszunahme ... ist es, die ... den inneren Druck ... abgibt, welche den Menschen stets zur Überwindung des Bodengesetzes durch Betriebsänderungen treibt .... Solche Änderungen kommen nie von selbst ... Not macht erfinderisch! Not ist daher der beste Hebel des Fortschritts, auch die Not einer zeitweilig verschmälerten Ernährungsbasis.“[44]

Gerade die Kolonialperiode Tansanias zeigt sehr drastisch, daß zunehmende Bevölkerungsdichten, wie hoch und drückend sie auch sein mögen, allein noch nicht zu wachsenden Ernährungsmöglichkeiten führen. Zwischen der Bevölkerungsdichte und der jeweiligen traditionellen Produktionsweise ackerbautreibender Stämme gibt es komplizierte Wechselwirkungen und eine Reihe vermittelnder Glieder (vgl. die Abbildungen 11

[43] Marx, K., Grundrisse der Kritik der Politischen Ökonomie, a. a. O., S. 500f.

[44] Aereboe, F., Das Ernährungsproblem der Völker und die Produktionssteigerung der Landwirtschaft, in: Weltwirtschaftliches Archiv, Jena 1925, Bd. 21, S. 175.

und 12 auf den Seiten 142 und 145). Es besteht ein Gleichgewicht zwischen Bevölkerungsdichte und traditioneller Produktionsweise auf der Basis der shifting cultivation, d. h., der Wanderfeldbau in seiner reinen Form ist je nach natürlichen Bedingungen nur in der Lage, geringe Bevölkerungsdichten zu ernähren.[45] Beispielsweise gibt v. Rotenhan die tragbare Bevölkerungsdichte bei reinem Wanderfeldbau im Gebiet der Sukuma mit 3 bis 10 Einwohnern je qkm an.[46] Steigen die Bevölkerungsdichten, so muß der reine Wanderfeldbau überwunden werden, d. h., die Bevölkerungsdichte wird hier zum entscheidenden Ausgangspunkt für neue ackerbauliche Nutzungsformen. Es tritt eine Bodenverknappung ein, die zu einer Veränderung des ackerbaulichen Nutzungssystems zwingt, d. h. zur Veränderung der Technik im weiteren Sinne. Als Folge hiervon tritt zunächst eine Wandlung in der *Nutzungs*form des kollektiven Bodeneigentums ein, d. h. an die Stelle des allgemeinen und unbeschränkten Anspruchsrechts aller Mitglieder der lokalen Gruppe an dieses Bodeneigentum tritt nach und nach ein individuelles Anspruchsrecht. Das geschieht vor allem in der Weise, daß der Bodenbau infolge der Landverknappung stationär wird, d. h., daß die Verteilung der Bodenflächen durch den Häuptling nicht mehr erneut nach Erschöpfung der Bodenfruchtbarkeit (also z. B. etwa alle 3–5 Jahre) erfolgt, sondern praktisch nur noch in den Fällen, wo zusätzliche Flächen nutzbar gemacht und okkupiert werden oder wo besondere Umstände (Tod, Ausscheiden aus dem Stammesverband o. ä.) dazu Anlaß geben. Es ist wichtig, auf den Ursprung dieses eigenartigen Mechanismus hinzuweisen, der die natürliche Bedingung Bevölkerung in der traditionellen Produktionsweise zu einem ökonomischen Faktor[47] besonderer Art werden läßt, der ganz entscheidend zur Entwicklung der Technik im weiteren Sinne und zur Aushöhlung des Gemeindegrundeigentums beiträgt. Ein weiterer wichtiger Faktor ist die durch die Bodenverknappung veränderte Stellung des Häuptlings inner-

[45] „... das Maximum der Bevölkerungsdichte, über das hinaus die shifting cultivation zu irreversiblen Bodendegradierungen führt, (wird) auf 50 Einwohner je qkm in Indonesien, 20 in Zentral-Kongo und 10 in Rhodesien geschätzt ..." UN/E/Conf. 39/1, Vol. III, S. 50.

[46] Rotenhan, D. v., Bodennutzung und Viehhaltung in Sukumaland, a. a. O., S. 5.

[47] Der Faktor Bevölkerung ist allgemein immer zugleich eine ökonomische Potenz. Marx zitiert Th. Hodgskin: „Wenn die Zahl der Arbeiter wächst, steigt die Produktivkraft der Gesellschaft im gleichen Verhältnis zu diesem Wachstum, multipliziert mit der Wirkung der Arbeitsteilung" (in: Marx/Engels, Werke, Bd. 23, S. 373, Fußnote).

halb der Gemeinde. An die Stelle traditioneller Abgaben der Stammesangehörigen an den Häuptling tritt verschiedentlich eine Art Bodenrente, deren Grundlage die Monopolisierung ökonomischer Macht (in Form des Gemeindegrundeigentums) in Händen des Häuptlings und die starke Abhängigkeit der Stammesangehörigen von dieser Institution bildet.[48] Ist aber eine solche Möglichkeit ökonomischer Ausbeutung erst einmal entstanden (nach zwei Seiten hin: einmal als *Möglichkeit* durch die relativ gestiegene Produktivität des Ackerbaus; zum anderen als *Wirklichkeit* infolge zweier real existierender gesellschaftlicher Kräfte mit unterschiedlichen ökonomischen Interessen, die es in der Urgesellschaft nicht gab), so entsteht damit ein Anreiz gerade für die Institution des Häuptlings, die Aushöhlung des Gemeindegrundeigentums weiterzutreiben und es schließlich zu beseitigen. Die sechs von Oldaker dargestellten Entwicklungsstufen illustrieren recht eindrucksvoll die Veränderung der Bodeneigentumsformen im ehemaligen Tanganyika.

Wir wollen nunmehr an Beispielen untersuchen, wie verschiedene Bevölkerungsdichten im Dorfgemeindesystem unterschiedliches Verhalten zum Boden, unterschiedliche Formen seiner ackerbaulichen Nutzung und damit unterschiedliche Eigentumsformen bewirken, d. h. die Produktionsweise insgesamt verändern.[49] Der reine Wanderfeldbau, dessen Durchlaufen für ausnahmslos alle ackerbautreibenden Stämme des heutigen Tansania historisch unterstellt werden kann, kannte nur ein einheitliches gemeinschaftliches Bodeneigentum, und zwar entsprechend der niedrigen Bevölkerungsdichte und der geringen Bedürfnisse ein Bodeneigentum mehr oder weniger als im Überfluß vorhanden. Das heißt, daß damit die erforderliche Brachezeit zur Regeneration der natürlichen Bodenfruchtbarkeit für alle ackerbaulich genutzten Parzellen gesichert

[48] Vgl. hierzu Herzog, J., Nationale Befreiungsrevolution und nationale Führungskräfte. Ein Beitrag zum Problem der Überwindung vorkapitalistischer gesellschaftlicher Verhältnisse im heutigen Afrika, dargestellt am Beispiel der Entwicklung Tansanias, Diss. (A), Berlin 1971, S. 64–66.

[49] Auf die Ursachen zunehmender Bevölkerungsdichten wird hier nicht eingegangen. Es handelt sich bei wachsenden Bevölkerungsdichten nicht immer um steigende Population des Stammes. Auch Gebietseinschränkungen können steigende Bevölkerungsdichten bewirken. Dies alles würde jedoch eingehende historische Untersuchungen erforderlich machen, die hier nicht möglich sind. Jedoch ist die zunehmende Bevölkerungsdichte im Gebiet des heutigen Tansania bereits in der vorkolonialen Periode ein reales Phänomen, so daß hier davon ausgegangen werden kann.

war. Eine der wichtigsten Funktionen des Häuptlings bestand darin, diese Landverteilung zu überwachen (und zu genehmigen), d. h., er spielte eine zentrale Rolle bei der *Reproduktion* dieser Produktionsweise. In der vorkolonialen Periode war die Landzuteilung in der Regel mit kleinen Dankgeschenken (Tiere, Honig usw.) an den Häuptling verbunden. Das Recht auf Land hatte hier, wie Hailey deutlich formuliert, „den Charakter eines Privilegs, das auf die Mitgliedschaft in einer Kommune gegründet ist und das jedes Mitglied zu einem nutzbringenden Gebrauch des gemeinschaftlichen Landes berechtigt – zum Beweiden, zur Jagd, zum Sammeln von Früchten oder zur Kultivierung –, nahezu ein Recht über ein bestimmtes Gebiet, das identisch ist mit seinem Inhaber (Nutzer)“ [50].

In diesem unbeschränkten Anspruchsrecht an Boden jedes einzelnen Stammesmitglieds drückt sich die ökonomische und gesellschaftliche Gleichheit aller Mitglieder der Kommune aus. Dieser gleiche Anspruch bleibt auch erhalten, wenn sich die Bevölkerungsdichte ändert.[51]

Jedoch liegt in diesem gleichen Anspruchsrecht zugleich der Keim der Ungleichheit, sobald sich die Bedingungen für die Funktionsfähigkeit dieser Produktionsweise zu verändern beginnen, d. h., wenn die Bevölkerungsdichte ansteigt. In diesem Falle geschieht folgendes: An die Stelle eines fortgesetzten Bodenwechsels („wandernder“ Feldbau) tritt ein zunehmend stationärer Feldbau. Das geschieht jedoch nicht schlagartig, sondern nach und nach, oft über viele Generationen hinweg, und zwar in der Weise, daß der einzelne traditionelle Bauer nun nicht mehr über ein bestimmtes Gebiet hinweg mit dem Haushalt „wandert“, sondern daß er schon recht bald seßhaft wird (stationäre Hütten) und auf einem fixierten größeren Areal nun abwechselnd bracht und anbaut [52]. Der Ausgangspunkt ist eine Landverknappung, die von einem steigenden Bedarf an Nahrungsmitteln ausgeht (in der Regel durch steigende Be-

50 An African Survey, A Study of Problems Arising in Africa South of the Sahara, by Lord Hailey, Oxford-London-New York-Toronto 1938 (im folgenden Hailey, An African Survey . . .), S. 830.

51 Dieses der urgemeinschaftlichen Ordnung entspringende gesellschaftliche Verhalten nach gleichen Rechten des einzelnen ist so stark verwurzelt, daß es in den tansanischen Genossenschaften nichtkapitalistischen Charakters große Schwierigkeiten gibt, das Leistungsprinzip bei verschiedenen Arbeiten einzuführen. Die afrikanischen Bauern sind der Meinung, für einen Arbeitstag (unterschiedlicher Dauer, Intensität und Qualifikation) bestehe ein gleicher Anspruch auf Entgelt.

52 Hier liegt der Übergang vom Wanderfeldbau zur Landwechselwirtschaft.

völkerung pro Fläche). Der traditionelle Wanderfeldbau, der zunächst in der Regel keine ertragsteigernden Maßnahmen pro Fläche kennt, reagiert mit einer scheinbaren (und zunächst auch wirksamen) „Landgewinnung", indem er die Brachezeit abkürzt. Dadurch wird sofort mehr Anbaufläche gewonnen und das Nahrungsdefizit zeitweise überwunden. Von Bedeutung ist nun, daß diese Bracheverkürzung im Rahmen des gesamten Stammes nicht von einem weiter anhaltenden „Wandern" der Bauern (in entsprechend kürzeren Zeitabständen) begleitet ist, sondern daß die Bauern die ihnen einmal zugeteilte Fläche in individuellen Besitz nehmen und nun abwechselnd in relativ kurzen Zeitabständen bebauen und brachen. Baum[53] vermittelt uns anschaulich von Hehe und Ngoni solche Beispiele, wie aus einer 45jährigen Rotation des Wanderfeldbaus nach und nach ein solcher stationärer Feldbau geworden ist, der mit dem Übergang vom traditionellen Grundeigentum zu festen individuellen Besitzformen verbunden war.

Ausgangspunkt ist eine Gesamtrotation im reinen Wanderfeldbau, die über einen Zeitraum von etwa 45 Jahren reicht. Einem abwechselnden dreijährigen Reisanbau (Trockenreis mit jährlich einer Ernte) folgt eine Brachezeit von etwa 33 Jahren. Praktisch geschieht dies wie folgt: Die zugeteilten Flächen mehrerer Familien werden in jeweils drei unterteilten Blocks zusammengelegt, um eine bessere Abwehr gegen natürliche Feinde (Wild usw.) zu ermöglichen (vgl. Abb. 7a). Innerhalb jedes dieser Blocks erfolgt eine „Kurzrotation" von 3 Jahren Reisanbau und 3 Jahren Brache bis zu einer Gesamtdauer von etwa 15 Jahren. Danach wird Block I verlassen und Block II besetzt. Nach 15 Jahren „Kurzrotation" wird auch dieser wieder verlassen und Block III besetzt. Somit liegt jedes Bodenstück bis zu seiner neuerlichen Nutzung in der „Langrotation" theoretisch mindestens 33 Jahre brach. „Das Gesamtgebiet, das in diesen 3 Blocks von Familien bewirtschaftet wird, ist von diesen Familien in Übereinstimmung mit dem traditionellen Bodenrecht okkupiert. Immigranten können hier ohne Zustimmung nicht siedeln."[54]

Bei Landverknappung tritt eine Verkürzung der Rotation (der Brache) ein (vgl. Abb. 7b und 7c). „Wenn nicht mehr genügend Land für die Familien verfügbar ist, um zwischen 3 Blocks zu wechseln, wird die „Langrotation" auf 2 Blocks begrenzt. Die Familien leben in jedem der

[53] Baum, E., Land Use in the Kilombero Valley, from Shifting cultivation towards permanent Farming, in: Smallholder Farming and Smallholder Development in Tanzania (Ed. H. Ruthenberg), München 1968, S. 32–36.

[54] Ebenda, S. 32.

Blocks etwa 15 Jahre und wechseln nach 2–3 Jahren Reisanbau mit 2–3 Jahren Brache („Kurzrotation").[55] Die maximale Brachezeit beträgt somit nur noch theoretisch 18 Jahre zwischen den „Kurzrotationen". Dabei besteht zwischen Form 2 und 3 noch ein wesentlicher Unterschied: „Abbildung 3 zeigt eine Veränderung dieses Typs der shifting cultivation in Richtung auf einen mehr stationären Charakter. Die Siedler haben eine dauerhafte Hofstelle. Die Felder wechseln allerdings immer noch im 15jährigen Zyklus, d. h. das Land auf der einen Seite der Siedlerstelle wird 15 Jahre benutzt und zwar 3 Jahre im Anbau und 3 Jahre wird es gebracht. Danach wird das Feld auf der anderen Seite der Siedlerstelle kultiviert."[56]

Schließlich kommt es zur Ausbildung eines semi-permanenten Feldbaues. „Die wachsende Bevölkerungsdichte führt zur Beendigung der

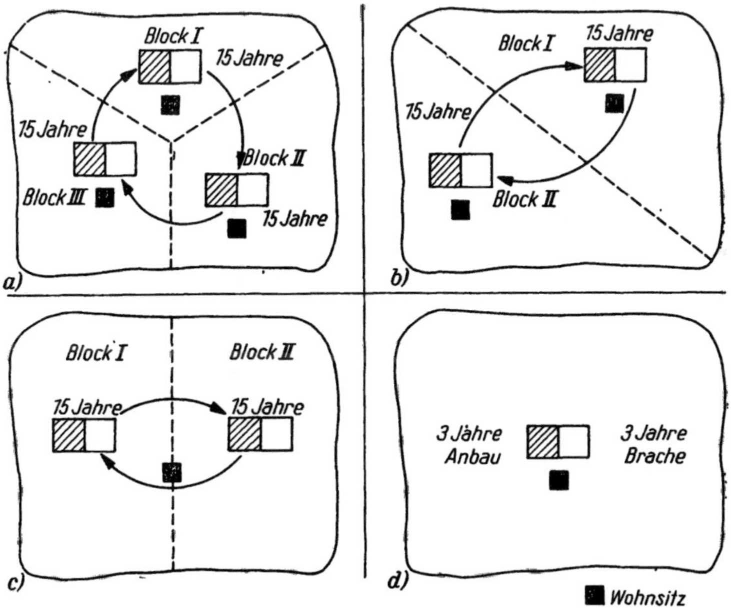

Abb. 7. Schematische Darstellung des Übergangs vom reinen Wanderfeldbau zur traditionellen Landwechselwirtschaft (semi-permanenter Feldbau). (Nach E. Baum, a. a. O., S. 33).

[55] Ebenda.

[56] Ebenda.

„Langrotation". Wo der Landmangel zunimmt, folgen 2 oder 3 Jahren Kultivierung die gleiche Anzahl Brachejahre. Die Hofstelle ist dauerhaft ... Feste und erkennbare Grenzen werden für Besitzungen und Felder errichtet. Die dauerhaft und generell ausgeprägten Nutzungsrechte unterscheiden sich vom traditionellen Landbesitz ... Nur die Kurzrotation ist daher ausgebildet. Im Durchschnitt (von 83 Besitzungen) fallen 26 in diese Gruppe. 5,1 Jahren Kultivierung folgen 3,8 Brachejahre ... Eine ganze Reihe von Besitzungen praktiziert bereits einen fortlaufenden Anbau (permanent farming)."[57]

Für die Sukuma[58] sind folgende Bracheformen charakteristisch:

– Halbjahresbrache (auf der Insel Ukerewe mit außerordentlich hohen Besiedlungsdichten und individuellen Besitzformen an Boden)
– sog. Cassava-Brache (3–4 Jahre) mit ausgeprägten individuellen Besitzformen (und Baumwollanbau gekoppelt)
– reguläre Brache als
  a) Dauerbrache („Idimilo", traditioneller Bodenbesitz für Weidezwecke)
  b) Lanbrache (5–30 Jahre, „Ikala")
  c) Mittel-Brache (3–5 Jahre)
  d) Kurz-Brache (1–3 Jahre).

Die Ursache der Bracheverkürzung wird von Rotenhan mit der steigenden Bevölkerungsdichte angegeben, die zu einer Herausbildung dauerhafter individueller Besitzformen geführt habe.

Auf einen solchen generellen Entwicklungsverlauf hatte bereits Hailey hingewiesen, als er schrieb: „Wo die Bedingungen gefestigter sind und der Sitz des Dorfes mehr oder weniger dauerhaft ist und wo die Kultivierung ... innerhalb eines Gebietes eingeführt ist, das niemals ganz aufgegeben wird, dort ist die Landverteilung an die Familieneinheiten klarer".[59] Und: „Die Praxis der shifting cultivation bringt keinerlei Unsicherheit in den Besitz des Gemeindegrundeigentums."[60]

Es ist abschließend hierzu zu bemerken, daß die konkreten Erscheinungsformen des Übergangs vom reinen Wanderfeldbau zu veränderten Bewirtschaftungsformen ungemein zahlreich und teilweise noch komplizierter sind als die hier dargestellten. Das gleiche trifft zu für die ver-

[57] Ebenda, S. 32f.

[58] Rotenhan, D. v., Cotton Farming in Sukumaland, Cash Cropping and its Application, in: Smallholder Farming and Smallholder Development in Tanzania, a. a. O., S. 64.

[59] Hailey, An African Survey, a. a. O., S. 831.

[60] Ebenda, S. 869.

schiedenen Übergangsformen des individuellen Bodenbesitzers. Die Modifizierungen sind sowohl bedingt durch die sehr unterschiedlichen natürlichen Bedingungen als auch durch die mannigfaltigen Formen von Stammesbeziehungen. Jedoch sind primär und als Ausgangspunkt die Veränderungen in der Produktionsweise selbst anzusehen. Das heißt, daß die einstmals im reinen Wanderfeldbau sich unmittelbar aus der Produktionsweise (aus der Art und Weise *zu produzieren*) ergebende Form des Stammeseigentums (als allgemeines und ökonomisch gesichertes gleiches Anspruchsrecht am Boden) sich zwangsläufig – und zwar ebenfalls wieder aus der spezifischen Art und Weise *zu produzieren* – verändert. Es entsteht über Generationen hinweg eine individuelle Besitzform an Boden, die aus ökonomischen Bedürfnissen entstanden ist, aus der Notwendigkeit nämlich, die Brache einzuschränken. Diese individuelle Besitzform muß dabei als die entscheidende Keimform privaten Bodeneigentums innerhalb des Dorfgemeindesystems angesehen werden. Hieraus ergeben sich wichtige Hinweise auf die historische Entstehung privaten Grundeigentums überhaupt.[61]

Wir wollen hier zunächst noch einige Faktoren anführen, die zur Ausbildung und weiteren Stabilisierung sowie zur gesellschaftlichen (und ökonomischen) Befestigung dieser Besitzform beitrugen. An erster Stelle steht hier die Vielfalt der natürlichen und klimatischen Bedingungen, die bereits in der Periode des reinen Wanderfeldbaus die traditionellen Bodenbauern zwang, bestimmte Areale des Stammesgebietes zu bevorzugen (oder zu meiden) und sogar für die gleiche Kulturart verschiedene Parzellen anzulegen, d. h. bestimmte Flächen zu fragmentieren. So schreibt Attems: „An dem einen Hang wächst der Mais am besten, wenn er zu Beginn der großen Regenzeit gebaut wird. An einem anderen Hang ist es ratsam, ihn in der kleinen Regenzeit zu bestellen, und an einem dritten Hang wiederum verdient die Zwischenregenzeit den Vorzug. Hinzu kommt, daß einige Areale genügend Regen erhalten, um Maisanbau zweimal im Jahr zu ermöglichen. Die relative Eignung der jeweiligen Parzellen ist den Bauern sehr gut bekannt ... Durch die Streuung des Anbaus auf

[61] „Die Eigentumsbegriffe können also nicht isoliert, als Phänomen für sich, m. a. W. losgelöst aus dem Zusammenhang der Kulturform, der sie angehören und von der sie einen Teil bilden, betrachtet werden ... Individuelle Differenzierung der Gemeinschaft und klares Individualitätsbewußtsein sind auch für die Anfänge des Kulturlebens anzusetzen" (Nippold, W., Die Anfänge des Eigentums bei den Naturvölkern und die Entstehung des Privateigentums, Den Haag 1954, S. 1 und 91).

verschiedenen Parzellen und die Verteilung auf verschiedene Regenzeiten erfolgt eine Sicherung gegen Produktionsrisiken. Einige Parzellen werden auch bei geringen Niederschlägen gute Erträge abwerfen. Hinzu kommt das Bemühen um eine möglichst gleichmäßige Belieferung des Haushalts mit Nahrung und eine günstige Verteilung der anfallenden Arbeit."[62]

Bei den Sukuma erfolgt eine Auswahl der Böden entsprechend der unterschiedlichen Bodentypen (der sog. Catena) für die einzelnen Fruchtarten. Über Generationen hinweg ändert sich an dieser Auswahl und der entsprechenden Fragmentierung der Bodenparzellen nichts.[63] Auch hiermit ist eine Herausbildung und Festigung individueller Besitzformen an Boden ganz ohne Zweifel verbunden, und zwar aus Gründen einer optimalen Anpassung an die Verschiedenartigkeit natürlicher Bedingungen. Der ideale Sukuma-Betrieb, so schreibt v. Rotenhan, verfügt über ein Areal, das als Block von den Hängen bis zur Talsohle reicht und somit optimale Bedingungen für die verschiedenartigen landwirtschaftlichen Kulturen (und ihre unterschiedlichen Boden- und Feuchtigkeitsansprüche) liefert.

Ähnlich äußern sich auch andere Autoren. Daraus folgt, daß aus einer über vielen Generationen herrührenden Erfahrung und *Gewohnheit* sich die Vereinigung des unmittelbaren individuellen Produzenten mit einem bestimmten Bodenstück (oder Bodenstücken) bereits abzuzeichnen begann (wie Baum zeigt, bewirtschafteten die Hehe und Ngoni selbst in der 45jährigen Rotation – d. h. nach 33 Jahren Brache! – wieder die *gleichen* Bodenstücke).[64] Hierin liegt ein äußerst rationales Verhalten, da die Eigenart und Eigenschaft des Bodenstückes – beobachtet über viele Generationen der gleichen Familien hinweg – so am effektivsten für einen maximalen Ertrag genutzt werden konnte. Wie man sieht, erfährt diese Keimform des privaten Bodeneigentums in den allerersten Anfängen ihre gesellschaftliche Befestigung nicht durch ökonomische Interessen einer *bestimmten Klasse* oder Schicht, sondern durch das ökonomische Interesse zunächst der Gemeinschaft insgesamt (d. h. genaugenommen der einzelnen Familien). Damit zeigt sich, daß der an anderer

[62] Attems, M., Bauernbetriebe in tropischen Höhenlagen Ostafrikas, a. a. O., S. 64.

[63] Rotenhan, D. v., Cotton Farming in Sukumaland, Cash Cropping and its Application, a. a. O., S. 57f.

[64] „Es ist die Regel, daß die Mitglieder des Haushalts ihre Parzellen in jedem der drei Blocks kennen und sie im regulären (45jährigen) Zyklus wieder kultivieren." (E. Baum, Land Use in the Kilombero Valley, a. a. O., S. 32).

Stelle von Marx gegebene Hinweis[65] auf die historisch-ökonomische Notwendigkeit der Zerreißung und Trennung von Eigentümer und Grundeigentum im Kapitalismus in diesem Entwicklungsstadium gewissermaßen bereits eine Vorform findet, indem nämlich die traditionelle Gemeinschaft als kollektiver Bodeneigentümer stufenweise aufgehoben wird. Dem liegt nachweislich ein ökonomischer Zwang zur Entwicklung der Produktivkräfte zugrunde, wie Marx bei der Entfaltung der kapitalistischen Produktionsweise immer wieder nachweist und woraus er letztlich die historische Notwendigkeit z. B. der kapitalistischen Produktionsweise (in ihrer progressiven Phase) erklärt.

4. *Die Problematik der Entwicklung der Produktivkräfte in der traditionellen Landwechselwirtschaft*

Die Gewinnung von „zusätzlichem" Land durch die Bracheverkürzung im Rahmen der Landwechselwirtschaft ist jedoch nur relativ und vorübergehend. Durch die Verkürzung der Regenerationszeit der Boden-

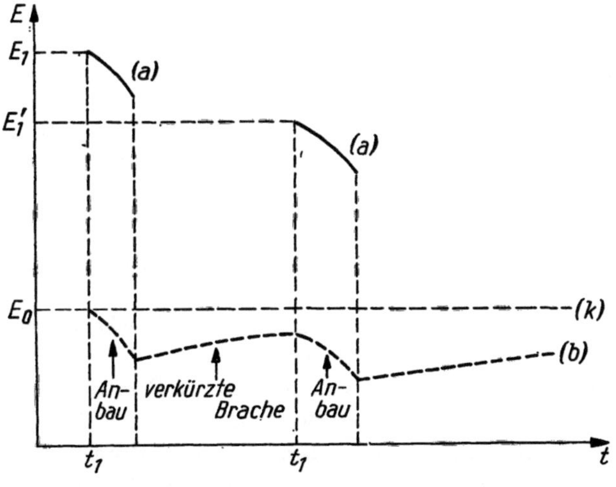

Abb. 8. Das Absinken der Flächenerträge (effektive ökonomische Fruchtbarkeit) sowie der ökonomischen Fruchtbarkeit in der traditionellen Landwechselwirtschaft (semi-permanenter Feldbau) E = Ertrag

65 Vgl. S. 83, Fußnote

fruchtbarkeit wird letztere nicht mehr voll wiederhergestellt, d. h., die erzielbaren Flächenerträge (die effektive ökonomische Bodenfruchtbarkeit) sinken ab. Insgesamt, über einen längeren Zeitraum gesehen, kann in einer Reihe von Fällen nur dadurch mehr produziert werden, daß die sinkenden Flächenerträge durch eine höhere Zahl von Ernten mehr als kompensiert werden. Aus der Sicht der absoluten Produktionssteigerung ergibt sich hier zwar erkennbar eine aufsteigende Entwicklung, jedoch kann man nur mit großem Vorbehalt von einer Entwicklung der Produktivkräfte sprechen. Schon gar nicht handelt es sich um eine Erweiterung der materiell-technischen Basis der traditionellen Produktionsweise oder gar um eine Form der Intensivierung, wie die bürgerlichen Agrarökonomen unterstellen. Tatsache ist, daß die Landwechselwirtschaft in der Regel nur eine besondere Form des Raubbaus an natürlicher Bodenfruchtbarkeit, d. h. an natürlichen Ressourcen bedeutet und damit in Verbindung auch beträchtliche physische Mehrleistungen der traditionellen Produzenten erforderlich macht. Ruthenberg schreibt daher völlig zu Recht: „Soweit es an Boden fehlt, sei es, weil die Bevölkerung zugenommen hat, oder weil der Anbau für den Verkauf zusätzliche Flächen beansprucht, kommt es zu der Verkürzung der Brachperiode und zugleich zur Überbeanspruchung der Böden. Wanderfeldbau, der bei genügender Länge der Brache als ‚balanced exploitation‘ bezeichnet werden kann, geht in ‚soil mining‘ über ... Die Bodenertragsfähigkeit nimmt ab ... Die Versuche zur Intensivierung des Wanderfeldbaus enden normalerweise nach wenigen Jahren mit einem drastischen Ertragsabfall. Im wechselfeuchten und halbtrockenen Klima bzw. auf guten Böden ist es dagegen durchaus nicht selten, daß die Ausdehnung des Anbaus auf Kosten der Brache trotz sinkender Hektarerträge steigende Gesamterträge bringt ...“[66]

Diese Steigerung der Produktion auf der Basis sinkender Flächenerträge läßt sich schematisch wie folgt darstellen (s. Abb. 9).

Dabei ist erkennbar, daß in einem Zeitraum, der der *Gesamt*rotation des reinen Wanderfeldbaus entspricht, nach Brachverkürzung im Rahmen der Landwechselwirtschaft sowohl die Flächenerträge absinken als auch gleichzeitig die Gesamtproduktionsergebnisse steigen. Nehmen wir ein Beispiel: Die Gesamtrotation des reinen Wanderfeldbaus sei 18 Jahre

[66] Ruthenberg, H., Probleme des Übergangs vom Wanderfeldbau und semipermanenten Feldbau zum permanenten Trockenfeldbau in Afrika südlich der Sahara, in: Agrarwirtschaft, Hannover, Jahrg. 14, Nr. 1/1965, S. 27,28.

(3 Jahre Anbau, 15 Jahre Brache). Durch Brachverkürzung auf 3 Jahre sinken die durchschnittlich im 3jährigen Anbauzyklus erzielbaren Gesamterträge von 100 auf 50 ab. Dann stehen den drastisch geminderten Flächenerträgen deutlich gesteigerte Gesamterträge gegenüber, nämlich: 100 Einheiten in 18 Jahren Gesamtrotation des reinen Wanderfeldbaus stehen 150 Einheiten in der Landwechselwirtschaft (in 18 Jahren

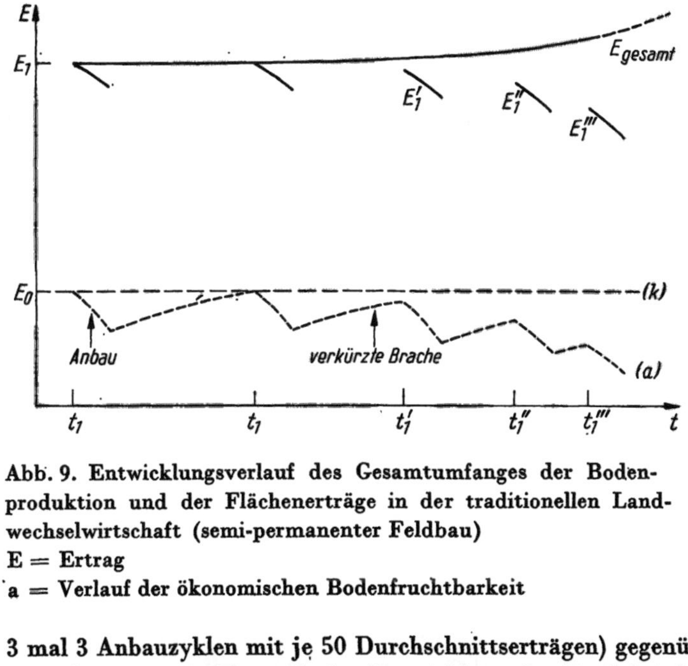

Abb. 9. Entwicklungsverlauf des Gesamtumfanges der Bodenproduktion und der Flächenerträge in der traditionellen Landwechselwirtschaft (semi-permanenter Feldbau)
E = Ertrag
a = Verlauf der ökonomischen Bodenfruchtbarkeit

3 mal 3 Anbauzyklen mit je 50 Durchschnittserträgen) gegenüber. Hierin liegt die ganze Problematik der Entwicklung der Produktivkräfte unter traditionellen Bedingungen (d. h. allgemeiner gesprochen unter Bedingungen, wo Wissenschaft und Industrie – z. B. der geregelte Nährstoffersatz der Böden – fehlen), eine Erscheinung, die sich auch in einer rasch wachsenden Bodenerschöpfung im europäischen Mittelalter zeigte, wo die beiden erwähnten Faktoren in der Agrikultur fehlten.

Im Grunde handelt es sich also bei der reinen Bracheverkürzung nicht um eine Form der Entwicklung der Produktivkräfte, sondern um eine Form reiner Exploitation einer natürlichen Ressource, die in dieser Form letztlich zu ihrer Zerstörung und damit zu einer eingeschränkten ökonomischen Reproduktion führt. Es ist jedoch so – und die Tatsachen in der vorkolonialen Periode beweisen dies deutlich –, daß die traditionellen Ackerbauern mit ihren Kenntnissen und Mitteln Methoden erfinden, um dieser Verminderung der effektiven ökonomischen Bodenfruchtbarkeit und der Zerstörung ihres wichtigsten Produktionsmittels Boden durch Erosionsprozesse zu begegnen. Diese Möglichkeiten sind außerordentlich und auch prinzipiell begrenzt; in einer Reihe von Fällen (auf nährstoffarmen und zur Panzerbildung neigenden Böden z. B.) schlagen ihre Versuche sogar fehl. Es kommt zu Hungerkatastrophen (die verkürzt gebrachten Flächen sind weitaus anfälliger gegen Niederschlagsschwankungen), zu notwendigen Abwanderungen der Stämme usw. Jedoch sind die deutlich ausgeprägten und verschiedentlich beachtlichen Versuche zur Erhaltung (d. h. zur ökonomischen Reproduktion) der Bodenfruchtbarkeit im Rahmen der traditionellen Landwechselwirtschaft von prinzipieller Bedeutung. Diese Versuche zeigen deutlich, daß, wie in jeder

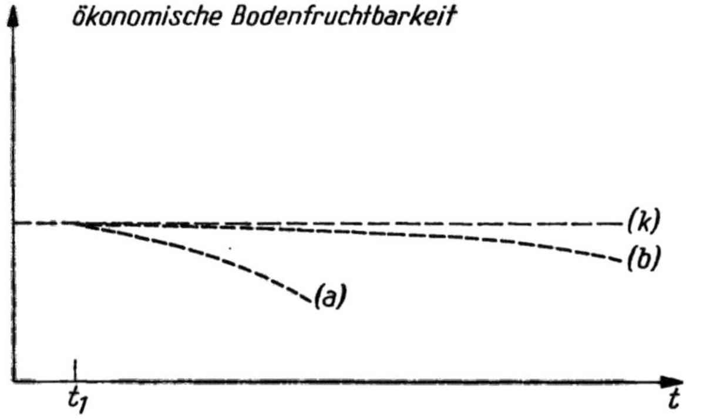

Abb. 10. Entwicklungsverlauf der ökonomischen Bodenfruchtbarkeit in der traditionellen Landwechselwirtschaft ohne (a) und mit (b) einfachen fruchtbarkeitserhaltenden Maßnahmen.

anderen Formation, im Schoße der alten Produktionsweise Elemente heranreifen, die über das bestehende System hinausreichen. Die Entwicklung der Produktivkräfte in Form einer ökonomischen Reproduktion der Bodenfruchtbarkeit erfordert die Überwindung des traditionellen Gemeindegrundeigentums. Gerade hier liegt daher auch der Angelpunkt zum Verständnis notwendiger Maßnahmen und Anknüpfungspunkte der national-revolutionären Kräfte im heutigen Tansania.[67]

[67] Vgl. Kapitel III, S. 255ff.

Die bereits mehr oder weniger ausgeprägte individuelle Besitzform an Boden liefert daher in der vorkolonialen Periode die notwendige gesellschaftliche Form, innerhalb der eine solche Entwicklung der agraren Produktivkräfte – und genau darum handelt es sich – ermöglicht und erforderlich wird. Das ist der springende Punkt zugleich zum Verständnis des Mechanismus zwischen Produktivkräften und Produktionsverhältnissen im Dorfgemeindesystem, der die potentielle Möglichkeit zur fortschreitenden Auflösung und Zersetzung dieses Systems liefert. Die bürgerliche Wissenschaft will in der materiellen Not (Defizit an Lebensmitteln einer wachsenden Bevölkerungszahl) unmittelbar den Hebel zur Entwicklung der agraren Produktivkräfte sehen. Es ist jedoch unverkennbar, daß dabei das entscheidende vermittelnde Glied – die vorausgehende oder doch zumindest die sie begleitende – Veränderung der gentilen gesellschaftlichen Beziehungen, insbesondere der Eigentumsbeziehungen, übersehen wird. Ohne Ausprägung der individuellen (und nachfolgend raschen Herausbildung der privaten) Besitzform an Boden gibt es keine nennenswerte Entwicklung der agraren Produktivkräfte im Dorfgemeindesystem (eine andere Form ist die von Marx ebenfalls im Zusammenhang mit der asiatischen Produktionsweise genannte „despotische" Form. Hier spielt jedoch der Überbau in Form einer despotischen Herrschaft die entscheidende Rolle. Hierauf wird hier nicht weiter eingegangen).

Wir wollen auch dazu zunächst einige Beispiele bringen. Baum faßt die Ergebnisse seiner Untersuchungen im Gebiet der Kilombero valley dahingehend zusammen, daß erst mit dem Übergang zu veränderten Formen der Landnutzung (semi-permanente und permanente Nutzung) und damit zu veränderten Besitzformen (!) die Einführung von Neuerungen (innovations) möglich wird. Er zählt hierzu wachsende Aufwendungen in Form von lebendiger Arbeit auf die den Boden verbessernde Bearbeitung (Dammkultur), den Anbau von Dauerkulturen sowie bereits die Anwendung von Chemikalien und Mineraldünger (in der Kolonialperiode).[68] Und ferner: „Die Intensivierung des Rotationszyklus und die Tendenz zum stationären Leben bewirken eine Veränderung des Farmsystems (farm pattern). Die stationäre Hofstelle ist mit einem dauerhaften Garten verbunden, wo mehr und mehr Bohnen, Mais, Süßkartoffeln, Cassava und Obstbäume gepflanzt werden ... Wenn semi-permanenter oder gar permanenter Anbau praktiziert wird, wird der landwirtschaft-

[68] Baum, E., Land Use in the Kilombero Valley, a. a. O., S. 36.

liche Fortschritt rascher eingeführt. Neue Kulturen werden angebaut..."[69]

Ähnliches wird für die Chagga angegeben[70], wo das Vorhandensein befestigter individueller (und z. T. bereits privater) Bodenbesitzformen eine unabdingbare Voraussetzung für die Anlage und Unterhaltung des Bewässerungssystems spielt. Auch die Viehhaltung auf den durchschnittlich geringen Bodenflächen, die hauptsächlich zur Düngererzeugung erfolgt, ist nur verständlich auf der Grundlage individueller Besitzformen, da der beträchtliche Mehraufwand zur Futterversorgung der Tiere nur lohnt, wenn der Dünger auch dem Tierhalter, d. h. also auf einer nur ihm gehörenden Fläche, zur Wirksamkeit gebracht werden kann.

Ludwig[71] zeigt an Hand einer ganzen Reihe beachtlicher Fortschritte in der Anbautechnik (regelrechte Fruchtfolgen, erosionsabweisende Maßnahmen, Integration der Viehwirtschaft in den Ackerbau, Anbau von Leguminosen zur Gründüngung usw.[72], daß mit veränderten Bodeneigentumsformen solche Veränderungen im Entwicklungsstand der traditionellen agraren Produktivkräfte möglich wurden. Ausgangspunkt war auch hier das Ansteigen der Bevölkerungsdichten. Auch Hailey weist auf diese Zusammenhänge hin.[73] Die aufgeführten Beispiele ließen sich für das Gebiet des heutigen Tansania beliebig fortsetzen.

Wir erkennen damit einen engen und untrennbaren Zusammenhang zwischen dem jeweils möglichen Entwicklungsstand agrarer Produktivkräfte und den gegebenen traditionellen gesellschaftlichen Verhältnissen, die recht deutlich gesetzmäßigen Charakter tragen. Allerdings – darauf wurde bereits an anderer Stelle hingewiesen – trägt diese Gesetzmäßigkeit wie bei allen gesellschaftlichen Erscheinungen keinen ausschließlichen Charakter, d. h. es existieren gleichzeitig und nebeneinander (oft auch miteinander verflochten) bereits neue und noch alte Formen ackerbaulicher Nutzung und alter Techniken (eine Erscheinung, die auch in hochentwickelten Gesellschaften nicht unbekannt ist).

[69] Ebenda, S. 35.

[70] Brewin, D. R., Kilimanjaro Agriculture, in: Tanganjika Notes and Records, Nr. 64/1965, S. 116. Vgl. hierzu auch: Clemm, M. v., Agricultural Productivity and Sentiment on Kilimanjaro, in: Economic Botany, Bd. 18, Nr. 2/1964, S. 118.

[71] Ludwig, H. D., Ukara – Ein Sonderfall tropischer Bodennutzung im Raum des Victoria-Sees, Afrika-Studie Nr. 22, Ifo-Institut München, München 1967, vgl. S. 186ff. der Arbeit.

[72] Ebenda, S. 208–217.

[73] Hailey, An African Survey, a. a. O., S. 961, 842f.

Abschließend sei noch auf einen weiteren nicht unwesentlichen Umstand aufmerksam gemacht, der den eingangs angeführten gleichen Anspruch jedes Stammesgenossen auf Gemeindeboden durch ökonomische Gründe in ökonomische und gesellschaftliche Ungleichheit verwandelt. Die mit der zunehmenden Landverknappung einsetzende individuelle Aufteilung des Bodenfonds der Gemeinde führt infolge der sehr unterschiedlichen Bodenqualitäten und verschiedener Mikroklimate zur unterschiedlichen *qualitativen* Bodenausstattung der einzelnen Familien. Sobald daher mit dem Eindringen von Marktbeziehungen (z. B. von cash crops) diese unterschiedlichen natürlichen Bodenfruchtbarkeiten ökonomisch verwertbar gemacht werden können, tritt hier in Form einer Differentialrente eine akzelerierende Wirkung im Hinblick auf die Reichtumsdifferenzierung innerhalb der Stammesmitglieder ein (das gleiche trifft für günstig gelegene Gebietsteile zu, wo sich Lagerenten ergeben, bzw. wie bei den Chagga im Kihamba-Gürtel, Möglichkeiten zur ökonomischen Verwertung natürlicher Bewässerungsmöglichkeiten, was ebenfalls zu einer raschen Vermögensdifferenzierung beiträgt usw.).
Es erweist sich dabei als zweckmäßig, den eigentümlichen Zusammenhang zwischen den einzelnen Elementen des Produktionsprozesses, d. h. den Wechselwirkungsmechanismus zwischen Produktivkräften und Produktionsverhältnissen, sich noch einmal schematisch vor Augen zu führen (vgl. Abb. 11 auf S. 142).

Zunächst werden aus der getrennten Darstellung der natürlichen und der gesellschaftlichen Seite des Produktionsprozesses die jeweiligen hauptsächlichen Faktoren und Elemente deutlich. Durch die gezeichnete Ein- und Rückwirkung innerhalb dieser verschiedenen Faktoren und Elemente ist erkennbar, daß sie in einem ständigen untrennbaren und wechselseitigen Zusammenhang stehen, sich gegenseitig beeinflussen und bedingen. Die Produktivkräfte z. B. wirken auf die Naturbedingungen ein, werden von diesen aber wiederum rückwirkend beeinflußt und wirken ihrerseits auf die Wirtschaftsform usw. Von letzterer gehen wiederum entscheidende Impulse aus auf die Produktivkräfte, die Naturbedingungen sowie die (positive und negative) ökonomische Fruchtbarkeit. Die ökonomische Fruchtbarkeit ist dabei besonders hervorgehoben als hauptsächliches Ergebnis der Wechselwirkung zwischen Produktivkräften und Naturbedingungen. Es wird aber auch deutlich, daß z. B. die Wirtschaftsform darauf Einfluß nimmt, d. h. die gesellschaftliche Seite des Produktionsprozesses. Es ist deutlich unterschieden zwischen der natürlichen Fruchtbarkeit als Naturbedingung und der ökonomischen Fruchtbar-

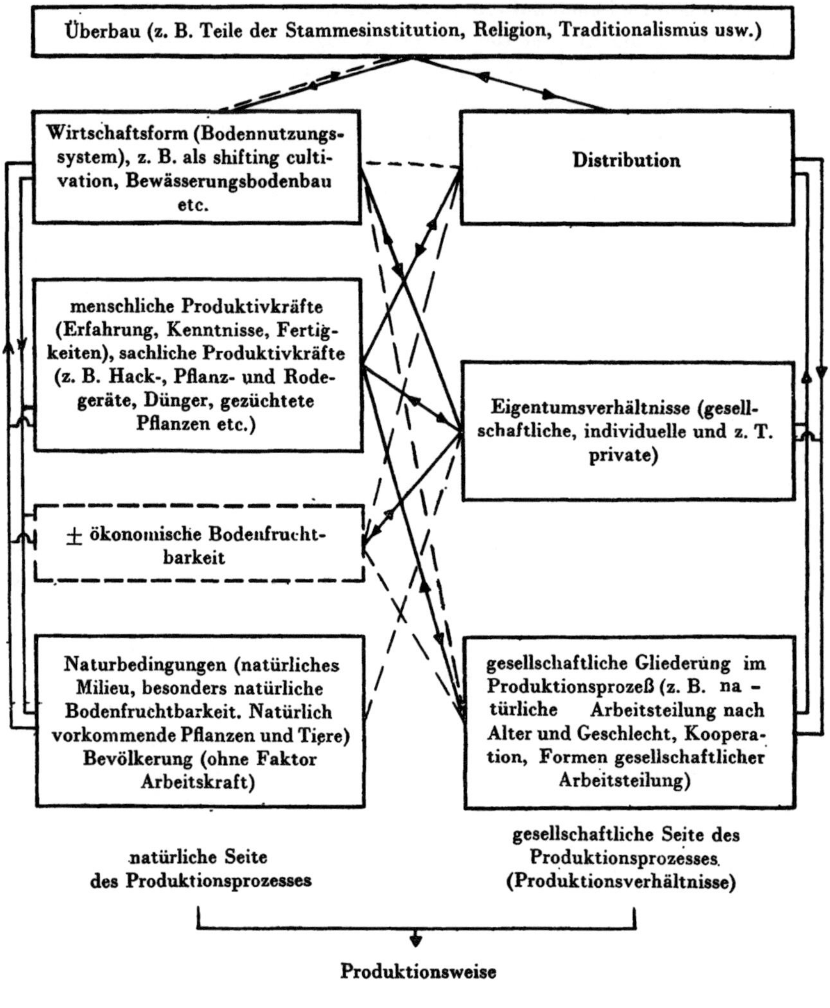

Abb. 11. Schema des Zusammenwirkens der einzelnen Elemente in der Produktionsweise traditioneller ackerbautreibender Gesellschaften Tanganjikas

keit als Ergebnis der Wechselwirkung verschiedener Elemente des Produktionsprozesses und der Produktionsweise insgesamt.

Ähnlich wie bei der natürlichen Seite des Produktionsprozesses können die Zusammenhänge der Faktoren und Elemente der gesellschaftlichen Seite interpretiert werden.

Zwischen der natürlichen und der gesellschaftlichen Seite des Produktionsprozesses gibt es nun ebenfalls enge Wechselwirkungen, die allerdings nicht alle Faktoren und Elemente der natürlichen und der gesellschaftlichen Seite und auch die jeweils betroffenen Faktoren und Elemente nicht in gleichem Maße betreffen. Die unmittelbaren Beziehungen sind durch durchgehende Linien, die mittelbaren Einflüsse durch gebrochene Linien angedeutet. Die nicht verbundenen Faktoren und Elemente treten nur über andere miteinander in Beziehung. Nur die dargestellten Faktoren und Elemente in ihrer Gesamtheit und in ihrem wechselseitigen Aufeinanderwirken bilden die jeweilige Produktionsweise der traditionellen Gesellschaft. Dabei ist sehr gut erkennbar, daß die Veränderung eines Faktors oder Elementes notwendige Veränderungen im Gesamtsystem zur Folge hat, natürlich in dem Umfange vor allem, wie er (es) unmittelbare Wirkungen auf andere Faktoren und Elemente ausübt. Verändern sich beispielsweise durch Berühren mit einer anderen Kultur die ackerbaulichen Kenntnisse (bestimmte Anbautechniken und dazu verwendete Werkzeuge) oder aber, wie es zur Kolonialzeit der Fall ist, werden völlig neue Kulturpflanzen, verbunden mit der entsprechenden Anbautechnik, eingeführt, so kann es zu neuen Wirtschaftsformen und zu einer Veränderung der ökonomischen Fruchtbarkeit kommen. Hiervon werden über eine mögliche Steigerung der menschlichen Produktivkraft letztlich die Eigentumsverhältnisse berührt, die ihrerseits (über eine Reihe von Zwischenstufen) wieder auf die Wirtschaftsform, die Produktivkräfte usw. zurückwirken. Damit wird die Komplexität solcher Abläufe deutlich, und es zeigt sich, daß man *alle* diese Momente im Auge behalten muß, wenn man die Veränderungen in dieser traditionellen Produktionsweise verfolgen will.

Von besonderer Bedeutung ist dabei auch die Rolle des Überbaus. Im einzelnen wird dazu in einem späteren Abschnitt (S. 289f.) einiges zu sagen sein. Es berechtigt dies dazu, eine direkte Verbindung nicht nur zwischen Überbau und den Produktionsverhältnissen herzustellen, sondern auch die unmittelbare Einflußnahme des Überbaus auf die natürliche Seite des Produktionsprozesses und damit auf die Produktionsweise insgesamt sichtbar zu zeigen. Die traditionellen Formen der Bodennutzung in Ostafrika sind eben nicht nur durch die Eigentumsverhältnisse und den Stand der Produktivkräfte bedingt, sondern eine große Rolle spielen hierbei Traditionalismus und z. B. Religion, die es dem einzelnen unmöglich machen, aus der traditionellen Ordnung auszubrechen. Hieran zeigt sich sehr deutlich die aktive Rolle des Überbaus zur Erhaltung der gegebenen Produktionsweise insgesamt, besonders der bestimmten rationalen Form der ackerbaulichen Nutzung, die uns hier besonders interessiert.

Um die spezifische Wechselwirkung zwischen ackerbaulichem Nutzungssystem, *Bevölkerungsdichte* und Eigentumsformen innerhalb der traditionellen Produktionsweise noch einmal sichtbar zu machen, wird die Abbildung 12 gebracht.

Sie zeigt besonders, daß es nicht das Bevölkerungswachstum schlechthin ist, wie die bürgerliche Wissenschaft behauptet, das zu einer Veränderung der ackerbaulichen Nutzungssysteme führt. Es ist ganz im Gegenteil ein komplizierter und komplexer sozialer Mechanismus – in dessen Mittelpunkt die Entwicklung der Eigentumsformen steht – der durch ein steigendes Bevölkerungswachstum in Gang gesetzt wird. Die Bedeutung des Bevölkerungswachstums für die Entwicklung der ackerbaulichen Nutzungsformen wird so in den gegebenen Zusammenhang mit der Produktionsweise insgesamt gebracht, denn letztlich ist auch das Bevölkerungswachstum wiederum durch diese Produktionsweise, durch den gegebenen Stand der Produktivkräfte determiniert.

Das Schema zeigt auch die Rolle der materiell-technischen Basis (und hier besonders der ackerbaulichen Nutzungssysteme). Ohne ihre Veränderung, der in der Regel eine Veränderung der Eigentumsverhältnisse vorausgehen muß, wäre die ansteigende Bevölkerungszahl nicht ernährbar, d. h., es käme zu einer Katastrophe. Die Lösung des Widerspruchs liegt jeweils in der Entwicklung der Produktivkräfte, wobei das Schwergewicht auf der Entwicklung der menschlichen Produktivkraft und der nichtmateriellen Seite der Technik liegt.

Dabei kann sich die Entwicklung der Produktivkräfte jeweils nur eine bestimmte Zeit als Evolution vollziehen, d. h. im Rahmen des bestehenden traditionellen Systems und seiner Basis, des Gemeindegrundeigentums. Hier sind sehr bald auch qualitative Veränderungen in den sozialen Beziehungen, besonders wiederum in den Bodeneigentumsformen, erforderlich, wenn die Entwicklung der Produktivkräfte nicht nachhaltig gebremst werden soll.

Die bisherige Darlegungen haben deutlich einen ganz bestimmten gesetzmäßigen Zusammenhang zwischen der Entwicklung der agraren

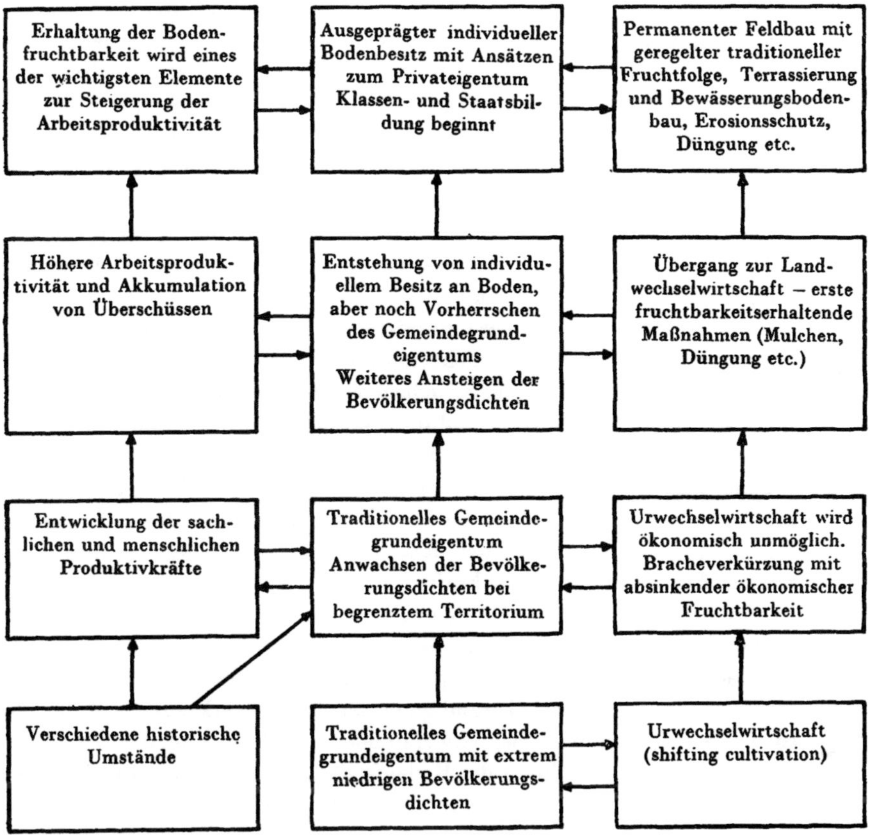

Abb. 12. Schematische Darstellung des Zusammenhanges zwischen Bevölkerungsentwicklung, Eigentumsformen und ackerbaulichen Nutzungssystemen beim Übergang vom reinen Wanderfeldbau zu neuen Elementen ackerbaulicher Nutzungssysteme traditioneller ackerbautreibender Gesellschaften Tanganjikas (Anmerkung: Die ackerbaulichen Nutzungssysteme bilden sowohl wichtige Faktoren wie auch Erscheinungsformen der Entwicklung der Produktivkräfte)

Produktivkräfte und der jeweiligen Entwicklungsstufe der traditionellen gesellschaftlichen Verhältnisse deutlich werden lassen. Es scheint daher zwingend, bei Untersuchungen der shifting cultivation diese Entwicklungsstufen, die zugleich ganz bestimmte Entwicklungsstufen auch der Produktivkräfte widerspiegeln, deutlich hervorzuheben. Dies hat nicht nur prinzipielle methodologische Bedeutung, sondern ist auch die notwendige Voraussetzung zur Beurteilung des konkreten Entwicklungsstandes traditioneller Ackerbaugesellschaften und entsprechender Maßnahmen, die in der Gegenwart durch die national-revolutionären Führungskräfte zu treffen sind.

Zwar stellt auch die neuere marxistische Literatur den Wanderfeldbau (shifting cultivation) meist nicht undifferenziert dar und berücksichtigt eine Evolution dieses Systems, jedoch werden der spezifisch gesellschaftliche Wirkungsmechanismus und die qualitativen Sprünge in den sozialen Beziehungen nur ungenügend deutlich. So heißt es z. B.:

„Die Umlagewirtschaft kann sich natürlich nicht über Jahrhunderte hinweg unverändert erhalten. Sie hat allgemein die Tendenz zur Evolution, indem progressive Formen der ackerbaulichen Wirtschaft an ihre Stelle treten. Als wichtigste Triebkräfte dieser Evolution treten auf die Anhäufung wirtschaftlicher Erfahrungen sowie das Wissen der ackerbautreibenden Völker, Veränderungen in der Ökonomik (z. B. Prozesse, die mit der Entwicklung der Warenproduktion verbunden sind), die Klassendifferenzierung, die Vervollständigung der Arbeitswerkzeuge und der Methoden des Ackerbaus, besonders Methoden der Erhaltung, der Wiederherstellung und der Erhöhung der Bodenfruchtbarkeit, die Übernahme wirtschaftlicher Erfahrungen anderer Völker, das Wachstum der Bevölkerung sowie der Siedlungsdichte der landwirtschaftlichen Bevölkerung.“[74]

Eine solch reine Aufzählung recht unterschiedlicher Faktoren macht zwar die Vielfalt der zu berücksichtigenden Probleme deutlich, gibt jedoch noch keinen Hinweis auf die bestimmenden Gesetzmäßigkeiten dieser Evolution. Gerade hierauf kommt es jedoch insbesondere bei der Untersuchung der Wechselwirkung zwischen Produktivkräften und Produktionsverhältnissen an. Durch weitere spezielle Arbeiten wäre es auch erforderlich, das Verhältnis von Evolution und bestimmten qualitativen Veränderungen im Rahmen der traditionellen Produktionsweise weiter zu erforschen.

[74] Potechin, I. I. (otveč. red.), Agrarnyj vopros i krest'janstvo tropičeskoj Afrike, Moskau 1964, S. 69.

5. *Allgemeine Schlußfolgerungen*

a) Für die vorkoloniale Periode ist für die ackerbautreibenden Stämme im Gebiet Tanganyikas einerseits eine im einzelnen recht unterschiedliche gesellschaftliche und ökonomische Differenzierung charakteristisch, jedoch konnte die im Auflösungsstadium begriffene urgemeinschaftliche Ordnung in keinem Falle überwunden werden. Das Gemeindegrundeigentum blieb im wesentlichen erhalten und damit auch im überwiegenden Maße das dieser Eigentumsform entsprechende ackerbauliche Nutzungssystem des Wanderfeldbaus (shifting cultivation).

Es setzt das Gemeindegrundeigentum als die noch beherrschende Form in der Produktionsweise voraus. Die spezifischen Formen des Wanderfeldbaus sind weitgehend durch die jeweiligen natürlichen Bedingungen bestimmt (z. B. ist die Urwechselwirtschaft mit Brandrodung an die tropische Waldzone bzw. die Savannenzone mit starkem Baumbestand – Miombo – gebunden usw.). Auch muß man davon ausgehen, daß die erschwerenden Bedingungen für die ackerbauliche Nutzung der meisten tropischen Böden, die oft zu einem raschen Fruchtbarkeitsverfall bei traditioneller Bewirtschaftung führen, die besonders krassen Formen des Wanderfeldbaus (mit häufigem und weitläufigem Wechsel) verursachen. Jedoch kennt auch die europäische Agrargeschichte, d. h. das gemäßigte Klima, die Urwechselwirtschaft.[75] Daher handelt es sich offensichtlich bei der Urwechselwirtschaft um eine historische Erscheinung, die an eine bestimmte allgemeine Stufe der Entwicklung der Produktivkräfte und Produktionsverhältnisse gebunden ist und die die noch große Natur-

[75] „Bei der Dürftigkeit des Ackerbaus wurde der Platz der Ansiedlung innerhalb des Gaues, um frischen, ertragreichen Boden zu bestellen, öfter gewechselt. Das deutsche Recht rechnete noch später das Haus nicht zur unbeweglichen Habe“ (Mehring, F., Deutsche Geschichte vom Ausgang des Mittelalters, Berlin 1947, S. 5).

Vgl. hierzu auch: Otto, K.-H., Deutschland in der Epoche der Urgesellschaft, Berlin 1961. „Die landwirtschaftliche Produktion führte damals noch nicht zur völligen Seßhaftigkeit im heutigen Sinne ... Nach einer Reihe von Jahren mußte das Anbaugebiet gewechselt und meist wohl auch die Siedlung verlassen werden.“ (Ebenda, S. 34) Ähnlich äußert sich auch Abel zur Geschichte der Bodennutzungssysteme auf deutschem Gebiet (Abel, W., Geschichte der deutschen Landwirtschaft vom frühen Mittelalter bis zum 19. Jahrhundert, in: Deutsche Agrargeschichte, Bd. II, Hrsg. G. Franz, Stuttgart 1967, S. 216ff.).

abhängigkeit des ackerbautreibenden Menschen zum Ausdruck bringt, sein Unvermögen, eine Naturkraft anders als im Wege ihrer passiven Nutzung für sich verwertbar zu machen. Die jeweiligen natürlichen Bedingungen modifizieren lediglich ihre Erscheinungsformen.

Unter diesen Umständen ist es verständlich, daß die zwischen die ackerbauliche Nutzung eingeschobenen Brachen eine unabdingbare Voraussetzung und einen Bestandteil dieses ackerbaulichen Nutzungssystems sowie der Produktionsweise insgesamt bilden. Der ökonomische Reproduktionsprozeß bedarf hier der Mitwirkung der Natur in der ursprünglichsten und rohesten Form in Gestalt einer nahezu völlig natürlich regenerierenden Bodenfruchtbarkeit. Dieser Naturprozeß mit all seinen Zufälligkeiten ist notwendiger Bestandteil dieser Produktionsweise, wodurch sich auch ihre große Naturabhängigkeit erklärt.

Es ist dies für den gegebenen Stand der Produktivkräfte zugleich aber auch das rationellste (und zugleich einzig mögliche) ackerbauliche Verfahren und garantiert – wenn nicht bestimmte äußere Faktoren wirksam werden – über einen sehr langen Zeitraum hinweg die Existenz eben dieser Produktionsweise.

b) Aus einer solchen historisch-konkreten Betrachtung des Wanderfeldbaus ergibt sich allein auch seine richtige Bewertung im Hinblick auf die Entwicklung der agraren Produktivkräfte. Er darf weder überbewertet werden (als die allein mögliche Form der Bewirtschaftung tropischer Böden), noch darf man seine nützlichen Erfahrungen unbeachtet lassen (diese generell als primitiv und rückständig ablehnen und schlagartig durch moderne Methoden ersetzen wollen). Hierauf wird ausführlicher in Kapitel III (S. 257f.) eingegangen.

c) Sobald die Bevölkerungsdichten infolge Erschöpfung der Landreserven ansteigen, entsteht ein Druck auf das bebauungsfähige Land, d. h., das gegebene ackerbauliche Nutzungssystem – der Wanderfeldbau – erweist sich als unfähig, diese wachsende Bevölkerungsmenge zu ernähren. Oder, man kann es auch anders ausdrücken, die materiell-technische Basis erweist sich als zu gering, es entsteht der Zwang zu einer neuen Form der Entwicklung der Produktivkräfte.[76] Es ist dies jedoch nur über einen Mechanismus möglich, der gleichzeitig schrittweise zur Aushöhlung des Gemeindegrundeigentums führt, ohne daß im Gebiet Tanganyikas an seine Stelle jedoch dominierend eine andere

[76] Die bisherige extensive Form durch Anbauausweitung ist durch Erschöpfung der Landreserven unmöglich geworden.

Eigentumsform tritt, die eine neue Produktionsweise begründen könnte. Das einst mit dem urgemeinschaftlichen Eigentum verbundene institutionelle und ideologische traditionelle System bleibt jedoch größtenteils erhalten und konserviert die alte Produktionsweise. Gerade hieraus entwickeln sich entscheidende Hemmnisse für eine weitere Entwicklung der agraren Produktivkräfte. Der von der wachsenden Bevölkerungsdichte ausgehende ökonomische Zwang zur Entfaltung der Produktivkräfte reicht dabei zur Überwindung der traditionellen Produktionsweise allein noch nicht aus. Die traditionellen Bodenbauern kehren z. B. meist wieder zu primitiven ackerbaulichen Nutzungssystemen zurück, sobald (wie es oft durch Seuchen, Stammeskriege etc. geschah) die Bevölkerungsdichten wieder geringer wurden. Es war vor allem auch nicht möglich, ein bereits fortgeschritteneres ackerbauliches Nutzungssystem im Rahmen der traditionellen Produktionsweise auf andere Gebiete zu übertragen[77], sofern hier nicht eine ähnliche Zwangslage durch wachsende Bevölkerungsdichten oder ökonomisch befestigte individuelle Besitzformen entstanden waren.

d) Die neue Form der Entwicklung der Produktivkräfte in Gestalt der Landwechselwirtschaft (semi-permanenter Feldbau) stellt im Grunde bestenfalls eine extensive Form der erweiterten Reproduktion dar, soweit günstige natürliche Bedingungen (vor allem hoher Nährstoffgehalt der Böden) vorliegen. In der Regel jedoch handelt es sich um eine Form reiner Bodenausbeutung, die auf längere Sicht nicht einmal mehr eine einfache Reproduktion ermöglicht.

e) Die im Schoße der traditionellen Produktionsweise dabei entstehenden Elemente neuer ackerbaulicher Nutzungssysteme, die die Erhaltung der Bodenfruchtbarkeit, vor allem aber die Verhinderung der Bodenerosion als Folge länger dauernder, auf reine Exploitation des Bodens gerichteter Nutzung zum Ziel haben, stellen noch Ausnahmen dar. Dabei zeigt sich, daß das Gemeindegrundeigentum zum entscheidenden Hemmnis für die Entwicklung der agraren Produktivkräfte wird. Es entstehen ausgeprägte Formen des individuellen Bodenbesitzes mit Übergängen zum Privateigentum, die diese Elemente neuer ackerbaulicher Nutzungssysteme ermöglichen. Es gibt also deutlich Unterschiede und eine Entwicklung

77 „Allerdings wird von allen diesen Sonderfällen (intensiver Landbaumethoden unter traditionellen Bedingungen — D. G.) berichtet, daß das System nicht übertragbar ist und weder der Erhöhung der Einkommen noch der des Lebensstandards dient" (Ludwig, H. D., Ukara, Ein Sonderfall tropischer Bodennutzung im Raum des Victoria-Sees, a. a. O., S. 25).

innerhalb des Wanderfeldbaus, die Behandlung der shifting cultivation in undifferenzierter Form ist also ungenau und wenig aussagekräftig. Hieraus ist auch ersichtlich, daß es nicht in erster Linie objektive Bodeneigenschaften sind, die zu einer unterschiedlichen Ausbildung von ackerbaulichen Nutzungssystemen und damit zu einem unterschiedlichen Entwicklungsstand der Produktivkräfte und der materiell-technischen Basis der traditionellen Ackerbaugesellschaften Ostafrikas führen.

f) Die Versuche vor allem bürgerlicher Autoren[78], in den objektiven Eigenschaften tropischer Böden letztendlich die Ursache für die relative ökonomische und damit historische Stagnation der traditionellen ackerbautreibenden Gesellschaft sehen zu wollen, stellen eine unzulässige Überbewertung der natürlichen Seite des Produktionsprozesses und eine Unterschätzung seiner gesellschaftlichen Bedingungen dar. Die traditionelle Gesellschaft entwickelt verschiedentlich durchaus wirksame Maßnahmen zur *Erhaltung* der Bodenfruchtbarkeit. Eine Reihe moderne Versuche zeigen darüber hinaus, daß auch tropische Böden in ihrer Fruchtbarkeit – mittels Düngung, Bewässerung und geeigneter Pflanzen – in ihrer Fruchtbarkeit steigerungsfähig sind. Im einen wie im anderen Falle sind jedoch hierzu bestimmte Voraussetzungen im Bereich der Produktivkräfte und vor allem der Produktionsverhältnisse erforderlich, die in der traditionellen Produktionsweise noch nicht oder nur sehr bedingt gegeben sind. Daher gilt auch für die tropischen Böden die allgemeine Schlußfolgerung, daß die Verwandlung der Naturkraft Bodenfruchtbarkeit in eine produktive Kraft zur Steigerung der Flächenproduktivität und der menschlichen Produktivkraft vor allem an den Stand der gesellschaftlichen Bedingungen der Produktion (als Einheit von Produktivkräften und Produktionsverhältnissen) gebunden ist.

g) Besonders günstige Naturbedingungen z. B. der Bodenfruchtbarkeit, wie wir sie verschiedentlich in Tanganyika in Gestalt junger vulkanischer

[78] Beispielsweise behauptet de Schlippe, daß die Eigenart der tropischen Böden dafür verantwortlich zeichne, wenn die darauf ansässigen traditionellen Gesellschaften nicht in der Lage seien, auf Grund der rasch absinkenden Fruchtbarkeit Überschußproduktion und damit frei werdende Bevölkerung, Stadtbildung etc. zu erzeugen. Beispielsweise führt er den Niedergang der Majas allein hierauf zurück (Schlippe, P. de, Hackbau in primitiver Waldbrandwirtschaft, Dortmund 1958, S. 18f.). Auch Morley sieht in der Bodenerschöpfung die Ursache für die Aufgabe einst blühender Städte der Majas und ihren kulturellen Niedergang (zitiert bei Stingl, M., In versunkenen Majastädten, Leipzig 1971, S. 55).

Böden vorfinden (z. B. im Gebiet um die Vulkane Meru und Kilimandjaro) und die einen mehrjährigen Anbau ohne größeren Fruchtbarkeitsabfall erlauben (hoher natürlicher Nährstoffgehalt der Böden, hohe durchschnittliche Niederschläge ohne längere Trockenperioden durch die Höhenlage und damit rasche und starke Vegetationsentwicklung und natürlicher Bodenschutz usw.), unterstreichen nur die genannten Folgerungen hinsichtlich der dominierenden Rolle der gesellschaftlichen Bedingungen.

Die ökonomische und gesellschaftliche Entwicklung der vorkolonialen Periode ist hier im Prinzip die gleiche wie in den Gebieten mit relativ ungünstigeren natürlichen Bedingungen, weil eben die Urgemeinschaftsordnung eine Produktion um der Produktion willen nicht kennt. Günstigere natürliche Bedingungen verringern lediglich den Anteil der notwendigen Arbeit zur Nahrungsproduktion (bzw. erlauben eine bessere und ausgeglichenere Ernährung). Es ist insgesamt von prinzipieller Bedeutung, diese spontane und ökonomisch notwendige Entwicklung der Eigentumsformen, der gesellschaftlichen Verhältnisse und der Produktivkräfte ackerbautreibender Stämme gerade in der vorkolonialen Zeit nachzuweisen. Hierdurch zeigt sich, daß bereits in den afrikanischen traditionellen Gesellschaften der vorkolonialen Periode die gleichen ökonomisch-materialistischen Gesetze wirksam waren wie in den historisch fortgeschritteneren Gesellschaften z. B. Europas in dem entsprechenden ökonomisch-historischen Entwicklungsabschnitt dieser Länder. Es gibt gesetzmäßig Formen der Überwindung des Gemeindegrundeigentums, und es entstehen gesetzmäßig Eigentumsdifferenzierungen. Die angeblich immer nur klassenlose und monolithische afrikanische traditionelle Ackerbaugesellschaft existierte nicht. Für das moderne Geschichtsbewußtsein und vor allem für die notwendigen praktischen politischen Folgerungen in Tansania ist der Nachweis dieses tatsächlichen ökonomischen und gesellschaftlichen Entwicklungsverlaufs von nicht zu unterschätzender Bedeutung.[79]

[79] „... in Afrika ist die Kenntnis der vorkolonialen Vergangenheit die Grundlage für das Verständnis von uns selbst und unserer gegenwärtigen Probleme" (Sutton, J. E. G., The Peopling of Tanzania, in: A History of Tanzania (J. N. Kimambo, A. J. Temu, Editors) Nairobi 1969, S. 2.

II. Die Produktivkräfte und ihre Veränderung in der durch das Kolonialsystem gewaltsam deformierten traditionellen Produktionsweise

Um den gesellschaftlichen Wirkungsmechanismus zu verstehen, der in der Kolonialperiode zu einer teilweise beträchtlichen Veränderung der landwirtschaftlichen Produktivkräfte geführt hat, sollen zunächst die wichtigsten direkten Maßnahmen und indirekten Wirkungen der Kolonialherrschaft seit der Jahrhundertwende aufgeführt werden. Es geht vor allem darum zu zeigen, wie die Kolonialherrschaft die bereits in der vorkolonialen Periode sich abzeichnende gesellschaftliche und ökonomische Differenzierung der verschiedenen traditionellen Gesellschaften weiter vorantrieb, ohne dabei jedoch einen grundlegenden Umschwung in der Entwicklung der agraren Produktivkräfte und der Erweiterung der materiell-technischen Basis herbeizuführen. Es kam im Gegenteil zu einem wachsenden Widerspruch zwischen rasch steigenden agraren Produktionsanforderungen und der begrenzten materiell-technischen Basis der ackerbautreibenden Gesellschaften verschärft durch eine teilweise Zerstörung agrarer Produktivkräfte. Den Ausgangspunkt zum Verständnis dieser Entwicklung bildet das Kolonialsystem; daher beginnt die Darstellung mit seinen Maßnahmen und Wirkungen.

Es kann dabei nicht die Aufgabe des vorliegenden Abschnitts sein, alle Maßnahmen und Wirkungen der Kolonialherrschaft umfassend und chronologisch oder in ihrem spezifischen Wirkungsanteil geordnet aufzuführen. Dies müßte ggf. weiteren Einzeluntersuchungen vorbehalten bleiben.

1. *Maßnahmen und indirekte Wirkungen der Kolonialherrschaft*

Die zwangsweise Einführung von Kolonialsteuern und Lohnarbeit

Bereits zu einem sehr frühen Zeitpunkt haben die einzelnen Kolonialverwaltungen zunächst pro Hütte (Hüttensteuer), späterhin pro Kopf der Bevölkerung (Kopfsteuer) Abgaben von der Stammesbevölkerung erpreßt. Die damit verbundene Absicht war nicht so sehr fiskalischer Natur als vielmehr, durch den so erzeugten Zwang zur Geldbeschaffung aus den vorwiegend unter Bedingungen der Naturalwirtschaft lebenden Stammesgemeinschaften Arbeitskräfte für die Plantagen, den Eisenbahnbau usw. zu gewinnen. „Dem Afrikaner war mit Ausnahme einiger begrenzter Küstengebiete bis zur europäischen Zeit Lohnarbeit völlig fremd ... Als der europäische Kapitalismus Afrika zu erschließen begann, war es Anfangs fast völlig unmöglich, Arbeitskräfte zu bekommen ...“[80]

Im „Tropenpflanzer“ ist zu lesen: „Der Vorstand (der Usambara-Kaffeebau-Gesellschaft – D. G.) beklagt sich über den Mangel an Arbeitskräften, der bereits in Ost-Usambara derartige Dimensionen angenommen hat, daß die Gefahr besteht, die Bewirtschaftung der Pflanzung nicht mehr aufrechterhalten zu können, wenn nicht schleunigst Abhilfe geschaffen werden könne.“[81]

Und weiter: „Es gibt kaum eine Kolonie, wo nicht die ... Erziehung zur Lohnarbeit bei der Schaffung und dem Ausbau der Hütten- und Kopfsteuer Pate gestanden haben ...“[82]

Für das Gebiet des ehemals britischen Kolonialbesitzes in Ostafrika wurde die Hütten- und Kopfsteuer 1902 eingeführt[83], für Deutsch-Ostafrika wurde bereits 1898 die erste Hüttensteuer verfügt. Hierbei spielten auch noch andere Gesichtspunkte eine Rolle.

Stuhlmann erklärte dazu in einem Vortrag: „Sehr interessant wird das wirtschaftliche Resultat der Hüttenbesteuerung sein, für die die Vorarbeiten im Gange sind und die am 1. April in Kraft tritt ... Wir hoffen, daß die Eingeborenen in Folge der Besteuerung mehr produzieren werden, und da die Steuer auch in natura in Form von Oelfrüchten erhoben werden kann, so erhoffen wir ebenfalls eine Hebung der Produktion dieser wichtigen Handelsartikel.“[84]

80 Afrika. Handbuch der praktischen Kolonialwissenschaften (Hrsg. E. Obst), Bd. XVIII. Die afrikanische Arbeiterfrage, v. O. Karstedt u. P. v. Werder, Berlin 1941, S. 13.

81 Der Tropenpflanzer, Nr. 10 (Jahrg. 1906), S. 738.

82 Afrika. Handbuch der angewandten Kolonialwissenschaften, a. a. O., S. 21.

83 Die Besteuerung der Bevölkerung setzte sich z. B. wie folgt zusammen: a) direkte Abgaben an die britische Kolonialmacht: jährliche Hüttensteuer 4 Schilling, jährliche Kopfsteuer für erwachsene Männer 15–18 Schilling, dazu eine Baumwollabgabe. b) Abgaben an die einheimische Kolonialverwaltung: eine unterschiedliche Kopfsteuer, Landabgabe je Familie 5–25 Schilling, dazu Gerichtsgebühren, Marktabgaben, Ablösung für Zwangsarbeit.

84 Stuhlmann, F., Die wirtschaftliche Entwickelung Deutsch-Ostafrikas, Vortrag, gehalten in der Abt. Berlin-Charlottenburg der Deutschen Kolonial-Gesellschaft, Berlin 1898, S. 118.

Wo der fiskalische Druck nicht genügte, um die nötige Anzahl von Arbeitskräften zu beschaffen, griffen die Kolonialverwaltungen zu gewaltsamen Methoden der Aushebung. „So hat Kenia 1924/25 . . ., als der Eisenbahnbau am Arbeitermangel zu erliegen drohte, jeweils 4000 Zwangsarbeiter aus 2 amtlich bestimmten Distrikten ausheben dürfen . . . Im Mandatsgebiet Deutsch-Ostafrika wurden 1927 neben zahlreichen Trägern 8046 Zwangsarbeiter ausgehoben."[85]

Wie außerordentlich rasch sich die Anzahl der auf diese Weise geschaffenen „freien" Lohnarbeitskräfte erhöhte, zeigt die folgende Tabelle für das Gebiet des ehemaligen Deutsch-Ostafrika:

Tabelle 2

Entwicklung der Lohnarbeitskräfte im ehemaligen Deutsch-Ostafrika[86]

Jahr	Arbeitskräfte insgesamt	davon auf Plantagen
1902	7000	7000
1909	95000	—
1911	110000	60835
1912	172100	—

Bis zu den dreißiger Jahren war der Anteil der Lohnarbeiter an der männlichen Gesamtbevölkerung wie folgt gestiegen:

Tabelle 3

Entwicklung der Lohnarbeit im ehemaligen Deutsch-Ostafrika bis 1936[87]

Land	eingeborene Bevölkerung	gesch. Zahl erw. Männer	Zahl der Lohnarb.	Lohnarb. i. v. H. d. erw. Männer
Dt.-Ostafrika (ohne Ruanda-Urundi)	5147000	1029400	252106	24

[85] Afrika. Handbuch der praktischen Kolonialwissenschaften, a. a. O., S. 17. Es heißt dort weiter, ebenda, S. 200, „. . . daß die Gesamtzahl der ausgehobenen Träger in diesem Jahr 33097 betrug".

[86] Ebenda, S. 197.

[87] Ebenda, S. 16.

Ergänzend heißt es hierzu: „Es bedarf keiner Erörterung, ... daß äußere Maßnahmen anzuwenden waren, um den gekennzeichneten Umfang der Lohnarbeit zu erzielen ..."[88]

Welches waren nun die Folgen einerseits des fiskalischen Drucks auf die traditionellen Stammesproduzenten, andererseits des beträchtlichen Anteils an Lohnarbeit?

Man kann im Prinzip davon ausgehen, daß beide Momente eng miteinander verflochten zu einem erheblichen Bargeldbedarf der traditionellen Stammesproduzenten führten. Die Lohnarbeit war örtlich (z. B. Eisenbahnbau) und vor allem auch zeitlich beschränkt (Saisonarbeit auf Plantagen, Safaris usw.). Daher entstand, sofern die Lohneinnahmen aus den verschiedensten Gründen ausblieben, für die traditionellen Stammesproduzenten der ökonomische Zwang, sich anderweitig, nämlich durch den Verkauf ihrer Agrarerzeugnisse, in den Besitz von Bargeld zu setzen. In einem Bericht des Kaiserlichen Gouvernements für Ostafrika lesen wir dazu: „Früher gingen Tausende von Wasukuma jährlich zur Küste, um sich durch Trägerdienste einige Rupien zu verdienen. Jetzt, wo der Händler seine Ware mit der Uganda-Bahn kommen läßt, ist dem Wasukuma diese Verdienstquelle genommen. Steuern sollen sie zahlen, und zwar in bar. Die Baumwollkultur gibt den Wasukuma jetzt noch die einzige Möglichkeit, Geld zu verdienen, ein nicht zu unterschätzender Vorteil für den Beginn der Baumwollkultur in großem Maßstab."[89]

Neben diesem Zwang zur Bargeldbeschaffung durch die koloniale Besteuerung[90] spielen aber auch die Entwicklung lokaler Märkte (teilweise ebenfalls gewaltsam durch die Kolonialmächte zur Versorgung der Truppen und der Lohnarbeiter geschaffen) sowie die Entwicklung neuer Bedürfnisse der zur Lohnarbeit gezwungenen Stammesangehörigen für einen ständig wachsenden Bargeldbedarf innerhalb der traditionellen Produktionsweise eine bedeutsame Rolle. Das heißt, daß in die traditionelle Produktionsweise ein für sie fremdes Element hineingetragen wird, nämlich die ständige Beschaffung eines für ihre Möglichkeiten nicht unerheblichen Mehrproduktes, und zwar bereits in der Form des allge-

88 Afrika. Handbuch der praktischen Kolonialwissenschaften, a. a. O., S. 16.

89 Berichte über Land- und Forstwirtschaft vom Kaiserlichen Gouvernement in Ostafrika, Berlin 1904–1906, Bd. 2, S. 101f.

90 Auf diese „Kulturfunktion" der deutschen Kolonialherrschaft weist ein großer Teil westdeutscher Nachkriegsautoren mit besonderem Stolz hin. Vgl. z. B. Rotenhan, D. v., Bodennutzung und Viehhaltung in Sukumaland, a. a. O., S. 20f.

meinen Äquivalents Geld. Eine Reihe sich hieraus ergebender Probleme werden am Schluß dieses Abschnitts behandelt; hier genügt zunächst festzuhalten, daß als direkte Folge des Kolonialsystems für die ackerbautreibenden Stämme der ökonomische Zwang entsteht, erheblich mehr und andere Arten an Bodenprodukten zu erzeugen, als dies jemals innerhalb der traditionellen Produktionsweise erforderlich war. Damit wird eine der entscheidenden Begrenzungen dieser Produktionsweise, ihre Selbstgenügsamkeit, die Beschränkung des agraren Produktionsumfangs auf die Subsistenzbedürfnisse des Stammes, durch äußere Einflüsse teilweise überwunden. Wir werden jedoch bald sehen, um welchen Preis dies geschieht.

Die Einführung von cash crops

Die Aufteilung der Kolonien unter die kapitalistischen Großmächte Ende des 19. Jahrhunderts erfolgte u. a. zur Sicherung ihres wachsenden Rohstoffbedarfs. Eine bedeutsame Rolle hierbei spielten die agrarischen Rohstoffe, die im tropischen und subtropischen Klimagürtel erzeugt werden. So war es z. B. für das kaiserliche Deutschland und die deutschen Monopole von großem Interesse, sich vom nordamerikanischen Baumwoll-Monopol weitgehend unabhängig zu machen. Ausgehend von solchen ausgesprochen imperialistischen Interessen der kolonialen Mutterländer erfolgte denn auch sehr früh der Anbau solcher Kulturen wie Baumwolle, Kaffee, Tee in Ostafrika, die heute unter der Bezeichnung cash crops bekannt sind.

Der Anbau erfolgte zunächst fast ausschließlich in von Europäern mit Hilfe afrikanischer Lohnarbeiter betriebenen Plantagen. Wie Stuhlmann 1898 mitteilte, waren zu diesem Zeitpunkt folgende deutsche koloniale Plantagengesellschaften auf dem Gebiet des heutigen Tansania tätig:

Deutsch-ostafrikanische Gesellschaft (Kaffee, Kokos, Sisal, Tee);
Westdeutsche Handels- und Plantagengesellschaft (Kaffee, Kokos);
Deutsch-Ostafrikanische Plantagengesellschaft (Kaffee, Kokos);
Prinz-Albrecht-Plantage (Kaffee);
Usambara-Kaffeebau-Gesellschaft (Kaffee);
Rheinische Handel-Plantagengesellschaft (Kaffee);
Hamburg-Westusambara-Plantagengesellschaft (Kaffee);
Sigi-Pflanzungsgesellschaft (Kaffee);
Friedrich-Hoffmann-Pflanzungen (Kaffee);
von Saint-Paul-Illaire's Pflanzung bei Tanga (Kokos, Vanille);

die Firmen F. Missmal (Kaffee); Schlumke (Kokos);
L. u. D. Hansing Land- und Plantagengesellschaft (Vanille);
Perrot u. Co. (Kaffee).

In Bildung waren weitere Gesellschaften begriffen. Die Plantagen waren vorwiegend im Usambara-Gebirge (Ost- und West-Usambara), dem Pase-Gebirge, der gesamten Küstenregion von Pangani bis zur Grenze nach Kenia sowie im Gebiet des Rufiji sowie des Pangani-Flusses konzentriert. Allein die Deutsch-Ostafrikanische Gesellschaft hatte im Gebiet der Usambaras 162000 Hektar okkupiert.[91]

Unter der Anwendung agronomischer Verfahren, wie sie in den gemäßigten Klimaten oder bei der Eingeborenenbevölkerung üblich waren, verloren viele Böden sehr bald ihre anfängliche Fruchtbarkeit.[92] Die Plantagen wurden zum großen Teil wieder aufgegeben. Lediglich auf den besten Böden Tanganyikas blieben sie erhalten, und es siedelten sich in der Folgezeit weitere europäische Siedler an. Die hier erzeugten Produkte reichten aber für den Bedarf der kolonialen Mutterländer nicht aus, so daß sehr bald der Anbau der cash crops bei der Stammesbevölkerung propagiert wurde. Diese war um so mehr bereit, als sie dringend Bargeld für Steuern benötigte und ihr die Abnahme dieser Erzeugnisse durch die kolonialen Aufkaufgesellschaften garantiert war.

Einen Einblick in den Entwicklungsverlauf der Produktion von cash crops[93] vermittelt die folgende Tabelle (s. Seite 158):

Was die Entwicklung der cash crops bei den Stammesproduzenten betrifft, so ist es nahezu unmöglich, genaue Angaben zu erhalten, da alle Statistiken auf Schätzungen beruhen. Lediglich bei den Plantagen und ausländischen Farmen gibt es eine jährliche Anbaustatistik, in denen auch die (ebenfalls geschätzten) Ernteergebnisse enthalten sind.

91 Stuhlmann, F., Die wirtschaftliche Entwickelung Deutsch-Ostafrikas, a. a. O., S. 134/135.

92 Die ersten Berichte von den ostafrikanischen Pflanzungen waren beinahe überschwenglich. Die erzielten Flächenerträge überstiegen die s. Zt. im kaiserlichen Deutschland erreichten Erträge sogar um ein Beträchtliches. „Mit großem Erfolg wurden bisher ... auch Mais, Weizen, Braugerste, Hafer, Bohnen aller Art, Kartoffeln und Futterrüben gebaut", berichtete der „Tropenpflanzer" 1897 begeistert (Die Versuchsstation Kwai in Hoch-Usambara und das Pare-Gebirge, in: Der Tropenpflanzer, Bd. 1 (1897), S. 286). Dagegen berichtete das gleiche Organ bereits nach wenigen Jahren von rasch abnehmenden Erträgen infolge offensichtlicher Erschöpfung der bebauten Böden.

93 Vgl. auch Tabelle 9 auf S. 186.

Tabelle 4

Entwicklung der Baumwoll-Erzeugung in Tanganyika[94] 1950 bis 1967 (in t)

Jahr	t	Jahr	t	Jahr	t	Jahr	t
1950	7300	1954	18300	1958	30700	1962	35000
1951	8500	1955	21500	1959	35400	1963	48000
1952	13900	1956	23600	1960	32000	1965	67000
1953	9000	1957	30200	1961	33000	1967	68000

Wir müssen uns notwendigerweise die Frage stellen, wie es der traditionellen Produktionsweise möglich war, ohne wesentliche Änderung ihrer materiellen Produktionstechnik[95] und zunächst auch ohne Veränderung ihres ackerbaulichen Nutzungssystems, das keine Erhaltung oder Steigerung der Bodenfruchtbarkeit kannte, solche Produktionssteigerungen zu erzielen.

Die Antwort ist, daß die traditionelle Produktionsweise die rasch wachsende Erzeugung der cash crops ausschließlich durch eine zusätzliche Inbetriebnahme von Bodenflächen erzielte, d. h. durch die extensive Erweiterung der Nutzflächen.[96] Die Zunahme der Anbauflächen entspricht dabei statistisch etwa der Steigerung der erzeugten cash crops, da die Flächenerträge im Prinzip nicht gesteigert werden konnten. Es ist jedoch wichtig, dabei im Auge zu behalten, daß nicht nur einfach bisher ungenutztes Reserve-Land zusätzlich in Bebauung genommen wurde (was einer extensiven erweiterten Reproduktion gleichbedeutend wäre), sondern

[94] Massow, H., Industrialisierungsmöglichkeiten in Tanganyika, Hamburg 1964, S. 156; Production Yearbook 1968, UN, New York 1969, S. 282.
Ergänzende Angaben zur Entwicklung des Baumwoll-Anbaus finden sich auf den Seiten 187 und 215.

[95] Nur ganz vereinzelt sind bisher Pflüge in der Savannenzone eingeführt worden, deren Gesamtzahl man z. B. heute für ganz Tansania auf 60000 Ochsenpflüge schätzt. Gearbeitet wird weiterhin mit der Handhacke, der Jembe, sowie dem Buschmesser, der Panga.

[96] „Die bemerkenswerten Produktionssteigerungen an Verkaufsfrüchten beruhen nicht auf der Ertragssteigerung je Hektar. Es wurde vielmehr die genutzte Fläche und damit der Umfang des Raubbaus an Bodenfruchtbarkeit ausgedehnt . . ." (Ruthenberg, H., Ansatzpunkte zur landwirtschaftlichen Entwicklung Tanganjikas, Sonderschrift Nr. 28 des Ifo-Instituts für Wirtschaftsforschung, Westberlin-München 1962, S. 11). Ähnlich äußern sich alle Autoren zu den agraren Produktionssteigerungen in Ostafrika seit Beginn der Kolonialzeit.

daß in großem Ausmaß Brachland zusätzlich in Bebauung genommen wird, das im Rahmen des traditionellen Rotationszyklus (Anbau – Brache – Anbau) *zur Regenerierung* der Bodenfruchtbarkeit *brachliegen muß*. Es wird jetzt durch exogene Faktoren (d. h. durch das Kolonialsystem) der Übergang zur Bracheverkürzung gewaltsam erzwungen, ein Vorgang, der mit dem bereits in der vorkolonialen Periode beobachteten Übergang zur Landwechselwirtschaft[97] aber keinesfalls gleichzusetzen ist. Er trägt nicht nur einen anderen Charakter (die Ackerbauern entwickeln z. B. nicht nur keine bodenerhaltenden Maßnahmen, sondern sie wehren sich sogar hartnäckig gegen deren Einführung, da sie diesen gewaltsam durch die Kolonialmacht herbeigeführten Übergang als feindlich und gegen sie gerichtet empfinden), sondern seine Wirkungen sind weitaus gravierender auf die gesamte traditionelle Produktionsweise. Hieraus ergeben sich entscheidende Wirkungen auf die Bodenfruchtbarkeit, die wir in einem späteren Abschnitt noch ausführlich behandeln. Die extensive Erweiterung der Anbauflächen bringt jedoch noch weitere Wirkungen hervor.

Zum ersten nimmt die Arbeitsleistung der traditionellen Bevölkerung stark zu (sowohl Männer- wie Frauen- und Kinderarbeit). Man kann hier davon ausgehen, daß der größte Teil der Arbeitsleistungen zur Erzeugung der cash crops jenen Teil der Mehrarbeit ausmacht, der, wie Marx sagt, durch „äußeren Zwang" aus den Stammesproduzenten „herausgepumpt" wird und der eine Quelle gewaltiger Profite für die kolonialen Mutterländer in der einen oder anderen Form darstellte. Zum anderen erfolgte, da die Arbeitskapazität der Stammesbevölkerung beschränkt ist, entsprechend der Zunahme der angebauten cash crops eine relative Verringerung des Anbaus von Subsistenzkulturen, wodurch sich die Ernährungssituation der Stammesbevölkerung nachweislich verschlechterte.[98]

Attems berichtet über die Shambala im Gebiet der West-Usambara, die s. Zt. ebenfalls von den deutschen kolonialen Plantagengesellschaften besetzt und „urbar" gemacht worden waren:

„Statt der wohlgenährten Rinderherden, von denen die ersten deutschen Besucher berichteten, sind heute unterernährte Rinder und Ziegen zu finden." Es kam . . . „zur Ausbildung kleinflächiger Subsistenzbetriebe mit einem ungewöhnlich hohen Grad an Unterbeschäftigung und aus-

97 Vgl. S. 129ff.

98 Vgl. hierzu auch S. 280.

gesprochen schlecht ernährten Familien ... Die ursprünglich qualitativ hochwertige Ernährung mit Hirse und Bohnen wurde mehr und mehr durch den eiweiß- und mineralstoffarmen Maniok verdrängt. Es ist offensichtlich, daß die wirtschaftliche Situation der Bevölkerung schlechter ist als vor 70 Jahren ... Die kleinen Betriebe schränken ihre Subsistenzproduktion zugunsten des Kaffeeanbaus ein. Der außerordentlich geringe Ertrag des Kaffeeanbaus ... erlaubt keine Substitution der unzulänglichen Ernährung durch den Ankauf von Lebensmitteln. Die Ausdehnung des recht erfolglosen Kaffeeanbaus äußert sich in einer schlechten Kalorienversorgung. Sie bringt eine Verschlechterung der Ernährung der Familien ...“[99]

Wir werden auf diese Frage anhand statistischer Unterlagen für Tansania in einem anderen Zusammenhang noch einmal zurückkommen.[100]

Reservatspolitik und Raub traditioneller Bodenflächen

Die Kolonialmächte gingen nach und nach dazu über, von den einzelnen Stämmen landwirtschaftlich nutzbare Flächen zu requirieren und ihnen statt dessen bestimmte Reservate mit wesentlich kleineren Arealen zuzuweisen. Einer der entscheidenden Gründe dafür war, Land von möglichst hoher natürlicher Fruchtbarkeit, günstiger Lage usw. für europäische Plantagengesellschaften und Siedler frei zu machen. Das wohl gravierendste Beispiel Ostafrikas hierfür ist das Hochland von Kenia (Kikuyu-Hochland), wo einst vorwiegend die Stämme der Kikuyu siedelten. Deren Stammesland wurde 1901 durch Erlaß zum „Kronland“ Großbritanniens erklärt und großenteils an englische Siedler verkauft.[101]

Den Kikuyu wurde 1926 ein Gebiet zugeteilt, das nur noch einen Bruchteil des ursprünglichen Stammeslandes umfaßte. Rund 60 Prozent der eingeborenen Bevölkerung Kenias war hier (zusammen mit den Kavirondo-Reservaten) auf einer Fläche zusammengepfercht, die nur mehr etwa 4 Prozent (!) der Gesamtfläche Kenias ausmachte.[102]

Auch die deutsche Kolonialmacht verfolgte ursprünglich eine solche Politik. „Durch einen Erlaß von 1895 erklärten die Deutschen alles Land

99 Attems, M., Bauernbetriebe in trop. Höhenlagen ..., a. a. O., S. 11, 48, 118.
100 Vgl. hierzu die Seiten 216f.
101 Fliedner, H., Die Bodenrechtsreform in Kenya, Afrika Studie Nr. 7, Westberlin, Heidelberg, New York 1965, S. 15f.
102 Afrika. Handbuch der praktischen Kolonialwissenschaften, a. a. O., S. 185.

zu Kronland."[103] Jedoch waren gewisse Rückschläge bei den Plantagengesellschaften infolge rascher Bodenerschöpfung sowie der erste Weltkrieg (in dessen Ergebnis Deutschland seinen Kolonialbesitz verlor) die Ursache, daß im ehemaligen Deutsch-Ostafrika die Reservatspolitik nicht solche krassen Formen annahm wie z. B. in Kenia. Jedoch wurden auch in der Folgezeit in Tanganyika solche Fälle bekannt, wo den traditionellen Bodenbauern durch die britische Kolonialmacht Land in größerem Umfange geraubt wurde. Ein besonders eklatanter Fall ist die noch 1951 erfolgte gewaltsame Vertreibung von 3000 Bodenbauern im Gebiet des Meru von ihrem Stammesgebiet.[104] Das außerordentlich fruchtbare Land ist vulkanischen Ursprungs, die Niederschlagsbedingungen sind sehr günstig, so daß der Kaffee vorzüglich, auch ohne aufwendige Düngung, gedeiht. Das Land war zur Besiedlung europäischer Siedler vorgesehen.

Die Folge der Reservatspolitik war eine erhebliche Einschränkung des den Stämmen zur Verfügung stehenden ackerbaulich nutzbaren Landes. Die wohl wichtigste Voraussetzung der traditionellen Produktionsweise und ihres ackerbaulichen Nutzungssystems, nämlich die lang dauernde Brachlegung großer Teile des Stammesgebietes zur natürlichen Regeneration der Fruchtbarkeit (oder, was nur ein anderer Ausdruck für diese Eigenart der Produktionsweise ist, eine niedrige Bevölkerungsdichte), wurde somit in vielen Fällen durch exogene Faktoren gewaltsam zerstört. Gleichzeitig aber trachteten die Kolonialmächte danach, in diesen Gebieten das Stammesgrundeigentum und die Stammesinstitutionen zu erhalten. Das heißt, die von außen erfolgende gewaltsame Zerstörung des inneren Gleichgewichts dieser Produktionsweise war verbunden mit einer gleichzeitigen Konservierung der alten Produktionsverhältnisse sowie wichtiger Teile des Überbaus des traditionellen Systems. Erst relativ spät gab es Versuche insbesondere der britischen Kolonialverwaltung, zunächst auf juristischem (verwaltungsrechtlichem) Wege zu neuen Eigentumsformen zu gelangen, während die Stammesinstitutionen – modifiziert zwar – bis zur politischen Unabhängigkeit Tanganyikas und z. T. bis heute fortbestehen.

[103] Native Administration in the British African Territories, by Lord Hailey, Part I, East Africa: Uganda, Kenya, Tanganjika, Colonial Office, London 1950, S. 213.

[104] Vgl. hierzu: Purrit, P., The Meru Land Case, in: Tansania Notes and Records, Nr. 69/1968, S. 53; Wright, J. W., The Merú Land Case, in: Tansania Notes and Records, Nr. 66/1966, S. 137.

Die „indirect rule"

Die „indirect rule" (indirekte Verwaltung oder Herrschaft) ist eine häufig und auch im Falle Tanganyikas von der britischen Kolonialverwaltung angewandte Methode, die in der Hauptsache darin besteht, die traditionelle Gesellschaftsstruktur der einheimischen Stämme zu konservieren (oder sie sogar z. T. neu zu etablieren) mit dem Ziel, vor allem die traditionelle Häuptlingsinstitution im Interesse der kolonialen Herrschaftssicherung und der Ausbeutung der einheimischen Bevölkerung zu nutzen.[105] Die traditionelle Häuptlingschaft wurde durch Erlaß (Native Authority Ordinance 1926) mit der Wahrung einer Reihe traditioneller Funktionen beauftragt.

Das Schema der indirect rule schildert Bugengo am Beispiel der Region Mara im Norden Tanganyikas wie folgt: „Sie (die britische Kolonialmacht – D. G.) etablierte europäische Beamte als Provinzial bzw. -distriktkommissioner und setzte Afrikaner in andere Funktionen ein. Es entstand folgendes Verwaltungsschema: Dem Dorf stand der Dorfälteste vor. Mehrere Dörfer waren in einer Großgemeinde (Gonguli) zusammengefaßt, die von einem Vorsteher geleitet wurde. Mehrere Großgemeinden waren wiederum in einem Häuptlingsbereich (chiefdom) zusammengefaßt, der von einem Chief bzw. Subchief geleitet wurde. Dieses Schema der Kolonialverwaltung diente nicht nur der Durchführung von Befehlen, sondern war mit der Steuereinführung verbunden. Jeder Mann über 18 Jahre mußte eine Kopfsteuer und eine Steuer nach der Größe seines Besitzes bezahlen. Die Großgemeinde umfaßte etwa 1000 steuerzahlende Männer. Die Mwanangwa (englisch: Headmen) sowie die Chiefs (die sich aus den ehemaligen Stammes- bzw. Clanführern rekrutierten) wurden von der britischen Kolonialmacht ernannt. Der Dorfälteste erhielt auf Grund der Tradition sein Amt . . ."[106]

Der Politik der indirect rule lag ein unlösbarer Widerspruch zugrunde. Einerseits konnte die Häuptlingsinstitution nur effektiv wirksam werden, wenn ihre ökonomische Grundlage, die Lebensfähigkeit der traditionellen

[105] Die Native Authority Ordinance von 1926 „markierte deutlich die Funktion der Native Authorities als Teil der (kolonialen) Staatsmaschinerie" (Hailey, Native Administration . . ., a. a. O., S. 219).

[106] Bugengo, J., Zu grundlegenden sozialen Entwicklungsproblemen auf dem Lande in Tansania – dargestellt am Beispiel der Region Mara, Diss. (A) Berlin 1972, S. 21.

Stammesstruktur, erhalten blieb. Die übrigen Maßnahmen und Wirkungen des Kolonialsystems waren aber gerade darauf gerichtet, dieses traditionelle System zu unterhöhlen und damit auch der indirect rule einen wesentlichen Teil ihrer Wirksamkeit zu nehmen. Haily schreibt beispielsweise: „Das Anwachsen der Individualisierung des Landes (als Folge ökonomischer und sozialer Bedingungen – D. G.) muß den Status der Native Authorities berühren, deren Position in der Vergangenheit engstens mit der Arbeit des Gemeindesystems verbunden war ... die Schwächung des einen Aspekts ihrer Autorität (die Verfügung über den kollektiven Bodenbesitz im Interesse der Gemeinschaft – D. G.) mußte ihren Einfluß als Ganzes verringern.“[107]

Hieraus ergibt sich deutlich, daß die konservierende Rolle der indirect rule im Hinblick auf die traditionelle Produktionsweise insgesamt nur bedingten Charakter tragen konnte. Jedoch interessiert uns vor allem folgender Aspekt: Wie wirkte sich die indirect rule auf die Erhaltung der ackerbaulichen Nutzungsformen, d. h. auf die Entwicklung der Produktivkräfte aus, denn nach dem Native Authority Erlaß von 1926 behielten die traditionellen Autoritäten weiterhin wichtige Funktionen bei der Landverteilung, bei der Zuwanderung von Immigranten[108] usw.? Wir beantworten diese Frage auf Seite 184f.

Die Zunahme der Viehbestände

Von besonderer Bedeutung für die Deformierung der traditionellen Produktionsweise und damit für die Entwicklung der Bodenfruchtbarkeit

Tabelle 5

Entwicklung der Rinderbestände in Tanganyika/Tansania 1913–1969/70 (in 1000 Stück)[109]

1913	1931	1947/48–1951/52	1951/52–1952/56	1964/65	1966/67	1969/70
4063	5022	6327	6671	9967	11263	13206

[107] Hailey, Native Administration ..., a. a. O., S. 344.

[108] Ebenda, S. 343.

[109] Production Yearbook 1968, S. 316. Statistical Yearbook 1971, UN, New York 1972, S. 112; Ruthenberg, H., Agricultural Development in Tanganjika, Afrika Studie Nr. 2, Westberlin, Heidelberg, New York 1964, S. 22, 35f.

in Tanganyika sind die in der Kolonialzeit rasch ansteigenden Viehbestände. Dabei verdient nicht nur das zahlenmäßige Wachstum Aufmerksamkeit, das, wie die Tabelle 5 zeigt, ständig zugenommen hat.

Es ist vor allem die Tatsache, daß diese anwachsenden Tierbestände nicht in das ackerbauliche Nutzungssystem integriert sind, d. h., daß sie nicht zur Reproduktion der Bodenfruchtbarkeit (vor allem über die Verwendung des Düngers) produktiv genutzt werden, was zu verheerenden Folgen führt. Die Tiere sind weiterhin zum großen Teil nicht in das System der Ernährung integriert. Sie üben somit einen zusätzlichen Druck auf die landwirtschaftlich nutzbare Fläche aus, d. h., sie schränken die zur Ernährung verfügbare Fläche weiter ein.

Worin liegen die Ursachen für die hohen Viehbestände? Zunächst einige generelle Bemerkungen zur Rolle der Viehhaltung in der traditionellen Produktionsweise.

1. Das Vieh hatte bei allen Stämmen Ostafrikas mehr oder weniger entwickelte *Geldfunktion.* Sowohl im Austausch zwischen den Stämmen als auch innerhalb der Stammesgemeinschaften wurde und wird meistenteils Vieh als Zahlungsmittel benutzt. Bei Engels heißt es, „... daß ... das Vieh die erste ziemlich allgemein anerkannte Geldware wurde“.[110]

„Geld ist für die Shambala wegen ihrer Verpflichtung, Steuer zu entrichten, nicht unbekannt geblieben; sie bevorzugen jedoch weitgehend die althergebrachte Tauschwirtschaft mit Vieh und sparen kein Geld.“[111] Diese Geldfunktion des Viehs ist bei den einzelnen Stämmen unterschiedlich stark erhalten geblieben, jedoch kann man davon ausgehen, daß sie zu Beginn der Kolonialzeit überall dominierte.

2. Das Vieh erfüllt auf der Basis der Geldfunktion Funktionen eines *Schatzbildners.* Die in fast allen Stämmen zu beobachtende Tatsache, daß das jeweilige soziale Prestige in großem Maße auf die Anzahl der in Eigentum befindlichen Tiere zurückgeht, ist beredter Ausdruck hierfür.

„Erzielen die Bauern einen Überschuß ... nach einer guten Ernte, so legen sie diesen durch Kauf von Vieh an. Die Anlage von Reserven in Form von Vieh hat für die Shambala große Bedeutung ... Das Ansehen und die soziale Stellung der Bauern im Rahmen der traditionellen Ge-

[110] Engels, F., Ergänzung und Nachtrag zum 3. Buch des „Kapital“, in: Marx/Engels, Werke, Bd. 25, S. 908.

[111] Attems, M., Bauernbetriebe in tropischen Höhenlagen Ostafrikas, a. a. O., S. 84.

meinschaft ... ist heute wie in alten Zeiten weitgehend davon abhängig, wieviel Vieh man besitzt.“ [112]

Die Einführung der cash crops brachte in diesem Zusammenhang eine weitere Komplizierung mit sich. „Das Problem der Viehhaltung ist nicht zuletzt eine Folge des Baumwollanbaus ... Die Erweiterung der Ackerflächen geht notwendigerweise auf Kosten der Brache und der Subsistenzflächen vor sich. Auf der anderen Seite erzielen die Bauern durch den vermehrten Baumwollanbau höhere Einkommen. Von diesen werden nicht geringe Teile für die Anschaffung zusätzlicher Tiere ausgegeben.“ [113]

Wir finden daher besonders bei den Stämmen, die mit Erfolg cash crops anbauen, eine rasche Zunahme der Viehbestände, so bei den Haya sowie bei den verschiedenen Stämmen der See- und Flußregionen.

3. Schließlich verstärken die mit der Produktionsweise verbundenen hohen Ausfallquoten an Tieren (Hunger- und Dürrekatastrophen, Tierseuchen) die Tendenz zu hohen Bestandszahlen, um trotz wiederkehrender Dezimierungen doch letztendlich noch immer über einen genügend großen Bestand zu verfügen.

Weitere Gründe für das rasche Ansteigen der Viehbestände seit Beginn der Kolonialherrschaft liegen im Anwachsen der Bevölkerung (vgl. Tabelle 7). Jede neu gegründete Familie, die sich notwendigerweise unter traditionellen Bedingungen etabliert, folgt der Tradition und legt ihre Überschüsse hauptsächlich wieder in Vieh an. Die folgende Tabelle der Pro-Kopf-Entwicklung der Viehbestände gibt darüber deutlich Aufschluß:

Tabelle 6

Veränderung der Pro-Kopf-Viehbestände in Tanganyika/Tansania [114]

Tierart	1948/49	1956/57	1964/65	1966/67	1969/70
Rinder	0,85	0,82	0,87	0,96	1,04
Schafe	0,31	0,34	0,24	0,27	0,22
Ziegen	0,47	0,48	0,36	0,42	.

112 Ebenda, S. 84/85.

113 Rotenhan, D. v., Bodennutzung und Viehhaltung in Sukumaland, a. a. O., S. 61.

114 *Quellen:* Economic Survey of Africa since 1950, UN, New York 1959, S. 113. Die Angaben für 1964/65 bis 1969/70 sind berechnet nach: Production Yearbook 1968, S. 316, 329, 334; Statistical Yearbook 1971, UN, New York 1972, S. 112, sowie Tab. 7 auf S. 169.

Dabei ist nicht zu übersehen, daß die Cash-crop-Produktion doch relativ höhere Überschüsse bei den Stammesproduzenten entstehen läßt als die reine Subsistenzwirtschaft. Bereits durch den Einsatz gezüchteter Nutzpflanzen, die meist ständig erweitert über die kolonialen Gesellschaften reproduziert (d. h. züchterisch verbessert) werden, ist eine Ertragssteigerung – zumindest zeitweise – eingetreten. Hierbei spielt offensichtlich auch bereits die Differentialrente eine Rolle, da die äußerst unterschiedlichen Bodenverhältnisse Tanganyikas bei saisonweise meist gleichen Abnahmepreisen für die cash crops die Bildung von Überschüssen bei bestimmten Stammesgruppen sowie innerhalb derselben erheblich begünstigen.

Von großer Bedeutung für das Anwachsen der Viehbestände ist das weiterhin existierende Gemeindegrundeigentum in Gestalt von Viehweiden, an denen alle Stammesmitglieder nach wie vor gleiche Rechte haben. Selbst dort, wo das Ackerland bereits weitgehend in individuellen Besitz übergegangen ist, existieren die Gemeinschaftsweiden noch immer als gemeinsames Eigentum, und zwar meist nicht als fest abgegrenzte Weideflächen. Nach dem Abernten hat jedes Stammesmitglied das Recht, sein Vieh auf allen Ackerflächen (mit ganz wenigen Ausnahmen) bis zur nächsten Bestellung weiden zu lassen. Dies hat katastrophale Auswirkungen auf die Bodenfruchtbarkeit (vgl. auch S. 191). Es ist aber auch ganz offensichtlich, daß ohne diese Formen des Gemeineigentums an Viehweiden die hohen Besatzdichten (vor allem in den Fällen, wo bereits weitgehend individuelles Bodeneigentum entstanden ist) nicht möglich wären, weil das Vieh einfach verhungern müßte. Hier wird deutlich, daß die Formen des traditionellen gemeinschaftlichen Bodeneigentums und die ihm entsprechenden ackerbaulichen Nutzungsformen bereits zu einem bedrohlichen Hemmnis geworden sind.

Es ist jedoch nicht allein die traditionelle Produktionsweise mit dem weiterhin vorherrschenden Gemeindegrundeigentum, es ist nicht allein das traditionelle Verhalten[115], das zu einem solch gefährlichen Anwachsen der Viehbestände führt. Die Akkumulation von Mehrprodukt (Reichtum) in der Form von Vieh (das *nicht produktiv* genutzt wird), ist zunächst und

[115] v. Rotenhan gibt folgendes Befragungsergebnis für die Verwendung von Überschüssen bei den Sukuma an, das sich im wesentlichen mit den Ergebnissen anderer Autoren deckt:
„. . .% des befragten Personenkreises nannten folgende Anschaffungen als erstes, zweites, drittes Erwerbsziel (Forts. d. Fußn. S. 167):

zu einem Teil Ausdruck der relativen Begrenztheit dieser Produktionsweise, ihres Unvermögens, Überschüsse produktiv zu verwenden.

Warum aber kommt es trotz Eindringen der kapitalistischen Geldwirtschaft im Gefolge der Kolonialherrschaft, trotz Einbeziehung vieler Stammesmitglieder in eine relativ beständige Marktproduktion – für den kapitalistischen Weltmarkt – zu keiner nachhaltigen Änderung dieser Situation? Offenbar kann dies nicht allein mit dem Traditionalismus erklärt werden, sondern hier liegt auch eine Reihe von Gründen in der kapitalistischen Kolonialherrschaft. Sie können hier nur angedeutet werden.

Der Abzug von agrarem Mehrprodukt

Die Entwicklung des einheimischen Kapitalismus vollzog sich vollständig im Schatten der kolonialen kapitalistischen Unternehmen und Handelsgesellschaften, die die Masse der erzielten Profite außerhalb Tanganyikas investierten. Die Entwicklung des einheimischen Kapitalismus und damit notwendigerweise der nichtlandwirtschaftlichen Produktivkräfte vollzog sich deshalb zwerghaft, einseitig und auf wenige Zentren beschränkt (daher rührt auch vorwiegend die Beschränkung der afrikanischen Bourgeoisie auf Handel und Spekulation). Die Entwicklung der Infrastruktur, der Märkte und solcher Industriezweige, die insgesamt wichtige Voraussetzungen z. B. für die Verwandlung der Viehwirtschaft in einen produktiven Zweig darstellen, erfolgte so gut wie nicht, ebensowenig wie die notwendigen Vorleistungen z. B. im Bereich des Veterinärwesens und der Züchtung. Das Kolonialsystem entwickelte, ja begünstigte nicht einmal die elementarsten ökonomischen Voraussetzungen z. B. zur Verwandlung der Viehwirtschaft in einen produktiven Zweig.

Dieses Problem läßt sich noch allgemeiner formulieren: Das agrare Mehrprodukt, das mit der Einführung von cash crops in unterschiedlichem

	1. Erwerbsziel	*2. Erwerbsziel*	*3. Erwerbsziel*
Rinder	49	13	4
Schafe/Ziegen	—	43	48
Produktionsmittel	13	16	19
Konsumgüter	20	22	24

(Rotenhan, D. v., Bodennutzung und Viehhaltung in Sukumaland, a. a. O., S. 84).

Umfange – jedoch in einem weitaus höheren Maße als in der vorkolonialen Periode – entsteht, führte nicht wie in den europäischen Ländern zur Herausbildung des Gegensatzes von Stadt und Land auf der Basis von Arbeitsteilung und Entwicklung der Produktivkräfte, dessen Träger das einheimische Handelskapital und die sich entwickelnde städtische Bourgeoisie sind. Es führte nicht zu sich entwickelnden Tauschbeziehungen, zu nach und nach festen ökonomischen Beziehungen Stadt – Land, wie das z. T. bereits in der europäischen Feudalperiode der Fall war. Das agrare Mehrprodukt kann also nicht jene außerordentlich wichtige Funktion erfüllen, dessen eine Seite Entwicklung des Kapitalismus heißt und dessen andere Seite die zunehmende Verwandlung des Grundeigentums in eine ökonomische Potenz, in einen Teil des gesellschaftlichen Gesamtarbeiters und damit eine von der Stadt ausgehende Entwicklung der agraren Produktivkräfte bedeutet. Die Ursache hierfür ist das Kolonialsystem, das den größten Teil des agraren Mehrprodukts zur Bereicherung der imperialistischen Metropolen abschöpft und so dieser wichtigen ökonomischen Erscheinung weitgehend jede Entwicklungsfunktion von vornherein nimmt.[116]

Der den Spitzen der Stammesinstitution zufließende Teil des Mehrprodukts wird ebenfalls nicht wirksam, weil er meist traditionell verwandt wird.

Das Anwachsen der Bevölkerungsdichten

Für Tanganyika (wie für viele ostafrikanische Entwicklungsländer) ist eine außerordentlich rasche Zunahme der Bevölkerungsdichten seit der Kolonialperiode charakteristisch. Dies ist jedoch nur zum Teil auf ein ansteigendes natürliches Bevölkerungswachstum zurückzuführen. Weitaus gravierender in Richtung einer gewaltsamen *Deformierung* der traditionellen Produktionsweise ist die Zunahme der *relativen* Bevölkerungsdichten, die das Ergebnis der verschiedenen Maßnahmen und Wirkungen der Kolonialherrschaft sind. Unter der Zunahme der relativen Bevölkerungsdichte in der Kolonialperiode verstehen wir die Inanspruchnahme von bebauungsfähigem Land der einzelnen Stämme für Zwecke der

116 Vgl. hierzu Khalatbari, P., Ökonomische Unterentwicklung, Mechanismus – Probleme – Ausweg: Einführung in die Probleme des wirtschaftlichen Wachstums der Entwicklungsländer, Berlin 1971, S. 38 bis 46, 134 bis 136.

Kolonialmacht, für cash crops (die sich wertmäßig größtenteils ebenfalls die Kolonialmächte aneigneten) sowie für steigende Viehbestände, wodurch sich der für die Subsistenzbedürfnisse der traditionellen Ackerbauern verfügbare Bodenfonds stark verringerte, d. h. sich die Pro-Kopf-Zahl der Bevölkerung, bezogen auf diesen Bodenfonds, erhöhte.[117]

Daß dies so ist, bestätigte die Gegenüberstellung des natürlichen Bevölkerungswachstums (vgl. Tabelle 7) mit den bereits Mitte der 30er Jahre einsetzenden beträchtlichen Bodenerosionen, vorwiegend in den Stammesgebieten, wo cash crops angebaut wurden.[118] Die eigentliche „Explosion" des natürlichen Bevölkerungswachstums in Tanganyika setzte dagegen erst Mitte der 40er Jahre ein. Die gewaltsame Deformierung der traditionellen Produktionsweise besteht also vor allem darin, daß ihr relativ stabiles Gleichgewicht zwischen Bevölkerungsdichte und dem (entsprechend den natürlichen Erfordernissen der Regeneration der Bodenfruchtbarkeit) ausreichend verfügbaren Bodenfonds zerstört wird.

Tabelle 7

Entwicklung der Bevölkerung in Tanganyika (Tansania) von 1913 bis 1971 (in 1000 Einw.)

1913	4145	1935	5096	1952/56	8292	1968	12231
1921	4107	1940	5255	1964	11392	1969	12561
1925	4319	1944	5437	1965	11674	1970	12900
1928	4741	1946	7242	1966	11619	1971	13248
1931	5022	1948/52	8252	1967	11909		

Quellen: Demographic Survey of the British Colonial Empire, Vol. II, by R. R. Kuczyński, London–New York–Toronto 1949, S. 144, 235ff., 327, 343 (Von 1913–1944 estimated native population); Demographic Yearbook 1965, UN, New York 1966, S. 128–132; Tansania today, a. a. O., S. 59; The Economic Survey 1971–72, a. a. O., S. 48 (Table 36).

117 Eine interessante Berechnungsmethode zur Bestimmung der tragbaren Bevölkerungsdichte eines bestimmten Territoriums unter traditionellen Bedingungen entwickelten Blochin und Olejnikov (Blochin, L. F., Olejnikov, I. N., Das Problem der Bewertung von Landreserven unter den Bedingungen des Subsistenz-Ackerbodenbaus in Tropisch-Afrika, in: Sovremennye problemy razvitija i razmeščenija proizvodstvennych cil v Afrike, Moskau 1971, S. 115).

118 Vgl. hierzu: Attems, M., Bauernbetriebe in tropischen Höhenlagen Ostafrikas, a. a. O., S. 44 „In dem Usambara-Gebirge wurde in den dreißiger Jahren das Problem der abnehmenden Bodenfruchtbarkeit akuter denn je zuvor". Und (Forts. d. Fußn. S. 170):

Dabei muß man davon ausgehen, daß auch die traditionelle Produktionsweise bis zu einem gewissen Grade „Überschußbevölkerung" erzeugen kann, mit der sie aber fertig wird, ja die bis zu einem gewissen Grade sogar wesentliche Bedingung ihrer Entwicklung bildet.[119] Hier spielt aber der Zeitfaktor eine große Rolle, der sichert, daß sich diese Veränderungen (bis zu einem gewissen Grade) kontinuierlich über viele Generationen hinweg vollziehen. Anders während der Kolonialperiode. Hier wird die von außen gewaltsam erfolgende Veränderung auf wenige Jahrzehnte (auf eine, im Höchstfalle aber auf zwei Generationen von Bodenbauern) zusammengedrängt. Die Auswirkungen sind von solcher Wucht, daß die traditionelle Produktionsweise damit einfach nicht fertig werden kann, zumal das Kolonialsystem gleichzeitig versucht, die Stammesinstitutionen und für eine bestimmte Zeit auch das Stammesgrundeigentum als wesentliche Grundlage der traditionellen Produktionsweise zu erhalten. Damit wird notwendigerweise aber auch die positive Veränderung der ackerbaulichen Nutzungssysteme be- und verhindert.

Wir wollen ein Beispiel anführen. Ludwig[120] untersucht eingehend die Entwicklung der traditionellen Produktionsweise auf der Insel Ukara im Victoria-See und stellt dabei fest, daß bereits vor dem Eindringen der Kolonialmächte – durch eine Reihe historischer Umstände, die hier nicht

„Der Ansporn der Produktion verkaufsfähiger Produkte in den 20er Jahren endete in einer Beschleunigung der Erosion ... und es war erst in den 30er Jahren, daß der Staat durch die Native Authorities Maßnahmen dagegen ergriff ..." (Oldaker, A. A., Tribal Customary Land Tenure in Tanganyika, a. a. O., S. 126, Fußnote).

119 „Die Bedingungen des Gemeinwesens nur vereinbar mit bestimmtem Populationsquantum. Andrerseits, wenn die Schranken der Bevölkerung, die durch die Dehnbarkeit der bestimmten Form der Produktionsbedingungen gesetzt, nach der *letztren sich ändern, zusammenziehn oder ausdehnen* – ... so aber auch die absolute Rate, worin sich die Population vermehrt, und daher die Rate der Überpopulation und Population. Die Überpopulation, die auf einer bestimmten Produktionsbasis gesetzt, ist daher ebenso bestimmt, wie die adäquate Population. Überpopulation und Population zusammengenommen sind *die* Population, die eine bestimmte Produktionsbasis erzeugen kann. Wie weit sie über ihre Schranke hinaussetzt, ist durch die Schranke selbst gegeben – oder vielmehr durch denselben Grund, der die Schranke setzt."
(Marx, K., Grundrisse der Kritik der Politischen Ökonomie, a. a. O., S. 498f.).

120 Ludwig, H. D., Ukara – Ein Sonderfall tropischer Bodennutzung im Raum des Victoria-Sees, a. a. O., S. 21ff.

weiter zu verfolgen sind – die Bevölkerungsdichte auf dieser Insel erheblich über die durchschnittlich tragbare Höhe angestiegen war.

Die Ernährung dieser beträchtlich angewachsenen Bevölkerung wird fast ausschließlich durch den traditionellen Ackerbau sichergestellt.

Wie war das möglich?

Die traditionelle Produktionsweise mit ihrem ackerbaulichen Nutzungssystem hatte eine erhebliche Änderung erfahren. An die Stelle des reinen Wanderfeldbaues war ein im wesentlichen permanenter Feldbau getreten, d. h., die Brache als Bestandteil des ackerbaulichen Nutzungssystems war größtenteils beseitigt und durch ein Fruchtfolgesystem ersetzt worden, das einen ununterbrochenen Anbau (und damit größere Erzeugungsmöglichkeiten pro Flächeneinheit) gewährleistete. Diesem permanenten Feldbau entsprach die Entwicklung der Eigentumsformen. Es wurde nicht mehr periodisch wie im Wanderfeldbau aus der gemeinschaftlichen Brache Land zugeteilt, sondern das Land befand sich in festem Besitz ein und derselben Familien. Es entstanden feste Erbregeln, eine beträchtliche Realteilung und schließlich Formen von Privateigentum (mit der Möglichkeit des Landverkaufs usw.).

Diesem ökonomischen Interesse des einzelnen am Boden und an seiner Fruchtbarkeit entsprachen die neuen ackerbaulichen Nutzungsformen. Die traditionellen Ackerbauern erfanden eine Reihe recht wirksamer Maßnahmen zur Abwehr der Bodenerosion und zur Erhaltung der Bodenfruchtbarkeit (wie z. B. Terrassierung, Dammriegelverfahren, versetzte Dammkultur usw.). Es entstand teilweise ein systematischer Bewässerungsfeldbau (Naßreis), der zwei volle Ernten im Jahr sicherte usw. Als Novum für die traditionelle Produktionsweise wurde die Viehwirtschaft voll in das ackerbauliche Nutzungssystem integriert, und zwar in der Weise, daß das Vieh vorwiegend zur Düngerproduktion gehalten wurde (die Fütterung erfolgte in Stallhaltung mittels aller Vegetabilien, die für die unmittelbare menschliche Ernährung nicht verwendbar waren, einschließlich Baumblätter).

Welchen Schluß kann und muß man hieraus ziehen?

Es ist also nicht schlechthin die traditionelle Produktionsweise, die eine Zunahme der Bevölkerungsdichten unmöglich macht (oder besser: nicht erlaubt). Wohl ist es so, daß ihre einzelnen Entwicklungsetappen dem Bevölkerungswachstum ganz bestimmte Schranken setzen. Kommt es aber zu einem Ansteigen der Bevölkerungsdichte über diese Schranken hinaus, so ändern sich die ackerbaulichen Nutzungsformen und die traditionelle Produktionsweise insgesamt, und es stellt sich auf der Grundlage eines erhöhten Produktionspotentials und einer höheren Bevölkerungsdichte ein neuerliches Gleichgewicht mit neuerlichen Schranken, aber gewissermaßen auf einer höheren Stufe, her. Es ist also durchaus auch innerhalb der traditionellen Produktionsweise – unter bestimmten Voraussetzungen – möglich, daß die Bevölkerung auf der Basis nahezu ausschließlicher traditioneller Ackerbaukultur nicht unerheblich zunimmt[121], ohne daß es zu einer Katastrophe kommt.

Anders dagegen in der durch das Kolonialsystem gewaltsam deformierten traditionellen Produktionsweise Tanganyikas. Die oft auf wenige Jahre zusammengedrängte „Explosion" der Bevölkerungsdichten (die zum großen Teil nicht das Ergebnis natürlicher Bevölkerungsvermehrung sind) erlaubt es den traditionellen Gesellschaften nicht, etwa im Wege von Versuch und Irrtum verbesserte ackerbauliche Nutzungsformen und Produktionsmethoden ausfindig zu machen (solche Veränderungen benötigen viele Generationen, sowohl zur Erfindung wie vor allem auch zu ihrer gesellschaftlichen Anerkennung und damit allgemeinen Anwendung). Die Versuche der Kolonialmächte, mit brachialer Gewalt solche durchaus bereits bekannten traditionellen Verfahren zur Erhaltung der Bodenfruchtbarkeit (wie Terrassierung, organische Düngung usw.) bei den einzelnen Stämmen einzuführen, wurden von diesen boykottiert, weil sie diesen gewaltsamen Eingriff von außen in ihre Tradition als etwas Feindliches empfinden mußten.

Es ist schließlich von Bedeutung, daß das nicht unerhebliche Mehrprodukt, das von den traditionellen Stammesproduzenten gegenüber der vorkolonialen Periode produziert wurde, eben nicht die Gestalt von Nahrungsmitteln, sondern von cash crops hatte. Und dieses Mehrprodukt – sowohl wertmäßig als auch in seiner gebrauchswertmäßigen Form – eigneten sich größtenteils die Kolonialmächte und ihre Gesellschaften an, d. h., selbst die relativ vorhandenen Entwicklungsmöglichkeiten der traditionellen Produktionsweise zur Steigerung der agraren Primärproduktion wurden durch das Kolonialsystem paralysiert, die Produktionsbedingungen der relativ und absolut wachsenden Bevölkerung wurden relativ und absolut vermindert und verschlechtert.

Es ist schließlich nicht zu verkennen, daß das zunehmende natürliche Bevölkerungswachstum in einem gewissen Sinne ebenfalls durch das Kolonialsystem als einem exogenen Faktor ausgelöst wurde.

121 In Gebieten, wo z. B. Naßreis-Anbau möglich ist, können unter traditionellen Bedingungen Afrikas Bevölkerungsdichten bis 290 Einw./km² existieren und ernährt werden.

Das Kolonialsystem bedurfte aus Gründen seiner Erhaltung und Funktionsfähigkeit ganz allgemein bestimmter Mindestanforderungen in Gestalt medizinischer und hygienischer Maßnahmen und Dienste. Es mußten die gefährlichsten grassierenden Seuchen und Krankheiten, wie Malaria und Fleckfieber usw., beseitigt oder doch weitgehend eingedämmt werden, damit die Europäer in Afrika überhaupt leben, ihre Herrschaft ausüben und über die erforderliche Menge an Arbeitskräften verfügen konnten. Es mußten hierzu ferner im Prinzip die zahlreichen Stammeskriege beendet werden. Daß dabei auch einzelne humanitäre Überlegungen eine Rolle spielten (meist an bestimmte Persönlichkeiten gebunden, man denke z. B. an die Bekämpfung und Erforschung der Malaria in Ostafrika durch R. Koch), ist unbestritten. Aber die erstgenannten Motive waren ebenso unbestritten dominierend. „Alle diese Faktoren ... trugen dazu bei, die Sterberate zu senken.“ [122]

Aber nicht nur die Sterberate sank beträchtlich, sondern die Geburtenrate blieb weiterhin unverändert hoch. Es hängt dies mit Erscheinungen des Überbaus zusammen, die in der oben zitierten Schrift Khalatbaris überzeugend als Reflexion einer bestimmten ökonomischen Basis nachgewiesen werden können.[123] Wir brauchen hier nicht näher darauf einzugehen. Was allerdings sehr aufmerksam registriert werden muß, ist die Tatsache des Charakters dieser Basis, daß es sich nämlich generell um vorkapitalistische bzw. vorkapitalistisch-deformierte Produktionsweisen handelt, die solche hohen Geburtenraten erzeugen.

Aus diesem Zusammentreffen sinkender Sterberaten[124] und weiterhin hoher Geburtenraten (vorkapitalistisch-deformierter Produktionsweisen) entsteht die für alle Entwicklungsländer typische „Bevölkerungsexplosion“, d. h. ein sprunghaftes Ansteigen der Bevölkerungsanzahl, das sich in der Regel auch in hohen Bevölkerungsdichten niederschlägt.

Wir haben aber bereits gesehen, daß die traditionelle Produktionsweise ackerbautreibender Stämme nur mit niedrigen Bevölkerungsdichten vereinbar ist, weil dem Boden die erforderliche lange Zeit zur Regeneration seiner Fruchtbarkeit gesichert werden muß. Die Bevölkerungsdichten in den von den Kolonialmächten beeinflußten Gebieten stiegen jedoch

[122] Khalatbari, P., Überbevölkerung in den Entwicklungsländern, Berlin 1968, S. 76ff. [123] Ebenda, S. 61–70.

[124] Hinsichtlich der „zivilisatorischen Mission“ des Kolonialsystems darf man sich dabei keinerlei Illusionen hingeben. In Ostafrika betrug die Kindersterblichkeit noch in den 30er Jahren zwischen 25 und 70 Prozent! (Afrika. Handbuch der praktischen Kolonialwissenschaften, a. a. O., S. 12).

innerhalb weniger Jahrzehnte (also im wesentlichen in ein und derselben Generation von Ackerbauern!) sprunghaft zum Teil auf über 100 Einwohner/km^2 an. Es liegt auf der Hand, daß sich hieraus enorme Komplikationen und Widersprüche, vor allem aber Auswirkungen auf die Bodenfruchtbarkeit ergeben mußten.

Es wäre jedoch verfehlt, diesen Entwicklungsverlauf als einen einfachen Widerspruch zwischen wachsender Bevölkerung und vorhandenen Nahrungsmitteln aufzufassen, wie dies meist die bürgerliche Wissenschaft tut, obgleich an der Oberfläche, gleichsam nach außen hin, sich die Problematik hauptsächlich so darbietet. In Wahrheit handelt es sich um einen Widerspruch zwischen der bestehenden materiell-technischen Basis der traditionellen Gesellschaft und den äußerst rasch zunehmenden Geburtenüberschüssen, was als Ergebnis exogener Faktoren aufzufassen ist, d. h., in diesem Widerspruch kommt die gewaltsame Deformierung der traditionellen Produktionsweise ebenfalls zum Ausdruck.

Es ist nunmehr zu untersuchen, in welcher Weise die Maßnahmen und Wirkungen des Kolonialsystems sich dabei auf die traditionellen gesellschaftlichen Verhältnisse auswirkten und welches ihre Ergebnisse im Hinblick auf die agraren Produktivkräfte im traditionellen Bereich waren.

Beginnen wir mit den gesellschaftlichen Verhältnissen.

2. Die Auswirkungen auf die traditionellen gesellschaftlichen Verhältnisse

Im ersten Abschnitt hatten wir gesehen, wie sich bereits in der vorkolonialen Periode einerseits die Häuptlingsinstitution aus einer gentilen Einrichtung in eine Institution der Klassenherrschaft umzuwandeln begann und andererseits unter dem Einfluß verschiedener weiterer Faktoren sich eine Eigentumsdifferenzierung, insbesondere eine Veränderung des Bodeneigentums, abzeichnete.

Die Kolonialperiode *verstärkte* diese Tendenzen erheblich, wobei es große Unterschiede bei den einzelnen Stämmen gab, insbesondere, soweit die Einführung von cash crops unterschiedlich war. Von entscheidendem Einfluß war außer den cash crops die teilweise rapide Zunahme der relativen Bevölkerungsdichte als unmittelbares Ergebnis der Kolonialherrschaft, d. h. exogener Faktoren.

Wir werden im folgenden diese beiden hauptsächlichen Elemente der gesellschaftlichen Verhältnisse für die Entwicklung der agraren Produktivkräfte – die Häuptlingsinstitution als Teil des Überbaus und die Bodeneigentumsverhältnisse als bestimmenden Teil der Produktionsverhältnisse – etwas näher untersuchen.

Die Auswirkungen der Kolonialherrschaft auf das Häuptlingssystem sind im wesentlichen darin zu sehen, daß

a) im Rahmen der „indirect rule" das System der Häuptlinge als Herrschaftsinstitution insgesamt eine weitere Befestigung und Ausprägung erfuhr;

b) innerhalb der Häuptlingschaft eine erhebliche Differenzierung einsetzte, und zwar in der Weise, daß die Dorfhäuptlinge meist der gleichen Ausbeutung und Unterdrückung ausgesetzt waren wie die übrigen Stammesgenossen, während die Oberschicht der Häuptlinge mit aktiver Unterstützung der Kolonialmacht rasch an ökonomischen und politischen Vorrechten gewann;[125]

c) auch dort traditionelle Machtstrukturen (als Native Authorities, d. h. als Stützen der Kolonialmacht) etabliert wurden, wo solche noch nicht oder nur unvollständig vorhanden waren.[126]

Für die vorliegende Arbeit ist dabei von besonderem Interesse, wie die Ausbildung individueller und privater Formen des Bodeneigentums vorangetrieben wurde.

In diesem Zusammenhang ist als erstes festzustellen, daß die „traditionell überkommenen Eigentumsansprüche der Häuptlinge an Grund und Boden ... von der Kolonialmacht de jure anerkannt werden (mußten), da der Einbau der Häuptlinge in den kolonialen Verwaltungsapparat nur dann einen gewissen Erfolg haben kann, wenn die Machtgrundlagen des ‚eingeborenen Herrschers' auch ökonomisch gefestigt bleiben."[127]

So erfolgte bereits seit 1922 im Haya-Distrikt die Registrierung der Pächter und Verpächter durch den verantwortlichen District Commissioner. Einer Untersuchung von Reining zufolge ergab sich Anfang der 50er Jahre folgende Bodenverteilung bei den Haya:

10 Prozent aller erwachsenen Männer (Steuerzahler) besaßen keinen Boden,
16 Prozent sind Pächter,
6 Prozent der Landeigentümer verpachten Boden, wobei die Verpächter größtenteils Häuptlinge sind.[128]

[125] Herzog, J., Nationale Befreiungsrevolution und traditionelle Führungskräfte, a. a. O., S. 70.

[126] Ebenda, S. 71, 72.

[127] Ebenda, S. 75.

[128] Reining, P. C., Haya Land Tenure: Land Holding and Tenancy, in: Anthropological Quarterly, Nr. 2/1962, S. 67 (zitiert aus: Herzog, J., Nationale Befreiungsrevolution und traditionelle Führungskräfte, a. a. O., S. 76).

Jedoch erfolgte diese De-jure-Anerkennung des Bodeneigentums nicht in allen Gebietsteilen, sondern nur dort, wo bereits in der vorkolonialen Zeit das Gemeineigentum weitgehend ausgehöhlt war oder schon nicht mehr existierte. Andererseits kommt es aber auch in den Gebieten, wo in der vorkolonialen Periode noch kein individuelles oder Privateigentum an Boden bestand, zu einer raschen Konzentration des Bodens in den Händen der Häuptlinge.[129]

Insgesamt ist festzustellen, daß sich durch die Kolonialherrschaft die Verfügungsgewalt insbesondere der Oberschicht der Häuptlinge über den Gemeindeboden erheblich verstärkte. Hailey schreibt: „In einigen Gebieten hat sich die traditionelle Autorität der Chiefs zur Verteilung von Stammesland in die Ausübung eines Rechts zur Verfügung von Fremden oder in ein feudales Recht zur Einnahme von Pachten entwickelt.“[130]

Die fortschreitende Eigentumsveränderung und Eigentumsdifferenzierung, vor allem an Bodeneigentum, zeigt sich in einer Reihe von Erscheinungen, von denen wir 3 behandeln.

Die weitere Ausprägung des individuellen Bodenbesitzes bis zu Formen privaten Bodenbesitzes

Bereits Hailey[131] hatte Ende der 30er Jahre auf einige Beispiele bei den Chagga, auf die Insel Ukerewe sowie auf die Region des Victoria-Sees u. a. hingewiesen, wonach sich über den Einfluß wachsender Bevölkerungsdichten und zunehmender Kultivierung von Land für cash crops und andere Zwecke relativ geschlossene Anbaugebiete herausbilden, in deren Folge Abgrenzungen von Landparzellen sowie feste Besitzformen sich abzeichnen.

Inzwischen liegen eine Reihe detaillierte Untersuchungen vor, die diese Tendenz eindeutig unterstreichen. Auf den Interims-Bericht von Oldaker wurde bereits hingewiesen. Hier seien noch einige ergänzende Bemerkungen angefügt. „In vielen Stammesgebieten, vornehmlich in solchen der Chagga und Haya, wurden Untersuchungen vorgenommen; ein vorbehaltloser Kauf von Landrechten wird hier praktiziert, ist

[129] Vgl. hierzu: Herzog, J., Nationale Befreiungsrevolution und traditionelle Führungskräfte, a. a. O., S. 79.

[130] Hailey, An African Survey, a. a. O., S. 865.

[131] Ebenda, S. 847f.

jedoch normalerweise auf den Verkauf an Stammesangehörige beschränkt."[132]

„Die generelle Richtung der Landverteilung bei allen Stämmen geht auf eine permanente Verteilung" (d. h. auf Lebenszeit – D. G.).[133] Für das Gebiet der Chagga (Gebiet der fruchtbaren vulkanischen Böden des Kilimandjaro) wurde von 1960 bis 1962 im Auftrag der Ford Foundation von M. v. Clemm[134] eine Untersuchung vorgenommen, die insbesondere auch hinsichtlich der Eigentumsentwicklung wertvolle Aufschlüsse liefert.

Das Chagga-Gebiet ist generell in 2 Regionen aufgeteilt, die sog. Kihamba-Region („Kihamba-Belt") sowie die Shamba-Region („bush Belt"). Für beide Regionen ist eine bestimmte vorherrschende Form des Bodeneigentums typisch.

Kihamba-Region. Es ist das traditionelle Siedlungsgebiet der Chagga, äußerst fruchtbar, mit einem gesunden Klima und ausgestattet mit günstigen natürlichen Bedingungen zur Kanalbewässerung, die von den Chagga bereits vor der Kolonialperiode gut genutzt wurden. Durch eine hohe Besiedlungsdichte, vor allem aber durch den eingeführten Kaffee-Anbau ist das Gebiet territorial völlig aufgeteilt, d. h., das Land ist völlig im individuellen Besitz der traditionellen Bevölkerung. Es gibt feste markierte Grenzen sowie eine erblich bedingte Realteilung. Ein Einfluß der Native Authorities auf den Wechsel des Bodens ist kaum noch vorhanden, d. h., das Kihamba-Bodenrecht (Kihamba rights in law) ist größtenteils nicht mehr traditionell. Die Durchschnittsfläche beträgt je Kopf 3,5 acres.

Shamba-Region. Die etwas tiefer gelegene Shamba-Region ist weitaus weniger dicht bevölkert und auch nicht so fruchtbar. Vor allem reichen die Wasservorräte der Bäche aus den Bergregionen nicht bis in die Shamba-Region, so daß hier im Gegensatz zur Kihamba-Region, wo ein ganzjähriger Mischanbau von Bananen und Kaffee möglich ist, nur ein saisonbedingter Regenfeldbau von Mais, untermischt mit Bohnen, möglich ist. Der Bodenbesitz (shamba-right) ist daher erheblich unterschiedlich zur Kihamba-Region. Zunächst ist die durchschnittliche Fläche je Kopf größer (oft bis 10 acres). „. . . diejenigen, die um nichts bereit wären, über

132 Oldaker, A. A., Tribal Customary Land Tenure in Tanganyika, a. a. O., S. 120.

133 Ebenda, S. 128.

134 Clemm, M. v., Agricultural Productivity and Sentiment on Kilimanjaro, a. a. O., S. 99–121.

ihre oberen Bodenstücke zu verhandeln (in der Kihamba-Region – D. G.), diskutieren bereitwillig über Umfang, Lage und Ertrag ihrer *shamba* – die Grenzen sind recht frei und durch Steinhaufen oder Gräben markiert ... Das *shamba*-Land ist verteilt unter die Schirmherrschaft der Chagga-Council ... Wenn es eine bestimmte Zeit brachgelegen hat, so kann ein anderer Anspruch darauf geltend machen. Das ist bei Kihamba-Land nicht der Fall", schreibt Clemm.[135] Das Shamba-Land unterliegt also noch erheblich stärker dem traditionellen Recht, d. h., die Formen individuellen Bodenbesitzes sind hier noch weniger ausgeprägt. Ständig leben in der Shamba-Region nur Zugewanderte, also Nicht-Chagga. Die Chagga der Kihamba-Region haben aber hier (in der Shamba-Region) fast alle noch eine shamba, die – mehr beiläufig – vor allem zur Gewinnung von Viehfutter (das die Frauen auf dem Kopf in die Kihamba-Region tragen)[136] – mit bewirtschaftet wird.

Was ist die Ursache für diese stark unterschiedliche Ausbildung von Bodeneigentumsformen in einem so unmittelbar angrenzenden Gebiet, wo sogar die gleiche ethnische Gruppe, ja oft die gleichen Personen, über unterschiedlich entwickelte Eigentumsformen verfügen? Die Erklärung liegt im wahrsten Sinne des Wortes in den *Produktions*-Verhältnissen. Clemm schreibt: „Wenn die tiefer gelegenen Regionen ausreichend bewässert würden, wäre eine erfolgreiche Landwirtschaft (sogar Tomaten, Kartoffeln, Baumwolle) möglich."[137] Mit anderen Worten: Der Bodenbesitz in der Kihamba-Region stellt zugleich ein Monopol an günstigen natürlichen Bedingungen – nämlich ausreichenden Bewässerungsmöglichkeiten – dar. Unter den Bedingungen der cash-crop-Marktproduktion (Kaffee) entsteht hieraus eine erhebliche Differentialrente gegenüber der Kihamba-Region. Bereits in der vorkolonialen Periode hatte diese Möglichkeit sehr rasch zu festen individuellen Formen des Bodeneigentums geführt. Dabei nutzen die Chagga ihr Okkupationsrecht gegenüber den Immigranten, indem sie diesen die schlechtere Shamba-Region teilweise überlassen. Man kann mit ziemlicher Sicherheit davon ausgehen, daß in der Shamba-Region sich sehr rasch gleiche feste individuelle Eigentumsformen am Boden herausbilden würden, wenn es gelänge, die Bewässerungsmöglichkeiten der Kihamba-Region durch geeignete Maßnahmen auch

135 Ebenda, S. 118.

136 Brewin, D. R., Kilimanjaro Agriculture, in: Tanganyika Notes and Records, Nr. 64/1965, S. 115.

137 Clemm, M. v., Agricultural Productivity and Sentiment on Kilimanjaro, a. a. O., S. 119.

auf die Shamba-Region auszudehnen. Dabei brauchte nicht einmal unbedingt die Bevölkerungsdichte zu steigen. Hieraus wird ein weiteres Mal deutlich, wie sehr eine bestimmte Eigentumsform tatsächlich ein *Produktions*-Verhältnis widerspiegelt (als allgemeinster Ausdruck).

Auch bei den Sukuma im Gebiet des Victoria-Sees haben sich feste Eigentumsformen an Boden herausgebildet. „Jeder Haushalt verfügt über eine festgelegte Farmfläche, die hauptsächlich aus potentiell anbaufähigem Land sowie einer gewissen Weidefläche besteht ... Die Durchschnittsgröße je holding beträgt 18,5 acres.“ [138] Weiter schreibt Rotenhan: „Die Nutzungsrechte, die der Bauer an seinem Land besitzt, sind dauerhaft und entsprechen einem de-facto-Eigentum ... Der Bauer ist nicht berechtigt, seine Grundstücke zu verkaufen oder zu beleihen.“ [139]

Für das Gebiet der Nyakusa berichtet Gulliver [140] ebenfalls von stark ausgeprägten Formen individuellen Bodeneigentums als Folge vor allem steigender Bevölkerungsdichten. Die durchschnittliche Bodenfläche gibt Gulliver hier mit 1,5–3 acres je erwachsenen männlichen Einwohner an.

Ausführlich behandelt auch Attems [141] die verschiedenen Bodeneigentumsformen der Shambala. Er unterscheidet Stammesland (traditionelles Gemeindeeigentum), Familienland (bei langjähriger Nutzung durch eine Familie) sowie Individualland (bei Kauf von Land).[142] Es ist bereits eine weitgehende Aufsplitterung der Bodenflächen als Folge von Erbteilungen festzustellen. Dagegen ist das Weide- (oder Brach-)Land noch stark traditionell gebunden. „An diesem Land gibt es keine individuellen Rechte ... In den Usambaras ist es üblich, unbestelltes Ackerland sowie alles Ackerland nach der Ernte als Weideland zu nutzen, gleichgültig, ob es Stammes-, Familien- oder Individualland ist ... Hingegen darf eine in Zahl unbegrenzte Viehherde das Weideland nutzen.“ [143]

138 Rotenhan, D. v., Cotton Farming in Sukumaland, Cash Cropping and its Application, in: Smallholder Farming and Smallholder Development in Tanzania (Ed. H. Ruthenberg), München 1968, S. 56.

139 Rotenhan, D. v., Bodennutzung und Viehhaltung in Sukumaland, a. a. O., S. 15.

140 Gulliver, P. H., Land Tenure and Social Change among the Nyakusa. An Essay in Applied Anthropology in South-West Tanganyika, Kampala 1958, S. 17–25.

141 Attems, M., Bauernbetriebe in tropischen Höhenlagen Ostafrikas, a. a. O., S. 30 bis 34, 53 bis 57.

142 Ebenda, S. 31.

143 Ebenda, S. 32.

Der Trend ist in allen Fällen der gleiche: vom traditionellen Stammesland über die verschiedensten Formen (und den verschiedensten Einschränkungen) des individuellen Bodenbesitzes zu dauerhaften individuellen Besitzformen bis zu Ansätzen von privatem Bodeneigentum. Oldaker resümiert daher: „Die generellen Regeln in der Evolution der traditionellen Bodenrechte (land customs) sind so uniform, daß man mit Sicherheit behaupten kann, daß – unter ähnlichen physischen Umständen – die traditionellen Landrechte in den verschiedenen Stammesgebieten im wesentlichen ähnlich sind." [144]

Die fortschreitende soziale Differenzierung als Folge der Herausbildung individueller und privater Bodeneigentumsformen

Es ist charakteristisch, daß sich untrennbar verbunden mit der Herausbildung individuellen Bodenbesitzes unaufhaltsam eine soziale Differenzierung in den einstmals egalitären Stammesgesellschaften vollzieht. Sichtbar und besonders deutlich wird dies zunächst an dem in der Regel erheblich größeren Bodenbesitz der Häuptlinge. Sie, die einstmals die Landverteilung im Interesse des ganzen Stammes vornahmen, sicherten sich mit dem Übergang zum stationären Feldbau und damit zu fixierten Formen des Bodeneigentums nicht nur erheblich größere Flächen, sondern oft auch die fruchtbarsten Parzellen. Sie errangen damit auch ökonomisch nunmehr eine bevorrechtete Stellung.

Clemm berichtet von den Chagga, daß in der Kihamba-Region sich ein erheblicher Teil des Landes in den Händen der Häuptlinge befände. Ihre Durchschnitts-Bodenfläche sei mit 20–40 acres erheblich größer als die für die gesamte Region (1,3–3 acres).[145]

Gulliver[146] gibt für die Nyakusa den durchschnittlichen Häuptlingsbesitz mit 25–30 acres an, während der Durchschnitt an Bodenbesitz je erwachsenen männlichen Einwohner 1,5–3 acres beträgt.

Cory[147] zeigt am Beispiel der Sukuma, daß auch andere Formen möglich sind, mit deren Hilfe sich die Häuptlinge Bodeneigentum dienstbar

[144] Oldaker, A. A., Tribal Customary Land Tenure in Tanganyika, a. a. O., S. 117.

[145] Clemm, M. v., Agricultural Productivity and Sentiment on Kilimanjaro, a. a. O., S. 102f. In der Shamba-Region beträgt die Durchschnittsfläche der Häuptlinge 50 bis 100 acres, im Grasland 200 bis 2000 acres (ebenda, S. 111).

[146] Gulliver, P. H., Land Tenure and Social Change among the Nyakusa, a. a. O., S. 37.

[147] Cory, H., Sukuma Land Law and Custom, London 1953, S. 125ff.

machen. Das traditionelle Häuptlingsfeld (elika), das von der Gemeinschaft bewirtschaftet wurde, um Nahrungsreserven anzulegen und Feste und Zeremonien davon zu bestreiten, wurde nach der Einführung von cash crops praktisch nicht nur zum Eigentum des Häuptlings, sondern auch die traditionellen Arbeitsleistungen wurden zugunsten des Häuptlings fortgesetzt. Das Ergebnis des Bodens und der Arbeit eignete sich der Häuptling an, abzüglich eines geringen Entgelts zunächst von Verköstigung der Arbeitskräfte, später in Form von Geld. Herzog schreibt hierzu, „daß vor allem die Oberschicht der Häuptlingschaft in diesem Prozeß der Eigentumsdifferenzierung, der zugleich ein Prozeß der Klassenpolarisierung ist, den Platz des Produktionsmitteleigentümers und damit des Ausbeuters (einnimmt)“[148].

Eine solche Charakterisierung darf jedoch nicht darüber hinwegtäuschen, daß dieser Prozeß der Bodeneigentumsdifferenzierung viel komplexer und weitaus vielschichtiger ist und nicht etwa nur auf der einen Seite landarme Bauern und landreiche Dorfhäuptlinge entstehen läßt. Auch innerhalb der Bauernschaft (d. h. der einfachen Stammesmitglieder) setzt eine Eigentumsdifferenzierung ein. Auch hierzu einige Beispiele.

Gulliver gibt für die Nyakusa an, daß der Prozeß der Eigentumsdifferenzierung bereits dazu geführt habe, daß 17 Prozent der Bauern völlig ohne Land seien (53 Prozent dieser 17 Prozent seien daher zur Lohnarbeit gezwungen).[149]

Rotenhan[150] gibt für die Sukuma an, daß etwa 75 Prozent der Betriebe über ca. 45 Prozent der Bodenfläche verfügen, während die restlichen 25 Prozent Betriebe über 55 Prozent des Bodens in Besitz haben. Ähnlich ist die Eigentumskonzentration auch in den Viehbeständen. Der Durchschnitt je Familie liegt hier bei

11 Rindern
5 Ziegen
4 Schafen
9 Hennen.

Jedoch haben 10 Prozent der Familien 40 Prozent des Viehs in Besitz (13 Prozent der Familien über 50 Prozent).[151]

[148] Herzog, J., Nationale Befreiungsrevolution und nationale Führungskräfte, a. a. O., S. 81f.

[149] Gulliver, P. H., Land Tenure and Social Change among the Nyakusa, a. a. O., S. 57.

[150] Rotenhan, D. v., Bodennutzung und Viehhaltung in Sukumaland, a. a. O., S. 29–31.

[151] Ebenda, S. 31.

Attems kommt zu ähnlichen Ergebnissen für die Shambala, ohne indessen Zahlen anzuführen. Er beschreibt die Ergebnisse dieser Eigentumsdifferenzierung aber wie folgt: „Je größer ein Betrieb ist, um so mehr Mais wird geerntet und desto weniger ist man darauf angewiesen, den schlecht schmeckenden Maniok zu verzehren ... Die Untersuchung zeigt somit ... Maniok wird von den verarmten, nur kleine Parzellen besitzenden Subsistenzbauern angebaut und verzehrt.“[152]

Dieser Zusammenhang zwischen Bodeneigentum und Ernährungsmöglichkeit macht Attems wie folgt zahlenmäßig sichtbar:

Abhängigkeit des Maniokanbaus von der Ackergröße und dem Familieneinkommen[153]:

	Soni	Bumbuli	Mulungui
Ackerland je Betrieb (ha)	0,81	0,58	0,41
Flächenanteil Maniok (%)	29	31	43
Familieneinkommen (DM) incl. außerbetriebl. Einkommen	1626	1103	476

Interessanterweise finden wir hier die gleiche Erscheinung, auf die bereits Lenin hinwies, daß nämlich die Entwicklung des kleinen Bodeneigentums in der Landwirtschaft die Lebensbedingungen der Masse der Bauern absolut verschlechtert. Natürlich ist dieser Prozeß in Tanganyika modifiziert, vor allem durch den noch vorhandenen gemeinschaftlichen Bodenfonds in Form der Weiden und Brachen.

Das Entstehen einer großen Zahl landarmer Bauern

Als Ergebnis der Aushöhlung des Gemeindegrundeigentums und des Aufkommens individueller und z. T. privater Besitzformen an Boden entstand (und entsteht) eine Mehrheit landarmer Bauern in allen Stammesgebieten. Bakula[154] und Ntirukigwa bezeichnen z. B. in Fallstudien die Landarmut der Bauern als eines der dringendsten Probleme. In einem Bericht über die Landwirtschaft Tanga-

[152] Attems, M., Bauernbetriebe in tropischen Höhenlagen Ostafrikas, a. a. O., S. 68.

[153] Ebenda.

[154] Bakula, B. B., The Effect of Traditionalism on Rural Development: The Omurunazi Ujamaa Village, Bukoba, in: Building Ujamaa Villages in Tanzania (Ed. J. H. Proctor), Dar es Salaam 1971, S. 19. Ntirukigwa, E. N., The Land Tenure System and the Building of Ujamaa Villages in Geita: A Case Study of Kalebezo, in: Ebenda, S. 38 f.

nyikas[155] 1950 wird die Durchschnittsgröße einer ostafrikanischen Bauernfamilie mit 6–7 acres (ca. 3 ha) angegeben, wobei die Kopfzahl dieser Familien meist außerordentlich hoch ist (bei den Chagga z. B. zwischen 2 und 17 Personen)[156]. Ähnliche, meist aber z. T. weit darunter liegende durchschnittliche Bodenflächen werden für alle Stammesgebiete Tanganyikas angegeben. Hieran konnte sich zunächst auch nach der politischen Unabhängigkeit Tansanias nichts ändern, eine Tatsache, die von grundlegender ökonomischer und politischer Bedeutung ist. So lag die Durchschnitts-Bodenfläche je Familie bei den Chagga Anfang der 60er Jahre bei 7,5 acres (im einzelnen schwanken die Größen zwischen 1 und 9 acres).[157] Gulliver[158] gibt für die Nyakusa im Durchschnitt 1,5–3 acres je erwachsenen Mann an, was je Familie einer außerordentlich niedrigen Bodenausstattung entspricht. Rotenhan[159] errechnete, bei den Sukuma eine durchschnittliche Bodenfläche von 18,5 acres je Familie, wobei hier das in größerem Umfange noch vorhandene Brachland offenbar mit einbezogen ist. Michalski[160] gibt die Durchschnittsfläche einer tansanischen Bauernfamilie für die verschiedenen Regionen und Betriebssysteme zusammenfassend wie folgt an:

Tabelle 8

Durchschnittsflächen tansanischer Bauernbetriebe (in Hektar)

Region bzw. Betriebssystem	Wirtschaftsfläche	Anbaufläche
Baumwollfarmer (Sukumaland)	7,5*	2,7
Kaffee-Bananenfarmer (Kilimandjaro-Region)	1,7	1,2
Kokosnuß-Cassava-Farmer (Küstengebiet/Tanga)	–	1–3
Tabakfarmer (Zentralgebiet)	5–8*	2,0
Getreide-Cassava-Farmer (Ukara/Victoria-See)	2,5	1,7

* einschließlich Landreserven (Brache) für den Wanderfeldbau

155 Tanganyika, Report on the Analysis on the Sample Census of African Agriculture – 1950, Nairobi 1953, S. 12ff.

156 Brewin, D. R., Kilimanjaro Agriculture, in: Tanganyika Notes and Records, Nr. 64/1965, S. 115.

157 Ebenda.

158 Gulliver, P. H., Land Tenure and Social Change . . ., a. a. O., S. 11.

159 Rotenhan, D. v., Cotton Farming in Sukumaland, a. a. O., S. 56.

160 Michalski, K.-J., Landwirtschaftliche Genossenschaften in afro-asiatischen Entwicklungsländern, Studien über Asien, Afrika und Lateinamerika, Bd. 5, Berlin 1973, (im Druck).

Die Ursache der insgesamt in Tansania niedrigen Bodenausstattung der Bauernfamilien liegt einmal darin begründet, daß nur ein geringer Teil des Landes mit den traditionellen Mitteln und Methoden des Landbaus landwirtschaftlich genutzt werden kann. Eine ganze Reihe von Gebieten ist wegen der unsicheren oder überhaupt unzureichenden Niederschläge gar nicht nutzbar. Die einzelnen Stämme konzentrieren sich daher in bestimmten Gebieten.[161] Die im Abschnitt 1 dargestellten Wirkungen der Kolonialherrschaft führten dann in diesen Gebieten zu einer rasch zunehmenden Bodenverknappung. Aus den einstmals ausreichend mit Landreserven ausgestatteten Stammesgebieten entstanden so innerhalb weniger Jahrzehnte Gebietsteile mit einer Mehrheit landarmer und z. T. bereits landloser Bauern.

An diesem Beispiel zeigen sich die enge Verflechtung sog. innerer und äußerer Faktoren sowie das komplizierte Zusammenspiel der traditionellen Stammesstrukturen mit der Struktur der agraren Produktivkräfte.

Die traditionelle Produktionsweise tritt als innerer Faktor auf, d. h., das Stammessystem verhindert weitgehend eine Abwanderung von relativ überschüssiger Bevölkerung. Aber es ist die traditionelle Produktionsweise nicht allein, die durch die Okkupation bestimmter Gebietsteile solche geradezu verheerenden Bevölkerungsdichten entstehen läßt. Auf den allgemeinen Aspekt, daß nämlich das Kolonialsystem zunächst der auslösende Faktor hierbei war, wurde bereits ausführlich hingewiesen.

Es ist aber andererseits auch unbedingt zu bemerken, daß das Kolonialsystem keinerlei ökonomische Voraussetzungen (Infrastruktur, Märkte usw.) schuf, um durch eine allgemeine wirtschaftliche Erschließung bisher nicht besiedelter Regionen eine solche Abwanderung relativ überschüssiger Bevölkerung zu ermöglichen und zu stimulieren und damit die negativen Wirkungen im Bereich von Bodenfruchtbarkeit und geographischem Milieu zu verhindern.

In einem anderen Zusammenhang spielt auch die Politik der indirect rule eine bestimmte Rolle. Die Kolonialpolitik hatte einseitig die Spitzen der Häuptlingschaft begünstigt, während die einfachen Dorfhäuptlinge nahezu der gleichen ökonomischen Ausbeutung und Unterdrückung durch die Kolonialmacht unterlagen wie die einfachen Stammesgenossen. Diese Gleichstellung mit den einfachen traditionellen Bauern, die letztlich zu einer positiven Rolle der Dorfhäuptlinge im nationalen Befreiungskampf

[161] Vgl. hierzu auch die Tabelle von Gilman auf S. 252.

führte und ihnen die Unterstützung der Mehrheit der Stammesgenossen sicherte, verstärkte zugleich aber ihren Einfluß auf die traditionelle Form des Anbaus, d. h., eine ihrer spezifischen Formen des Widerstandes gegen die Kolonialherrschaft war die Aufrechterhaltung der traditionellen ackerbaulichen Nutzungssysteme, die sie gegen die von den weißen Eroberern propagierten Neuerungen im Feldbau zu verteidigen suchten. Hierbei fanden sie eine starke Unterstützung bei den traditionellen Bauern. Obgleich also, wie Hailey durchaus richtig bemerkt, die allgemeinen Wirkungen des Kolonialsystems die Position der Häuptlingschaft untergruben, verstärkte sich auf der andern Seite durch die oben angeführten Umstände die Rolle der Dorfhäuptlinge im Hinblick auf die Beibehaltung der traditionellen ackerbaulichen Nutzungssysteme, was letztlich in der generellen Konservierung der traditionellen Stammesinstitution im Rahmen der indirect rule begründet lag.

Kompliziert wurden diese Probleme weiter dadurch, daß die Landausstattung der einzelnen Stämme durch die natürliche Zunahme der Bevölkerung sowie eine Reihe anderer Faktoren weiter vermindert wurde. Auch schwanken die durchschnittlichen Besitzgrößen an individuellem Land in den einzelnen Landesteilen sehr stark, wobei zu bedenken ist, daß 3 acres Land in der fruchtbaren Kihamba-Zone des Kilimandjaro nicht gleichzusetzen sind einer gleichen Fläche in den Usambaras. Für die Führungskräfte des unabhängigen Tansania besteht daher eine wichtige Aufgabe darin, mit der schrittweisen Überwindung des Tribalismus auch die extrem niedrigen Bodenausstattungen der Bauern zu beseitigen[162], wobei die angewandten Methoden sich selbstredend grundsätzlich von denen der Kolonialmächte unterscheiden, die z. B. drohenden Unruhen unter der Stammesbevölkerung infolge Landmangel dadurch zu begegnen versuchten, daß sie gewaltsam Teile der Bevölkerung aus solchen Gebieten in weniger übervölkerte Stammesgebiete umzusiedeln versuchten.[163]

3. *Die Veränderung der ackerbaulichen Nutzungsformen*

Nachdem in den vorangegangenen Abschnitten die unter dem Einfluß der Kolonialherrschaft rasch fortschreitende ökonomische und gesell-

[162] Vgl. hierzu Kapitel III, S. 245.

[163] Vgl. hierzu Attems, M., Bauernbetriebe in tropischen Höhenlagen Ostafrikas, a. a. O., S. 44.

schaftliche Differenzierung dargestellt wurde, ist nunmehr zu untersuchen, wie sich die Produktionsweise, vor allem die Technik und die materiell-technische Basis der traditionellen Landwirtschaft, in dieser Zeit veränderte. Beachten wir zunächst die ackerbaulichen Nutzungssysteme von seiten der angewandten Verfahren (der Technik im weiteren Sinne) anhand einiger Beispiele.

Im Gebiet der Chagga am Kilimandjaro, und zwar im sog. Kihamba-Gürtel, wurde in der Kolonialzeit der Kaffee-Anbau eingeführt. Anbaufläche und Erzeugung entwickelten sich wie folgt:

Tabelle 9 [164]

Wachstum der Kaffee-Produktion bei den Chagga seit 1923 *

Saison (Juli bis Juni)	Anbauer	Fläche	grüner Kaffee (in t)
1923/24	3300	1200	32
1929/30	10000	4300	416
1935/36	21740	9380	1475
1940/41	26890	16180	3250
1945/46	29600	16830	2512
1950/51	32030	23010	5049
1955/56	37600	28200	6577
1960/61	45000	34000	8739

* Anbauer und Fläche (in acres) grob geschätzt

Der Kaffee-Anbau erfolgt im Mischanbau mit Bananen (meist sog. Futterbananen), nur in den obersten Regionen wird der Kaffee im Reinanbau gepflanzt. Ursache des Mischanbaus sind sowohl agronomische als auch ökonomische Gründe. Bananenblätter werden z. B. dringend zum Mulchen (Bodenbedeckung zur Abwehr von Austrocknung und Erosion) sowie zur Viehfütterung (Dünger) benötigt. Andererseits ist die Landverknappung soweit fortgeschritten, daß die durchschnittlich pro Familie verfügbaren Bodenflächen von 7,5 acres (bei 2–17 Personen pro Familie) nicht genügend Ertrag abwerfen, um damit existieren zu können.[165] Die Banane als Subsistenzkultur dagegen (ergänzt durch Bohnen, Sorghum usw.) garantiert die physische Existenz der Familie (sie ist nicht abhängig

[164] *Quelle:* Clemm, M. v., Agricultural Productivity and Sentiment on Kilimanjaro, a. a. O., S. 112.

[165] Clemm, M. v., Agricultural Productivity and Sentiment on Kilimanjaro, a. a. O., S. 106–110.

von Preisschwankungen, was bei Kaffee z. B. eine entscheidende Rolle spielt)[166]. Gegenüber der traditionell betriebenen Landwirtschaft hat sich im Grunde an den Methoden nichts geändert, außer daß jetzt nahezu alle Bodenflächen ständig beansprucht werden, was auf Kosten der Nährstoffsubstanz der Böden geht. Da es sich um nährstoffreiche junge Böden vulkanischen Ursprungs handelt, fällt dieser Substanzverlust nicht sofort ins Gewicht, jedoch kann eine solche einseitige Bodenauszehrung nicht unbegrenzt fortgesetzt werden. Auch die starke Übervölkerung dieses Gebietes läßt die Grenze einer solchen Produktionsweise offenkundig werden. Im Grunde handelt es sich um eine Form des Raubbaus am Boden, da ein völlig ungenügender Ersatz für den Entzug mineralischer Nährstoffe erfolgt.

Im Gebiet des Victoria-Sees (der Sukuma) wurde der Baumwoll-Anbau stark ausgedehnt. Allein die See-Region erbrachte 87 Prozent des Baumwoll-Ertrages Tanganyikas. In der Zeit von 1947 bis 1962/64 stieg die Baumwoll-Erzeugung auf das Siebenfache. Nahezu die gesamte Ertragssteigerung erfolgte durch die Ausweitung von Anbauflächen[167], d. h. durch Bracheverkürzungen, wie sie bereits dargestellt wurden. Da die Baumwolle als einjährige Pflanze stark erosionsfördernd wirkt und auch darüber hinaus als fruchtbarkeitsmindernd zu klassifizieren ist, ergaben sich mit

166 Vom traditionell-bäuerlichen Kaffee-Anbau Ugandas liegt uns folgendes Zahlenbeispiel vor, das im Prinzip auch auf die Probleme der Chagga und anderer traditioneller bäuerlicher Kaffee-Anbauer zutrifft:

	Anbaufläche von Kaffee in Hektar	Erlös in Mio ostafrikanische Pfd.
1955	117800	14,05
1963	238000	14,25

Quelle: Länderbericht Uganda 1965, Statistisches Bundesamt Wiesbaden, Stuttgart/Mainz 1966, S. 27.
Hieraus zeigt sich erneut die ganze Problematik der cash crops unter den Bedingungen des kapitalistischen Weltmarktes.

167 Rotenhan, D. v., Cotton Farming in Sukumaland, a. a. O., S. 23. Es heißt dort: „So wichtig auch die Mehrproduktion von Baumwolle sein mag, so bleibt doch festzuhalten, daß sie fast ausschließlich auf der Bestellung zusätzlicher Flächen ... beruhte. Auf die Dauer gesehen ... muß eine Produktionssteigerung, die auf einer Ausdehnung der Anbaufläche basiert und nicht durch gesteigerte Flächenerträge begleitet wird, in eine ... ‚Stagnation auf höherem Niveau' ..." (einmünden).

dem Anbau dieser Pflanze schwierige ackerbauliche Probleme für die traditionellen Anbauer. Im Gebiet der Sukuma konnte dies zur Abwehr der größten Gefahren nur in der Weise geschehen, daß der Baumwoll-Anbau immer stärker mit dem Anbau von Cassava (Maniok) gekoppelt wurde. Cassava als mehrjährige Pflanze (nichtafrikanischen Ursprungs!) übernahm wichtige Funktionen der Brache bei gleichzeitiger Erzeugung von Subsistenznahrungsmitteln, d. h., es wurde auf diese Weise eine unmittelbare und rasche Zerstörung großer Areale landwirtschaftlich nutzbarer Flächen verhindert. Dagegen konnte ein kontinuierliches Absinken der Bodenfruchtbarkeit jedoch nicht aufgehalten werden, da sowohl Baumwolle als auch Cassava stark fruchtbarkeits- und vor allem nährstoffzehrend sind und ein Nährstoffersatz so gut wie nicht erfolgt. Auf reguläre Brachen konnte daher bisher nicht gänzlich verzichtet werden. Ein typisches Beispiel dieser Fruchtfolgen[168] im Seengebiet (des Central Sukumalandes) ist:

1.– 3. Jahr	Baumwolle
4. Jahr	Kurzbrache
5. Jahr	Mais – Sorghum – Leguminosen (Mischanbau)
6. Jahr	Cassava (mit gleichzeitigem Mischanbau Mais – Leguminosen)
7.– 8. Jahr	Cassava (alter Bestand als „Cassava-Brache“)
9.–10. Jahr	Baumwolle
11.–14. Jahr	Mittelbrache
15.–17. Jahr	Mais – Sorghum – Leguminosen (Mischanbau)
5–30 Jahre	Dauerbrache

Die Folgen dieses einseitigen bodenzehrenden Anbaus sind Bodenerschöpfung und Erosionserscheinungen[169]. Gleichzeitig ist eine Verschlechterung der Ernährung der traditionellen Bevölkerung zu verzeichnen, da an die Stelle von Getreide und Hülsenfrüchten zum großen Teil die eiweiß- und mineralstoffarme Cassava getreten ist.[170] Ähnlich ist der Entwicklungsverlauf der ackerbaulichen Verfahren und der Folgen auch im Gebiet der Usambaras. Hier wird vorwiegend Kaffee angebaut, als Folge hiervon sowie z. T. wachsender Bevölkerungsdichten (als Ergebnis natürlicher Bevölkerungszunahme) trat Landverknappung mit Bracheverkürzung ein. Auf den außerordentlich nährstoffarmen Böden der Usambaras hatte dies extrem negative Folgen. „Insgesamt spielt die

[168] Ebenda, S. 65–67.

[169] Rotenhan, D. v., Bodennutzung und Viehhaltung in Sukumaland, a. a. O., S. 108.

[170] Ebenda, S. 76.

Brache heute keine große Rolle in der Shambala-Landwirtschaft. Die Erträge stagnieren auf einem niedrigen Niveau ... Eine positive Lösung des Problems der Bodenfruchtbarkeit durch Dünger ist unbekannt ... Das Problem der Bodenfruchtbarkeit ist somit bei den Shambala in jeder Hinsicht ungelöst geblieben ... Die Untersuchung zeigt, daß in den Usambara-Bergen ... eine Form der Bodennutzung vorliegt, die nicht in der Lage ist, einer wachsenden Bevölkerung einen gleichbleibenden Lebensstandard zu gewähren. Ein zunehmender Rückgang der Bodenfruchtbarkeit bis zu einem Bodenverlust durch Erosion sind die Begleiterscheinungen, die die landwirtschaftlich genutzte Fläche des Usambara-Gebirges progressiv reduzieren."[171]

Soweit cash crops in den einzelnen Stammesgebieten eingeführt wurden, ist eine ähnliche oder gleiche Entwicklung wie die dargestellte hinsichtlich der zur Anwendung kommenden ackerbaulichen Verfahren sowie der damit verbundenen Folgen überall feststellbar. Der Grad der Bodenerschöpfung und des Absinkens der Bodenfruchtbarkeit ist dabei abhängig von der natürlichen Qualität der Böden (ihres natürlichen Nährstoffreichtums usw.), der Kulturpflanzenarten, die zum Anbau kommen (Baumwolle, Kaffee usw.), sowie aber auch von den vorhandenen Möglichkeiten der traditionellen Anbauer, auf die negativen Ergebnisse des Anbaues positiv zu reagieren (Mulchen der Kaffee-Pflanzungen bei den Chagga durch Bananenblätter usw.).

Bevor wir eine zusammenfassende Wertung der durch die Kolonialherrschaft hervorgerufenen Veränderungen im traditionellen Ackerbau und in den Viehbeständen vornehmen, sollen die Wirkungen der Bodenerschöpfung und des Absinkens der Bodenfruchtbarkeit auf das geographische Milieu gezeigt werden. Hierdurch ergeben sich nicht zu unterschätzende Rückwirkungen auf den Ackerbau und auf die materiell-technische Basis der traditionellen Gesellschaften, da auf diese Weise natürliche Ressourcen und die materiell-technische Basis teilweise recht erheblich eingeschränkt wurden.

Die Degradation der Vegetation

Der mehr oder weniger rasche allgemeine Fruchtbarkeitsabfall sowie die im wesentlichen nicht mehr voll erfolgende Regeneration der ursprüng-

[171] Attems, M., Bauernbetriebe in tropischen Höhenlagen Ostafrikas, a. a. O., S. 77, 137.

lichen Vegetation in den Anbaugebieten (vor allem im Bereich des Regenwaldes und des Miombo-Waldes) führen zu einem Kreislauf, der als fortschreitende Degradation ganzer Vegetationsgebiete qualifiziert werden kann.[172]

Das bedeutet, daß sich unter dem Einfluß der deformierten traditionellen ackerbaulichen Nutzungssysteme nicht nur örtlich, sondern über ganze Landstriche hinweg der Charakter der Vegetation, d. h. die Vegetationszone selbst, verändert. Aus vorwiegend Baumsavannen werden z. B. Strauch- und Buschsavannen, die selbst wiederum bis zu reinen Grassavannen und Halbwüsten umgestaltet werden können. Unter der so degradierten Vegetation sind das Wasserhaltevermögen des Bodens und sein Speichervermögen beträchtlich gemindert, und das Gesamtniveau der gegebenen Bodenfruchtbarkeit, das in erster Linie durch die Art der Vegetation und ihre volle Regeneration bestimmt ist, vermindert sich. (Eine restlos zufriedenstellende Klärung dieser Zusammenhänge ist infolge der noch ungenügenden wissenschaftlichen Erforschung des Wanderfeldbaues und seiner Wirkung auf das geographische Milieu bisher nicht möglich.[173] In erster Linie handelt es sich jedoch offenbar darum, daß über die sich regenerierende Vegetation in den oberen Bodenschichten eine Anreicherung mineralischer Nährstoffe aus den unteren Schichten sowie ein biologischer Aufschluß von Nährstoffen erfolgen. Dies trifft vor allem für die Gebiete mit Waldvegetation zu. Für die Gebiete mit Busch-, Gras- oder reiner Grasvegetation spielt ebenfalls die Erhaltung des

[172] „Unter dem Einfluß solch langfristig wirkender antropogener Faktoren (wie z. B. Weidegang und Waldbrandrodung) läßt sich in den Übergangs- und Kontaktzonen zwischen den Vegetationsformationen, für die eine ökologische Instabilität typisch ist, ein langsames Zurückweichen der Waldgrenzen beobachten." (Manshard, W., Agrargeographie der Tropen, a. a. O., S. 261)
Daß es hier um Probleme geht, die nicht allein für Ostafrika typisch sind, zeigt das folgende Beispiel: „Auf diese Weise ist z. B. die Vegetation in weiten Flächen in Süd-Ost-Asien grundlegend umgewandelt worden. An Stelle großer Wälder findet man heute Grasland und einen veränderten Restwald. Auf den Philippinen hat man Grund zu der Annahme, daß 18% der Fläche als Folge der shifting cultivation heute Grasland sind. Dieses Grasland ist ackerbaulich von viel geringerem Wert als Waldland, da der Boden in den Tropen unter Gras ... schlechter regeneriert als unter Wald." (Finck, A., Tropische Böden, a. a. O., S. 116).

[173] Vgl. auch Graf, D., Einige Probleme der Veränderung des geographischen Milieus ..., a. a. O., S. 129.

Humusanteils für die Wasserhaltefähigkeit der an sich mineralstoffreicheren Böden eine Rolle.)

Eine geminderte Bodenfruchtbarkeit schließt ihrerseits die Existenz einer anspruchsvolleren Vegetation wiederum aus, so daß eine Art Teufelskreis entsteht. Ähnliche Probleme ergeben sich auch auf vielen zu Weidezwecken genutzten Flächen.

Andrae schreibt hierzu: „Die Bodenfruchtbarkeit in extensiver Weidewirtschaft ist in erster Linie eine Frage des Viehbesatzes und der Weidetechnik. Überweidung verursacht Verschwinden der ausdauernden Gräser, Überwiegen der einjährigen Gräser und zunehmende Verunkrautung und Verbuschung. Das Dominieren der einjährigen Gräser bedeutet, daß der Boden in der Trockenzeit zum großen Teil von jeglicher Pflanzendecke entblößt ist, weil sich die einjährigen Gräser nach Einsetzen der Regenzeit erst neu aus Samen entwickeln müssen."[174]

Die hohen Stückzahlen an Tieren behindern oder zerstören in starkem Maße die Vegetation, die unter tropischen Bedingungen eine *entscheidende* Bedingung zur Erhaltung der Bodenfruchtbarkeit darstellt. Die Herden beweiden dabei nicht, wie im Naturzustand, Großflächen, sondern relativ begrenzte Flächen. Es tritt dort eine Überweidung ein, d. h. eine Dauerschädigung der Gräser und der übrigen Vegetation bis zu einem Punkte, an dem sich die Pflanzen nicht mehr erholen können (begünstigt vor allem durch die periodischen Trockenzeiten). Es wird daher – vor allem durch Schafe und Ziegen – eine letztlich oft völlige Vernichtung der Vegetation herbeigeführt. „Die afrikanische Ziege ist nur Zahlungsmittel, ansonsten ein völlig unnützes und durch seine Genügsamkeit gefährliches Tier. Wenn der Grasvorrat erschöpft ist, frißt sie die Rinde von den Bäumen und vernichtet die Vegetation mit Stumpf und Stiel."[175]

Wie Zoologen und Botaniker dabei in jüngster Zeit festgestellt haben, erfolgt im Unterschied zu den in Ostafrika in natürlicher Wildbahn vorkommenden Arten (Zebra, Gnu, Antilope usw.) das Abweiden durch die domestizierten Tierarten in einer für die Vegetation einseitigen und schädlichen Form. Auf Wegen, die nicht genau bekannt sind, kamen Rinder aus dem südlichen und westlichen Asien, Schafe und Ziegen aus Südwestasien nach Ostafrika und wurden dort domestiziert. Während die einheimischen Arten zu verschiedenen Jahreszeiten unterschiedliche

174 Andrae, B., Weidewirtschaft im südlichen Afrika, Standorts- u. evolutionstheoretische Studien zur Agrargeographie und Agrarökonomie der Tropen und Subtropen, Wiesbaden 1966, S. 31.

175 Weitzenberg, H., Wasser- und Bodenerhaltung in Afrika, a. a. O., S. 30.

Arten an Gräsern und anderen Pflanzen abweiden und so auf der gleichen Fläche den verschiedenen Arten der Vegetation genügend Zeit zur Erholung und zum Wachstum geben, fressen die domestizierten Tierarten (vor allem auch durch ihre zahlenmäßige Konzentration je Fläche) jeweils alles, was sie vorfinden, so daß die Vegetation sich nicht mehr genügend erholen kann.[176]

Dabei zeigt sich besonders drastisch die katastrophale Auswirkung der als Folge der deformierten traditionellen Produktionsweise beträchtlich angestiegenen Viehbestände. Da die Tiere auch nahezu die gesamten Flächen beweiden, die als volle Brachen zur Regeneration der Fruchtbarkeit vorgesehen sind, wird hier nicht nur kein Brache-Effekt erzielt, sondern die große Zahl an Tieren zerstört zusätzlich einen Teil der noch vorhandenen Fruchtbarkeit und löst Erosionsvorgänge aus.

Weitzenberg spricht daher als Folge aller dieser Erscheinungen mit allem Nachdruck von einer fortschreitenden Versteppung Ostafrikas,[177] deren äußeres Kennzeichen die Veränderung der Vegetation, vor allem die Zunahme einjähriger Pflanzen bildet.

Das Absinken des Grundwasserspiegels

Die meisten Geographen und Agrarwissenschaftler sprechen von einem kontinuierlichen Absinken des Grundwasserspiegels in Afrika südlich der Sahara als Folge der Eingriffe des Menschen in die Natur.

„Die Zerstörung der Vegetation hat aber außer der Abschwemmung weitere schlimme Folgen für den Wasserhaushalt des Landes. Auf dem kahlen Boden kann das Wasser sehr rasch abfließen ... Es hat keine Gelegenheit tiefer einzusinken ... Aus diesem Grunde werden die Grundwasservorräte immer geringer ... Oft bleibt nur nackter Fels übrig, in dem weder die natürliche Vegetation noch die Kulturpflanzen gedeihen können ... Die natürliche Fruchtbarkeit des Bodens wird so vernichtet. Diese Vernichtung schreitet auch in Afrika in beängstigendem Maße fort. Es kann nicht nachdrücklich genug auf diese Gefahr hingewiesen werden ... Es ist also keine Klimaveränderung, sondern die Zerstörung

176 Prof. W. Ullrich in der Sendung „Die Tierwelt Afrikas im Umbruch“, DFF, Berlin, vom 6. 9. 1969. Auch Prof. B. Grzimek bestätigt dies durch seine Beobachtungen vor allem in der Serengeti.

177 Weitzenberg, H., Wasser- und Bodenerhaltung in Afrika, a. a. O., S. 11.

der Vegetation, welche die Veränderung der Wasservorräte, die in den letzten Jahrzehnten beobachtete Austrocknung verursacht hat".[178]

Weitzenberg spricht ebenfalls von einem Absinken des Grundwasserspiegels als Folge der Kultivierungsmaßnahmen des Menschen.[179]

In einem Bericht der Weltorganisation für Meteorologie (WMO)[180] wird darauf hingewiesen, daß in Afrika durch verstärkte Anbaumaßnahmen der Grundwasserspiegel jährlich um einige Zentimeter absinkt. Als Folge davon komme es zu klimatischen Veränderungen, die zu einer weiteren räumlichen Ausdehnung der Sahara führten.

Diese einschneidende Verschlechterung des Wasserhaushaltes hat im Gesamtprozeß der Regenerierung der Bodenfruchtbarkeit vor allem im Bereich der feuchten und wechselfeuchten Tropen, wo der Faktor Wasser dominiert, die wohl nachhaltigste Wirkung, da sich hierdurch auch das Makroklima in den Großlandschaften verschlechtert und somit ein Absinken der Bodenfruchtbarkeit auch auf Flächen eintritt, die nicht unmittelbar bewirtschaftet werden. „Die weitgehende Überführung der primären Urwaldvegetation in eine Ackerbau-Landschaft vermindert die Wasserspeicherung im Einzugsgebiet der Gewässer (im Nordwesten der Usambara-Berge, D. G.) so stark, daß sie neuerdings in der Trockenzeit versiegen."[181]

In diesem Zusammenhang muß auch erwähnt werden, daß die Kolonialmächte selbst auf erheblichen Flächen die Urvegetation bei der Anlage von Plantagen vernichtet haben und damit zur Verschlechterung des Wasserhaushaltes in Tanganyika unmittelbar beitrugen. Beispielsweise hat die Deutsch-Ostafrikanische Gesellschaft zu Beginn unseres Jahrhunderts fast das gesamte Usambaragebirge im heutigen Tansania abholzen und dort Kaffeeplantagen errichten lassen.[182]

[178] Jaeger, F., Afrika – Ein geographischer Überblick, a. a. O., S. 103ff.

[179] Weitzenberg, H., Wasser- und Bodenerhaltung in Afrika, a. a. O., S. 11.

[180] Neues Deutschland, Berlin, v. 14. 4. 1972, S. 3;
Vgl. hierzu auch Gillmann, C., Die vom Menschen beschleunigte Austrocknung von Erdräumen, in: Ztschr. der Gesellschaft für Erdkunde, Berlin 1937, S. 81.

[181] Attems, M., Bauernbetriebe in tropischen Höhenlagen Ostafrikas, a. a. O., S. 13.

[182] Vgl. hierzu: Wohltmann, F., 120 Kultur- und Vegetationsbilder aus unseren deutschen Kolonien, Berlin 1904, S. 79 bis 87. Es heißt dort beispielsweise: „Im Ost-Usambara-Gebirge ist insbesondere der Kaffeebau eingeführt und nimmt hier weite Flächen ein ... Das Gebirge war mit hochstämmigem und dichtem Urwald überzogen, den es zu fällen galt ... Dies geschieht zumeist

Die Bodenerosion

Als letzte Stufe in dieser Kette tritt eine fast vollständige Vernichtung der Bodenfruchtbarkeit ein, d. h. die Rückführung des Bodens auf die nackte Materie Gestein, bzw. in den feuchten Tropen die Abschwemmung der fruchtbaren Bodenkrume durch die tropischen Platzregen. „Der Boden ... ist in Afrika wie in anderen Ländern europäischer Kolonisation ... einer furchtbaren Zerstörung ausgesetzt ... Erst in den letzten zwei Jahrzehnten ist man auf die hier drohende Gefahr ernsthaft aufmerksam geworden", schreibt Jaeger.[183]

„Die steigenden Bodenverluste nehmen in den Anbau- und Weidegebieten Afrikas bereits derart katastrophale Ausmaße an, daß unbedingt Schutzmaßnahmen für die noch verfügbaren Bodenflächen notwendig werden."[184]

Auch Finck weist nachdrücklich auf die wachsende Erosionsgefahr in Afrika hin: „Die Bodenerosion ... ist nur ein Teilprozeß des umfassenden Vorganges der Verwüstung arider und semi-arider Gebiete. In Afrika dringt die Wüste heute Jahr für Jahr nach Süden vor, was zum Teil einer großklimatischen Tendenz entsprechen mag, aber auch durch menschliche Eingriffe bedingt ist. Die Wüste ist auf einer Strecke von 3000 km im Vormarsch. Alte Literaturangaben besagen, daß viele heutige Wüstenplätze einst fruchtbares Land mit genügend Wasser waren ... Der menschliche Einfluß beschleunigt das Vordringen der Wüste auf zweierlei Weise, einmal durch Vernichtung des Savannenwaldes ..., zum anderen durch Übergräsen der (Kurzgras-) Savanne. Es ist sogar die Frage aufzuwerfen, ob die reine Grassavanne überhaupt eine natürliche Vegetationsform am Südrand der Wüste darstelle oder lediglich anthropogenes Produkt sei."[185]

Bereits Hailey hatte eindringlich auf die wachsenden Bodenerosionen als Folge fortschreitender Zerstörung der Vegetation in Afrika hingewiesen. Er schrieb: „Das Problem, das in Afrika das Bild einer Beschleunigung der normalen Erosionsrate hat entstehen lassen, ist durch die Aktivi-

in der Regenzeit. Nachdem alsdann das Land und die kleinen Äste in der Trockenzeit trocken geworden, wird gebrannt ... Nachdem das Land in Ost-Usambara aufgeteilt war, wandte sich der Kaffeebau auch nach West-Usambara."

183 Jaeger, F., Afrika. Ein geographischer Überblick, a. a. O., S. 99.

184 Weitzenberg, H., Wasser- und Bodenerhaltung in Afrika, a. a. O., S. 11.

185 Finck, A., Tropische Böden, a. a. O., S. 165.

täten des Menschen verursacht ... die Vernichtung der Vegetation, sei es Wald oder Gras, ist der wesentliche Grund der beschleunigten Erosion."[186] (Hailey unterstellt hier für die Klimax die bekannte normale Erosionsrate und bezeichnet als Erosion im eigentlichen Sinne eben jene vom Menschen ausgehenden akzelerierten Erosionsvorgänge. Vgl. S. 103)

Als Ursache gibt er deutlich an: „Das Ergebnis der Europäer-Herrschaft hatte in fast allen Gebieten verschiedene der Faktoren verstärkt, die zur Bodenerosion führen. An erster Stelle führte sie zum Anwachsen der Bevölkerung in verschiedenen Gebieten mit dem Ergebnis, daß mehr Land zum Anbau von Nahrungsmitteln benötigt wurde. Die Konzentration von Eingeborenen in Reservaten ... wurde zu einem bedeutenden Faktor bei der Zunahme der Erosion. Verkaufskulturen okkupierten neu riesige Flächen und hatten zur Folge, daß mehr und mehr Land kultiviert wurde."[187]

Für Tanganyika gibt Hailey an, daß die Erosion „auf kultiviertem Land weit verbreitet ist" (ungefähr ein Dreißigstel des Territoriums). Am stärksten sind die Zentral- und die See-Provinzen sowie das Kilimandjaro-Gebiet betroffen.[188]

In der Regel ist die Bodenerosion auf ferralitischen Böden von Panzerbildungen begleitet.[189] Nachdem nach der Beseitigung der Vegetation durch Wasser und Wind der A-Horizont des Bodens abgetragen wurde, gelangt der B-Horizont an die Oberfläche und kommt mit der Atmosphäre in Berührung. Hierbei kommt es (offenbar unter dem Einfluß von bestimmten Bodenorganismen) zu chemischen Umsetzungen, die den Boden in panzerförmige Krusten verwandeln. Pflanzen finden auf diesen verpanzerten Böden keinen natürlichen Standort mehr, d. h., das Ergebnis solcher Prozesse ist ein völliges Ausscheiden dieser Böden aus der land- und forstwirtschaftlichen Nutzung (Bildung sog. Erosionspanzer).

Ludwig schreibt z. B. von der See-Region Tansanias: „Die Bodenzerstörung hat auf Ukara einen großen Teil der Kulturlandschaft ergriffen. Die Folgen zeigen sich in der Abnahme der Bodenfruchtbarkeit und des Grundwasserspiegels, in häufigeren Überschwemmungen der Talböden und einer Überdeckung von wertvollem Kulturland durch sterilen Schutt. Gefährlicher als diese Folgen ist der unmittelbare Effekt ... auf den darunter liegenden Bodenhorizont. Durch Luftzutritt verhärtet er sich an der Oberfläche zu völlig unfruchtbaren lateritischen Krusten."[190]

[186] Hailey, An African Survey, a. a. O., S. 1056.
[187] Ebenda, S. 1078. [188] Ebenda, S. 1091.
[189] Vgl. Pagel, H., Bodenkunde, Teil I, a. a. O., S. 38ff.
[190] Ludwig, H. D., Ukara. Ein Sonderfall tropischer Bodennutzung, a. a. O., S. 208.

Die Bodenerosion schließt letztlich nicht nur eine landwirtschaftliche Nutzung der Böden vollständig aus, sondern sie bringt für alle übrigen Bereiche der Wirtschaft und Gesellschaft große Gefahren mit sich. In diesem Zusammenhang sei auf die Gefährdung der Trink- und Brauchwasserversorgung ganzer Gebiete, die Verödung von Landstrichen, die Gefährdung der großen Wildbestände Ostafrikas hingewiesen. Die Bodenerosion, so zeigt sich am Entwicklungsverlauf der Bodenfruchtbarkeit in Tanganyika während der Kolonialperiode sehr deutlich, ist keine primär natürliche Erscheinung bestimmter Böden, sondern eine ausgesprochen soziale Erscheinung auf der Basis natürlicher Vorgänge, gebunden an ganz bestimmte Produktionsweisen. Wohl begünstigen und verstärken manche Böden mehr oder weniger die ablaufenden Erosionsprozesse, ihr Auftreten selbst ist jedoch an bestimmte ackerbauliche Nutzungsformen gebunden, die im vorliegenden Falle in ihrer Gesamtheit inhärente Bestandteile vor allem deformierter traditioneller Produktionsweisen (und ihrer bestimmten Entwicklungsetappen) bilden.

Es geht also nicht schlechthin um das Eingreifen des Menschen in Naturvorgänge, sondern um ein ganz spezifisch ökonomisch-historisch bedingtes Verhalten zum Boden und zu seiner Fruchtbarkeit, das nur aus den jeweiligen gesellschaftlichen Bedingungen, der jeweiligen Produktionsweise, erklärt werden kann. Dieser Mechanismus ergibt sich in Tanganyika aus der gewaltsamen Deformierung der traditionellen Produktionsweise durch das kapitalistische Kolonialsystem, das die dargestellte Wirkungskette, beginnend mit der Verkürzung der natürlichen Regenerationsperiode bis hin zur Bodenerosion, hervorruft.[191]

[191] Daß es sich hierbei um keine spezifisch ostafrikanische Erscheinung handelt, zeigt folgendes Beispiel aus Westafrika: „Die Erdnußkultur hat (in Senegal, D. G.) eine Landverwüstung großen Umfangs zur Folge gehabt ... Ursprünglich herrschte ein leichter Wald in Senegambien vor, die Niederschläge waren gering, aber meist regelmäßig und gestatteten eine Vegetationsperiode von 4 Monaten. Wenn man die Ausfuhr von 400000 bis 500000 t aufrechterhalten will, so müssen etwa 750000 bis 800000 Hektar bebaut werden. Da erfahrungsgemäß das Land nach 30 Jahren wieder jeder Fruchtbarkeit beraubt ist, so ist das traurige Ergebnis, daß jährlich nach dem Inneren zu 25000 Hektar neu urbar gemacht und des Waldkleides entblößt werden, während im Westen 25000 Hektar dem Wüstenstand nahe aufgegeben und verlassen werden. In Wirklichkeit macht die Vernichtungswelle noch schnellere Fortschritte, da bei der obigen Rechnung Flächen für den Anbau von Lebensmitteln nicht berücksichtigt sind.“ (Fickendey, E., Eingeborenen-

Die Bodenerosion ist dabei mit den einzelnen dargestellten Etappen der Verschlechterung der Bodenfruchtbarkeit in der Weise verbunden, daß Erosionsvorgänge im Prinzip auf voll natürlich regenerierenden Böden mit gut entwickelter Vegetation, ausreichender Humusbildung und ausgeprägter Krümelstruktur nicht auftreten. Erst bei Absinken der ökonomischen und natürlichen Fruchtbarkeit, die mit degradierter Vegetation, verringertem Humusanteil, verschlechterter Krümelstruktur und geringerer Wasserhaltefähigkeit u. a. einhergeht, gewinnen die Erosionsfaktoren an Bedeutung, und zwar um so mehr, je größer die Fruchtbarkeitsverluste zuvor in Erscheinung treten. Notwendigerweise handelt es sich hier – da wir es ja beim Boden mit einem dynamischen *System* zu tun haben – um Wechselwirkungen mit zahlreichen Teil- und Untersystemen, d. h., daß z. B. Erosionsprozesse umgekehrt auch den Fruchtbarkeitsabfall in den verschiedenen Phasen unmittelbar beschleunigen, indem Teile des A-Horizonts abgetragen werden usw.

4. *Materiell-technische Basis und agrare Produktivkräfte unter der Kolonialherrschaft*

Faßt man die Ergebnisse der Kolonialherrschaft im Hinbick auf die traditionellen ackerbautreibenden Gesellschaften Tanganyikas zusammen, so kann man feststellen, daß Produktivkräfte sowie materiell-technische Basis dieser traditionellen Gesellschaften sich nahezu nicht entwickelten und erweiterten, obgleich durch die Kolonialherrschaft (und seit Mitte der 40er Jahre auch durch natürliches Bevölkerungswachstum) ein zunehmender Zwang zur Steigerung der Erzeugung landwirtschaftlicher Primärerzeugnisse entstanden war.

Es ist nicht zu übersehen, daß es partiell in der Kolonialzeit eine Entwicklung der Produktivkräfte gegeben hat. So bedeutete die Einführung solcher neuen Kulturpflanzen[192] wie Tabak, Tee, Sisal und Baumwolle

kultur und Plantage, in: Mitteilungen der Gruppe deutscher kolonialwirtschaftlicher Unternehmen, Band 4, Berlin 1941, S. 51).

[192] In der Kolonialperiode seit Ende des 19. Jahrhunderts wurden in Tanganyika folgende Kulturpflanzen neu eingeführt: Baumwolle, Tee, Sisal, Tabak, verschiedene Gemüse- und Obstarten, Kokospalmen und Gewürznelken. Vgl. hierzu auch Hailey, An African Survey, a. a. O., S. 883–884.
Bananen, Reis, Weizen und Zuckerrohr waren bereits im 17. Jahrhundert durch arabische Siedler von der Ostküste her eingeführt worden. Die Portu-

einen bedeutenden Fortschritt für den traditionellen afrikanischen Ackerbau, zumal ein Teil dieser Kulturpflanzen meist fortlaufend züchterischen Verbesserungen unterlag. Auch das Bekanntmachen der traditionellen Bodenbauern mit den neuen Pflanzen, die Unterweisung in der Anbautechnik dieser Pflanzen u. ä. sind ohne Zweifel Fortschritte in der Entwicklung der agraren Produktivkräfte Tanganyikas. Hierher gehören auch die vereinzelte Anwendung von Mineraldünger, die Einführung von Ochsenpflügen, tierärztliche Maßnahmen usw.

Man muß jedoch in jedem Falle beachten, in welchem Umfange solche Neuerungen im Rahmen der traditionellen Landwirtschaft überhaupt wirksam wurden, und es ist vor allem erforderlich (wie wir dies in Kapitel I zeigten), die Rolle einzelner neuer Arbeitsmittel im Rahmen des gesamten landwirtschaftlichen Reproduktionsprozesses stets im Auge zu behalten. Untersuchen wir aus dieser Sicht die ackerbaulichen Nutzungssysteme und die materiell-technische Basis dieser traditionellen ackerbautreibenden Gesellschaften, so ergibt sich ein völlig anderes Bild, als wenn man nur einzelne Elemente der Produktivkräfte isoliert betrachtet.

Eine solche ganzheitliche Betrachtung erlaubt nicht nur eine objektive Beurteilung des Standes der Produktivkräfte in der Landwirtschaft am Ende der Kolonialperiode insgesamt, sondern sie ist auch allein imstande, eine ausreichende Erklärung für eine Reihe äußerst widersprüchlicher Erscheinungen bei der Entwicklung der agraren Produktivkräfte Tanganyikas zu liefern. Gerade aber die ökonomische Ursache bestimmter Erscheinungen (wie der Stagnation der Flächenerträge, zunehmender Bodenerosionen usw.) muß aufgedeckt werden, wenn wirksame Maßnahmen zu ihrer Beseitigung getroffen werden sollen.

Betrachten wir daher zunächst zusammenfassend die materiell-technische Basis der traditionell ackerbautreibenden Gesellschaften am Ende der Kolonialperiode und die eingetretenen Veränderungen:

a) Die Regeneration der Bodenfruchtbarkeit erfolgt nicht mehr voll (Bracheverkürzung), so daß in der Regel trotz entgegenwirkender Maßnahmen (z. B. Cassava-Brache) nicht einmal mehr eine einfache Reproduktion des Hauptproduktionsmittels Boden stattfindet. Die Ansätze, die sich im traditionellen ackerbaulichen Nutzungssystem der vorkolonialen Zeit zur Entwicklung einer neuen Technik (im weiteren Sinne) im Keim zeigen, sind nicht in der Lage, die Bodenfruchtbarkeit in einem

giesen brachten von ihren amerikanischen Kolonien Erdnüsse, Süßkartoffeln, Cassava (Maniok) und Mais nach Ostafrika.

wirksamen Umfange mit ökonomischen Mitteln zu reproduzieren. Eine Bracheverkürzung, so ökonomisch progressiv sie historisch auch ist, hat nur einen Sinn und ist nur ökonomisch tragbar, wenn die Brache über einen längeren Zeitraum wirksam ersetzt werden kann, d. h., wenn die Reproduktion der Bodenfruchtbarkeit und damit die Erhaltung dieser wichtigen natürlichen Ressource durch Dünger, Humuszufuhr, Bewässerung u. a., d. h. mit ökonomischen Mitteln, erfolgen kann. Historisch ist dies der Weg über die Entwicklung von Industrie (und Wissenschaft), die die dafür notwendigen sachlichen (und ökonomischen) Voraussetzungen liefern.

Die Kolonialherrschaft des Kapitalismus zwingt mit den verschiedensten Mitteln und Methoden die traditionellen Ackerbauern, die Bracheverkürzung bis schon fast zum permanenten Feldbau hin voranzutreiben, ohne aber zugleich die sachlichen, ökonomischen und gesellschaftlichen Voraussetzungen dafür zu liefern, damit diese Vernutzung des hauptsächlichen Produktionsmittels der Landwirtschaft – des Bodens – mit ökonomischen Mitteln wieder ersetzt werden kann.

„Die Errichtung der Kolonialherrschaft der Europäer in Tropisch-Afrika schuf neue, in vieler Hinsicht unnatürliche Bedingungen für die Evolution des afrikanischen Ackerbaus ...

Die Bauernschaft verfügte ... weder über die Fertigkeiten noch über die notwendigen Mittel, um eine solche Verkürzung (der Brachezeiten – D. G.) durch die Einführung entsprechender Systeme der Fruchtfolge und der Bodendüngung zu ersetzen. All das führte zur Degradierung der Bodenreserven und als Folge hiervon zur Degradierung der Vegetations- und Wasserressourcen, zum Absinken der Erträge und zu Hunger bei der Bauernschaft, zum Absinken der Produktivität der afrikanischen Landwirtschaft, und es bedeutete die massenhafte Zerstörung von Produktivkräften. Gebietsweise waren Elemente des Niedergangs des afrikanischen Ackerbaus seltsam mit progressiven Wandlungen (Einführung von Pflügen, Entwicklung der Warenproduktion) verflochten.“ [193]

In dieser gewaltsamen Bracheverkürzung besteht von der ökonomischen Seite hauptsächlich die Deformierung der traditionellen Produktionsweise, aus der es innerhalb des deformierten traditionellen Systems keinen Ausweg gibt und geben kann, ganz gleich, wie hoch die Bevölkerungsdichten auch noch weiter ansteigen mögen. Es ist daher Unfug und zum Schaden Tansanias, wenn die bürgerliche Forschung unter Bezug auf

[193] Agrarnyj vopros i krest'janstvo v Tropičeskoj Afrike, a. a. O., S. 72.

analoge Vorgänge in der europäischen Landwirtschaft, die jedoch unter gänzlich anderen ökonomischen Bedingungen (Industrie, entwickelte Tauschbeziehungen Stadt – Land, Wissenschaft usw.) sich vollzogen, daraus z. B. schlußfolgert: „Der Zustand der überbevölkerten Dörfer und verarmten Böden muß durchlaufen werden, ehe sich bessere Anbaumethoden verbreiten.“ [194] Und: „Offenbar muß erst ... der Zustand der überbevölkerten Dörfer und verarmten Böden durchlaufen werden, bevor man die Möglichkeiten, die die besseren Kulturmethoden bieten, erkennt und auch praktiziert.“ [195]

Die bürgerliche Forschung übersieht geflissentlich, daß die vorhandenen natürlichen Ressourcen durch exogene Faktoren teilweise zerstört und somit absolut verringert werden. Es verengt sich sogar die materiell-technische Basis dieser vorwiegend traditionellen Gesellschaften durch die Kolonialherrschaft, es tritt teilweise eine deutliche ökonomische Stagnation, partiell sogar eine rückläufige Bewegung ein. Ausdruck dieser Entwicklung sind vor allem die stagnierenden Flächenerträge sowie die zunehmenden Bodenerosionen, aber auch die festgestellten Verschlechterungen im Bereich des geographischen Milieus.

b) Es kommen so gut wie keine neuen Energieformen zum Einsatz (in ganz Tanganyika nur wenige hundert Traktoren und tierische Zugkräfte). Der Mensch und seine teilweise geminderte physische Leistungsfähigkeit (vgl. S. 201) bilden nach wie vor eine absolute Grenze für weitere agrare Produktionssteigerungen.

c) Es kommen so gut wie keine neuen sachlichen Arbeitsmittel zur Anwendung. Handhacke, Haumesser, Pflanzstock und Tragkorb bilden nach wie vor die sachlichen Arbeitsmittel.

d) Die neu eingeführten Kulturpflanzen lösen nur Teilprobleme der agronomischen Seite des Ackerbaus (Kaffee, Tee, Sisal erlauben als mehrjährige Pflanzen meist ausreichende Bodenbedeckung und damit teilweisen Erosionsschutz; Baumwolle und Mais dagegen komplizieren gerade solche Probleme). Die vorhandenen Kulturpflanzen sind insgesamt nicht ausreichend und geeignet zur Einführung wirksamer Fruchtfolgen unter agronomischen und ökonomischen Gesichtspunkten. Diese Kulturpflanzen sind auch größtenteils ungeeignet für die Bedürfnisse des inneren Marktes. Ganz im Gegenteil führen sie dazu, die einheimischen Erzeuger sowie

[194] Rounce, N. V., The Agriculture of the Cultivation Steppe of the Lake, Western and Central Province of Tanganyika, Cape Town 1949, S. 53.

[195] Rotenhan, D. v., Bodennutzung und Viehhaltung in Sukumaland, a. a. O., S. 52.

Tanganyika insgesamt immer stärker auch ökonomisch von den kapitalistischen Weltrohstoffmärkten abhängig zu machen.

e) Die vereinzelt bereits von den traditionellen Anbauern der vorkolonialen Periode entwickelten traditionellen Techniken und Verfahren zur Abwehr von Bodenerosion und Fruchtbarkeitsverminderung bilden nach wie vor Ausnahmen. Sie sind vor allem – gemessen am Umfang der Zerstörung natürlicher Ressourcen – nicht in der Lage, insgesamt Abhilfe zu schaffen. Ihre Anwendbarkeit und Zweckmäßigkeit unter verschiedenen natürlichen und ökonomischen Bedingungen und ihre mögliche Entwicklungsfähigkeit werden von den Kolonialmächten kaum untersucht, Ergebnisse nicht propagiert.

Dieser Stand der materiell-technischen Basis muß ergänzt werden durch eine Betrachtung des Entwicklungsstandes der menschlichen Produktivkräfte. An verschiedenen Stellen der vorliegenden Arbeit wurde bereits auf die Verschlechterung der Ernährungsmöglichkeiten in der Kolonialperiode hingewiesen. Es ist dies keine zufällige Erscheinung, sondern gesetzmäßiges Ergebnis der gewaltsam deformierten traditionellen Produktionsweise. Als Ergebnis dieser durch die Kolonialherrschaft erfolgten gewaltsamen Deformierung entsteht eine überschüssige Bevölkerung, d. h., auf der Grundlage einer unveränderten materiell-technischen Basis entsteht ein wachsender Druck auf das Land, auf die Nahrungsmittel sowie auf die agraren Beschäftigungsmöglichkeiten. All dies sind Erscheinungsformen der gewaltsam deformierten traditionellen Produktionsweise.

Eine außerordentlich drückende und gefährliche Form ist die anwachsende Unterernährung (absolut, in Kalorien, aber auch relativ, z. B. nach dem Anteil an tierischem und pflanzlichem Eiweiß). Hierdurch verringert sich nicht nur die durchschnittliche Lebenserwartung[196] (sie betrug am Ende der Kolonialzeit nur 37 Jahre in Tanganyika), sondern die physische Leistungsfähigkeit verringert sich außerordentlich stark. Beispielsweise ist die auffallend geringe Arbeitsintensität sowie eine Arbeitszeit von maximal 5 bis 6 Stunden im afrikanischen Ackerbau in erster Linie auf eine ungenügende und unausgeglichene Ernährung (besonders den Mangel an tierischem Eiweiß) zurückzuführen.[197] Dabei darf

196 „Im allgemeinen läuft bei jeder kolonialen Bevölkerung die Mortalität ihrer Ernährung parallel" (Nutriation in the Coloniale Empire, 2 Bde., London 1939, zit. nach: Afrika. Handbuch der angew. Kolonialwissenschaften, a. a. O., S. 13).

197 Vgl. hierzu auch Correa, H., The Economics of Human Resources, Amsterdam 1963, S. 32f.

nicht nur unmittelbar die ackerbauliche Produktion berücksichtigt werden, sondern es ist auch die wichtige Ergänzung der Nahrung durch Jagd, Fischfang, wilde Früchte usw. in der vorkolonialen Periode zu beachten. „Die Landwirtschaft garantierte zusammen mit einer Reihe ergänzender Tätigkeiten – Fischfang, Jagd, Sammeln von Früchten – im allgemeinen eine ausreichende Ernährung der Bauernschaft (vor dem Eintreffen der Europäer – D. G.).“[198] Die durchgängige Verschlechterung der Ernährung hatte außerordentlich negative Folgen für die Entwicklung der menschlichen Produktivkräfte. Diese verschlechterten Ernährungsmöglichkeiten sind zutiefst in der vom Kolonialsystem gewaltsam deformierten Struktur der agraren Produktivkräfte (der Struktur der angebauten Kulturpflanzen) verwurzelt, wodurch sich prinzipielle Schlußfolgerungen für die gegenwärtig zu treffenden Maßnahmen ableiten.[199]

Wenn man diese Situation noch durch das Bild ergänzt, das in der Kolonialperiode der katastrophale Rückstand des landwirtschaftlichen Bildungs- und Ausbildungssystems und damit der Wissens- und Kenntnisstand der menschlichen Produktivkräfte in der Landwirtschaft liefert, so wird klar, daß an der traditionellen Art und Weise zu *produzieren* sich im Grunde nur wenig geändert hatte. Das trifft z. B. auch auf die gesellschaftliche Organisation der Arbeit zu, die sogar eher noch eine weitere Zersplitterung (entsprechend der weiteren Individualisierung des Landbesitzes) gegenüber der vorkolonialen Zeit erfahren hatte.

Es läßt sich somit zusammenfassend feststellen, daß in der Kolonialperiode auch die Produktivkräfte kaum eine Entwicklung erfahren haben, ja daß partiell sogar eine Zerstörung und rückläufige Entwicklung festzustellen ist. Als Ursache hierfür muß deutlich das Kolonialsystem genannt werden, das als äußerer Faktor eine gewaltsame Deformierung der traditionellen Produktionsweise zur Folge hatte, die zu einer ständigen Reproduktion äußerst negativer Erscheinungen führte.

Die Reaktion der Kolonialmächte auf die Veränderung der Bodenfruchtbarkeit

Die Kolonialmächte, insbesondere England, haben dem Absinken der Bodenfruchtbarkeit und der Zerstörung natürlicher Ressourcen durchaus

[198] Agrarnyj vopros i krest'janstvo v Tropičeskoj Afrike, a. a. O., S. 72.
[199] Vgl. Gurili, K. M., Rural Development and World Market System, in: The Nationalist, Dar es Salaam v. 29. 1. 1970, S. 4.

nicht völlig tatenlos zugesehen. Einerseits drohte damit den europäischen Pflanzungen und Besitzungen sowie damit dem landwirtschaftlichen Wert des Kolonialbesitzes insgesamt Gefahr. Zum andern mehrten sich auch international die kritischen Stimmen und Veröffentlichungen, so daß sich die Kolonialmächte zu gewissen Maßnahmen veranlaßt sahen.[200] Die zur Anwendung gebrachten Gegenmaßnahmen entsprachen allerdings in jeder Weise dem Charakter des Kolonialsystems: Mittels offener Gewalt wurde versucht, die traditionellen Stammesproduzenten zu einem veränderten Verhalten dem Boden und den Reproduktionsbedingungen seiner Fruchtbarkeit gegenüber zu veranlassen. Hierzu gehören beispielsweise die zwangsweise Einführung bestimmter Anbautechniken wie Terrassierung, die Einführung organischer Düngung unter Kontrolle der Kolonialpolizei, ein zwangsweise eingeführter Fruchtwechsel sowie Versuche, die Viehbestände durch Festlegung einer maximalen Kopfzahl pro Familie zu begrenzen oder durch zwangsweise Umsiedlung von Stämmen die hohe Bevölkerungsdichte bestimmter Gebiete zu verringern usw.

Im Prinzip sind ausnahmslos alle diese Versuche fehlgeschlagen.[201] Die angeordneten Maßnahmen wurden entweder überhaupt boykottiert oder sofort eingestellt bzw. rückgängig gemacht, sobald die Polizei zurückgezogen wurde.[202] Da man auf die Dauer beim Ackerbau nicht hinter

[200] Die britische Kolonialmacht hatte sich sowohl 1919 bei der Übernahme der sogenannten Mandatsgebiete Deutsch-Ostafrikas wie auch 1946 bei der Umwandlung der britischen Kolonien und Mandatsgebiete des Völkerbundes in Treuhandgebiete der Vereinten Nationen verpflichtet, besonders den Schutz der natürlichen Ressourcen dieser Gebiete zu gewährleisten.

[201] Ruthenberg, H., Agricultural Development in Tanganyika, a. a. O., S. 52f.

[202] „Die seinerzeit im Rahmen des Usambara-Projektes unter Polizeiaufsicht errichteten Terrassen wurden von der empörten Bevölkerung wieder eingeebnet, und Terrassenbau galt lange Zeit als Symbol der Unterdrückung durch die Kolonialherrschaft." (Attems, M., Bauernbetriebe in tropischen Höhenlagen Ostafrikas, a. a. O., S. 75).

„Ein wesentlicher Punkt für das Scheitern der Bemühungen zur Einführung boden- und bodenfruchtbarkeitserhaltender Anbaupraktiken lag in den strengen Vorschriften hinsichtlich der Anbaumethoden, die die Bauern zu befolgen hatten ... Die Bauern wehrten sich absichtlich gegen die ‚Vorschriften der Kolonialregierung'. Es wurden Fälle berichtet, wo nach der Abschaffung des Drucks und der Strafmaßnahmen die Bauern den unter Polizeiaufsicht ausgebrachten Stalldung wieder einsammelten und zurück in die Rinderkräle brachten." (Rotenhan, D. v., Bodennutzung und Viehhaltung in Sukumaland, a. a. O., S. 22f.).

jede traditionelle Familie einen Polizisten stellen konnte, blieben alle diese Versuche im Hinblick auf die Bodenfruchtbarkeit ohne Ergebnis. Der Versuch, über das verhaßte Kolonialregime, mit dem die eingeborene Bevölkerung bisher nur schlechte Erfahrungen gemacht hatte, landwirtschaftliche Neuerungen einzuführen, mußte selbst eine gewisse Bereitschaft der traditionellen Produzenten zum Neuen im Keim ersticken.

Weitere Ursachen des Mißerfolgs sind schließlich darin zu sehen, daß die Anstrengungen zur Erforschung der Bodenfruchtbarkeit und ihrer Regeneration im Rahmen der shifting cultivation und analoger Nutzungsformen der traditionellen Produktionsweise völlig ungenügend waren, d. h., daß viel zu wenig Forscher und Mittel für die einzelnen Fachdisziplinen (Bodenkunde, Ethnographie usw.) von den Kolonialmächten zur Verfügung gestellt wurden. Für den Bereich der ökonomischen, soziologischen usw. Forschung kommt die entscheidende Schranke der bürgerlichen Forschung selbst hinzu, aus Klasseninteresse den sozialen Mechanismus der Fruchtbarkeitsveränderung in seiner Gesamtheit nicht erfassen zu können. Das kapitalistische Kolonialsystem hätte sich in diesem Falle selbst als entscheidende Ursache entlarven müssen, und jeder bürgerliche Forscher mußte an diesem Punkte die Waffen strecken.

Trotzdem gibt es in der bürgerlichen Literatur der Kolonialperiode bereits eine Reihe von Hinweisen, die zumindest an das Problem heranführen. Es handelt sich hier um die Forderungen zur Reform der Agrarverfassungen und zur Reform der Bodenbesitzverhältnisse auch in Afrika.[203]

Es wurden nach Beendigung des zweiten Weltkrieges eine Reihe internationaler wissenschaftlicher Konferenzen abgehalten und spezielle Forschungen angesetzt, um die Ursachen der Bodenzerstörungen – sowohl im naturwissenschaftlichen wie im gesellschaftlichen und ökonomischen Bereich – zu untersuchen. Die britische Kolonialmacht hatte z. B. 1948 eine Konferenz durchgeführt, die sich mit den rasch fortschreitenden Bodenerosionen in Uganda, Kenia und Tanganyika befaßte.[204]

Wie H. A. Tempany dort mitteilte[205], war erst seit 1946 mit der Sichtung

[203] Vgl. z. B. hierzu: Proceedings of the International Conference on Land Tenure and Related Problems in World Agriculture (Editors: Pearson, Penn, Raup), Wisconsin/USA 1951, Maedison 1956.

[204] Vgl. hierzu: Proceedings of the first Commonwealth Conference on Tropical and Subtropical Soils, 1948, in: Comm. Bur. of Soil Scien., Techn. Comm. Nr. 46, Harpenden/England 1949.

[205] Tempany, H. A., Soil Conservation Practice in the British Colonial Empire, in: Ebenda, 185–192.

des einschlägigen bodenkundlichen Materials der englischen Kolonialverwaltungen begonnen worden. In der Folgezeit wurden diese Forschungen zunehmen dOrganen der UNO, so der FAO, der UNESCO usw., federführend übertragen, die eine Reihe weiterer Konferenzen und Untersuchungen veranlaßten.[206]

Dabei zeigte sich bei den vorwiegend von bürgerlichen Wissenschaftlern vorgelegten Forschungsergebnissen zunehmend der Zusammenhang zwischen Eigentumsverhältnissen (die im Agrarbereich in der bürgerlichen Terminologie mit anderen Problemen unter dem Begriff der „Agrarverfassung" subsummiert werden) und Verhalten zum Boden und zur Bodenfruchtbarkeit, d. h., es wurde unüberhörbar die Forderung laut, auch die Agrarverfassungen Afrikas südlich der Sahara, d. h. die Bodenbesitzverhältnisse als eine entscheidende Voraussetzung für die Einführung bodenfruchtbarkeitserhaltender Maßnahmen sowie Neuerungen in der Landwirtschaft zu verändern.

In Verbindung damit erscheint jedoch der Hinweis von Bedeutung, daß diese veränderte Einstellung der Kolonialmächte gegenüber dem afrikanischen Stammesgrundeigentum, d. h. die zunehmende und eindeutige Orientierung auf seine Beseitigung, nicht nur und wahrscheinlich nicht einmal primär ihre Ursache in einer zunehmenden Erkenntnis des Zusammenhangs zwischen Eigentumsverhältnissen, Produktionsweise und Verhalten zum Boden hatte. Vielmehr spielt hier die veränderte Gesamtstrategie der imperialistischen Länder, der sich abzeichnende Übergang vom imperialistischen Kolonialsystem der Anfangsperiode (um 1900) zum Neokolonialismus der Gegenwart mit der eindeutigen Orientierung auf Schaffung einer kapitalistischen ökonomischen Basis in den einstigen Kolonien, die entscheidende Rolle.[207]

5. *Allgemeine Schlußfolgerungen*

a) Die zu Beginn der Kolonialherrschaft (Ende des 19. Jahrhunderts) dominierende traditionelle Produktionsweise ackerbautreibender Stämme Tanganyikas stellte trotz der sich bereits abzeichnenden ökonomischen

206 UN/FAO, Inter-Relationship between Agrarian Reform and Agricultural Development (Jacoby, E. H.), Rom 1953. FAO, Shifting Cultivation, an Appeal by FAO to Governments, Research Centers and Private Persons who are in a Position to help, Rom 1957.

207 Vgl. hierzu besonders Kapitel III, S. 242.

und gesellschaftlichen Differenzierung ein Gleichgewicht dar zwischen einer bestimmten Bevölkerungsanzahl und ihren materiellen Existenzbedingungen in Gestalt bestimmter ackerbaulicher Nutzungssysteme und natürlicher Ressourcen. Die europäische Kolonialherrschaft zerstörte nachhaltig dieses Gleichgewicht und führte damit zu einer gewaltsamen Deformierung dieser traditionellen Produktionsweise. Ausdruck dafür war einerseits das sprunghafte Ansteigen der Bevölkerungsdichten je Flächeneinheit (als Folge vorwiegend exogener Faktoren) sowie andererseits der durch das Kolonialsystem ausgeübte außerökonomische und zunehmend auch ökonomische Zwang zur Steigerung der agraren Primärproduktion. Beides fand keine Entsprechung in den Veränderungen der ackerbaulichen Nutzungssysteme, sondern die sprunghaft ansteigenden Produktionssteigerungen mußten im Gegenteil auf der Basis im wesentlichen unveränderter ackerbaulicher Nutzungssysteme, d. h. einer im wesentlichen unveränderten materiell-technischen Basis dieser traditionellen Gesellschaften hervorgebracht werden. Die Folge war eine rasch steigende extensive Ausbeutung menschlicher und natürlicher Ressourcen Tanganyikas sowie eine nachhaltige negative Veränderung des geographischen Milieus (auf der Basis allgemein absinkender natürlicher und ökonomischer Bodenfruchtbarkeit und wachsender Bodenerosionen).

b) Eine der Hauptursachen für dieses Ergebnis der kapitalistischen Kolonialherrschaft liegt darin, daß es trotz zunehmender Verwandlung der Produktion in Marktproduktion im Prinzip *nicht* gelang, die für den europäischen Kapitalismus typische Verwandlung der Naturkraft Bodenfruchtbarkeit in eine *gesellschaftliche Produktivkraft* herbeizuführen, d. h. den von Marx als eines der entscheidenden historischen Verdienste der kapitalistischen Produktionsweise bezeichneten gesellschaftlichen Mechanismus der Freisetzung agrikoler Arbeit und ihrer Ersetzung durch vergegenständlichte industrielle Arbeit – der vor allem auf der gesellschaftlichen Arbeitsteilung (Industrie) und der Entwicklung und technologischen Anwendbarkeit der Wissenschaft in der Agrikultur beruht – in Gang zu setzen. Es liegt dies im Wesen des Kapitalismus und des kapitalistischen Kolonialsystems selbst begründet.

Die Zählebigkeit und relativ begrenzte Entwicklungsmöglichkeit der traditionellen Produktionsweise spielen dabei zweifellos eine wichtige Rolle. Hierbei aber stehenzubleiben, wie dies die bürgerliche Forschung tut, und der traditionellen Produktionsweise allein die Schuld für diese mit der Kolonialperiode eingeleitete Entwicklung anzulasten, bedeutet letztlich Apologetik der Kolonialherrschaft in einer nicht zu überbietenden

Form. Es ist nachweisbar, daß das *kapitalistische Kolonialsystem* den afrikanischen Agrarproduzenten ökonomisch die Möglichkeit versperrte, entsprechend der rasch wachsenden Vernutzung der natürlichen Bodenfruchtbarkeit mit ökonomischen Mitteln deren Reproduktion zu gewährleisten. Wie die europäische Agrargeschichte deutlich zeigt, ist dies die conditio sine qua non dafür, um auf längere Sicht eine Katastrophe in der Landwirtschaft zu verhindern und sie, wenn auch mit allen für den Kapitalismus bekannten negativen Begleiterscheinungen, letztlich doch an der technischen, wissenschaftlichen und ökonomischen Entwicklung teilhaben zu lassen.

Eine besondere Erscheinungsform dieser negativen Wirkung des kapitalistischen Kolonialsystems ist die auf der Grundlage des Gesetzes der ungleichmäßigen ökonomischen Entwicklung sich vollziehende deformierte Entwicklung des einheimischen afrikanischen Kapitalismus und seines Trägers, der afrikanischen Bourgeoisie. Dieser Umstand verhinderte weitgehend eine eigenständige (kapitalistische) Entwicklung der industriellen und damit agraren Produktivkräfte und zeigt damit zugleich drastisch, daß der Kapitalismus zu diesem Zeitpunkt historisch seine progressive Rolle bereits nicht mehr spielen konnte; denn: Das imperialistische Kolonialsystem war und ist ein integrierender und notwendiger Bestandteil des Kapitalismus in seiner monopolistischen Phase.[208]

c) Es ist deshalb völlig falsch, die ernsten Erscheinungen im Bereich der Bodenfruchtbarkeit und des geographischen Milieus Tanganyikas als Ergebnis eines einfachen Widerspruchs zwischen natürlichem Bevölkerungswachstum und den geringen Entwicklungsmöglichkeiten der traditionellen Produktionsweise zu interpretieren, wie dies die bürgerliche Forschung noch immer tut. Sie reduziert – vornehmlich aus Klasseninteresse – letztlich alle diese Erscheinungen auf die Unfähigkeit der traditionellen Produktionsweise zur ökonomischen und vor allem technischen Entwicklung, d. h., sie reduziert auf ausschließlich innere (endogene) Faktoren.[209] Aber diese bewußte Simplifizierung oder – ebenfalls

208 Lenin, V. I., Der Imperialismus als höchstes Stadium des Kapitalismus, in: Werke, Bd. 22, S. 258ff.

209 „Nichtsdestoweniger herrschen heute in den Entwicklungsvölkern Interpretationen der ‚Unterentwicklung‘ vor, die die Ursachen vorwiegend oder einseitig in der ‚Ausbeutung‘ durch den Westen sehen ... Dennoch muß gesagt werden, daß die hauptsächlichen, entscheidenden Ursachen dafür ... endogen waren und sind, d. h. sich in ihrer sozialen Schichtungsstruktur finden. Nicht die externe Überlagerung ... war die Ursache ihrer Unter-

klassenmäßig bedingte – Unfähigkeit, den dialektischen Zusammenhang zwischen inneren (endogenen) Faktoren der traditionellen Produktionsweise und äußeren (exogenen) Faktoren in Gestalt des Kolonialsystems zu begreifen[210], macht es ihr überdies zugleich unmöglich, zu richtigen Schlußfolgerungen und wirksamen Maßnahmen zur Überwindung des bestehenden Zustandes zu kommen.

So gelangt die bürgerliche Forschung zu der für sie entscheidenden Forderung, auf kapitalistischem Wege (mittels kapitalistischer Bodenbesitzreformen und kapitalistischer Siedlungsmaßnahmen) die sozialen Voraussetzungen für das Wachstum der Produktivkräfte in der Landwirtschaft Tanganyikas zu schaffen, ein Weg, der die bestehenden Schwierigkeiten nur noch vergrößern muß, wie verschiedentlich auch eingeräumt wird. Es erscheint daher notwendig, nochmals mit aller Deutlichkeit hervorzuheben, daß es äußere (exogene) Faktoren waren, die die traditionelle Produktionsweise gewaltsam deformierten und die sich nach und nach in wesentliche innere (endogene) Bedingungen der so neu geschaffenen Ökonomik verwandelten.

(Die eingeleitete *deformierte* traditionelle Entwicklung, die große Abhängigkeit von den kapitalistischen Weltmärkten über die cash crops sind z. B. solche nunmehr inneren Bedingungen der ökonomischen Entwicklung Tanganyikas/Tansanias, die auf exogene Einflüsse zurückgehen und auch nach der politischen Unabhängigkeit entscheidende Hindernisse der ökonomischen Entwicklung im Innern und die Ursache der wirtschaftlichen Abhängigkeit gegenüber dem kapitalistischen Weltsystem bilden.)

entwicklung, sondern die fortbestehenden Auswirkungen viel früherer interner Überlagerungen". (Behrendt, R. F., Soziale Strategie für Entwicklungsländer, Frankfurt a. M. 1965, S. 89).

210 Hin und wieder wird auch bürgerlichen Wissenschaftlern die Unhaltbarkeit ihrer Position bewußt, vor allem, wenn es sich um den Kontext zwischen ökonomischen und sogenannten nichtökonomischen Faktoren handelt, wie das folgende Beispiel zeigt: „Außerökonomische Faktoren werden in die ökonomischen Analysen oft lediglich als exogene Faktoren einbezogen, ... ohne selbst durch die Theorie erklärt zu werden. Wenn aber ein ökonomischer Faktor nur indirekt, durch Interaktion eines außerökonomischen Faktors, mit einem anderen ökonomischen Faktor verbunden ist, wird die kausale Beziehung niemals geklärt ... Letztlich ist dies das Grundübel unserer Nationalökonomie überhaupt. Salin nennt sie deshalb auch provozierend ‚kastrierte politische Ökonomie'." (Bohnet, M., Wissenschaft und Entwicklungspolitik, in: Ifo-Studien, München, Nr. 2/1969, S. 86).

d) Es erscheint notwendig, besonders auf diese Frage mit Nachdruck aufmerksam zu machen, da eine der beliebtesten Spielarten bürgerlicher Apologie der Kolonialherrschaft gerade auch für Tanganyika darin besteht, die Bodenerosionen und die negativen Erscheinungen im Bereich der Bodenfruchtbarkeit und des geographischen Milieus kurzerhand als Folge objektiver und nicht durch den Menschen veränderbarer Natureigenschaften tropischer Böden zu qualifizieren. So richtig es ist, daß gerade in Ostafrika die Bodenfruchtbarkeit eines gegebenen Bodenstückes nur unter den ganz konkreten örtlichen und zeitlichen Bedingungen untersucht und bestimmt werden kann, so notwendig ist aber auch hervorzuheben, daß gewisse Modifizierungen im Bereich der Bodengenese und der bodenbildenden Faktoren und Prozesse dieses Klimabereichs die allgemeinen ökonomischen Gesetzmäßigkeiten hinsichtlich der effektiven ökonomischen Fruchtbarkeit bei den meisten Böden nicht aufheben, sondern daß sie gerade auch dort ihre Bestätigung finden.

Nicht weniger bedeutsam ist dabei die entschiedene Zurückweisung von Behauptungen, neue ackerbauliche Nutzungssysteme hätten während der Zeit der imperialistischen Kolonialherrschaft deshalb nicht eingeführt werden können, weil die traditionelle Produktionsweise das verhindert habe. Als Beweis wird z. B. angeführt, daß sich die traditionellen Ackerbauern in Tanganyika durch passiven Widerstand weigerten, erosionsabweisende Maßnahmen wie Hangterrassierung und die Anwendung von Viehdung einzuführen, obgleich die britische Kolonialmacht dazu sogar Polizei einsetzte und empfindliche Strafen androhte.

Hier wird der Versuch unternommen, der zweifellos gegebenen Rückständigkeit des sozialen Systems die alleinige Schuld für die ökonomische Rückständigkeit anzulasten. In einem gewissen Umfange werden solche Unterstellungen auch durch einzelne marxistische Forscher begünstigt, die das in den traditionellen Gesellschaften ohne Zweifel vorhandene Element einer Stagnation der Produktivkräfte einseitig überbetonen und es vor allem, losgelöst von den konkreten historischen Bedingungen, als ein universelles Merkmal dieser Gesellschaften hervorheben. Gerade die Beispiele aus dem ostafrikanischen Seengebiet weisen jedoch auf eine beachtliche Entwicklungsfähigkeit der traditionellen ackerbaulichen Nutzungssysteme hin, vorausgesetzt, daß keine gewaltsamen Eingriffe von außen erfolgen und die traditionellen Ackerbauern über die notwendige Zeit verfügen (d. h., daß sie über eine Reihe von Generationen hinweg entsprechende Erfahrungen bei der Verbesserung der Ackerbausysteme sammeln können), bis dann neue und durchaus recht wirksame ackerbauliche Nutzungssysteme entstehen. Wenn wir bedenken, daß auch der europäische Kapitalismus rd. 150 Jahre benötigte, um zu den heute wirksamen ackerbaulichen Nutzungssystemen zu kommen, obgleich der Ausgangspunkt unvergleichlich günstiger war, so muß man sich schon auf den ignoranten und überheblichen Standpunkt kolonialer Apologetik stellen, um von einer traditionellen Produktionsweise innerhalb eines halben Jahrhunderts – bei gleichzeitig schärfster kolonialer Ausbeutung und Unterdrückung – etwas Ähnliches zu erwarten.

e) Die konkreten Beispiele aus dem ostafrikanischen Seengebiet sind von grundlegender Bedeutung für die Auseinandersetzung mit solchen neokolonialistischen Theorien und Auffassungen, wonach die ökonomische Rückständigkeit Tanganyikas/Tansanias und anderer ostafrikanischer Entwicklungsländer und ihre derzeitigen Schwierigkeiten, eine wachsende Bevölkerungszahl zu ernähren, auf ihre eigene kulturelle und gesellschaftliche Rückständigkeit zurückzuführen seien und mit der Kolonialherrschaft nicht das geringste zu tun haben. In einer solchen Betrachtung zeigt sich das Unverständnis des spezifischen ökonomischen Mechanismus von Produktionsweise und Bevölkerungsentwicklung unter den Bedingungen einer deformierten traditionellen Produktionsweise. Es wird versucht, den Mechanismus der frühkapitalistischen Periode schematisch und ohne Berücksichtigung der konkreten Umstände auf die gänzlich veränderten Bedingungen der durch das Kolonialsystem *gewaltsam deformierten* traditionellen Produktionsweise zu übertragen. In der traditionellen Dorfgemeinde hat das zahlenmäßige Wachstum der Bevölkerung im Rahmen dieses Systems eine durchaus progressive Bedeutung zur Entwicklung der Produktivkräfte. Aber man muß deutlich dabei die Grenzen erkennen. Sie liegen vor allem darin, daß das Bevölkerungswachstum nicht die materiell-technische Basis dieser Gesellschaften verändern kann (wohl bis zu einem gewissen Grade die *nicht an materielle Arbeitsmittel* gebundene Technik).

Mit anderen Worten: Die rasche Zunahme der Bevölkerungsdichten in der Kolonialperiode, die meist *nicht* Ergebnis des natürlichen Bevölkerungswachstums, sondern Folge der Kolonialherrschaft sind, lassen sich mit der materiell-technischen Basis der traditionellen Dorfgemeinde nicht mehr vereinbaren. Hieraus entstehen gewaltige Widersprüche und Disproportionen, oder anders ausgedrückt, eine gewaltsame Deformierung dieser noch immer vorherrschenden traditionellen Produktionsweise. Die wachsende cash-crop-Produktion hatte im Hinblick auf den Widerspruch materiell-technische Basis – steigende Bevölkerungsdichte die gleichen Ergebnisse, da die cash crops faktisch die relative Bevölkerungsdichte weiter ansteigen ließen (durch Verringerung des für Nahrungsmittelzwecke verfügbaren Bodenfonds). Die konkreten Untersuchungen zeigen ziemlich klar, daß die sprunghafte Zunahme der Bevölkerungsdichten und der agraren Produktionsanforderungen in den ackerbaulich genutzten Gebieten größtenteils im imperialistischen Kolonialsystem ihren Ursprung hatten, das nicht nur die in der traditionellen Produktionsweise liegenden, sicher nicht sehr großen, aber immerhin doch vorhandenen Entwicklungsmöglichkeiten *nicht* zur Entfaltung kommen ließ, sondern das auch den für die progressive Phase des Kapitalismus charakteristischen ökonomischen Mechanismus zur Entwicklung der agraren Produktivkräfte nicht zur Wirkung brachte. Der ökonomische Sinn des imperialistischen Kolonialsystems bestand ja gerade darin, sich durch einseitigen Raubbau und Raubwirtschaft an natürlichen und menschlichen Ressourcen der Kolonialgebiete imperialistischen Maximalprofit zu sichern.

f) Im Falle der beträchtlichen Bodenerosionen Tanganyikas haben wir es mit einem typischen Beispiel für die Beziehung Mensch–Umwelt unter ganz konkreten historischen, ökonomischen und natürlichen Bedingungen zu tun. Diese Frage spielt zunehmend in der ökonomischen Forschung eine bedeutsame Rolle. Oft wird aber noch nicht genügend deutlich, wo methodisch das Hauptkettenglied zu suchen ist, um diese außerordentlich komplizierten und komplexen dynamischen Systeme von Zusammenhängen in ihren funktionalen Abhängigkeiten durchschaubar zu machen. Der vorliegende Entwicklungsverlauf in Tanganyika in der Kolonialperiode weist darauf hin, daß die Analyse der jeweiligen ökonomischen Produktionsweise den Ausgangspunkt zum Verständnis der Mensch-Umwelt-Beziehung bilden muß, weil sich nur aus den Eigentümlichkeiten des Reproduktionsprozesses nachweisen läßt, wie bestimmte Wirkungen des Menschen auf seine natürliche Umwelt mit Notwendigkeit entstehen. Im Verhältnis des Menschen zu seiner Umwelt sind nicht einmalige oder zufällige Wirkungen von Interesse, sondern solche, die durch ihre ständige und notwendige Wiederholung (Reproduktion) zu einer Dauerwirkung auf die Natur und damit meist erst zu nachweislichen Veränderungen biologischer oder anderer naturgesetzlicher Abläufe führen. Die außerordentlich enge Verflechtung des natürlichen mit dem ökonomischen Reproduktionsprozeß in der Agrikultur zeigt anschaulich, in welch starkem Maße der Mensch hier in bestimmte Naturvorgänge eingreift; dieses Eingreifen kann schlüssig nur aus den Eigenarten der jeweiligen Produktionsweise und ihren einzelnen Entwicklungsstadien erklärt werden. Wäre diese

Determinierung nicht gegeben, so wären bestimmte Verhaltensweisen bei den traditionellen ackerbautreibenden Stämmen Tanganyikas nicht nur nicht erklärlich, sondern wir würden uns auch außerstande sehen, veränderte Verhaltensweisen des Menschen zur Natur und zum geographischen Milieu zielgerichtet zu stimulieren, wie dies in der Gegenwart in Tansania erforderlich ist.

Drittes Kapitel

Gesellschaftliche Verhältnisse und Produktivkräfte in der Landwirtschaft nach der Erringung der politischen Unabhängigkeit

I. Ausgangspunkt und die ersten Maßnahmen des neuen Staates

Als Ergebnis eines harten und opferreichen Kampfes unter Führung der Tanganyika African National Union (TANU) konnte die Bevölkerung dieses ostafrikanischen Landes am 9. Dez. 1962 die Kolonialherrschaft abschütteln und ihren ersten unabhängigen Staat ausrufen. Damit war eine Grundvoraussetzung erfüllt, um eine Vielzahl ökonomischer und sozialer Probleme zur Überwindung der unerträglichen Rückständigkeit des Landes in Angriff nehmen zu können. Ein weiterer wichtiger Schritt zur Festigung der politischen Unabhängigkeit war die am 26. April 1964 vollzogene politische Vereinigung Tanganyikas mit den Inseln Sansibar und Pemba zur Vereinigten Republik Tansania.

Für das vorliegende Thema der Arbeit ist von außerordentlicher Bedeutung, bei der von den national-revolutionären Führungskräften Tansanias verfolgten zielgerichteten Politik zur Überwindung der ökonomischen und sozialen Rückständigkeit gewisse Etappen zu unterscheiden. Sie markieren nicht nur bestimmte Entwicklungsabschnitte in der Wirtschaftsgeschichte Tansanias, sondern sie sind zugleich sichtbarer Ausdruck für die wachsende politische Reife der nationalen Führungskräfte, die in der TANU zusammengeschlossen sind, sowie die deutlich sich verstärkende Tendenz einer antiimperialistischen und antikapitalistischen Orientierung des gesamten Landes. Hierin zeigt sich nachdrücklich der objektive Zusammenhang zwischen den Erfordernissen zur Überwindung der ökonomischen Rückständigkeit (insbesondere zur Entwicklung der

Produktivkräfte) und einer gleichzeitigen Vertiefung der antikapitalistischen Orientierung. Dieser Zusammenhang war den Führungskräften der TANU im Anfang nicht voll bewußt. Insbesondere die einzelnen Entwicklungsetappen seit Beginn der politischen Unabhängigkeit machen deutlich, daß die Erkenntnisse notwendiger *antikapitalistischer* Maßnahmen schrittweise gewonnen wurden, entsprechend den herangereiften Aufgaben bzw. den oft unerwarteten spontanen ökonomischen und sozialen Entwicklungen (z. B. der zunehmenden kapitalistischen Klassendifferenzierung im Dorf).

Die Situation Tansanias zu Beginn seiner staatlichen Unabhängigkeit ist nicht besser zu charakterisieren als durch die Worte Paul Bomanis, Mitglied der tansanischen Regierung: „Es gab keine industrielle Entwicklung. Der Handel lag in den Händen reicher europäischer Firmen oder asiatischer Einwanderer. Das Finanzsystem war ganz von ausländischen Banken beherrscht. Obwohl in der Kolonialzeit sich der internationale Handel entwickelte, wurde wenig für den Handel innerhalb des Landes getan oder die Produktion gefördert. Folglich hing die Wirtschaft in hohem Maße von der Ausfuhr landwirtschaftlicher Rohstoffe als Einnahmequelle ab ... Über 90 Prozent der Bevölkerung lebte auf dem Lande; die Durchschnittsfamilie lebte vom Ertrag des Kleinlandbesitzes. Die landwirtschaftlichen Methoden waren primitiv ..., das jährliche Pro-Kopf-Einkommen lag unter 60 Dollar ... Ganze Landstriche mit reichem wirtschaftlichen Potential lagen isoliert und wirtschaftlich brach ... Bei 10 Millionen Einwohnern gab es folgende ausgebildete afrikanische Fachleute bei uns:

12 Bauingenieure
1 Förster
5 Apotheker
8 Fernmeldeingenieure.

Es gab keinen technischen oder Elektroingenieur, keinen Geologen usw.“ [1]

Etwa 6 Prozent der landwirtschaftlich genutzten Fläche mit den fruchtbarsten Böden befand sich im Eigentum ausländischer Plantagenbesitzungen. Diese ausländischen Farmbetriebe lieferten aber (von diesen 6 Prozent der Flächen) ca. 45 Prozent der gesamten Agrarexporte Tansanias (darunter fast die gesamten Sisal- und Tee-Exporte, ferner einen erheblichen Teil des exportierten Tabaks, Weizen, Kaffee und Pyrethrum).

[1] Bomani, P., Die Entwicklungsstrategie Tansanias: Self-reliance and Self-help, in: Vierteljahresberichte, Bad Godesberg, Nr. 35/1969, S. 1, 2.

Die afrikanische Bevölkerung bestand zum großen Teil noch aus Analphabeten; von rd. 400000 afrikanischen Lohnarbeitskräften waren 53 Prozent in der Landwirtschaft beschäftigt, davon allein 30 Prozent auf den ausländischen Sisalplantagen. Der Anteil der Subsistenzproduktion in der Landwirtschaft betrug weit über 50 Prozent. Der Anteil der Viehwirtschaft an der landwirtschaftlichen Produktion betrug nur 13 Prozent und hatte fast ausschließlich Subsistenzcharakter.

1. *Die Agrarpolitik bis zur Arusha-Deklaration*

Die Anstrengungen der revolutionär-demokratischen Führungskräfte konzentrierten sich unmittelbar nach der Erringung der politischen Unabhängigkeit vor allem darauf, den Anteil der Exportprodukte der bäuerlichen Produzenten wesentlich zu steigern, einmal, um damit die Deviseneinnahmen des Staates für dringende Aufgaben zu steigern, zum anderen, um durch steigende Geldeinkünfte auch die materielle Lage der Bauern zu verbessern. Diese Politik, die sich auf einen großen Enthusiasmus der ländlichen Bevölkerung als Folge der Befreiung vom Kolonialjoch stützen konnte, trug reichlich Früchte, wie aus Tabelle 10 hervorgeht. Allein bei Baumwolle betrug die jährliche Steigerungsrate 10 Prozent.

Tabelle 10

Zunahme ausgewählter landwirtschaftlicher Erzeugnisse in Tanganyika/Tansania (als Marktproduktion, in 1000 t)[2]

Jahr	Baumwolle (Faser)	Kaffee	Sisal	Cashew-Nüsse	Tee	Tabak	Pyrethrum	Zucker
1959	35,4	22,7	209,0	28,4	3,6	2,1	0,8	–
1962	35,2	26,5	214,0	55,4	4,2	1,8	1,9	29,0
1967	70,8	40,2	220,1	76,5	7,2	7,8	6,7	71,8
1968	51,3	51,5	196,9	117,0	7,9	7,3	4,8	82,4

„Die Erweiterung des für den Export bestimmten Ernteertrages der Kleinbauern bildete die Grundlage für die gesunde Zahlungsbilanz und

[2] *Quellen*: Ruthenberg, H., Agricultural Development in Tanganjika, a. a. O., S. 38; Governement of Tanzania, Annual Report of the Agricultural Division, Ministry of Agriculture, 1965, 1966; The Economic Survey 1971–1972, a.a.O., S. 71.

für die ausreichenden Rücklagen, über die Tansania in den letzten Jahren verfügt," erklärte Bomani.[3]

Jedoch war eine Kehrseite dieser Entwicklung, daß der Anteil der Nahrungsmittelerzeugung – pro Kopf der in der Hauptsache ländlichen Bevölkerung – z. T. stark rückläufig war. Folgende Zahlen veranschaulichen das besonders deutlich:

Tabelle 11

Entwicklung der Pro-Kopf-Erzeugung Tanganyikas/Tansanias an Subsistenznahrungsmitteln und cash crops in Prozent von 1948/52 bis 1968 (1948/52 = 100)[4]

Jahr	Millet und Sorghum	Cassava	Yams und Süßkartoffeln	Baumwolle (Faser)	Kaffee
1948/52	100	100	100	100	100
1952/56	127	115	100	156	169
1964	139	92	86	328	—
1965	140	90	69	421	250
1967	137	90	69	358	296
1968	132	89	86	293	343

Dieser Trend ist insgesamt auch von der FAO festgestellt worden, wie die folgenden Zahlen zeigen:

Tabelle 12

Entwicklung der gesamten landwirtschaftlichen Erzeugung und der Nahrungsmittelproduktion in Tansania 1964 bis 1970 insgesamt und pro Kopf (in v. H. 1952/56 = 100)[5]

	1964	1965	1966	1967	1968	1969	1970 (vorauss.)
insgesamt:							
Gesamterzeugung	139	140	162	155	153	163	164
Nahrungsmittel	132	130	151	145	147	153	152
pro Kopf:							
Gesamterzeugung	110	108	122	114	109	113	111
Nahrungsmittel	104	100	113	106	105	107	103

Hier zeigte sich deutlich die Grenze der vorwiegend auf die traditionelle kleinbäuerliche Produktion berechneten landwirtschaftlichen Entwick-

[3] Bomani, P., Die Entwicklungsstrategie Tansanias, a. a. O., S. 4.

[4] *Quellen*: Tabellen 7 bis 12 im Anhang.

[5] *Quelle:* The state of food and agriculture 1971, FAO, Rom 1971, S. 229.

lungspolitik, wie sie vor allem von bürgerlichen Agrarökonomen empfohlen (und von Tansania in den ersten Jahren auch durchgeführt) wurde.

Ein analoger Trend wird für diesen Zeitraum von der UNO auch für den gesamten afrikanischen Kontinent festgestellt, wie aus den folgenden Zahlen hervorgeht:
Entwicklung der landwirtschaftlichen Produktion im Verhältnis zum Bevölkerungswachstum auf dem afrikanischen Kontinent in v. H. (1952/53 bis 1956/57 = 100)

	durchschnittlich 1948/49–1952/53	durchschnittlich 1958/59–1962/63	1965/66
Bevölkerung	91	116	130
Pro-Kopf-Prod.			
landwirtschaftliche Gesamtproduktion	97	103	102
Nahrungsmittel	97	101	98
übrige landwirtschaftliche (non-food) Produkte	95	114	122

Quelle: A Survey of Economic Conditions in Afrika, Economic Commission for Afrika (1960–64), UN, New York, 1968, S. 60.

Ergänzt wurde eine solche Orientierung durch die von bürgerlichen Entwicklungsplanern vorgeschlagenen Settlement Schemes, mit deren Hilfe versucht wurde, bisher von Stämmen nicht okkupierte, aber landwirtschaftlich nutzbare Gebietsteile Tansanias für den Anbau zu nutzen. Dieses in der Folgezeit als „villagisation" bezeichnete Programm versuchte gleichzeitig, den Bevölkerungsdruck in den am dichtesten besiedelten Gebietsteilen durch Umsiedlung zu mildern. Es wurde auch versucht, einen Teil der städtischen Arbeitslosen im Zuge der „villagisation" als Ackerbauern wieder seßhaft zu machen und so die Städte zu entlasten.

Diese Politik der Settlement Schemes, die versuchte, auf der Basis privaten (kapitalistischen) Grundeigentums Produktion und Produktivkräfte in der Landwirtschaft Tansanias zu entwickeln, ist im wesentlichen als gescheitert zu betrachten[6]. Ein großer Teil der Siedler wanderte wieder ab (in die Städte, z. T. in die alten übervölkerten Stammesgebiete), die verbliebenen Siedler waren in der Regel nicht in der Lage, die rech-

[6] Rural Development in Tanzania, in: The Nationalist, Dar es Salaam, 8. 5. 1971, S. 4.

nerisch ermittelten Einkommen zu erzielen.[7] Damit hatte sich aber im Grunde genommen eine ganze Entwicklungsrichtung (nämlich die *bürgerliche* Entwicklungskonzeption) als unfähig erwiesen, ein grundlegendes Problem der tansanischen Landwirtschaft, nämlich die Erweiterung der materiell-technischen Basis (auf der Grundlage einer extensiven erweiterten Reproduktion), zu lösen. Die von der Weltbank ausgearbeitete Entwicklungskonzeption für Tanganyika, die die Settlement Schemes als wichtigsten Punkt zur Veränderung der Struktur der Landwirtschaft (transformation approach) betrachtete, erwies sich als nicht durchführbar.[8].

Es war dies ein wichtiger Anstoß zur Suche nach einem völlig neuen Weg zur raschen Entwicklung der Produktivkräfte und der Erweiterung der materiell-technischen Basis der Landwirtschaft mittels nichtkapitalistischer Methoden. Die bisherige Konzeption spiegelte nicht nur den Kenntnisstand der revolutionär-demokratischen Kräfte unmittelbar nach der Erringung der politischen Unabhängigkeit wider, sondern auch den Zustand ihrer faktischen Möglichkeiten. Die hinterlassene koloniale Wirtschaftsstruktur mit der fast völligen Abhängigkeit weniger agrarer Exportgüter des Landes von den kapitalistischen Weltrohstoffmärkten erlaubte nach Lage der Dinge sofort gar keine andere Entscheidung. Doch diese bahnte sich vor allem auf Grund der inneren Entwicklung sehr rasch an.

„Obwohl die Entwicklung der Landwirtschaft viele Erfolge aufzuweisen hatte, gibt es auch gewisse Grenzen. Das Wachstum der Landwirtschaft wurde einseitig auf die Steigerung der für den Export bestimmten Agrarprodukte konzentriert ... Während also die Exporte einerseits stetig anstiegen, begannen andererseits auch gewisse Nahrungsmittelimporte in bedrohlichem Maße anzusteigen ..., die bald zu einem wesentlichen Importartikel zu werden drohten ...“[9]

Es zeigte sich damit, daß die vorwiegend noch immer traditionell betriebene Landwirtschaft (und schon gar nicht die Settlement Schemes) nicht gleichzeitig über einen längeren Zeitraum hinweg zwei so entscheidende Aufgaben zu lösen vermochte wie die Steigerung der Deviseneinnahmen des Landes über cash crops (die zur direkten Ernährung un-

[7] Bugengo, J., Zu grundlegenden sozialen Entwicklungsproblemen auf dem Lande in Tansania, a. a. O., S. 57f.

[8] Vgl. hierzu auch den Abschnitt „Bürgerliche Entwicklungskonzeptionen für die Landwirtschaft“, S. 241 f.

[9] Bomani, P., Die Entwicklungsstrategie Tansanias, a. a. O., S. 5.

geeignet waren) sowie eine steigende Nahrungsmittelproduktion der rasch wachsenden, vorwiegend ländlichen Bevölkerung.

Hierbei spielten auch solche Faktoren wie die ständige Verschlechterung der terms of trade und die wiederholte Herabsetzung der Exportquoten (z. B. bei Kaffee und Sisal) eine Rolle, wodurch ein relativ großer Teil der Ernte zu außerordentlich niedrigen Preisen abgesetzt werden mußte.

Die Preisentwicklung wichtiger cash crops Tanganyikas gestaltete sich beispielsweise wie folgt (Preise in engl. Pfd. je Tonne/fob):

	1951	1952	1954	1957/58	1961	1962
Kaffee	–	–	515	–	275	–
Baumwolle	–	423	–	–	–	229
Sisal	166	–	–	52	–	100

Quelle: Ruthenberg, H., Agricultural Development in Tanganyika, Heidelberg, New York, Westberlin 1964, S. 11.

1970 stieg z. B. die Sisal-Produktion Tansanias um 28 Prozent, die Preisentwicklung war dagegen stark rückläufig (– 13 Prozent), so daß sich eine wertmäßige Steigerung der Sisal-Produktion um nur 12 Prozent ergab.[10]

Es war daher zwingend geboten, einerseits den Charakter der Landwirtschaft – die Struktur ihrer Produktivkräfte sowie die Sozialstruktur – grundlegend zu verändern sowie andererseits das Augenmerk verstärkt auf die nichtlandwirtschaftlichen Zweige zu lenken.

2. *Die Notwendigkeit, die traditionelle Dorfgemeinde auf nichtkapitalistischem Wege zu überwinden*

Bereits 1963 war durch eine Reihe von Gesetzen faktisch eine Nationalisierung von Grund und Boden verfügt worden (die ausländischen Plantagenbesitzungen waren in langfristige Staatspachtungen umgewandelt worden). Bereits vor der politischen Unabhängigkeit hatten die TANU und Präsident Nyerere klar ihre Absicht geäußert, keine Privatisierung von Grund und Boden zuzulassen. Jedoch war die Begründung hierzu weniger politisch-ökonomischen als vielmehr moralisch-ethischen Charakters.

In seiner Schrift „Ujamaa – The Basis of African Socialism" schreibt Nyerere: „Die Ausländer führten eine völlig unterschiedliche Konzeption (zum afrikanischen Bodenrecht D. G.) ein – das Konzept vom Land als

[10] Mitteilungen der Bundesstelle für Außenhandelsinformation, Nr. 213, Köln – Frankfurt/Main, Oktober 1971.

einer marktfähigen Ware ... Solch ein System ist nicht nur ausländisch für uns, sondern es ist auch vollkommen unrecht. In einer Gesellschaft, die das individuelle Eigentum an Boden anerkennt, ... sind die Landbesitzer gewöhnlich in der gleichen Klasse von Faulenzern, die ich Klasse der Parasiten nenne. Wir dürfen das Wachstum von Parasiten hier in Tanganyika nicht gestatten. Eine TANU-Regierung muß zum traditionellen afrikanischen Landbesitzrecht zurückkehren."[11]

Aus dieser schon 1962 als parteioffizielles Dokument der TANU verbreiteten Schrift Nyereres sowie aus weiteren Stellungnahmen ist zu ersehen, daß man die Nationalisierung von Grund und Boden bereits als hinreichende Bedingung für die angestrebte klassenlose sozialistische Entwicklung im tansanischen Dorf betrachtete. Allein der tatsächliche Verlauf der ökonomischen und gesellschaftlichen Entwicklung war ein ganz anderer. Die Nationalisierung von Grund und Boden unterband keineswegs die weitere Ausbildung kapitalistischen Grundeigentums und das Ansteigen der absoluten Bodenrente,[12] sie vermochte auch nicht, der kapitalistischen Bewirtschaftung und der rasch voranschreitenden kapitalistischen Klassendifferenzierung Einhalt zu gebieten. Auch nicht die im

[11] Nyerere, J. K., Ujamaa – The Basis of African Socialism, in: Essays on Socialism, Dar es Salaam, London, New York, Nairobi, S. 7.

[12] Das kapitalistische Bodeneigentum und die kapitalistische Grundrente in den traditionellen Stammesgebieten Tansanias sind das Ergebnis eines spontanen Zerfalls der Dorfgemeinde, der mit der cash-crop-Produktion einhergehenden Verwandlung des bereits unter traditionellen Bedingungen entstandenen individuellen und privaten Bodenbesitzes in kapitalistisches Grundeigentum. Dieser Vorgang vollzog sich vor allem dort, wo hohe Bevölkerungsdichten und ausgeprägte cash-crop-Produktion zusammenfielen. Die de-facto-Nationalisierung von Grund und Boden vermochte das kapitalistische Grundeigentum (und damit die kapitalistische Grundrente) auf dem Wege der Enteignung bisher deshalb nicht zu beseitigen, weil in den betroffenen Gebietsteilen (z. B. in der Kilimandjaro-Region) auch ein erheblicher Teil Klein- und Kleinstbauern über privates Grundeigentum verfügt und wirtschaftlich davon abhängig ist (beispielsweise repräsentiert auch eine kleine bäuerliche Kaffeeplantage in der Kihamba-Region des Kilimandjaro einen nicht unerheblichen Marktwert für ihren Besitzer). Die Beseitigung des kapitalistischen Bodeneigentums berührt damit unmittelbar die Interessen eines größeren Teils der Bauernschaft dieser Gebiete. Mit dem Übergang zu Ujamaa-Genossenschaften und der geforderten Übergabe des kapitalistischen Bodeneigentums an diese Genossenschaften hofft man nunmehr dieses Problem lösen zu können. Vgl. dazu auch S. 263.

Seengebiet sich vorfindende feudalähnliche Bodenbesitzstruktur konnte mittels dieser De-facto-Nationalisierung beseitigt werden, dazu bedurfte es eigens der „African Chiefs Bill, 1969“, eines Anfang 1970 von der Nationalversammlung verabschiedeten Gesetzes zur Beseitigung aller ökonomischen Rechte und Privilegien der Häuptlinge.[13]

Ganz im Gegenteil hatte die mit Unterstützung des tansanischen Staates forcierte Steigerung der cash-crop-Produktion sogar eine zunehmende ökonomische und soziale Differenzierung auf dem Lande zur Folge. Nyerere äußerte sich kritisch und unmißverständlich dazu in seiner weithin beachteten programmatischen Arbeit „Socialism and Rural Development“.[14] Er faßt hier die Ergebnisse von Untersuchungen besonders der TANU zusammen, wonach sich größere Bauernbetriebe mit modernen Maschinen ausrüsteten und dadurch in der Lage waren, andere Stammesgenossen als Lohnarbeiter zu beschäftigen. Diese Art Entwicklung der Landwirtschaft (nämlich eine Begünstigung kapitalistischer Unternehmer), so erklärte Nyerere, müsse als Angriff auf die Grundlagen des afrikanischen Sozialismus abgelehnt werden.[15]

Eine ganze Reihe weiterer Untersuchungen bestätigen diesen nicht beabsichtigten Verlauf. So berichtet Michalski: „In allen vom Verfasser besuchten Landesteilen war festzustellen, daß sich bereits eine kapitalistisch wirtschaftende Großbauernschicht herausgebildet hat, die zunehmend an ökonomischer Stärke gewinnt ... Diese Großbauern beschäftigen bereits im erheblichen Umfange Lohnarbeiter, besitzen Traktoren und erwerben zweite und dritte Betriebe ... In den Kaffee- und Getreideanbaugebieten von Arusha ist der Prozeß ... ebenfalls in vollem Gange. Hunderte von wohlhabenden Kaffeepflanzern sind hier dazu übergegangen, zweite und dritte Wirtschaften in den Ebenen anzulegen, auf denen in einem Umfang bis zu 100 Hektar Getreide und Hülsenfrüchte angebaut werden.“[16] Ähnliches berichtet auch Clemm: „Chagga, die (im Kihamba-Gürtel, D. G.) über Traktoren verfügen, können mit Kontrakt-Pflügen eine Menge Geld verdienen, da der rauhe Boden (im Shamba-Gürtel) Maschinen verlangt.“[17] Hier entsteht eine besondere Form kapita-

[13] Neues Deutschland, Berlin, v. 24. 1. 1970.

[14] In: Nyerere, J. K., Essays on Socialism, a. a. O., S. 114f.

[15] Ebenda, S. 112, 113.

[16] Michalski, K.-J., Möglichkeiten zur Gestaltung des landwirtschaftlichen Genossenschaftswesens im Rahmen des nichtkapitalistischen Agraraufbaus in Tansania, Diss. (B), Leipzig 1969, S. 32.

[17] Clemm, M. v., Agricultural Productivity and Sentiment ..., a. a. O., S. 117.

listischer Ausbeutung, nämlich die des Maschinenverleihs entweder auf Lohnbasis, oder, wie dies sich in Tansania verschiedentlich entwickelt hat, in Form der Teilpacht oder der Abarbeit. Von den Chagga wird z. B. berichtet, daß Händler, Geschäftsleute und Handwerker aus der Stadt Boden im Kihamba-Gürtel erwerben und diesen auf der Basis von Teilpachten von landarmen oder landlosen Bauern bewirtschaften lassen.[18]

Schultz bringt ebenfalls Beispiele aus dem Mbulu-Distrikt (zwischen Sukumaland und der Masai-Steppe): „Die Pflüge und sonstigen Maschinen werden von den Eigentümern nicht nur auf den eigenen Feldern, sondern gegen Bezahlung, gegen eine bestimmte Erntemenge oder einen vorher festgesetzten Ernteanteil, auch auf denen anderer Bauern eingesetzt ... Die Nachfrage nach diesen Dienstleistungen ist groß ... Ein Bauer, der nicht Geld für die Bezahlung des Pflügens, Eggens etc. besitzt, überläßt nicht selten einen Teil seiner Felder einem anderen zur Nutzung auf Zeit. Er bekommt dafür Geld oder eine bestimmte Menge der Erträge, je nach Absprache. Hat er genügend Geld gespart, um den Einsatz von Maschinen selbst finanzieren zu können, nimmt er seine Felder zurück."[19]

Die tansanische Zeitung „The Nationalist" berichtete 1971, daß in den dicht besiedelten Gebieten des Kilimandjaro, von Arusha und Bungwe sich trotz der Nationalisierung von Grund und Boden ein freier Markt an Boden entwickelt habe, der einerseits zu einer Konzentration des Bodens in wenigen Händen und andererseits zu einer Klasse von Landlosen führe. In einigen dieser Gebiete koste ein halber acre Land bis zu 5000 Shs. Im Gebiet von Iringa, wo etwa 30000 Menschen vom Ackerbau leben, haben 20–30 Familien faktisch das gesamte Land in Besitz. Der Rest der Bewohner sind meistens Arbeiter.[20] Präsident Nyerere verurteilt öffentlich einen solchen Zustand, daß dort Besitzer mit 3000 acres Land die landlosen Bauern ausbeuten.[21]

Alle diese Erscheinungen mußten nicht nur das politische Konzept der TANU – nämlich die Errichtung eines klassenlosen Sozialismus afrikanischer Prägung – ernsthaft in Frage stellen, sondern darüber hinaus auch

[18] Reining, P. C., Chagga Land Tenure, a. a. O. Etwa 7 Prozent der Pächter sind einem solchen Kontraktsystem unterworfen.

[19] Schultz, J., Der Sozialismus in der Landwirtschaft von Tansania – Programm und Wirklichkeit, in: Internationales Afrika-Forum, Nr. 2/1970, S. 114.

[20] Rural Development in Tanzania, in: The Nationalist, Dar es Salaam, v. 8. 5. 1971, S. 4.

[21] More Land for the Peasants, Nyerere condems the Capitalists, in: The Nationalist, Dar es Salaam, v. 13. 5. 1971, S. 3.

die ökonomische und politische Zielstellung der national-revolutionären Führungskräfte – Verbesserung der materiellen Lage der Bauern, Überwindung der sozialen Rückständigkeit und Gewinnung des Dorfes für die Ziele der Befreiungsrevolution und der afrikanischen Einheit – gefährden. Innerhalb der ohnehin schon armen Bauernschaft eine soziale Deklassierung breitester Schichten zuzulassen, würde offene Formen des Pauperismus und eine weitere Konservierung der ökonomischen und sozialen Rückständigkeit bedeuten. Die Konzeption der TANU ging ja davon aus, daß, wie Bomani[22] betonte, die gesamte Bevölkerung Tansanias gebraucht werde, um die natürlichen Ressourcen des Landes – insbesondere die noch ungenutzten fruchtbaren Gebiete – nutzbar zu machen. Dazu mußte man aber ausnahmslos allen Bevölkerungsschichten die Möglichkeiten materieller und kultureller Verbesserungen sichern, um vor allem die darniederliegenden menschlichen Produktivkräfte zur Entfaltung zu bringen.[23]

Wie akut dieses Problem war (und nach wie vor ist), geht daraus hervor, daß das Durchschnittsalter des Tansaniers 1962 nur 37 Jahre betrug, die Kindersterblichkeit sogar noch 22,5 Prozent. Es ist völlig einleuchtend, daß eine kapitalistische Klassendifferenzierung, d. h. vor allem eine Bodenbesitzdifferenzierung bei Durchschnittsflächen von nur 6–7 acres je Familie, äußerst negative ökonomische Folgen und soziale Spannungen großen Ausmaßes im tansanischen Dorf bewirken mußte, die um jeden Preis zu verhindern waren. Eine nichtkapitalistische Entwicklung war unter diesen Umständen eine politische, aber auch vor allem eine ökonomische Notwendigkeit, die für die Führungskräfte Tansanias immer zwingender wurde. Wir glauben sagen zu können, daß hier eine entscheidende soziale Triebkraft für den nichtkapitalistischen Weg Tansanias zum Zeitpunkt der Verkündigung der Arusha-Deklaration (1967) lag, d. h., daß vor allem für diese akut sich zuspitzende ökonomische und politische Situation auf dem Lande ein konkreter Ausweg gesucht werden mußte.

In diesem Zusammenhang soll nicht übersehen werden, daß der tansanische Staat seit 1962 durchaus große Anstrengungen unternommen hatte, um die Agrarproduktion zu fördern. Bereits in den beiden ersten Fünfjahrplänen bildete die Entwicklung der Landwirtschaft die zentrale Aufgabe. Es wurde ein landwirtschaftlicher Beratungsdienst mit einem

22 Bomani, P., Die Entwicklungsstrategie Tansanias, a. a. O., S. 4.
23 Vgl. auch S. 239 f.

System von Research officers und Field assistants (Kosten etwa 2 Mill. Shs.) aufgebaut[24]. Jährlich wurden 25000 acres Land durch Bewässerungsprogramme zusätzlich in Bebauung genommen, eine Reihe von Verbesserungen wurde in der Viehwirtschaft eingeführt (Veterinärdienste, Verbesserung der Wasserversorgung und der Tränkestellen, Tse-Tse-Bekämpfung usw.). Eine ganze Reihe spezieller Programme und Maßnahmen kamen zur Ausführung (verschiedene Settlement Schemes[25]), die vor allem in Verbindung mit Bewässerungsprojekten versuchten, die Landausstattung der Bauern zu erhöhen; die neu gegründete National Credit Agency bemühte sich, mittels gezielter Investitionen die Verkaufsproduktion in den Stammesgebieten zu steigern, es wurden Versuche zum kombinierten Anbau von landwirtschaftlichen Kulturen und forstwirtschaftlicher Nutzung zur Abwehr der Bodenerosion unternommen. Ferner wurden z. B. jährlich durchschnittlich 117 Brunnen zur Verbesserung der Trinkwasserversorgung neu gegraben, die Bezugs- und Absatzgenossenschaften gefördert. Der medizinische Dienst auf dem Lande wurde verbessert, die Grundschulausbildung verstärkt usw.

Alle diese Maßnahmen vermochten jedoch nicht das Agrarproblem an der Wurzel zu fassen. Ganz im Gegenteil setzte sich in den am stärksten von wachsenden Bevölkerungsdichten und cash crops frequentierten Stammesgebieten der Raubbau an natürlichen Ressourcen in Form sich vermindernder Bodenfruchtbarkeit und steigender Bodenerosion fort. Es war den meist noch traditionell wirtschaftenden Bauern nicht möglich, die beträchtlichen agraren Produktionssteigerungen anders zu erzielen als durch Ausweitung der Anbauflächen und weitere Bracheverkürzung. Es steht außer Zweifel, daß auch diese Auswirkungen der in den ersten Jahren der politischen Unabhängigkeit verfolgten Agrarpolitik zu einer Änderung drängen mußten. Bekannt ist z. B., daß Präsident Nyerere selbst das erneute Abholzen der Usambaras zu Zwecken erweiterter cash-crop-Produktion einstellen ließ und eine umgehende Wiederaufforstung veranlaßte, um negative Auswirkungen auf den Naturhaushalt in diesem Gebiet zu verhindern.

Mit anderen Worten: Das Problem der Erweiterung der materiell-technischen Basis der Landwirtschaft war mit den bisher angewandten

[24] Nach Angaben des Independence Supplement 1961–1971 (in: The Standard, Dar es Salaam, v. 9. 12. 1971, S. 53f.) stieg die Zahl der Land assistants von 5 im Jahre 1961 auf 230 im Jahre 1971. Gegenwärtig arbeiten außerdem 6507 Assistant field officers sowie 420 Co-operative officers auf dem Lande.

[25] Zur Problematik der bürgerlichen Settlement Schemes s. S. 217 f.

Methoden des Staates nicht lösbar. Einerseits wurden weiterhin natürliche Ressourcen zerstört und damit sogar die materiell-technische Basis der Landwirtschaft in den bewirtschafteten Gebieten eingeengt. Andererseits war es kaum möglich, mit den vorhandenen primitiven Geräten und praktisch nur mit Hilfe menschlicher Muskelkraft als Energiequelle ständig mehr Flächen gleichzeitig in Bebauung zu nehmen, zumal solche bebauungsfähigen Flächen meist nicht erschlossen waren.

Übereinstimmend wird eine maximal mögliche Bearbeitungsfläche von 2–3 acres pro Arbeitskraft bei Bewirtschaftung mit der Handhacke angegeben.

Rotenhan gibt für die Sukuma folgende Zahlen an[26]:

Fläche/ha	Hackbauzone	Pflugzone
bestellte Fläche je Betrieb	2,4	3,3
bestellte Fläche je Arbeitskraft	0,7	1,3

Baum[27] stellte bei Hehe und Ngoni in der Kilombero-Niederung fest, daß (von 55 Familien) durchschnittlich 5,22 acres Fläche pro Haushalt und 2,37 acres je Arbeitskraft kultiviert sind. Die tatsächlich von den Familien okkupierte Fläche betrug aber das 2- bis 6fache.

Bei einer Durchschnittsfläche von 50 acres je Familie werden bei Ha, Zinza und Sukuma im Schnitt nur 12 acres bewirtschaftet.[28]

Schultz[29] bezifferte die Größe der bearbeiteten Bodenflächen je nach Art des Arbeitsmittels wie folgt: „Wird ausschließlich die Hacke benutzt, so umfaßt die Anbaufläche eines Betriebes 1–3 acres. Sie wächst auf ca. 6 acres, sobald ein eigener Ochsenpflug eingesetzt wird. Von den Eigentümern eines Traktorpfluges werden Flächen zwischen 10 und 50, maximal bis 300 acres in Benutzung genommen."

Wenn die Landwirtschaft also eine weitere spürbare Produktions- und vor allem Produktivitätssteigerung erbringen sollte – und das war in Anbetracht der ständig steigenden Nachfrage nach Agrargütern erforder-

26 Rotenhan, D. v., Bodennutzung und Viehhaltung in Sukumaland, a. a. O., S. 32.

27 Baum, E., Land Use in the Kilombero Valley, a. a. O., S. 31f.

28 Ntirukigwa, E. N., The Land Tenure System and the Building of Ujamaa Villages in Geita, a. a. O., S. 36.

29 Schultz, J., Der Sozialismus in der Landwirtschaft Tansanias, a. a. O., S. 112.

lich –, dann mußte die materiell-technische Basis erweitert werden, mußten die Produktivkräfte allseitig entwickelt werden.

Die unter starkem bürgerlichem Einfluß bisher unternommenen Versuche, dies auf dem Wege eines spontanen Zerfalls der bereits stark deformierten traditionellen Dorfgemeinde oder durch offen kapitalistische Formen ihrer Überwindung (z. B. der Settlement Schemes) zu erreichen, waren fehlgeschlagen oder führten zu Ergebnissen, die Tansania dem Ziel der ökonomischen Unabhängigkeit sowie der Überwindung der ökonomischen Rückständigkeit immer mehr entfernten und die TANU zudem ihrer sozialen Stütze in den breiten Bauernmassen zu berauben drohten.

II. Die nichtkapitalistische Entwicklung nach der Verabschiedung der Arusha-Deklaration 1967

Die Arusha-Deklaration „wird für die Wirtschaftsgeschichte Tansanias ein Markstein sein"[30], erklärte Bomani zu der am 5. Februar 1967 von der Nationalkonferenz der TANU verabschiedeten programmatischen Erklärung. Von welcher großen praktischen Bedeutung die darin niedergelegten Grundsätze waren und weiterhin sind, geht daraus hervor, daß bereits einen Monat nach ihrer Annahme alle Banken Tansanias (mit Ausnahme der Genossenschaftsbank), 8 Nahrungsmittelgroßbetriebe, 8 Handelsbetriebe sowie 6 der größten Sisalplantagen (mit einem Produktionsvolumen von ca. 60 Prozent) verstaatlicht wurden. Bereits im Herbst des gleichen Jahres übernahm der Staat mittels der bereits 1965 gegründeten National Development Corporation (NDC) von 33 bedeutenden Industrieunternehmen 60 Prozent der Anteile. In der Folgezeit wurde das staatliche Außenhandelsmonopol eingeführt und im Binnenhandel der entscheidende Anteil staatlicher Unternehmen sichergestellt. Mit diesen Maßnahmen schuf sich Tansania einen staatlichen ökonomischen Sektor im nichtlandwirtschaftlichen Bereich, der für die weitere nichtkapitalistische Entwicklung von allergrößter Bedeutung ist.[31]

[30] Bomani, P., Die Entwicklungsstrategie Tansanias, a. a. O., S. 4.

[31] Die Entwicklung ist auch hier noch durch Widersprüche – z. B. in Gestalt der Parastatals u.a. – gekennzeichnet, die jedoch in der vorliegenden Arbeit nicht näher untersucht werden können. Eine wichtige Rolle in der wirtschaftlichen Entwicklung des Landes wird dabei der 1900 km langen Eisenbahnstrecke von Dar es Salaam zum sambischen Kupfergürtel zukommen, die

1. Der Beginn eines klassenmäßigen Herangehens an die Agrarfrage

Die Errichtung eines staatlichen, nicht mehr kapitalistischen Prinzipien der Leitung unterworfenen Industriesektors erfolgte keineswegs losgelöst von der gesamtgesellschaftlichen und -politischen Orientierung der revolutionär-demokratischen Führungskräfte des Landes.

Noch in der 1962 popularisierten Schrift Nyereres „Ujamaa – The Basis of African Socialism" ist von der angeblich klassenlosen traditionellen afrikanischen Gesellschaft die Rede, zu der man zurückkehren müsse als dem Ausgangspunkt, der Basis des vergangenen und zukünftigen afrikanischen Sozialismus. Nyerere bezeichnete den europäischen Kapitalismus in Gestalt seines Kolonialsystems direkt als die Ursache verschiedener negativer Erscheinungen in den traditionellen afrikanischen Gesellschaften, wie z. B. die Eigentumsdifferenzierung. „Unser erster Schritt", so folgerte er, „muß daher sein, uns selbst wieder zu erziehen, zurückzukehren zu unserer früheren Geisteshaltung."[32] Es ist bezeichnend, daß er die Veränderungen in der traditionellen Dorfgemeinde Tansanias nur als ideologische, bewußtseinsmäßige Wandlungen verstand. Sogar die Individualisierung des Landbesitzes, die er durchaus sah, betrachtete er nur als eine Änderung der Einstellung dem Boden gegenüber, die ausschließlich mit dem kapitalistischen Kolonialsystem verbunden war. Sei dieses „ausländische" System beseitigt, so brauche es nur die Rückkehr zum traditionellen Denken (attitude of mind), um die traditionelle sozialistische Basis der Gesellschaft wieder funktionsfähig zu machen, einschließlich des kollektiven Bodeneigentums.[33]

Nyerere ging damals sogar so weit zu behaupten: „Beim Individuum wie in der Gesellschaft ist es eine bestimmte Geisteshaltung (attitude of mind), die den Sozialisten vom Nicht-Sozialisten unterscheidet. Das hat nichts zu tun mit Besitz oder Nicht-Besitz von Reichtum."[34] Sogar Kapitalisten, meinte er, könnten bei richtiger Geisteshaltung Sozialisten sein, obgleich dies in der Wirklichkeit kaum vorkomme.

mit Unterstützung der Volksrepublik China gebaut wird. China stellt einen langfristigen zinslosen Kredit in Höhe von 2,86 Mrd. Shs. für den Bau und die Lieferung des rollenden Materials zur Verfügung. Am Bau sind zwischen 7000 bis 10000 chinesische Arbeitskräfte beteiligt.

32 Nyerere, J. K., Ujamaa – The Basis of African Socialism, in: Essays on Socialism, a. a. O., S. 6.

33 Ebenda, S. 7.

34 Ebenda, S. 1.

Es ging und geht hier keineswegs um reine theoretische Erörterungen, sondern um Grundsätze von höchst praktischer Bedeutung und großer Tragweite. Eine solche gesellschaftspolitische Konzeption, die davon ausging, daß die kapitalistische Klassen- und Bodeneigentumsdifferenzierung „ausländischen" Ursprungs sei, aber nicht erkannte, daß ihr ökonomische Ursachen zugrunde lagen, die bereits *innerhalb* der traditionellen afrikanischen Dorfgemeinde wirksam waren, mußte zwangsläufig in der Praxis scheitern, sobald eben dieses „ausländische" System im wesentlichen beseitigt war. Die gesellschaftliche Praxis mußte eine Überprüfung, eine Revision dieser Konzeption erzwingen. Uns scheint dabei von großer Bedeutung zu sein, daß der objektive Anstoß zu dieser Revidierung, die in der Arusha-Deklaration schließlich ihren Niederschlag fand, nicht nur von seiten der kapitalistischen Eigentumsdifferenzierung auf dem Lande her erfolgte, sondern auch durch Ergebnisse und Wirkungen bedingt war, die im Bereich der Entwicklung der Produktivkräfte zu suchen sind.[35]

Die ersten Jahre nach der politischen Unabhängigkeit, in denen noch größtenteils von der britischen Kolonialmacht (und z. T. der Weltbank) initiierte und vorbereitete „Entwicklungspläne" für Tansania durchgeführt wurden, zeigten, daß die Art und Weise des kapitalistischen Herangehens nicht nur viele Jahrzehnte zur Überwindung der wirtschaftlichen Rückständigkeit Tansanias erfordert hätten, sondern daß prinzipiell einige Probleme auf diese Weise überhaupt nicht lösbar waren.[36] Hierzu gehören z. B. größere Bewässerungsprojekte für die Landwirtschaft (Land-Erschließung, Sicherung dauerhafter Erträge), die Einführung moderner ackerbaulicher Nutzungssysteme usw. Eine politische Partei wie die TANU, die ernsthaft die Überwindung der wirtschaftlichen Rückständigkeit und die Errichtung einer sozialistischen Gesellschaft auf der Grundlage gesicherter materieller Bedingungen für alle ihre Bürger anstrebte, mußte daher nach den entsprechenden ökonomischen und gesellschaftlichen Methoden und Mitteln Ausschau halten, um ein solches Ziel schließlich zu erreichen.

35 Vgl. hierzu: The Arusha-Declaration, in: Nyerere, J. K., Essays on Socialism, a. a. O., S. 26–33.

36 „Die kapitalistische Entwicklung ist unvereinbar mit der vollen nationalen Unabhängigkeit für die Länder der Dritten Welt" (Nyerere, J. K., Socialism: The rational Choice, in: Daily News, Dar es Salaam v. 6. 1. 1973, S. 4).

2. *Die Ujamaa-Dorfgenossenschaften*

In den ersten Jahren bestanden die Hauptaufgabe und damit der Hauptinhalt des Bündnisses der revolutionär-demokratischen Kräfte mit der Bauernschaft darin, die direkten Überreste des Kolonialsystems zu beseitigen (personell auf allen Ebenen der Verwaltung, aber auch innerhalb der traditionellen Institutionen) und einen Aufschwung der landwirtschaftlichen Produktion im wesentlichen mit den vorhandenen Mitteln und den geringen materiellen Unterstützungen des Staats zu erreichen.

Damit konnte jedoch auf die Dauer weder ein Umschwung in der materiellen Produktion noch in der Lebenslage der Dorfbewohner erzielt werden.

Die Arusha-Deklaration ging daher von zwei hauptsächlichen Prämissen aus:

Erstens: Das gleiche Recht jedes tansanischen Bürgers auf die natürlichen und ökonomischen Ressourcen des Landes wird ergänzt durch die „Möglichkeit des aktiven Eingreifens des Staates in das ökonomische Leben der Nation, um die Wohlfahrt aller Bürger zu garantieren und die Ausbeutung einer Person durch eine andere oder eine Gruppe durch eine andere zu verhindern“[37]. Und: „Der Staat muß die Kontrolle über die hauptsächlichen Produktionsmittel haben ... Die Regierung muß sich direkt an der ökonomischen Entwicklung beteiligen.“[38]

Zweitens: Die Landwirtschaft ist die Basis der Entwicklung. „Die Regierung unterstützt aktiv die Bildung und den Bestand der Genossenschaftsorganisationen.“[39] Dabei ist von großer Bedeutung, daß dies nicht mehr nur die bisher bestehenden Genossenschaften in der Zirkulationssphäre sein sollten (die teilweise – wie z. B. im Gebiet des Kilimandjaro und des Victoria-Sees – deutlich kapitalistischen Charakter trugen), sondern „Ujamaa-Dorfgenossenschaften“, die unter aktiver Mitwirkung der TANU entstehen sollten.[40]

Während der erste Grundsatz relativ einfach und rasch mit der Bildung des staatlichen Sektors der Industrie, des Handels und des monetären

[37] The Arusha-Declaration, in: Nyerere, J. K., Essays on Socialism, a. a. O., S. 14.

[38] Ebenda.

[39] Ebenda.

[40] Der Vorsitzende der Ujamaa-Genossenschaft ist in Personalunion zugleich Vorsitzender des örtlichen Parteikomitees der TANU. Vgl. hierzu auch das Statut des Ujamaa-Dorfes Nyabange im Anhang, S. 331.

Bereichs in die Tat umzusetzen war, zeigte sich gerade im Agrarbereich die ganze Kompliziertheit und Schwierigkeit bei der Verwirklichung beider Grundsätze. Es ist dabei von allergrößter Bedeutung, daß sich die tansanischen revolutionär-demokratischen Führungskräfte bei der praktischen Konzipierung des einzuschlagenden Weges von einer Organisationsform der bäuerlichen Produzenten leiten ließen, von der bereits Lenin sagte, daß sie für eine bestimmte Zeit die überhaupt einzige mögliche Form sei, um einerseits eine rasche Entwicklung der Produktivkräfte in der Landwirtschaft zu ermöglichen und dies andererseits in einer Weise zu tun, die die zersplitterte bäuerliche Produktion an die Vergesellschaftung der Produktion, an eine der Bauernschaft verständliche Form der Konzentration der hauptsächlichen Produktionsmittel der Landwirtschaft heranführt.[41]

Es ist nicht zu übersehen, daß der Leninsche Genossenschaftsplan sinngemäß in einem gewissen Umfange in den Ujamaa-Genossenschaften seinen Ausdruck findet, wobei zunächst an die noch sehr stark verbreitete traditionelle Bereitschaft zum kollektiven Handeln und Denken der Ackerbauern angeknüpft wird. Hierbei ergeben sich sowohl für die Einschätzung des in Tansania verfolgten Weges wie auch für die praktische Politik der national-revolutionären Führungskräfte zwei sehr bedeutsame, aber auch schwierige Fragen.

Erstens: Bedeutet das Anknüpfen an das traditionelle Handeln und Denken nicht gerade eine Gefahr für eine progressive genossenschaftliche Entwicklung in Tansania in der Weise, daß die vom traditionellen System ausgehenden Hemmnisse für die Entwicklung der Produktivkräfte (traditionelle ackerbauliche Nutzungssysteme, traditionelles Verteilungsprinzip u. a.) sich nun in einer neuen Form konservieren? Nyerere hat diese Gefahr durchaus frühzeitig erkannt. Er schrieb dazu, daß „... wir aber diesen Prinzipien (der Ujamaa – Lebensweise, D. G.) das Wissen und die Werkzeuge zur Überwindung der Armut hinzufügen müssen, die in der traditionellen afrikanischen Gesellschaft existiert.“[42]

Daß diese Gefahr durchaus real war (und bis zu einem gewissen Grade noch ist), bestätigt auch Bugengo, wenn er schreibt: „Sie (die TANU-Funktionäre, D. G.) verstehen z. B. häufig unter Ujamaa-Politik einfach ein Gemeinschaftsleben in Großfamilien, wie es in der vorkolonialen

[41] Vgl. hierzu auch: Stanis, V. S., Socialističeskie preobrazovanija sel'skogo chozjajstva, Moskau 1971, S. 186–221.

[42] Nyerere, J. K., Socialism and Rural Development, in: Essays on Socialism, a. a. O., S. 110.

Periode vorherrschte, und erkennen nicht den Inhalt der Ujamaa-Bewegung als Methode eines Entwicklungsweges in sozialistischer Richtung auf dem Lande."[43]

Damit wird klar, welche große Bedeutung der politisch-ideologischen Arbeit innerhalb der TANU sowie der Arbeit unter der ländlichen Bevölkerung zukommt, auf die auch Nyerere immer wieder hinweist. Es zeigt sich damit auch, daß der sozialökonomische Inhalt der Ujamaa-Genossenschaften durchaus noch nicht eindeutig bestimmt ist.[44] Es kann dies nur in einem längeren historischen Zeitabschnitt als Wechselwirkung einer systematischen politisch-ideologischen Arbeit der TANU unter der Bauernschaft sowie gezielter ökonomischer Maßnahmen zur Entwicklung der materiellen Produktivkräfte geschehen, als deren Ergebnis sich objektiv die Stellung der Bauernschaft im materiellen Produktionsprozeß verändert. Die Gefahr einer Konservierung oder Restauration des traditionellen Systems ist erst endgültig gebannt, wenn, wie Nyerere sinngemäß richtig sagte, das gemeinschaftliche Eigentum nicht mehr die Gemeinschaft der Armut repräsentiert, sondern eine höhere Form der gesellschaftlichen Produktion auf der Basis entwickelter Produktivkräfte zum Ausdruck bringt.

Zweitens: Im Zusammenhang mit dem derzeitigen sozialökonomischen Inhalt der Ujamaa-Genossenschaften steht daher unmittelbar die Frage nach der Einschätzung des in Tansania derzeit verfolgten gesellschaftlichen Weges. Ist es bereits eine sozialistische Entwicklung, wie es in allen Veröffentlichungen und offiziellen Stellungnahmen Tansanias zum Ausdruck gebracht wird, oder ist es eine Form der nichtkapitalistischen Entwicklung? Diese Frage ist um so berechtigter, als gerade die stark forcierte genossenschaftliche Entwicklung auf dem Lande in Tansania einem Entwicklungsabschnitt z. B. in der Entwicklung der sozialistischen Länder entspricht, der erst nach einer längeren notwendigen Übergangsperiode eindeutig als Aufbau der Grundlagen des Sozialismus bezeichnet werden kann. Dieser zunächst ins Auge springende Widerspruch bedarf einer Erklärung. Wir müssen uns zunächst jedoch näher mit den konkreten ökonomischen Bedingungen Tansanias vertraut machen, um hierauf eine annähernd erschöpfende Antwort geben zu können (vgl. hierzu S. 294f.).

43 Bugengo, J., Zu grundlegenden sozialen Entwicklungsproblemen auf dem Lande, a. a. O., S. 70.

44 Teilweise sind noch Clan-Chiefs und kapitalistische Farmer Vorsitzende von Ujamaa-Genossenschaften (Ntirukigwa, E. N., The Land Tenure System ..., a. a. O., S. 24; 42–44.

Mit der Bildung von Ujamaa-Genossenschaften waren zunächst Überlegungen verbunden, die sich aus der konkreten Situation Tansanias erklären. Einige seien genannt.

Das Ujamaa-Dorf als Form des kollektiven Zusammenlebens der Bauern. Eine außerordentlich große Bedeutung für die Entstehung der Ujamaa-Dörfer spielte der Gedanke, eine geeignete Form des kollektiven Zusammenlebens der tansanischen Bauern zu finden. Die extreme Streulage (Shamba-Siedlung) erlaubte weder eine sinnvolle Einführung und Nutzung wichtiger Gemeinschaftseinrichtungen zur Verbesserung der Lebenslage der ländlichen Bevölkerung wie zentrale Wasserversorgung, Schulen usw., noch war auf diesem Wege eine wirksame Organisierung der Bauernschaft zu neuen Produktionsmethoden und zur kulturell-politischen Erziehung möglich. Dem Ujamaa-Dorf kam also vor allem eine Bedeutung zu, die nicht direkt mit der Produktion im Zusammenhang stand. Erst in der 2. und 3. Stufe der Entwicklung des Ujamaa-Dorfes ist eine kollektive Bodenbewirtschaftung vorgesehen sowie der schrittweise Aufbau einer genossenschaftlichen Viehherde (soweit die natürlichen Voraussetzungen dazu durch die Bekämpfung der Tse-Tse-Fliege gegeben waren).

In den Ujamaa-Dörfern bleibt also die traditionelle Shamba-Wirtschaft vor allem zu Beginn noch weitgehend erhalten und bildet auch gegenwärtig umfangmäßig noch immer den entscheidenden Teil der ackerbaulichen Nutzungsform.[45] In den Ujamaa-Dörfern wird zunächst mit der Anlage eines Gemeinschaftsfeldes begonnen, auf dem die Bauern – örtlich sehr verschieden – eine bestimmte vereinbarte Zeit in der Woche arbeiten. Der größte Teil der Arbeit wird noch immer auf den individuellen Feldern geleistet.

Ein entscheidender *Ausgangspunkt* bei der Schaffung der Ujamaa-Genossenschaften in Tansania ist also nicht die kollektive genossenschaftliche Produktion, sondern eine neue Siedlungsweise, die durch Gemeinschaftseinrichtungen das Leben der Bauern verbessert und ihre kulturell-politische Erziehung durch die TANU gewährleistet. Insoweit unterscheidet sich der Ausgangspunkt für die Bildung dieser Genossenschaften ganz erheblich von dem der sozialistischen Länder, wo der Gesichtspunkt der kollektiven Produktion von vornherein ganz eindeutig im Mittelpunkt stand.

Die Verwirklichung des Rechtes auf Arbeit. Der starke Arbeitskräfteüberschuß in den dichtbevölkerten Gebieten und die Zunahme der Arbeits-

[45] Vgl. hierzu Tabelle 18 im Anhang.

losen in den Städten (als Folge des spontanen Zerfalls der traditionellen Dorfgemeinde) ließen die Frage akut werden, wie einmal das in der sozialistischen Konzeption der TANU verkündete Recht auf Arbeit garantiert werden kann, wie aber andererseits dieser geradezu groteske Widerspruch (der für die meisten Entwicklungsländer typisch ist) zwischen ökonomischer Rückständigkeit bei gleichzeitiger Nichtauslastung des nationalen Arbeitskräftepotentials zu überwinden ist. Die Ujamaa-Genossenschaften sollen hierzu eine wesentliche Grundlage bilden.[46] Nyerere schrieb: „Das bedeutet, daß unsere Landwirtschaft in einer solchen Form organisiert werden muß, daß bessere Bedingungen entstehen, um alle zu beschäftigen, die dazu willens sind."[47]

Das Recht und die Garantie auf soziale Sicherheit. Ein ernstes Problem beim spontanen Zerfall der traditionellen Dorfgemeinde entsteht für viele Länder dadurch, daß die bisher vom Stammesverband (Großfamilie usw.) ausgehende soziale Sicherheit (Hilfe im Krankheitsfall, bei Ernteausfall, mangelnde Beschäftigungsmöglichkeit usw.) entfällt. Tansania ist – wie die meisten anderen afrikanischen Entwicklungsländer – materiell nicht in der Lage, in solchen Fällen generell mit staatlichen Mitteln einzugreifen. Die Ujamaa-Genossenschaften sollen dem einzelnen tansanischen Bauern weiterhin materiell diese soziale Sicherheit garantieren, wobei an die traditionell ausgeprägte Hilfe und Unterstützung angeknüpft wird. Nyerere schrieb hierzu: „Im traditionellen afrikanischen Leben war die Bevölkerung gleich, sie war miteinander verbunden und sie nahm an allen Entscheidungen teil, die ihr Leben betraf ... Wir halten an den Grundprinzipien des traditionellen Lebens fest ... Sie (die Ujamaa-Dörfer, D. G.) werden ihr eigenes System sozialer Sicherheit und Unterstützung für Notzeiten ausarbeiten."[48]

Die Mobilisierung traditionell üblicher Gemeinschaftsleistungen. Eine hervorragende Rolle spielten und spielen weiterhin bei der Überwindung der ökonomischen Rückständigkeit die im Rahmen des Stammes üblichen, durch den Dorfhäuptling organisierten Gemeinschaftsleistungen. Viele Schulen, medizinische Stützpunkte, Straßen, Forschungsanlagen usw. wurden bisher in freiwilligen Einsätzen auf dem Land in Tansania geschaffen. Das Ujamaa-Dorf als eine Form, die an diese traditionelle

[46] Vgl. Statut des Ujamaa-Dorfes Nyabange im Anhang, S. 329.

[47] Nyerere, J. K., After the Arusha-Declaration, in: Essays on Socialism, a. a. O., S. 171.

[48] Ebenda, S. 173, 176. Vgl. dazu auch das Statut des Ujamaa-Dorfes Nyabange im Anhang, S. 330, sowie das empfohlene Statut, by-law 56, S. 351.

Lebensweise des tansanischen Bauern anknüpft, schien in besonderer Weise hierzu geeignet. „Das Ujamaa-Dorf... wird die örtlichen Ressourcen und das traditionelle Wissen (knowledge) nützen und auf dieser Grundlage einfache Verbesserungen (improvements) erarbeiten, die möglich sind, wenn das Volk zusammenarbeitet“, schrieb Nyerere.[49]

Nyerere erklärte in einer Adresse an die Nationalkonferenz der TANU vom Oktober 1967: „In unserer Situation bedeutet das, daß der Schwerpunkt unserer Entwicklung im ländlichen Sektor, und besonders in der Landwirtschaft, liegt. Ferner, daß wir modernisieren werden im Rahmen unserer Möglichkeiten. Aber wir müssen modernisieren ... Jedoch ist unser Hauptwerkzeug, die Jembe (Hacke), zu primitiv für unsere gegenwärtigen Erfordernisse. Wir müssen sie beiseite legen und durch Ochsenpflüge ersetzen. Wir können keinen Fortschritt erzielen, indem wir warten, bis irgendein Bauer in der Lage ist, einen Traktor zu besitzen, den er fahren und unterhalten kann... Wir sind nicht bereit für den Traktor, weder finanziell noch technisch; aber wir sind bereit für Ochsenpflüge ... Sie sind einfache Werkzeuge, deren Anwendung unsere Bauern schnell lernen können, sie sind geeignet für die kleine Farmeinheit, die in unseren Ujamaa-Dörfern eingeführt ist und die wir anstreben.“[50]

Die Grundidee, die Bauern anhand eigener praktischer Erfahrungen und mit Unterstützung zunächst einfacher materieller Technik schrittweise an neue (und schließlich kollektive) Produktionsformen heranzuführen, bildete nach der Arusha-Deklaration zunehmend den neuen Inhalt des Bündnisses mit der Bauernschaft. Dabei ist das, was Nyerere unter Modernisierung versteht, nicht allein auf die materielle Technik beschränkt, an anderer Stelle ist deutlich von Düngeranwendung und modernen agronomischen Verfahren die Rede.[51]

Wir bringen zunächst ein Beispiel, wie die Praxis dieser Ujamaa-Dörfer und die neue Form der Produktion aussehen. Es handelt sich um das Dorf Kilolo des Hehe-Stammes im Kilombero-Niederungsgebiet, das 1968 mit einer gemeinsamen Bewirtschaftung von 120 Hektar Land begann: „Nach der ersten Ernte wurde mit dem Bau einer Scheune und der Wohnhäuser unmittelbar am Feldrand begonnen. Nach dem Bau eines Dorfes für etwa 200 Familien sind ... von der Regierung eine

[49] Nyerere, J. K., After the Arusha-Declaration, in: Essays on Socialism, a. a. O., S. 176.

[50] Ebenda, S. 150.

[51] The Arusha Declaration, Abschnitt (b) Intelligence, in: a. a. O., S. 31. Vgl. hierzu auch die Seiten 255 ff., sowie das empfohlene Statut, by-law 3, S. 338.

Schule, ein Ambulatorium und ein Gemeinschaftsneubau gebaut worden. Die Bauern arbeiten heute nach einem Tagesarbeitsplan etwa 5 Stunden gemeinschaftlich und erhalten ihr Einkommen nach geleisteten Arbeitsstunden berechnet. Sie wollen die Ackerfläche auf zunächst 200 Hektar erweitern, neben Weizen, Mais und Gemüse auch Aprikosen-, Apfel- und Birnenbäume pflanzen sowie mit dem Aufbau einer Rinderherde beginnen. Ein Dorfkomitee mit gewählten Vertretern lenkt die Arbeit, die zudem auf monatlichen Versammlungen und auch im Kollektiv besprochen wird ... Zunächst steht der Einsatz von Ochsenpflügen auf der Tagesordnung ... Durch die Tätigkeit landwirtschaftlicher Berater werden auch die Bauern in modernen Aussaatmethoden, zum Einsatz von einfachen Pflegegeräten und von Ochsenkarren angeregt."[52]

Die Zahl der Ujamaa-Dörfer hat sich wie folgt entwickelt[53]:

1967	180
1968	360
1969	671
1970	1100
1971	3000
1972	4484

Eine besondere Stärkung erfuhren die Ujamaa-Dörfer 1971 durch Umstände, die zeigen, daß die bisher meist noch traditionell wirtschaftenden Bauern sehr rasch die Vorteile dieser neuen Organisationsform zu verstehen beginnen: „Im Jahre 1971 ... konnte das Land bei diesem Programm einen Sprung nach vorwärts verzeichnen. Während Ende 1970 erst von der Existenz von 1200 Ujamaa-Dörfern berichtet wurde, hat sich ihre Zahl bis Ende 1971 auf über 3000 mit einer Bevölkerung von ca. 1,3 Millionen ... erhöht. Dieser Zuwachs ist vor allem auf den spontanen, um die Mitte des vergangenen Jahres einsetzenden Übergang des Gogo-Stammes in Zentraltansania zur Ujamaa-Lebensweise zurückzuführen. 300000 Gogo bzw. 60000 Familien wählten Ujamaa. Für sie müssen 85 neue Dörfer errichtet werden. Diese Bewegung hatte bis August 1971 solche Formen angenommen, daß sie zunächst offiziell gebremst werden mußte, da die staatliche Förderung dem Ansturm nicht gewachsen war."[54]

52 ADN-Artikeldienst, Berlin, v. 21. 10. 1969.

53 The Nationalist, Dar es Salaam, v. 29. 6. 1970; Nachrichten für Außenhandel, Frankfurt a. M., v. 21. 2. 1972; Neues Deutschland, Berlin, v. 12. 8. 1972, S. 6. 1972 lebten bereits 11 Prozent der Bevölkerung in Ujamaa-Dörfern.

54 Nachrichten für Außenhandel, Frankfurt a. M., v. 21. 2. 1972.

Von Interesse ist dabei, daß es sich bei den Gogo um einen Stamm handelt, der größtenteils von der Viehzucht lebt. Die dabei auftretenden Schwierigkeiten mit der Versorgung des Viehs hofft man im Wege von Gemeinde-Viehherden zu lösen, die sich zahlenmäßig leichter beschränken lassen[55]. Auch im Gebiet der Masai (am Rande des Ngorongoro-Kraters) gibt es bereits erste Ansätze zur Seßhaftwerdung im Rahmen von Ujamaa-Dörfern[56], so daß nunmehr auch die bedeutendsten Viehzüchter-Nomaden Tansania svon der Ujamaa-Bewegung erfaßt sind (zur Problematik der Seßhaftmachung von Viehzüchter-Nomaden vgl. S. 250).

Bei allen Fortschritten der Ujamaa-Genossenschaften darf jedoch nicht übersehen werden, daß sie ihrem Charakter und Inhalt nach noch unvollkommen und widersprüchlich sind. So berichtete einerseits M. S. Širakov, Mitglied des Präsidiums des Obersten Sowjets der UdSSR: „Was wir in einem Ujamaa-Dorf im Norden des Landes in der Kilombero-Niederung sahen, erinnerte uns an die Genossenschaften der ersten Sowjetjahre."[57] Andererseits sind die Ujamaa-Genossenschaften noch mit viel Traditionellem behaftet und durch eine relative ökonomische Isolierung gekennzeichnet, die sowohl durch den noch ungenügenden Warenaustausch mit der Stadt verursacht ist als auch durch gewisse romantische Züge der ihnen zugrunde liegenden Konzeption. So erklärte Schütte in einer Analyse des tansanischen Ujamaa-Genossenschaftssystems, daß sich „bei dessen Betrachtung . . . Assoziationen an die französischen Frühsozialisten geradezu aufdrängen"[58]. In der Tat gab es zunächst – offenbar auch in Anlehnung an die relativ isolierte afrikanische Dorfgemeinde – solche Züge einer ökonomischen Isolierung, nach der im Ujamaa-Dorf alle landwirtschaftlichen und handwerklichen Erzeugnisse selbst produziert und angefertigt werden sollten. Der Staat wurde dabei lediglich als eine Art harmonische Dachorganisation aufgefaßt, dem nur eine Reihe zentrale Aufgaben wie die Landesverteidigung und das Erziehungswesen obliegen.

Es ist eine besonders wichtige ökonomische und politische Aufgabe, solche noch vorhandenen Tendenzen einer übertriebenen wirtschaftlichen Selbständigkeit von Ujamaa-Dörfern zu überwinden.

[55] Ngororo, A., Wagogo exodus puts Ujamaa Policy on Trial, in: The Standard, Dar es Salaam, v. 29. 7. 1971, S. 4.

[56] Salim, S., Wamasai are going the Ujamaa Way, in: The Standard, Dar es Salaam, v. 2. 6. 1971, S. 4.

[57] Nach: Neue Zeit, Moskau, Nr. 49/1971, S. 31.

[58] Schütte, H., Ujamaa Villages und Nyereres afrikanischer Sozialismus, in: Internationales Afrika-Forum, Nr. 4/1969, S. 285.

In vielen der Ujamaa-Dörfer gibt es bereits auf genossenschaftlicher Basis arbeitende Handelsgenossenschaften (die fester Bestandteil des Ujamaa-Dorfes sind). Andererseits nimmt das Kleinhandwerk zu, als Ergebnis gezielter Förderungsmaßnahmen des Staates, aber auch der Initiative örtlicher TANU-Komitees (zur Beschäftigung überschüssiger Arbeitskräfte in der arbeitsarmen Zeit, zur Steigerung der Einkommen bzw. zur Befriedigung dringender Bedürfnisse nach handwerklichen Produkten usw.).

Wie in der Industrie, so spielt auch die Bildung des staatlichen Sektors in der Landwirtschaft in Gestalt von Staatsgütern sowie Forschungs- und Ausbildungszentren eine hervorragende Rolle. Die Arusha-Deklaration sieht ausdrücklich die Entwicklung der Landwirtschaft in 2 Formen vor: in Form von Genossenschaften (in der Folgezeit betont als Ujamaa-Dörfer) sowie von Staatsgütern.[59]

Die Staatsgüter haben (außer den verstaatlichten Sisal-Plantagen) in erster Linie die Aufgabe, Musterwirtschaften für die Ausbildung von Fachkadern sowie zur Demonstration fortgeschrittener Anbaumethoden und Technologien, ferner zur Gewinnung von leistungsfähigem Saatgut abzugeben. Auf den Staatsgütern kommt auch teilweise moderne Technik zum Einsatz. Auf diese Weise sichert sich der Staat ökonomisch wie auch über die Ausbildung von Fachkräften einen Einfluß auf das Entwicklungsniveau der Agrarproduktion. Allerdings werden die Möglichkeiten hierzu noch unvollständig genutzt.[60]

Von besonderer Bedeutung ist, daß in einer Reihe staatlicher Versuchszentren die Studenten in der Ujamaa-Lebensweise unterrichtet werden, d. h., daß die Fachausbildung mit der praktischen Organisation einer Ujamaa-Genossenschaft verbunden ist.[61] Interessanterweise werden den Studenten vor allem modernere, aber dennoch den konkreten Bedingungen Tansanias angepaßte ackerbauliche Nutzungssysteme nahegebracht und die Ausbildung nicht allein auf die Beherrschung moderner materieller Technik beschränkt.[62] Eine solche Orientierung entspricht durchaus richtig dem Inhalt des Begriffs Technik im gegenwärtigen Entwicklungsabschnitt.

[59] Vgl. hierzu auch: Ngai, J., Challange to Individual Farmers, in: Daily News, Dar es Salaam, v. 9. 6. 1972, S. 4.

[60] Vgl. S. 257 f.

[61] Mwanatongoni, M., Agricultural Centre helps Rural Transformation, in: The Standard, Dar es Salaam, v. 20. 3. 1972, S. 4.

[62] Mwanatongoni, M., Giving Peasants Technique, in: The Nationalist, Dar es Salaam, v. 20. 3. 1972, S. 4.

Faßt man die einzelnen Gesichtspunkte der mit der Arusha-Deklaration eingeleiteten neuen Entwicklung im Hinblick auf den Agrarsektor zusammen, so muß man feststellen, daß die Formulierung, wonach die Landwirtschaft die Basis der Entwicklung darstellt, keineswegs mehr in dem Sinne wie in den ersten Jahren der Unabhängigkeit aufzufassen ist, wonach die Landwirtschaft schlechthin nur der Devisenbringer war. Es erfolgte ein Umdenken, das aus einer ganzen Reihe von Ursachen herrührt. Wir versuchten einige davon auszudeuten.

Entscheidend scheint zu sein, daß die Führungskräfte der TANU deutlich die Gefahr der bisherigen bürgerlichen Entwicklungskonzeptionen für das Schicksal Tansanias erkannt haben, sowohl was die Produktivkräfte betrifft (Zunahme der Bodenerschöpfung, der Unterernährung sowie der Unterbeschäftigung auf dem Lande) als auch die gesellschaftlichen Beziehungen (spontaner Zerfall traditioneller und Herausbildung kapitalistischer antagonistischer Beziehungen mit der Zunahme sozialer und ökonomischer Rückständigkeit usw.).

Die Schlußfolgerungen der Arusha-Deklaration gehen in verschiedene Richtung. Einmal erfolgt die Erwirtschaftung notwendiger Investitionsmittel für die verschiedensten Aufgaben deutlich betont nicht mehr allein aus der Landwirtschaft (die Mittel kommen jetzt auch zunehmend aus dem staatlichen Industriesektor, aus dem Tourismus, dem Wildlife Management usw.).[63] Die Erweiterung der cash-crop-Produktion genießt nicht mehr einseitig Vorrang. Statt dessen beschloß der 14. Parteitag der TANU (1970), daß Tansania bis 1974 sich aus eigener Produktion voll mit Nahrungsmitteln versorgt.[64] Den Hebel dazu bildet die Umgestaltung der Landwirtschaft auf der Basis der Ujamaa-Genossenschaften, die auf der Grundlage einer einfachen Kooperation der Arbeit und einfacher

[63] Von besonderer Bedeutung für die weitere ökonomische Strategie des Landes auch im Hinblick auf die Landwirtschaft kann dabei die Tatsache sein, daß bei den Vermessungsarbeiten für die gegenwärtig bereits im Bau befindliche Eisenbahnstrecke Dar es Salaam–Sambia bedeutende Rohstoffvorkommen entdeckt worden sind. Vorläufige Schätzungen sprechen von 400 Millionen Tonnen Kohle und 200 Millionen Tonnen Eisenerz, mit deren genauer Erkundung nunmehr begonnen wird. (Bisher ging man davon aus, daß Tansania über keine nennenswerten Rohstoffvorkommen verfügt, wodurch die Landwirtschaft eine zentrale Stellung für die wirtschaftliche Entwicklung des Landes erhielt.)

[64] Erklärung Paul Bomanis vor dem 14. Parteitag der TANU, ADN, Dar es Salaam, v. 5. 6. 1970.

Technik, unter Ausnutzung moderner agronomischer Verfahren eine höhere Produktion und Produktivität in der materiellen Produktion erreichen sollen. Damit wird sich die materielle und soziale Lage der Bauern verbessern, und zwar nicht in widersprüchlichen Formen, sondern möglichst ausgeglichen. Zugleich sorgt der Staat dafür, daß sich möglichst keine Kluft in der materiellen und sozialen Entwicklung zwischen Stadt und Land entwickelt, d. h., daß die städtischen Einkommen gesteuert und gezielte Unterstützungen des flachen Landes eingeleitet werden.[65]

Auf dieser Grundlage hofft man eine ausgeglichene wirtschaftliche und soziale Entwicklung aller Bevölkerungsschichten zu garantieren. Eine solche Orientierung trägt in der Tat den konkreten Bedingungen Tansanias weitaus besser Rechnung. Sie kann überdies die eingangs dargestellten negativen Wirkungen im Bereich der natürlichen Ressourcen bedeutend vermindern. Gleichzeitig erfolgt insgesamt eine Zunahme und Entwicklung der Produktivkräfte in der Landwirtschaft, vor allem im Bereich der Arbeitskraft (in zweifacher Hinsicht: als erweiterte physische Reproduktion durch ausreichende Ernährung, durch Verbesserung der allgemeinen sozialen Lage, Erhöhung der Qualifikation usw. Andererseits tritt eine bedeutende Steigerung der Produktivkraft durch eine einfache gesellschaftliche Kooperation der Arbeit ein).

Eine solche Entwicklung der Produktivkräfte ist jedoch unmittelbar an die nichtkapitalistische Form der ökonomischen und gesellschaftlichen Entwicklung gebunden. Die einzelnen Gesichtspunkte zeigen dabei, wie komplex und vielschichtig in der Praxis die auftretenden Probleme sind. Insgesamt jedoch läßt sich bereits recht deutlich erkennen, daß zwischen den nichtkapitalistischen Formen der ökonomischen Entwicklung und der dadurch möglichen Entfaltung der Produktivkräfte im Agrarbereich Tansanias ein enger Zusammenhang besteht.

Der große *Vorteil* der nichtkapitalistischen Entwicklung – ausgedrückt in meßbaren Werten – beginnt sich dabei teilweise erst abzuzeichnen. Seine *Notwendigkeit* zeigt sich jedoch jetzt schon darin, daß sich die kapitalistischen Wege und Methoden zur Entwicklung der Produktivkräfte in den wenigen Jahren der politischen Unabhängigkeit als ungeeignet zur Lösung der anstehenden Probleme erwiesen haben.

[65] Nyerere, J., After the Arusha-Declaration, in: Essays on Socialism, a. a. O., S. 162.

3. *Die Verstärkung der ökonomischen Funktion des nichtkapitalistischen Staates*

Analog der Aktivität des tansanischen Staates im nichtlandwirtschaftlichen Bereich wurden mit dem Übergang auf dem nichtkapitalistischen Weg auch verstärkte Anstrengungen sichtbar, in der Landwirtschaft mit Hilfe des Staates sowie der verschiedenen gesellschaftlichen Organisationen – vorab der TANU – die ökonomische und gesellschaftliche Entwicklung auf dem Lande in der von der Arusha-Deklaration festgelegten Richtung voranzutreiben. Dabei war es zunächst erforderlich, bei allen Beteiligten Klarheit über den einzuschlagenden Weg und die anzuwendenden Mittel und Methoden zu schaffen. Im Kern ging es darum, wie Präsident Nyerere immer wieder betonte, die in den ersten Jahren auf der Basis vorwiegend bürgerlicher Konzeptionen eingeleitete Entwicklung auf ökonomischem Gebiet – nämlich die vorrangige Produktionssteigerung von cash crops und die Entwicklung des Industriesektors mittels Auslandskapital[66] – zu korrigieren und bei weiterer Betonung des Schwergewichts der Landwirtschaft sich in erster Linie auf eigene Mittel und auf die eigene Kraft zu orientieren (self-help u. self reliance). Hierbei sollte der Staat eine entscheidende Rolle bei der Mobilisierung der Menschen und aller natürlichen und ökonomischen Ressourcen in der Landwirtschaft spielen.

Exkurs: Kritik bürgerlicher Entwicklungskonzeptionen für die Landwirtschaft

Bei der Ausarbeitung eines eigenen Plans zur Überwindung der ökonomischen Rückständigkeit und zur Lösung dringender ökonomischer und sozialer Probleme besonders auf dem Agrarsektor mußten sich die revolutionär-demokratischen Führungskräfte Tansanias von vielen bürgerlichen Vorurteilen und auch bereits eingeleiteten Vorarbeiten frei machen. So hatte die Weltbank (International Bank for Reconstruction and Development) in einer Studie 1961 zwei Hauptmethoden zur Entwicklung

[66] „Wir begehen einen Fehler zu glauben, daß wir das Geld (zur Industrialisierung D. G.) von anderen Ländern erhalten werden ... Der Fehler, den wir machen, ist anzunehmen, daß Entwicklung mit der Industrialisierung beginnt“ (The Arusha-Declaration, in: Nyerere, J. K., Essays on Socialism, a. a. O., S. 25, 26).

der Landwirtschaft Tanganyikas empfohlen[67], die mehr oder weniger in den ersten Fünfjahrplan (1964–69) eingegangen sind. Die erste Methode (Verbesserungsmethode, improvement approach) ging davon aus, daß radikale Änderungen zunächst nicht möglich seien und daß die Landwirtschaft im wesentlichen durch Popularisierung bereits bekannter und bewährter Verfahren und Techniken zu fördern sei. Die zweite Methode (die davon ausging, daß die erste an der Bodenfrage und der Unmöglichkeit, das Problem der Unterbeschäftigung lösen zu können, auf die Dauer scheitern müsse) verlangte grundlegende Veränderungen (transformation approach). Das sich im wesentlichen auf die Schaffung privaten Bodenbesitzes stützende System der Landbewirtschaftung sah hohe Kapitalinvestitionen auch in der Landwirtschaft vor, um so Produktion und Produktivität zu erhöhen.

Der erste Fünfjahrplan enthielt daher keine festen Ziele, sondern operierte mit allgemeinen Entwicklungsaufgaben und sah sein Hauptziel darin, ausländischen Kapitalanlagen günstige Verwertungsbedingungen zu sichern. Gerade hieran entzündete sich in der Folgezeit die Kritik an dieser Konzeption, da natürlich unter den in vieler Hinsicht unentwickelten Bedingungen Tansanias eine kleinbäuerliche Marktproduktion nicht auf dem Prinzip einer ausreichenden Verzinsung von Auslandskapital, d. h. auf der Sicherung hoher Profite für die ausländischen Kreditgeber aufgebaut werden konnte. Gerade hiervon aber gingen alle bürgerlichen Agrarexperten und die Berater aus den imperialistischen Staaten aus, da ihrer Vorstellung ein anderes Konzept völlig fremd war und ist. So schreibt z. B. Ruthenberg: „Aber für die large schemes (großen Bewässerungsvorhaben D. G.) sind umfangreiche Investitionen erforderlich, für die sich aber keine Kreditgeber finden, da die Anlagen nicht lohnend sind.“[68] Auch im Weltbankbericht heißt es dazu: „Eine Berechnung der Kosten und der Verzinsung zeigt, daß die Bewässerung kaum gewinnbringend ist.“[69]

Das gleiche trifft zu für sog. Effektivitätsberechnungen in den Settlement Schemes der ersten Jahre, wobei die Aufwands- und Ertragsrechnungen auf der Basis jeweils gültiger Exportpreise für cash crops sowie rückzuzahlender Investitionskredite plus kapitalistischer Kapitalver-

67 Tanzania today, A portrait of the United Republic, Ministry of Information and Tourism of the U. R. of Tanzania, Nairobi 1968, S. 62.

68 Ruthenberg, H., Agricultural Development in Tanganyika, a. a. O., S. 181.

69 International Bank for Reconstruction and Development (IBRD). Report of a mission on Tanganyika, Washington 1961, S. 180.

zinsung vorgenommen wurden. So kommt E. Baum in seinen Untersuchungen über die Siedlungen in den Kilombero Valley zu dem Ergebnis, daß das Settlement Management entweder mit Zuschüssen arbeiten muß, oder „die Einkommen der Siedler werden so niedrig sein, daß sie nicht den erforderlichen Ansporn liefern, der notwendig ist, um ihre Beteiligung zu sichern“[70].

Das Kernproblem aller bürgerlichen neokolonialistischen Konzeptionen und Versuche, in der Landwirtschaft Tansanias (und nicht nur dort), ein rationelles Verhalten der traditionellen Stammesbevölkerung zum Boden und einen Fortschritt im Ackerbau zu erreichen, besteht darin, privates, d. h. *kapitalistisches Bodeneigentum* zu schaffen und die bürgerlich-kapitalistischen Rationalitäts- und Effektivitätskriterien (d. h. das Prinzip der Profiterzielung und möglicher Gewinn-Maximierung) wirksam werden zu lassen. Alle einzuleitenden Maßnahmen sollten eben an diesen Kriterien gemessen werden.

Dabei ging (und geht) es nicht nur darum, aus rein ökonomischen Gründen solches (kapitalistisches) Privateigentum an Boden zu schaffen, sondern eine solche Zielstellung entspricht vor allem der *strategischen Grundkonzeption* der imperialistischen Länder in der Gegenwart. Es handelt sich dabei darum, einen wirksamen Weg zu finden, wie die politisch selbständig gewordenen ehemaligen Kolonien weiter innerhalb des kapitalistischen Wirtschaftssystems gehalten und damit dem ökonomischen, politischen (und militärischen) Einfluß des Imperialismus weiter erhalten bleiben können. Eines der wirksamsten Mittel hierzu ist die rasche Privatisierung z. B. des Bodens und eine sich hierauf gründende Entwicklung des Kapitalismus, die eine ausreichend starke soziale Basis hervorbringt, um die Weiterführung der antiimperialistischen nationalen Befreiungsrevolution der Entwicklungsländer bis hin zu deutlichen Ansätzen einer sozialistischen Entwicklung zu verhindern.

Diese globale Zielstellung ist in der verschiedenartigsten Weise mit ökonomischen Maßnahmen und wirtschaftlichen Entwicklungsplänen verquickt, deren Stoßrichtung gerade aus den genannten Gründen als *neokolonialistisch* bezeichnet werden muß.

Dabei ist charakteristisch, daß diese Kriterien sowohl dem Verhalten der einzelnen Personen zugrunde gelegt werden wie auch den Maßnahmen

70 Baum, E., Land Use in the Kilombero Valley, a. a. O., S. 47. Zu ähnlich negativen Folgerungen kommt auch Newiger im gleichen Band. Vgl. dazu Newiger, N., Village Settlement Schemes, The Problem of Co-operative Farming, a. a. O., S. 271.

im Rahmen eines Landes insgesamt. Wir wollen dies an einem weiteren Beispiel betrachten.

Andrae befaßt sich in seiner Arbeit „Die Bodenfruchtbarkeit in den Tropen“ mit den betriebswirtschaftlichen Möglichkeiten der Erhaltung und Steigerung der Bodenfruchtbarkeit in den Tropen und kommt dabei zu dem Schluß, daß die derzeit mögliche Minimalkostenkombination der drei „Produktionsfaktoren“ Arbeit, Boden und Kapital in den Entwicklungsländern solche bodenerhaltenden Maßnahmen wie in den entwickelten kapitalistischen Ländern generell ausschließt (das Kapital ist sehr teuer, Arbeitskraft und Boden sehr billig), so daß sich die Entwicklungspolitik darauf beschränken müsse, im wesentlichen auf der Basis arbeitsintensiver Maßnahmen Bodenerhaltung zu betreiben. So schreibt Andrae:

„*Die Pflege und Unterhaltung der Bodenfruchtbarkeit verursacht in jedem Falle Kosten und unterliegt infolgedessen dem Minimalkostenprinzip.* Die Minimalkostenkombination ist dann erreicht, wenn die Grenzleistungen aller drei Produktionsfaktoren Boden, Arbeit und Kapital proportional ihren Kosten sind. An der Tatsache, daß jeder Produktionsfaktor dem Gesetz des abnehmenden Grenzertrages gehorcht, ergibt sich ceteris paribus, daß teuere Produktionsfaktoren ... sparsam einzusetzen sind. ... So sind z. B. alle gewerblich hergestellten Betriebsmittel des Landwirtes in Entwicklungsländern, besonders via Wirtschaftshof, unverhältnismäßig teuer. Erst nach Industrialisierung und Verkehrserschließung wird daher der Einsatz kapitalaufwendiger Mittel zur Pflege der Bodenfruchtbarkeit, wie Mineraldünger, therapeutischer Pflanzenschutz oder Feldberegnung in größerem Umfange betriebswirtschaftlich zulässig.“ [71]

Eine solche Orientierung für Tansania und andere Entwicklungsländer bedeutet angesichts der anstehenden Probleme eine Bankrotterklärung der bürgerlichen ökonomischen Wissenschaft, denn ohne den Einsatz nichtlandwirtschaftlicher Produktionsmittel, ohne moderne Wissenschaft und Technik, ohne Kapital also, ist auf die Dauer kein befriedigendes Ergebnis zu erzielen. Wenn diese Länder warten sollen, bis sich ein Kapitalmarkt (und überhaupt ein kapitalistischer Binnenmarkt) zu Bedingungen entwickelt hat, die eine kapitalistische Intensivierung der Landwirtschaft (und damit meist – aber auch nicht in jedem Falle! – eine Steigerung der Bodenfruchtbarkeit) erlauben, werden die inzwischen eingetretenen Schäden unübersehbar und auf lange Sicht nicht mehr zu reparieren

[71] Andrae, B., Die Bodenfruchtbarkeit in den Tropen, a. a. O., S. 116.

sein. An einen *raschen* Aufschwung der landwirtschaftlichen Produktivkräfte ist unter diesen Umständen nicht zu denken.

V. M. Kollontaj erklärte hierzu mit Recht: „Es ist unmöglich (wie dies die Ideologen des Imperialismus zu tun bestrebt sind), das Kriterium der laufenden ökonomischen Effektivität als Grundlage für die Einschätzung der Prozesse zu machen, die in den Entwicklungsländern vor sich gehen. Bei einem solchen Herangehen wird es unmöglich sein, viele akute soziale Probleme zu lösen und es wird auch nicht möglich sein, die Einbeziehung vieler Ressourcen des Landes in die Volkswirtschaft zu sichern; außerdem wird der Prozeß der Einführung der Errungenschaften der modernen Wissenschaft und Technik in die Volkswirtschaft auf das Äußerste erschwert werden.“[72]

Entgegen all diesen bürgerlichen Konzepten und Konzeptionen mußte und muß weiterhin von den national-revolutionären Führungskräften Tansanias ein ökonomisch gangbarer und vor allem für die Masse der Bauern verständlicher Weg gefunden werden, um die akuten ökonomischen und sozialen Probleme auf dem Lande zu lösen. Ein Staat wie Tansania, der den Aufbau eines freien sozialistischen Staatswesens als sein Ziel proklamiert hat, kann sich dabei auch nicht moderner staatskapitalistischer Methoden bedienen wie der „Produktion unter genauer Aufsicht,“[73] einer Form, wie sie vor allem von westdeutschen Agrarökonomen propagiert wird. Ökonomische Maßnahmen entsprechen in jedem Falle dem Charakter des Staates. Es ist bezeichnend, daß mit der Arusha-Deklaration allen diesen bürgerlichen Empfehlungen weitgehend der Boden entzogen wurde (obgleich das Umdenken und das Verständnis des neu eingeschlagenen Weges ein noch andauernder Prozeß ist).

Maßnahmen des nichtkapitalistischen Staates

In der Praxis Tansanias werden damit immer mehr jene Züge deutlich sichtbar, wie sie für die wirtschaftlich-organisatorische Funktion der Staatsmacht in der Übergangsperiode vom Kapitalismus zum Sozialismus der sozialistischen Länder charakteristisch sind. Es entsprang und entspringt dies durchaus nicht immer Einsichten in theoretische Zusammen-

[72] Kollontaj, V. M., Probleme der Überwindung der wirtschaftlichen Rückständigkeit und der nationalen Befreiungsbewegung, Internationale Konferenz, Berlin, vom 8.–12. 12. 1969 (Autorreferat).

[73] Ruthenberg, H., Produktion unter genauer Aufsicht, ein Ansatz zur landwirtschaftlichen Entwicklung, dargestellt an Beispielen aus Ostafrika und dem Sudan, in: Schmollers Jahrbuch, 83. Jahrgang, Westberlin 1963, S. 697ff.

hänge, sondern praktischen Bedürfnissen zur Lösung dringender ökonomischer und sozialer Probleme, wobei sich bürgerliches Denken und bürgerliche Methoden eben immer deutlicher als ungeeignet erweisen.

Wir wollen im folgenden an einigen weiteren Beispielen zeigen, wie der nichtkapitalistische Staat durch eine solche, den Interessen seiner werktätigen Mehrheit untergeordnete Tätigkeit zur Entwicklung der landwirtschaftlichen Produktivkräfte in einem Maße beiträgt, wie dies keinem bürgerlichen Staat möglich ist und wie sich dabei sein Charakter als nichtkapitalistischer Staat immer deutlicher verstärkt.

Bewässerung

Während der Kolonialherrschaft erfolgten zentral so gut wie keine Bewässerungsmaßnahmen, obwohl jährlich etwa 43 Mrd. m^3 Wasser ungenutzt dem Indischen Ozean zufließen und rd. zwei Drittel des Landes für eine landwirtschaftliche Nutzung zu trocken sind. Der tansanische Staat hat dagegen seit Beginn der politischen Unabhängigkeit jährlich etwa 25000 acres Land zusätzlich bewässern lassen. Bis 1980 ist nunmehr eine Reihe von Projekten geplant bzw. befindet sich im Bau, die eine ganze Reihe von Problemen der Wasser- und Energieversorgung und damit eine der wichtigsten Voraussetzungen zur Steigerung der Agrarproduktion lösen. Es ist von besonderem Interesse, daß nahezu alle Bewässerungsprojekte mit der Errichtung von Bauerndörfern verbunden sind, wodurch nicht nur die Produktion modernisiert wird und die genossenschaftliche Lebensweise eine solide Basis erhält, sondern zugleich auch die während der Kolonialzeit entstandene ungünstige Bodenausstattung der verschiedenen Stämme sowie die noch verbreitete zersplitterte Shamba-Wirtschaft wirksam überwunden werden können.[74]

Das größte Hydro-Projekt ist das Neuland-Projekt am Rufiji, etwa 200 km südlich von Dar es Salaam. Etwa 43000 Bewohner der Tallagen, die ständig von Überschwemmungen bedroht sind, werden auf die Höhenlagen umgesiedelt. Allein 20000 Hektar Land sollen zur Errichtung von Ujamaa-Dörfern reserviert bleiben. Die zu gewinnende Bodenfläche dieses äußerst fruchtbaren Gebietes beträgt 200000 acres Bewässerungsfläche beiderseits des Rufiji. Das Kraftwerk verfügt über eine Kapazität von 500–600 Megawatt. Bisher wurden 6 Kraftwerke eingeweiht, darunter

[74] Vgl. No rural development without water – Chagula, in: The Nationalist, Dar es Salaam v. 7. 4. 1971, S. 3.

eines am Pangani-River sowie südlich Moshi. Hier ist der bisher größte künstliche Stausee Ostafrikas entstanden mit einer jährlichen Fang-Kapazität von 4000 t Fisch und einer möglichen Bewässerungsfläche von 20000 Hektar.

„Neben dem Projekt am Ruhaha beginnt noch im derzeitigen 2. Fünfjahrplan (1969–74) die Erschließung des zum Nyassa-See fließenden Kiwara, dessen Energiepotential auf mehr als 200 Megawatt veranschlagt wird. Hier ... soll mit sowjetischer Hilfe zunächst ein Kraftwerk von 8–10 Megawatt entstehen. Auch diese Anlage wird ... Strom in die ländlichen Gebiete liefern.“[75]

Ferner hat die tansanische Regierung ein 20-Jahrprogramm angekündigt, das die Versorgung der gesamten Landbevölkerung mit einwandfreiem Trinkwasser sichern soll.[76]

Für die derzeit noch beschränkten ökonomischen Möglichkeiten dieses Landes, das eine Fülle von Aufgaben auf den verschiedensten Gebieten zu lösen hat, sind dies herausragende Ergebnisse, die von einem bürgerlichen Staat unter gleichen Bedingungen schwerlich erbracht werden könnten. Die ökonomische Rückwirkung solcher Projekte auf das Wachstum der Agrarproduktion und vor allem auf die qualitative Veränderung des inländischen Sortiments an Agrarprodukten (Diversifizierung des Anbaus) wird außerordentlich stark sein. Im Rufidiji-Gebiet z. B. wird der Anbau von Naßreis, langstapeliger Baumwolle, Qualitäts-Bananen usw. möglich sein. Das Gebiet ist bereits jetzt durch eine 130 km lange Asphaltstraße mit Dar es Salaam verbunden, so daß sich hier sehr rasch eine intensive Landwirtschaft auf der Basis von Veredlungswirtschaft und der Versorgung eines rasch wachsenden städtischen Marktes entwickeln kann.

Die umfangreichen Bewässerungsobjekte stellen eine außerordentlich wirksame Maßnahme zur Erweiterung der materiell-technischen Basis der Landwirtschaft Tansanias dar. Sie erlauben die landwirtschaftliche Dauernutzung auch in Gebieten, wo die Niederschläge ungenügend oder sehr unsicher sind; sie garantieren aber vor allem stabile und steigende Erträge auf der Basis einer nach nichtkapitalistischen Prinzipien vorgenommenen Intensivierung des Anbaus. Es darf in diesem Zusammenhang aber auch nicht die wichtige Tatsache unbeachtet bleiben, daß schrittweise eine neue Energieform in der Landwirtschaft wirksam wird (durch Anschluß der Ujamaa-Dörfer an das Stromnetz), die von großer Bedeu-

[75] Die Wahrheit, Westberlin, v. 8./9. Jan. 1972.

[76] The Economic Survey 1971–1972, a. a. O., S. 2.

tung für die Steigerung der Arbeitsproduktivität besonders im Verarbeitungsstadium (Trocknung, Saatgutaufbereitung usw.) ist und ebenfalls die materiell-technische Basis erweitert.

Nicht weniger wichtig als im Bereich der Wasserwirtschaft ist die planmäßig organisierende Tätigkeit des nichtkapitalistischen Staates unmittelbar im industriellen Sektor zur Entwicklung der agraren Produktivkräfte. Viele der tansanischen Böden sind nährstoffarm. Es ist von grundsätzlicher Bedeutung, daß in Dar es Salaam ein Düngemittelwerk mit einer Jahreskapazität von 105000 t errichtet worden ist. Damit wird nicht nur eine wichtige Voraussetzung zur Steigerung der Flächenerträge geschaffen, sondern zugleich ein wichtiger Schritt zur Erweiterung des von imperialistischen Märkten unabhängigen Binnenmarktes, zur Verstärkung der Tauschbeziehungen (Ware-Geld-Beziehungen) zwischen Industrie und Landwirtschaft. Der tansanische Staat erhält so die Möglichkeit, stärker auf die Landwirtschaft und die Entwicklung der Produktivkräfte mittels ökonomischer Mittel einzuwirken.

Allein in den nächsten 5 Jahren, so beschloß der 15. Parteitag der TANU im September 1971, sollen 375 neue Industriebetriebe errichtet werden, vorrangig solche der Leichtindustrie. Es wird dazu übergegangen, cash crops nicht mehr nur als Rohstoffe zu verkaufen, sondern sie zunehmend im Inland zu verarbeiten (z. B. Sisalmark als Ausgangsprodukt zur Zelluloseherstellung usw.). Das bedeutet einen wichtigen Schritt zur wirtschaftlichen Unabhängigkeit von den kapitalistischen Welt-Rohstoffmärkten. Nyerere erklärte daher auf einer Konferenz der TANU im November 1969 in diesem Zusammenhang, daß „das Erstarken der Arbeiterklasse eine Grundvoraussetzung für die Befreiung Tansanias aus der wirtschaftlichen Abhängigkeit von kapitalistischen Mächten“[77] darstelle. Vor allem ist die tansanische Bauernschaft objektiv an diesem Erstarken interessiert, denn es bedeutet ökonomische Sicherheit für ihre erzeugten Produkte und ihre Wirtschaften.

Alle diese Maßnahmen des nichtkapitalistischen Staates in Tansania unterstellen aus den genannten Gründen von vornherein eine nichtkapitalistische staatliche Leitung und Lenkung aller Prozesse im Bereich der industriellen Produktivkräfte, da es sich hier von Anfang an um die planmäßige Entwicklung ganz bestimmter Austauschbeziehungen zwischen Industrie und Landwirtschaft, um bestimmte Klassenbeziehungen handelt. Dabei erfordert umgekehrt die angestrebte Industrialisierung

[77] ADN, Dar es Salaam, v. 8. 12. 1969.

gleichzeitig eine ganz bestimmte agrare Wachstumsrate (Wachstum der Agrarproduktion wie auch Freisetzung agrikoler Arbeit), wenn es nicht zu tiefgreifenden Störungen des in der Ausbildung begriffenen gesamtgesellschaftlichen Reproduktionsprozesses kommen soll. Das heißt, daß der Staat ein dringendes Interesse z. B. an der Steigerung der Bodenfruchtbarkeit und der Entwicklung der Produktivkräfte in der Landwirtschaft haben muß, um eine Intensivierung der Agrarproduktion und damit des gesamten gesellschaftlichen Reproduktionsprozesses zu ermöglichen.

Die Ausnutzung natürlicher Reichtümer, dargestellt am Beispiel des natürlichen Wildreichtums Tansanias

Wie im Kapitel zur Kolonialperiode gezeigt wurde, bilden die hohen und ständig noch ansteigenden Tierbestände der meist noch traditionellen Ackerbauern ein ernstes Hindernis für die Erhaltung und Steigerung der natürlichen und ökonomischen Bodenfruchtbarkeit. Es geht hier nicht nur schlechthin um die Integration der Viehwirtschaft in den Ackerbau und den gesamten landwirtschaftlichen Reproduktionsprozeß, sondern das Problem Viehwirtschaft könnte unter den Bedingungen eines hohen natürlichen Wildreichtums in Tansania teilweise einer ganz spezifischen Lösung entgegengeführt werden.

Zunächst wäre es erforderlich, durch ein System ökonomischer Maßnahmen (feste Viehmärkte, Vermarktungseinrichtungen usw.) die Voraussetzungen zu schaffen, daß das von den Bauern gehaltene Vieh bei Schlachtreife auch verkauft wird und nicht weiterhin primär als Tauschmittel und Schatzbildner Verwendung findet und völlig sinnlos Vegetation und Bodenfruchtbarkeit vernichtet. Auf diese Probleme soll hier nicht weiter eingegangen werden, obwohl sie sofort zeigen, wie notwendig dabei die Leitung durch den nichtkapitalistischen Staat ist, wenn diese Prozesse rasch und nachhaltig zu den gewünschten Ergebnissen führen sollen.

Es geht vielmehr darum, den natürlichen Wildreichtum Tansanias und die günstigen natürlichen Bedingungen für hohe Wildbestände in einer Weise nutzbar zu machen, die mittelbar für die Agrarwirtschaft Vorteile, d. h. eine spürbare Entlastung hinsichtlich der ernsten Probleme der Bodenfruchtbarkeit mit sich bringt. Wie ist das möglich? Das Problem kann hier nicht umfassend behandelt werden; es sollen nur einige Gedanken dargelegt werden.

Ostafrika gilt als bedeutendstes Tierparadies des afrikanischen Kontinents und bildet darüber hinaus eines der wichtigsten Gebiete der Welt, in denen eine große Anzahl seltener Tierarten wie Elefanten, Löwen, Nashörner usw. in freier Wildbahn[78] beobachtet und erforscht werden kann. Tierreservate wie die Serengeti[79] und viele der 40 Nationalparks Ostafrikas sind weltbekannt und veranlassen alljährlich Zehntausende von Touristen zum Besuch dieser Naturschönheiten. Es wäre einmal zu überlegen, diesen Naturreichtum Tansanias zu einem wichtigen Devisenbringer in den nächsten Jahren zu entwickeln.

Zum anderen können diese außerordentlich hohen natürlichen Wildbestände sehr gut zur Erzeugung von Fleisch (tierischem Eiweiß) genutzt werden, woran im gesamten Afrika, vor allem aber auch in Ostafrika, nach wie vor großer Mangel herrscht. Es gibt hierzu bereits eine Reihe recht interessanter und erfolgversprechender Versuche[80], planmäßig einen Teil der Wildbestände abzuschießen[81] und in Fleischkombinaten industriemäßig zu verwerten. Dies hat den großen Vorteil einer Doppelnutzung des natürlichen Wildreichtums (für Tourismus und zum Verzehr). Vor allem ist es für diesen Teil der Fleischproduktion nicht erforderlich, den sehr kostspieligen Umweg über eine Weide- oder Ackerfutterproduktion mit anschließender Veredlung über den Tiermagen zu gehen. Es scheiden somit die sehr aufwendigen Maßnahmen zur Bodenerhaltung weitgehend aus, einmal, weil keine ackerbauliche Nutzung erfolgt, zum anderen, weil durch die in Ostafrika heimischen Tierarten kein einseitiger Verbiß der Gräser und damit keine nachhaltige Degradation

78 Allein im Rufiji River Basin, dem ältesten Nationalpark Tansanias, werden 35000 Elefanten gezählt. Im größten Wildpark der Welt, dem Ngorongoro-Krater, bewegen sich jährlich Zehntausende Zebras und Weißschwanzgnus auf großen Wanderzügen und stellen für Forschung und Touristen gleichermaßen interessante Beobachtungsobjekte dar.

79 Die Serengeti-Steppe beherbergt ca. 170 verschiedene Wildarten mit rund 1 Million Tieren, davon allein etwa 1/3 Weißschwanzgnus.

80 Es wurden Colleges of Wildlife Management eingerichtet, auf denen Wildhüter ausgebildet und intensive Forschungen für optimale Haltungs- und Lebensbedingungen großer Wildbestände erfolgreich betrieben werden. Es besteht nach den bisherigen Forschungsergebnissen die Möglichkeit, kontinuierlich große Mengen Wildfleisch zu erzeugen. 1969 wurden bereits 1283 t Wildfleisch gewonnen (Independence Supplement 1961–1971, S. 19).

81 Als Cropping of Wildlife, d. h. „Wild-Ernte“ ist dieses Verfahren außerordentlich ökonomisch.

oder Zerstörung der Vegetation erfolgt, wie bei der Beweidung durch Rinder, Schafe und Ziegen.[82]

Die vorhandenen großen Flächenreserven Tansanias erlauben zudem für einen langen Zeitraum eine solche spezielle Orientierung eines Teils der Agrarproduktion. Sie bietet schließlich auch den Vorteil, daß viehzüchtende Nomadenstämme (wie z. B. die Masai) nicht auf der Basis einer intensiven Weide- oder Ackerfutterproduktion (mit den wiederum komplizierten und aufwendigen Problemen der Bodenfruchtbarkeit) seßhaft gemacht werden müssen, sondern daß ihre großen Erfahrungen auf dem Gebiet der Tierhaltung unmittelbar bei der Betreuung der Wildbestände voll verwertbar gemacht werden könnten usw.

Man kann zusammenfassend sagen, daß die genannten Maßnahmen, Möglichkeiten und Aspekte der ökonomischen Entwicklung die unmittelbar organisierende und leitende Tätigkeit des nichtkapitalistischen Staates erfordern. Es genügt bei weitem nicht, eine Reihe allgemeiner (etwa politischer) Bedingungen nichtkapitalistischer Entwicklung zu sichern. Die Dialektik von Ökonomie und Politik kommt gerade darin zum Ausdruck, daß die potentiellen Möglichkeiten zur Entwicklung der Produktivkräfte, wie sie durch die nichtkapitalistische Entwicklung gegeben sind, nur in dem Maße auch Wirklichkeit werden, wie der nichtkapitalistische Staat konkret und in möglichst allen Phasen und Bereichen des Reproduktionsprozesses durch seine aktive, bewußt planende und leitende Tätigkeit die Voraussetzungen hierzu schafft. Dies trifft gerade für die Entwicklung der landwirtschaftlichen Produktivkräfte und die sinnvolle Ausnutzung von Naturreichtümern zu. In diesem Punkt gibt es im Grunde keinen Unterschied zur Aufgabenstellung des Staates in den sozialistischen Ländern[83], weshalb ein entsprechender Erfahrungsaustausch, die Übermittlung gewonnener Erfahrungen und auch notwendige theoretische und ideologische Auseinandersetzungen in diesem Bereich außerordentlich effektiv und nützlich für Tansania sind.

[82] Vgl. S. 192.

[83] Die meisten sozialistischen Länder haben in den letzten Jahren zusätzliche und umfassende Maßnahmen und Programme zur Steigerung der Bodenfruchtbarkeit und zum Schutz sowie zur optimalen Gestaltung des geographischen Milieus ausgearbeitet.

III. Die Entwicklung der agraren Produktivkräfte und die Erweiterung der materiell-technischen Basis der Landwirtschaft

Wir wollen in diesem Abschnitt einige mögliche und notwendige Formen der Entwicklung der agraren Produktivkräfte Tansanias und der Erweiterung der materiell-technischen Basis im Agrarbereich behandeln, und zwar ausgehend von den gegenwärtigen Bedingungen und Möglichkeiten sowie unter Berücksichtigung der Beschlüsse der TANU von Iringa.[84] Zunächst seien einige ergänzende Daten über die natürlichen Voraussetzungen der landwirtschaftlichen Produktion gebracht.

Tabelle 13

Stand der Bodennutzung in Tansania (1962)
(in 1000 Hektar und v. H.)*[85]

	Hektar	v. H.
Gesamtfläche	92 620	
davon Wasser	5 178	
Landfläche (insges.)	87 342	100,0
davon Ackerland	7 654	8,8
Dauergrünland	8 678	9,9
Forsten**	31 846	36,4
Buschland	14 028	16,1
potent. Ackerland (ungenutzt)	23 500	26,9
Sümpfe	1 113	1,3
wüstenhaftes Land	519	0,6

* Andere statistische Angaben weichen z. T. erheblich von den vorliegenden Zahlen ab, insbesondere hinsichtlich der potentiell nutzbaren Bodenflächen.
**Davon 30,671 Mio Hektar als Miombo, vgl. Tab. 15, S. 261.

Aus der Tabelle 13 geht deutlich hervor, daß der Anteil von 9 Prozent der Bodenfläche, der bisher als Ackerland genutzt ist, wahrscheinlich erheblich steigerungsfähig ist, so daß erhebliche natürliche Bodenreserven noch zu erschließen sind. Ruthenberg gibt ebenfalls den Anteil des produktiv nutzbaren, bisher aber teilweise noch nicht kultivierten Landes mit 26,9 Prozent an.[86] Allein 4 Millionen acres sind nach dem Bericht der

[84] Vgl. S. 255ff.
[85] *Quelle:* Michalski, K.-J., Möglichkeit zur Gestaltung des landwirtschaftlichen Genossenschaftswesens . . ., a. a. O., Anlage V.
[86] Ruthenberg, H., Agricultural Development in Tanganyika, a. a. O., S. 9.

Weltbank durch Be- und Entwässerungsmaßnahmen noch kultivierbar.[87] Wir haben an anderer Stelle bereits angedeutet, welche Probleme sich dabei ergeben und auf welche Weise der tansanische nichtkapitalistische Staat diese Reserven systematisch zu erschließen versucht.

In diesem Zusammenhang ist eine Tabelle über die natürliche Niederschlagsverteilung auf dem Gebiet Tansanias von Interesse, die ausweist, in welchem Maße der Faktor Wasser eine Voraussetzung zur weiteren Erschließung des landwirtschaftlichen Bodenpotentials bildet.

Tabelle 14

Natürliche Niederschlagsverteilung und Bevölkerung Tansanias

Regenfälle	Zone (in Prozent des Gesamtgebietes)	Anteil der Gesamtbevölkerung
gut	10	63
ausreichend	8	18
gering oder gelegentlich	20	18
praktisch ohne Wasser	62	—

Quelle: Gilman, H. H., A Population Map of Tanganjika Territory (1936)

Eine der Schwierigkeiten Tansanias besteht bei der Inbetriebnahme bisher noch ungenutzter, d. h. traditionell nicht okkupierter Bodenflächen darin, daß viele dieser Gebiete verkehrsmäßig nicht erschlossen und größtenteils auch nicht besiedelt sind. In diesem Falle spielen die allgemeinen Erschließungsmaßnahmen im Rahmen des Staates eine hervorragende Rolle, d. h., es sind komplexe Programme zur wirtschaftlichen Entwicklung ganzer Regionen erforderlich, deren Verwirklichung jedoch gegenwärtig nur sehr begrenzt möglich ist.

Eine einfache Ansiedlung von Bauern zur Landbebauung erwies sich bisher nicht nur als sehr schwierig, sondern auch als wenig sinnvoll, da mit den primitiven Geräten der erzielbare Effekt (die bebaubare Fläche je Arbeitskraft) äußerst gering ist. Die Nutzung der noch vorhandenen natürlichen Bodenreserven des Landes stellt gebieterisch die Frage nach einer neuen technischen Basis der Landwirtschaft, d. h. genauer gesagt nach neuen materiellen Arbeitsmitteln und neuen Energieformen. Auf diese Weise ließe sich eine nicht unbedeutende Erweiterung der materielltechnischen Basis des Landes im Agrarbereich erzielen. Allerdings wäre dies bei Anwendung der gegenwärtigen agronomischen Verfahren eine

[87] IBRD, Report of a mission on Tanganyika, a. a. O., S. 177f.

vorwiegend extensive Erweiterung, die bereits jetzt ernste und viele ungelöste Probleme im Bereich von Bodenfruchtbarkeit und natürlichem Milieu aufwirft.

Das Kardinalproblem des gegenwärtigen Entwicklungsabschnitts in der Landwirtschaft Tansanias besteht im notwendigen Übergang zu Formen intensiver Landbewirtschaftung, d. h. im Übergang zur intensiv erweiterten Reproduktion der Landwirtschaft insgesamt. Es ist im Rahmen der vorliegenden Arbeit nicht möglich, auf alle damit im Zusammenhang stehenden Probleme einzugehen; es sollen daher nur einige Grundfragen behandelt werden, die aber bereits mit aller Deutlichkeit die Dringlichkeit einer solchen Wende der ökonomischen Politik im Agrarbereich unterstreichen.

1. *Die TANU-Beschlüsse von Iringa*

Das Exekutivkomitee der TANU hat sich unter Leitung von Präsident Nyerere im Mai 1972 auf einer mehrtägigen Konferenz in Iringa eingehend mit der Situation in der Landwirtschaft des Landes befaßt und ist dabei zu folgenden Ergebnissen gekommen:

„Unsere landwirtschaftliche Effektivität hat sich seit der Unabhängigkeit verringert[88]. ... Unsere Gesamtproduktion ist bei den meisten Produkten sehr stark gestiegen ... Dies resultiert aus:

a) einem wachsenden Umfang an Land, das bebaut wurde (29 Mio acres Anfang der 60er Jahre, etwa 39 Mio acres Ende der 60er Jahre); die wachsende Anwendung von Ochsenpflügen und Traktoren hat hierzu beigetragen,

b) einer steigenden Farmerzahl als Ergebnis wachsender Bevölkerung,

c) neuem und verbessertem Saatgut, besonders bei Baumwolle, Weizen usw.[89]

Dagegen haben sich aber unsere Methoden der Bewirtschaftung nicht verbessert ... Der Verkauf an Dünger beträgt immer noch weniger als 43000 t (metric tons) für das ganze Land ... Fruchtfolgen werden kaum irgendwo angewandt ... Das Ergebnis fehlender Veränderung der Wirtschaftspraktiken ist

[88] Part two of the TANU Outlines Policy for better Farming, in: Sunday News, Dar es Salaam, v. 14. 5. 1972, S. 1.

[89] Ebenda.

a) ein weit verbreitetes Sinken der Erträge pro acre ... Im Gebiet von Ismani betrug vor etwa 20 bis 25 Jahren der Maisertrag pro acre schätzungsweise 20 Sack (90 kg, d. Verf.) auf neubebauten Flächen. Er beträgt heute noch 7 Sack pro acre. Die Flächenerträge bei Baumwolle sind trotz verbessertem Saatgut auf traditionellen Flächen abgesunken.

b) die Bodenerosion ist in vielen Gebieten sehr ernst und ist schlimmer geworden ...

Schlußfolgerung

Bei einer schlechten Landwirtschaft reduzieren wir unsere Möglichkeit zur Produktion von Reichtum. Und was noch wichtiger ist – wir zerstören das Erbe, das unsere Kinder von uns erwarten können, nämlich das Land selbst ...[90]

Politische Erziehung schließt landwirtschaftliche Erziehung und Ausbildung ein, und letztere ist ein Teil der politischen Erziehung. Ein entscheidender Teil der TANU-Arbeit besteht darin zu sichern, daß die Masse der ländlichen Arbeiter die Notwendigkeit für bessere Methoden (der Landbewirtschaftung, D. G.) verstehen ... Das Problem besteht darin, jedem verständlich zu machen,

a) daß unsere Produktion je acre absinkt,

b) daß wir unser Land bei den gegenwärtigen landwirtschaftlichen Methoden zerstören,

c) daß dringende Schritte erforderlich sind, um die Produktivität und die Bodenerhaltung zu verbessern."[91]

Diese vom TANU-Exekutivkomitee gegebene Einschätzung der widersprüchlichen und zugleich gefährlichen Entwicklung in der Landbewirtschaftung ist durchaus realistisch und war im Grunde zu erwarten. Trotz großer Anstrengungen der national-revolutionären Führungskräfte, auf wichtigen Gebieten die Folgen der Kolonialherrschaft zu überwinden und gleichzeitig die sich abzeichnende verstärkte kapitalistische Entwicklung abzufangen und durch Formen nichtkapitalistischer Entwicklung zu ersetzen, konnte eine so zentrale und wichtige Aufgabe in der Landwirtschaft wie die Ausarbeitung eines geschlossenen ackerbaulichen Nutzungssystems, *das die Reproduktion der Bodenfruchtbarkeit mit ökonomischen Mitteln dauerhaft garantiert*, noch nicht gelöst werden.

Wir erinnern uns: Das Kolonialsystem hinterließ größtenteils eine gewaltsam deformierte traditionelle Produktionsweise, deren haupt-

[90] Ebenda.

[91] Ebenda.

sächliches ökonomisches Kennzeichen die Verkürzung der Brachezeiten durch exogene Faktoren war, d. h., der traditionelle Wanderfeldbau blieb in einer deformierten Form erhalten, es entstanden nur partiell gewisse *Elemente* zur Erhaltung und einfachen Reproduktion der Bodenfruchtbarkeit. Ein wirksames und geschlossenes ackerbauliches Nutzungssystem entstand *nicht für eine einzige* Klimazone oder Bodenart Tansanias.

An diesem Zustand hat sich bis zur Gegenwart nichts geändert. Der durch das kapitalistische Kolonialsystem eingeleitete Deformierungsprozeß des traditionellen Wanderfeldbaus setzte sich fort und wurde zu einer wesentlichen und notwendigen inneren Bedingung der ökonomischen Entwicklung Tansanias zumindest in den ersten Jahren der politischen Unabhängigkeit, d. h. unter Bedingungen einer weiterhin starken ökonomischen Abhängigkeit von den imperialistischen Ländern und einer erdrückenden wirtschaftlichen Rückständigkeit, die eine Veränderung des deformierten ackerbaulichen Nutzungssystems schlechterdings unmöglich machten. Wir haben es daher auch nach der politischen Unabhängigkeit noch mit Auswirkungen der Kolonialherrschaft zu tun, mit dem Wirken ökonomischer Gesetze des Kapitalismus.

Es erhebt sich die Frage, wie eine solche sich weiterhin zuspitzende Situation im Bereich der Landbewirtschaftung im Zusammenhang mit einer zunehmend nichtkapitalistischen Entwicklung des Landes zu beurteilen ist.

Betrachten wir zunächst die vom TANU-Exekutivkomitee beschlossenen Maßnahmen zur Abwehr der wachsenden Bodenerosionen und sinkenden Flächenerträge:

„1. Wir müssen die Methoden modernisieren, mit denen wir Nahrungsmittel und andere Produkte erzeugen. Das ist der Kern unserer politischen Strategie; der Sozialismus wird sich als Fehlschlag erweisen, wenn wir in einigen Jahren unzureichend Nahrungsmittel erzeugen und uns fehlende Einkünfte aus dem Export von Agrargütern veranlassen, unsere übrige Entwicklungsarbeit einzustellen.

2. Moderne Methoden sind bekannt . . .

3. Moderne Methoden erfordern nicht viel Kapital. Als erstes ist wichtig: die Anwendung von modernem Saatgut, rechtzeitige Aussaat (planting), richtige Abstände der Pflanzen (proper spacing), ausreichende Bodenbedeckung (plenty of weeding), geeignete Erntemaßnahmen mit anschließendem Räumen der Felder. Darüber hinaus auch bodenerhaltende Maßnahmen wie Terrassierung, Dammkultur oder bodenschützende Bedeckung. All das erfordert kein Geld, sondern nur kluge Arbeit.

Zweitens ist wichtig: Anwendung von Mineraldünger und wo erforderlich, von Insektiziden. Beides sollte auf Kreditbasis den Ujamaa-Genossenschaften und Mitgliedern von Genossenschaften zur Verfügung gestellt werden.

Drittens ist wichtig: einfache Bewässerungsmaßnahmen (small-scale irrigation), wo dies geeignet erscheint, sowie die Anwendung besserer Arbeitsmittel wie Ochsenpflüge, Ochsenkarren, Schubkarren usw.

4. Traktoren sind nur anwendbar, wenn eine Farm groß, gut organisiert und diszipliniert ist und wenn sie entsprechend ausgestattet ist, um den Traktor zu unterhalten und zu bedienen. Ohne dies kann ein Traktor eine Katastrophe sein, er kann die Bauern ruinieren und das Land zerstören."[92]

In einem ergänzenden Korrespondentenbericht von der Konferenz heißt es, daß die Regierung dringend vor dem Abbrennen von Wald und Grasland warnt und die Kultivierung von Flächen im Gebiet von Wasserspeichern oder Quellen ablehnt.[93]

Aus den Beschlüssen von Iringa wird damit deutlich, daß

a) die *Gefahr* für den gesamten nichtkapitalistischen Weg durchaus erkannt wurde, die sich aus einer sinkenden Produktivität der Landwirtschaft und der Zerstörung natürlicher Ressourcen und Produktivkräfte ergibt,

b) es jetzt in der Tat in erster Linie um Maßnahmen im Bereich des natürlichen und ökonomischen Reproduktionsprozesses der Landwirtschaft geht, um der Gefahr weiter sinkender Bodenfruchtbarkeit zu entgehen, und

c) sich die große schöpferische Potenz des nichtkapitalistischen Entwicklungsweges zeigt, sofort praktisch das ganze Land auf eine solch wichtige Frage zu orientieren.

Jedoch zeigen die beschlossenen Maßnahmen deutlich auch noch ein Mißverhältnis zwischen dem Umfang der heraufziehenden Gefahr für den nichtkapitalistischen Weg und dem Charakter der zu verfolgenden Strategie. Der Schwerpunkt der einzuleitenden Maßnahmen liegt auf der Durchführung arbeitsintensiver bodenerhaltender Maßnahmen des traditionellen Wanderfeldbaus und seiner einzelnen Entwicklungsstufen. Eine solche *strategische* Orientierung wird aber u. E. nur ungenügend den Erfordernissen nach einer qualitativen Veränderung der Struktur der Produktivkräfte in der Landwirtschaft gerecht, die eine der wichtigsten

92 Ebenda.

93 Daily News, Dar es Salaam, v. 29. 5. 1972, S. 1.

Voraussetzungen zur Erhaltung des nationalen Bodenpotentials und zur Überwindung der wirtschaftlichen Rückständigkeit und der Erringung der ökonomischen Unabhängigkeit darstellt.

Zweifellos ist es richtig, entsprechend den noch immer geringen Möglichkeiten Tansanias solche traditionellen, meist arbeitsaufwendigen Verfahren wie Dammkultur, Terrassenanbau, Cassava-Brache usw. so weit wie möglich zu nutzen, um keine Arbeitskraft brachliegen zu lassen und einen möglichst hohen Zuwachs an Agrarproduktion zu erzielen. Jedoch liegt all diesen Verfahren kein geschlossenes ackerbauliches Nutzungssystem zugrunde, das über einen längeren Zeitraum hinweg eine einfache oder gar erweiterte ökonomische Reproduktion der Bodenfruchtbarkeit eines gegebenen Bodenstückes gewährleistet. Ganz im Gegenteil sinkt die effektive ökonomische Fruchtbarkeit kontinuierlich ab (vgl. hierzu die S. 253f.), weil es sich nur um Teilmaßnahmen handelt, die nicht aufeinander abgestimmt sind, die nur teilweise zur Anwendung kommen und die dringend – entsprechend den einzelnen Klimazonen und Bodenarten – weiterer Ergänzungen bedürfen. Gerade diese Ergänzungen müssen Gegenstand intensiver *agrarwissenschaftlicher Forschungen* sein. Es ist bezeichnend, daß in den Beschlüssen von Iringa die Agrarwissenschaften mit keinem Wort erwähnt werden. Uns scheint hier noch ein entscheidender Mangel im Herangehen der TANU an die Lösung des Intensivierungsprozesses in der Landwirtschaft des Landes zu liegen, daß man nämlich offenkundig davon ausgeht, weitgehend unter Ausnutzung traditioneller Erfahrungen dauerhafte Lösungen finden zu können.

Hier liegt offenbar eine folgenschwere Überbewertung der Politik der Selbsthilfe (self-help) und eine Unterschätzung von Erfahrungen aller entwickelten Länder vor, daß nämlich der generelle Übergang zur Intensivierung des Ackerbaus nicht mit Methoden vollzogen werden kann, die in der Landwirtschaft selbst entstehen und entwickelt werden, sondern die das Ergebnis letztlich der Industrie und der mit ihr verbundenen Grundlagenforschung und angewandten Wissenschaften sind. Auf diesen Zusammenhang haben wir in Kapitel I ausführlich hingewiesen, und wir betonen, daß diese Erfahrungen generell auch für Tansania, d. h. für den tropischen Ackerbau überhaupt, Gültigkeit besitzen.

Der genannten Grundorientierung der Iringa-Beschlüsse entspringen weitere Unzulänglichkeiten im Herangehen an die Intensivierung der Landwirtschaft.

Alle sozialistischen Länder z. B. haben die Staatsgüter dazu benutzt, um Grundfragen der Intensivierung einmal von der Seite des natürlichen

Reproduktionsprozesses her wissenschaftlich und experimentell zu lösen (langjährige Versuchsreihen zur Überprüfung und Einführung geschlossener ackerbaulicher Nutzungssysteme). Zum anderen wurden diese in den Staatsgütern gewonnenen Erfahrungen und Beispiele gewissermaßen als Initialzündung für die breite bäuerliche Landwirtschaft genutzt, um einen generellen Übergang zu intensiven Formen der Landbewirtschaftung zu ermöglichen. Das ungenügende Berücksichtigen der Staatsgüter Tansanias in den Beschlüssen von Iringa bei der Lösung der Intensivierung stellt eine Unterschätzung der Rolle des staatlichen Sektors in der Landwirtschaft bei der Entwicklung der Produktivkräfte dar. Die vorgenannten Beispiele der sozialistischen Länder zeigen nach Ansicht des Autors, daß dies keine abstrakt-theoretische Fragestellung ist, sondern ein Problem von großer Dringlichkeit und höchster Aktualität.

Ein weiteres, sehr ernstes Problem der genannten Grundorientierung der Iringa-Beschlüsse besteht darin, daß indirekt jene bürgerlichen und neokolonialistischen Theorien neue Nahrung finden, wonach die Eigenart der tropischen Böden sozusagen universell eine Intensivierung des Ackerbaus *nur mit traditionellen Methoden* erlaubt. Wir haben bereits an anderer Stelle[94] ausführlich dazu Stellung genommen, daß es sich dabei erstens nur um eine bestimmte ökonomisch-historische Entwicklungsstufe handelt, wo dies zutrifft, und daß zweitens der Begriff Intensivierung in diesem Zusammenhang äußerst problematisch ist.

Wir verkennen die gegenwärtigen Schwierigkeiten und tatsächlichen Möglichkeiten Tansanias zur Intensivierung der Landwirtschaft keineswegs; die Ausnutzung aller traditionellen Erfahrungen und Möglichkeiten ist ohne Zweifel gegenwärtig noch von großer Bedeutung und ökonomisch notwendig. Hierauf wurde bereits hingewiesen.[95]

Aber darum handelt es sich nicht. Es geht vielmehr darum, daß die aktuellen und *gegenwärtig auf breiter Front* zu verwirklichenden Maßnahmen zur Abwehr der größten Gefahren mit keiner Strategie verbunden sind, die *auf längere Sicht zu einer grundlegenden Wende in der Landbewirtschaftung* führen. Mit anderen Worten: Die Beschlüsse von Iringa enthalten keine strategischen Maßnahmen zur Ablösung des Wanderfeldbaus und seiner unterschiedlichen Entwicklungsformen durch ein *neues und geschlossenes ackerbauliches Nutzungssystem*, das generell eine

94 Vgl. hierzu die Seiten 148 und 277.

95 Vgl. z. B. Bakula, B. B., The Effect of Traditionalism on Rural Development, a. a. O., S. 31,32.

erweiterte ökonomische Reproduktion der Bodenfruchtbarkeit gewährleistet und das damit aus der Sicht der Erfahrungen aller entwickelten Länder das *Hauptkettenglied* zur intensiv erweiterten Reproduktion (oder der Intensivierung) der Landwirtschaft darstellt. Die Formulierungen: „Die modernen Methoden sind bekannt ...", und: „Die modernen Methoden erfordern nicht viel Kapital ..."[96] sind problematisch, weil moderne Methoden als geschlossenes System für die meisten Böden leider noch nicht bekannt sind und ihre Ausarbeitung andererseits einen bedeutenden Aufwand an Investitionen erforderlich macht. Die Gleichsetzung moderner Methoden zur Intensivierung des tropischen Ackerbaus mit Elementen zur Erhaltung oder einfachen Reproduktion der Bodenfruchtbarkeit, wie sie in den *einzelnen Entwicklungsstufen des Wanderfeldbaus* entstanden sind, könnte zu dem falschen Schluß führen, die Formen der shifting cultivation als die allein möglichen Formen der Intensivierung des tropischen Ackerbaus zu bezeichnen und damit die Entwicklungsländer der Tropenzone in ihrer wirtschaftlichen Strategie fehlzuleiten.

Die eingangs dieses Abschnitts gestellte Frage, wie die noch immer zunehmende Bodenerosion und die absinkenden Flächenerträge mit dem nichtkapitalistischen Weg Tansanias in Einklang zu bringen sind, könnte wie folgt beantwortet werden:

Der nichtkapitalistische Entwicklungsweg schafft nur die allgemeinen ökonomischen und gesellschaftlichen *Voraussetzungen*, damit sich der erforderliche rasche Aufschwung der Produktivkräfte vollziehen *kann*. Die Verwirklichung dieser Möglichkeit hängt jedoch weitgehend davon ab, wie die national-revolutionären Führungskräfte die Entfaltung der Produktivkräfte *planmäßig* mittels des Staatsapparates, der Wissenschaft sowie der gesellschaftlichen Organisationen (Partei, Genossenschaftsverbände, Jugendliga, Ujamaa-Genossenschaften usw.) *organisieren und leiten*. Die Schwierigkeit besteht ja gerade darin, daß alle spontan wirkenden ökonomischen Gesetze in Tansania der Intensivierung entgegenwirken, d. h. gerade zu der in den Iringa-Beschlüssen erwähnten alarmierenden Tendenz einer Verringerung der Bodenfruchtbarkeit führen. Wenn also trotz des nichtkapitalistischen Weges sich noch keine Änderung zum Besseren abzuzeichnen beginnt, so liegt eine Ursache in der noch ungenügenden Bewußtheit des Umfanges und des Charakters der zu lösenden Aufgaben durch die national-revolutionären Führungskräfte auf dem Gebiet der agraren Produktivkräfte. Dabei handelt es sich nicht

[96] TANU Outlines Policy for better Farming, a. a. O.

nur um Aufgaben im politischen und ökonomischen Bereich, sondern um eine ganze Reihe von Maßnahmen auch im Bereich des *natürlichen* Reproduktionsprozesses der Bodenfruchtbarkeit.

Gerade hierzu wären eine kompetente Stellungnahme und ein Maßnahmeplan vor allem auch der *Agrarwissenschaft* wünschenswert, als Ausdruck der engen Verflechtung des ökonomischen mit dem natürlichen Reproduktionsprozeß in der Landwirtschaft. In dieser Hinsicht fehlt jeder Hinweis, und es unterliegt keinem Zweifel, daß dies sehr bald einer Korrektur bedarf, wenn die sinkende Effektivität der Agrarproduktion vor allem als Folge sich vermindernder ökonomischer und natürlicher Bodenfruchtbarkeit aufgehalten werden soll.

Neben den bereits genannten Maßnahmen zu Fragen der Erhaltung und ökonomischen Reproduktion der Bodenfruchtbarkeit hat sich die TANU-Konferenz von Iringa außerdem mit einer Reihe wichtiger Fragen befaßt, die für die Intensivierung der Landwirtschaft gleichfalls von großer Bedeutung sind. Hierzu gehören die Verbesserung der Erfassung, des Handels und der Vermarktung von Agrarprodukten, die Kreditierung des Bezugs von Mineraldünger, Verbesserung der Weidetechnik und der Viehhaltung sowie eine generelle Dezentralisierung des Staatsapparates und der ökonomischen Leitung des Landes.[97] Vor allem von dieser Dezentralisierung, die das ökonomische Interesse der örtlichen Leitungen von Partei und Staat an der Entwicklung der Agrarproduktion in der betreffenden Region erhöht, erwartet man eine Steigerung von Produktion und Effektivität der Landwirtschaft. Auf diese Probleme soll hier nicht weiter eingegangen werden (einige spezielle Fragen der Intensivierung behandeln wir im nächsten Abschnitt, S. 274 ff.).

Insgesamt zeigt sich damit, daß die Erweiterung der materiell-technischen Basis der Landwirtschaft und die Entwicklung der Produktivkräfte, vor allem die Veränderung ihrer qualitativen Struktur, weitaus komplizierter und differenzierter ist, als dies in einer Reihe von Publikationen bisher dargestellt wurde. Neben der Neuausstattung der Landwirtschaft mit verbesserten Arbeitsmitteln und effektiveren Energieformen geht es vor allem um die Überwindung des den völlig neuen Anforderungen keinesfalls mehr genügenden ackerbaulichen Nutzungssystems des Wanderfeldbaus (und seiner deformierten Entwicklungsformen). Dieses Nutzungs*system* erlaubt keine durchgängige Intensivierung. Die Erweiterung der

[97] More demogracy, more efficiency, in: Daily News, Dar es Salaam, v. 17. 5. 1972, S. 1.

materiell-technischen Basis der Landwirtschaft Tansanias muß daher die Ablösung dieses Nutzungssystems in den Mittelpunkt der Aufmerksamkeit rücken, denn nur auf diese Weise ist eine kontinuierliche Steigerung der effektiven ökonomischen Fruchtbarkeit, d. h. eine intensiv erweiterte Reproduktion des Hauptproduktionsmittels der Landwirtschaft – des Bodens – möglich. Und nur damit ist zugleich der effektive – und auf die Dauer gesehen überhaupt einzig mögliche! – Schutz der natürlichen Ressourcen und des geographischen Milieus Tansanias zu gewährleisten.[98] Hieraus ergeben sich auch für die einzelnen Landesteile Tansanias recht unterschiedliche Zielstellungen, d. h., die neuen ackerbaulichen Nutzungssysteme müssen den verschieden natürlichen (und ökonomischen) Bedingungen angepaßt sein.

Die folgende Tabelle vermittelt einen Überblick über den Anteil der natürlichen Vegetationszonen Tansanias, die die Grundlage für die verschiedenen ackerbaulichen Nutzungssysteme bilden.

Tabelle 15

Anteil typischer Vegetationszonen an der Gesamtfläche Tansanias (in v. H. und absolut in 1000 Hektar)[99]

Savanne	26,9	23 784
Feuchtwald	1,7	1 541
Trockenwald (Miombo)	34,7	30 671
Buschland	16,1	14 193
Wüsten und Wüstensteppe	0,6	526
Sümpfe	1,3	1 127

Vorherrschend sind in Tansania die Gebiete des wechselfeuchten Klimas mit Trockenwald (Miombo), die insbesondere für die Urbarmachung größere Aufwendungen erforderlich machen und bei landwirtschaftlicher Dauernutzung in der Regel zu rasch sinkenden Erträgen führen. Die Ursachen sind meist Nährstoffarmut der Böden sowie eine rasche Verminderung des aktiven Humusanteils, so daß intensive ackerbauliche

98 „Bodenerhaltung besteht nicht nur darin, die Erosion durch mechanische Mittel zu unterbinden oder einzuschränken. Vielmehr ist die Aufrechterhaltung bzw. Verbesserung der Bodenfruchtbarkeit und *die Ausrichtung des Gesamtsystems der landwirtschaftlichen Erzeugung* im Hinblick *auf die Dauernutzung* des Faktors Boden die ‚sine qua non' der Bodenerhaltung" (Hervorhebung D. G.). Finck, A., Tropische Böden, a. a. O., S. 166. Vgl. hierzu auch Andrae, Die Bodenfruchtbarkeit in den Tropen, a. a. O., S. 18.

99 Quelle: Länderbericht Tansania 1965, Stuttgart/Mainz 1966, S. 69.

Nutzungssysteme hier insbesondere darauf ausgerichtet sein müssen, einen ausreichenden Nährstoffersatz zu garantieren und die Böden möglichst mit Humus anzureichern. In anderen Klima- und Bodenzonen ergeben sich wieder andere Probleme. All dies sind jedoch Aufgaben, die nicht einfach technischen Charakter tragen, sondern zutiefst mit der Veränderung und schließlichen Überwindung des traditionell betriebenen Ackerbaus, d. h. mit seiner strukturellen Neugestaltung und der Veränderung des Denkens und der Gewohnheiten der Bauern verbunden sind.

Mit anderen Worten: Der Übergang zu intensiven Formen der Landnutzung muß vor allem die beiden Seiten des landwirtschaftlichen Produktions- und Reproduktionsprozesses stets im Auge behalten: seine natürliche und seine gesellschaftliche Seite. Die TANU-Beschlüsse von Iringa lassen z. B. eine noch ungenügende Berücksichtigung der natürlichen Seite des landwirtschaftlichen Reproduktionsprozesses erkennen, Erfordernisse, die nur mittels umfangreicher agrarwissenschaftlicher Forschungen vor allem auch im bodenkundlichen Bereich zu lösen sind. Da Tansania hierzu gegenwärtig noch eine Reihe von wesentlichen Voraussetzungen im Bereich von Kader und Mittel fehlt, gewinnt die enge Zusammenarbeit mit den sozialistischen Ländern eine erstrangige Bedeutung. Hierauf baut besonders Kapitel IV der vorliegenden Arbeit auf.

Zum anderen ist der Übergang zu intensiven Formen der Landbewirtschaftung notwendigerweise mit weiteren sozialen und gesellschaftlichen Veränderungen verbunden. Die Ujamaa-Genossenschaften bilden nur den allgemeinen Rahmen, wobei nunmehr eine intensive Erziehung und Umerziehung der Bauernschaft (bis hin zu einer Veränderung ihrer Verzehrgewohnheiten als wichtiger Bedingung einer Veränderung der Anbaustruktur und der qualitativen Wandlung der Struktur der Produktivkräfte)[100] erfolgen muß. Durchaus zu Recht stellt die UNO fest: „Die Anwendung von Wissenschaft und Technik ist primär eher ein sozialer Prozeß als ein technisches Problem. Eine erfolgreiche Anwendung erfordert gewöhnlich Veränderungen im Wissen, Verhalten, in der Geschicklichkeit und Gewohnheit sowie in der Art und Weise, wie ein Volk und seine Arbeit organisiert sind. Diese Art Veränderungen sind mühsam und nehmen Zeit in Anspruch. Gegenwärtig wird dieser Prozeß der sozialen Veränderung weniger gut verstanden als die Schaffung der neuen Technik.“[101]

[100] Vgl. hierzu Tabelle 17 im Anhang sowie Bohnet, M., Reichelt, H., Applied Research and its Impact on Economic Development. The East African Case, Afrika Studie Nr. 70, München 1972, S. 44 bis 72.

[101] UN, E/Conf. 39/1, Vol. III, S. 188.

Die Wahl und vor allem die Wirksamkeit einer bestimmten Technik (hier Technik nicht nur im engeren, materiellen Sinne) steht im direkten Zusammenhang mit den sozialen Formen der Produktion. Es ist von kaum zu überschätzender Bedeutung, daß die TANU und Präsident Nyerere offenkundig von dieser engen Wechselwirkung ausgehen und die Modernisierung der Landwirtschaft inhaltlich und zeitlich in untrennbarem Zusammenhang mit dem umfassenden Übergang zu kollektiven Formen der landwirtschaftlichen Produktion betrachten.

Dies trifft auch für solche ackerbaulich bedeutsamen Gebiete wie die Kilimandjaro-Region zu, die – besonders auf Grund günstiger natürlicher Bedingungen – bereits eine beachtliche Höhe der Bodennutzung zu verzeichnen hat. Hier gab Präsident Nyerere anläßlich einer Besuchsreise eine bedeutsame Erklärung zur kapitalistischen Landbewirtschaftung in Tansania ab. Auf eine entsprechende Anfrage von Farmern in Siha antwortete er: „Ich glaube, die Frage, die von unseren Brüdern gestellt werden könnte, ist die, ob ein kleiner oder großer Farmer in Tansania noch eine Zukunft hat? Wenn dies die Frage ist, so lautet die Antwort nein. Wenn ich Ihnen etwas anderes über die Zukunft der individuellen großen Farmer sagen würde, würde ich Sie betrügen. Tansania unterscheidet sich von Kenia, weil wir die Arusha-Deklaration verkündet haben." [102]

Wie man sich die Beseitigung des in der Kilimandjaro-Region (sowie einiger anderer Gebiete) verbreiteten kapitalistischen Bodeneigentums vorstellt, geht aus einem ergänzenden Korrespondentenbericht zu dieser Rede Nyereres in Siha hervor. Es heißt dort: „Wir unterstützen Mwalimus (Nyereres) Aufruf, daß die kapitalistischen Farmer ihr Land entweder an die Bauern übergeben und sich mit ihnen zusammentun müssen oder daß sie in solche Länder gehen sollen, wo die Ausbeutung unterstützt wird."[103]

Jedoch soll für die Masse der Bauern das Schwergewicht auf der geduldigen Überzeugung, auf der „Gewalt der Argumente" liegen, wie aus der Erklärung Nyereres weiter zu entnehmen ist. Es heißt bei Ngai: „Der Staat wird eine Familie nicht daran hindern, eine kleine Shamba zu kultivieren; aber inwiefern wird der Familie die Shamba von Nutzen sein, fragt er (Nyerere), indem er davon ausgeht, daß die Erzeugnisse einer solchen kleinen Shamba nicht einmal für die Familie ausreichen?" [104]

[102] Nach: Ngai, J., Challange to Individual Farmers, in: Daily News, Dar es Salaam, v. 9. 6. 1972, S. 4. Vgl. auch S. 282, Fußnote.

[103] Nyoka, K. J., The Role of Prisons in Agriculture, in: Daily News, Dar es Salaam, v. 14. 6. 1972, S. 6.

[104] Ngai, J., Challange to Individual Farmers, a. a. O.

Eine moderne Landwirtschaft und Bewirtschaftung, wie sie in den Beschlüssen von Iringa festgelegt wurden, so erklärte Nyerere weiter, sei der einzige Weg, um das landwirtschaftliche Potential Tansanias zu entwickeln. Als besonderer Gesichtspunkt erscheint in diesem Zusammenhang auch die Feststellung, daß die Jugend Tansanias für die Landwirtschaft nur interessiert werden könne, wenn letztere modernisiert werde.

In der Stellungnahme Nyereres von Siha ist zugleich deutlich eine Präzisierung seines Standpunktes zur individuellen bäuerlichen Landbewirtschaftung festzustellen. Noch 1967 war er durchaus der Meinung, daß auch im Rahmen des Ujamaa-Dorfes die Shamba-Wirtschaft weiterhin möglich sei. Nunmehr ist klargestellt, daß auch innerhalb des Ujamaa-Dorfes generell eine kollektive Landbewirtschaftung erforderlich ist. Dies ist gegenüber der ursprünglichen Konzeption, hauptsächlich eine kollektive Lebensweise auf der Basis gemeinschaftlicher Einrichtungen im Ujamaa-Dorf anzustreben, eine deutliche und beachtliche Weiterentwicklung der ökonomischen Funktion der Ujamaa-Genossenschaften.

Es wird der enge Zusammenhang deutlich gemacht zwischen der Modernisierung der ackerbaulichen Produktion (Ablösung der wenig produktiven Zwergwirtschaften und meist wenig effektiven Produktionsmethoden) und einer neuen sozialen Organisationsform. Jedoch ist dies nur die eine Seite. Wir haben bereits an anderer Stelle darauf hingewiesen, daß die neue soziale Form, die eine höhere Produktivität erlaubt, zugleich eine Reihe zwingender Forderungen an die Fähigkeiten der Ackerbauern zur ökonomischen Reproduktion der Bodenfruchtbarkeit stellt. In Zusammenhang mit einem nunmehr zu erwartenden verstärkten und schließlich allgemeinen Übergang zu Formen des permanenten Feldbaus (d. h. der völligen Beseitigung der Brache, wie sie im Rahmen der Shamba-Wirtschaft auch innerhalb des Ujamaa-Dorfes noch möglich war) ersteht das Problem wirksamer ackerbaulicher Maßnahmen zur Erhaltung des Bodens und der Bodenfruchtbarkeit in seiner ganzen Schärfe. Es scheint daher durchaus kein Zufall zu sein, daß die TANU-Beschlüsse von Iringa zur Lösung des Problems der Bodenfruchtbarkeit mit dieser klaren Stellungnahme Nyereres zur künftigen gesellschaftlichen Form der Landbewirtschaftung zeitlich nahezu zusammenfallen.

2. *Einige ökonomische Probleme*

Aus dem bisher Dargelegten geht recht deutlich hervor, daß die nationalrevolutionären Führungskräfte Tansanias die Priorität, die sie der Landwirtschaft in der Entwicklungsstrategie beimessen, nicht einseitig auffassen. Die Bedeutung der Landwirtschaft für die Volkswirtschaft wird nicht verabsolutiert, und es wird auch deutlich die Abhängigkeit der Entwicklung der Landwirtschaft von den nichtlandwirtschaftlichen Sektoren erfaßt, d. h., die Entwicklung der Landwirtschaft wird nicht aus sich selbst heraus begriffen. Das ist von großer Bedeutung sowohl für die weiterhin zu treffenden strukturellen volkswirtschaftlichen Maßnahmen (Festlegung des Entwicklungstempos der einzelnen Sektoren) wie auch für die politische und soziale Orientierung (wachsende Bedeutung der Arbeiterklasse). Ein solches Herangehen entspricht voll den Erfahrungen aller sozialistischen Länder bei der Lösung der ökonomischen Aufgaben in der Übergangsperiode und beim Aufbau des Sozialismus.

Die Ausnutzung von Erfahrungen der sozialistischen Länder

Wenn man von der Übermittlung von Erfahrungen der sozialistischen Länder für die Entwicklungsländer spricht, so hat man gewöhnlich allgemeine Probleme im Auge wie z. B. die Lösung der Agrarfrage durch Bodenreformen, durch eine Reihe anderer gezielter politischer und ökonomischer Hilfen der Staatsmacht für die Bauernschaft usw. Bei der Entwicklung der Produktivkräfte unter der Bedingung der Entwicklungsländer muß man jedoch vor allem auch eine Reihe spezifischer ökonomischer Probleme berücksichtigen, die sich aus den Erfahrungen der sozialistischen Länder bei der Schaffung einer neuen materiell-technischen Basis ergeben haben.

An erster Stelle steht hierbei die planmäßig-leitende Tätigkeit der neuen Staatsmacht bei der Entwicklung der Produktivkräfte und der materiell-technischen Basis der neuen Gesellschaft. Es geht hierbei besonders um die zweckmäßige und notwendige Verknüpfung administrativer und ökonomischer Maßnahmen und Aufgaben. Die allgemeinen Erfahrungen der sozialistischen Länder lehren, daß die neue Staatsmacht *schrittweise* die Wirkungsweise kapitalistischer ökonomischer Gesetze einschränken und überwinden bzw. die Wirkungsweise des Wertgesetzes geschickt zur Entfaltung der Produktivkräfte sowohl durch administrative wie auch durch ökonomische Maßnahmen ausnutzen muß.[105]

Im Abschnitt „Kritik bürgerlicher Entwicklungskonzeptionen" (S. 242) wurde bereits gezeigt, daß der dem Kapitalismus eigene soziale und ökonomische Mechanismus nicht in der Lage ist, die gesellschaftlichen Bedingungen für eine rasche und umfassende Entfaltung der Produktivkräfte unter den Bedingungen Tansanias (wie anderer Entwicklungsländer) abzugeben. An seine Stelle muß die (nichtkapitalistische) Staatsmacht treten. Was die planmäßig-leitende und wirtschaftlich-organisatorische Funktion dieser neuen Staatsmacht im Hinblick auf die Entwicklung der Produktivkräfte und die allgemeine Leitung der Volkswirtschaft betrifft, so gibt es hier keine prinzipiellen Unterschiede zu den Aufgaben einer sozialistischen Staatsmacht. Eine Vertiefung des Erfahrungsaustausches mit den sozialistischen Ländern ist daher von großer Bedeutung.

In der bürgerlichen ökonomischen Literatur wird wiederholt der Gedanke propagiert, die Entwicklungsländer sollten die Vorteile von „late comers" stärker nutzen. Dabei sind jedoch meist nicht einfach technische Entwicklungen gemeint, sondern diese von den bürgerlichen Wissenschaftlern propagierten „Vorteile" betreffen gleichermaßen auch die bürgerlichen Produktionsverhältnisse und das bürgerliche soziale System, auf dem sich bestimmte technische Entwicklungen herausgebildet haben.

Im Prinzip trifft ein solches Herangehen – mit umgekehrtem Vorzeichen – auch für die Unterstützung der sozialistischen Länder für die Entwicklungsländer zu. Der Nachweis für die Richtigkeit und Notwendigkeit des nichtkapitalistischen Weges der Entwicklungsländer ist im Grunde nichts anderes als die generelle Schlußfolgerung der marxistischen politischen Ökonomie, daß damit ein ganzer historischer Entwicklungsabschnitt übersprungen und viele Verluste an Zeit sowie an materiellen und menschlichen Ressourcen, die mit einer kapitalistischen Entwicklung verknüpft sind, durch die Entwicklungsländer beim Aufbau ihrer nationalen Wirtschaft vermieden werden können. Der gesamte nichtkapitalistische Weg ist, wenn man so will, ein Vorteil, den die Entwicklungsländer vor allem dank der Existenz des sozialistischen Weltsystems bei der Lösung ihrer ökonomischen und sozialen Probleme, bei der Erringung der ökonomischen Unabhängigkeit, in Anspruch nehmen können.

Jedoch scheint uns eine Schlußfolgerung in dieser allgemeinen Form zu global. Das Überspringen der kapitalistischen Formation ist nicht nur

[105] Vgl. hierzu die Seiten 271 und 274.

ein bedeutsamer Vorteil, sondern dieser Vorzug der nichtkapitalistischen Entwicklung wird zugleich nur wirksam, wenn Entwicklungsländer und sozialistische Länder umfassend zusammenarbeiten und letztere den jungen Nationalstaaten auf so entscheidenden Gebieten wie der wissenschaftlichen Organisation der Produktivkräfte (insbesondere der Agrarproduktion) ihre gewonnenen großen Erfahrungen und Kenntnisse vermitteln.

Es besteht in Tansania z. B. durchaus die Gefahr, wenn solche der Eigenart tropischer Böden angepaßte ackerbauliche Nutzungssysteme mit Hilfe der verschiedenen agronomischen Disziplinen und durch entsprechende Voraussetzungen im ökonomischen und sozialen Bereich nicht schnell genug entwickelt werden, daß auf vielen, von Ujamaa-Genossenschaften bewirtschafteten Böden die Bodenfruchtbarkeit weiter rasch absinkt, Erosionsprozesse größeren Umfangs andauern und damit diese neue soziale Organisationsform, die eine wichtige Grundlage für den gesamten nichtkapitalistischen Weg Tansanias darstellt, sich ökonomisch und politisch als Fehlschlag erweisen kann. Den Beschlüssen des Exekutivkomitees der TANU von Iringa (1972) kommt daher grundsätzliche Bedeutung im Hinblick auf die Sicherung des nichtkapitalistischen Weges insgesamt zu. Völlig zu Recht wird in diesen Beschlüssen von einer „Einheit von Politik und Landwirtschaft" gesprochen.[106]

Die traditionelle Shamba-Wirtschaft (d. h. der Wanderfeldbau in seinen verschiedenen Entwicklungsstufen) war auf den ständigen Einschub mehrjähriger Brachen gegründet. Die großflächige Dauernutzung im Rahmen vieler Ujamaa-Genossenschaften beseitigt nunmehr rasch und endgültig diese Brachen. Daher sind sofort eine ganze Reihe von Maßnahmen erforderlich, um die sich bisher wenigstens teilweise auf natürliche Weise regenerierende Bodenfruchtbarkeit nunmehr mit ökonomischen Maßnahmen möglichst voll und darüber hinaus erweitert zu reproduzieren. Auf die vielfältigen Aspekte dieses grundlegenden ökonomischen Problems wurde in der Arbeit durchweg hingewiesen.

Uns scheint der Gedanke einer weitaus stärkeren und sehr konkreten Zusammenarbeit und Unterstützung seitens der sozialistischen Länder[107] für die Staaten mit nichtkapitalistischer Orientierung von prinzipieller Bedeutung für die praktische Wirksamkeit und den Erfolg dieses Ent-

[106] Vgl. auch Magome, G., Unity of Politics and Agriculture, in: Daily News, Dar es Salaam, v. 24. 5. 1972, S. 7.

[107] Vgl. hierzu auch Kapitel IV, S. 300 und 309.

wicklungsweges zu sein. Wie die sozialistische Entwicklung sich nicht spontan vollzieht und letztlich auch große materielle Mittel und eine ständige, bewußt organisierende Tätigkeit der marxistisch-leninistischen Parteien und der sozialistischen Staatsmacht erfordert, so kann auch die nichtkapitalistische Entwicklung – unter oft noch weitaus komplizierteren Bedingungen – sich nicht spontan und letztlich sich auch nicht ohne materielle Unterstützung vollziehen.

Es ist eine wichtige Aufgabe der marxistischen Ökonomen, aus der Sicht der nichtkapitalistischen Entwicklung und der schließlichen sozialistischen Orientierung solcher Länder wie Tansania zu helfen, jene gesellschaftlichen und ökonomischen (wissenschaftlichen und technischen usw.) Entwicklungsformen herauszufinden, die zum großen Teil auf den vielfältigen praktischen Erfahrungen der sozialistischen Länder aufbauen und deren Anwendung in den Entwicklungsländern – unter Beachtung der nationalen und natürlichen Besonderheiten – die ökonomische und gesellschaftliche Entwicklung rascher voranbringen kann.

Ein weiteres Problem ist die Rolle der Technik für die Entwicklung der Produktivkräfte. Dabei geht es nicht nur darum, daß neue technische Mittel die Arbeitsproduktivität in der Landwirtschaft steigern, sondern daß sich durch neue technische Mittel zugleich die soziale Stellung des Menschen verändert. Es werden neue Fähigkeiten, Fertigkeiten und Kenntnisse verlangt und entwickelt, auch das gesellschaftliche Denken der Menschen wandelt sich unter dem Einfluß der Technik spürbar. Nicht zuletzt bildet die Einführung neuer Technik die Voraussetzung zur Revolutionierung der technologischen Produktionsweise, in deren Ergebnis sich die Stellung des Menschen im Produktionsprozeß (bei entsprechenden sozialen Veränderungen) objektiv wandelt[108], d. h. die Bauernschaft ihren Charakter zu verändern beginnt. Diese Wandlungen bilden die objektive Grundlage für eine Veränderung des Inhalts des Bündnisses der revolutionär-demokratischen Führungskräfte mit der Bauernschaft, für die Unterbindung eines Gegensatzes von Stadt und Land usw.

Wir glauben ferner, daß ein bisher kaum beachtetes ökonomisches Problem bei der Entwicklung besonders der agraren Produktivkräfte in den Entwicklungsländern ungenügend Berücksichtigung gefunden hat, nämlich die bereits mehrfach angeführte unterschiedliche Entwicklung von Landwirtschaft und Industrie. Die außerordentlich große Bedeutung

[108] Vgl. hierzu: Die gegenwärtige wissenschaftlich-technische Revolution, a. a. O., S. 47.

dieser unterschiedlichen Entwicklung für das Wachstum der Produktivkräfte sowohl im Agrarbereich als auch in der Industrie besteht darin, daß die Industrie durch die höhere Eigentumsform (in Tansania z. B. allgemeines Volkseigentum der industriellen Produktionsmittel) und die dadurch mögliche höhere Form der Kooperation der Arbeit sowie der gesellschaftlichen Leitung, durch einen höheren Mechanisierungsgrad, effektivere Energieformen u. a. m. auch unter den gegenwärtigen Bedingungen zunächst noch eine bedeutend raschere Entwicklung der Arbeitsproduktivität und der Zuwachsraten ermöglicht als die Landwirtschaft (oder irgendeine Form der Verbundwirtschaft von Industrie und Landwirtschaft). Das ist die eine Seite. Zugleich bildet die industrielle Entwicklung aber eine unabdingbare Voraussetzung zur nachfolgend raschen Entwicklung der Landwirtschaft, d. h. auch die Entfaltung der Produktivkräfte in der Landwirtschaft ist nach wie vor davon abhängig, wie rasch sich die Fortschritte zunächst in der Industrie vollziehen.

Die bisherigen Erfahrungen der sozialistischen Länder bezeugen dabei eindeutig, daß eine solche territorial und auch in ihrer gesellschaftlichen Organisationsform unterschiedliche Entwicklung zwischen Industrie und Landwirtschaft auch nach der Beseitigung des kapitalistischen Eigentums ökonomisch objektiv für eine bestimmte Zeit noch erforderlich ist. Die Ursachen sollen hier im einzelnen nicht untersucht werden. Hieraus ergibt sich deutlich, daß diese unterschiedliche Entwicklung nicht allein an antagonistische Klassenverhältnisse gebunden ist, sondern zugleich an einen ganz bestimmten Stand der Entwicklung der gesellschaftlichen Produktivkräfte und der Eigentumsverhältnisse insgesamt. Es drängt sich der Schluß auf, daß es sich hierbei um eine allgemeine ökonomische Gesetzmäßigkeit handelt, die erst auf einer bestimmten Stufe der Entwicklung der Produktivkräfte und der Produktionsverhältnisse wieder überwunden werden kann. Die beispielsweise erst jetzt in der Sowjetunion eingeleiteten außerordentlich behutsamen Versuche, im Wege sogenannter Industrie-Agrar-Komplexe diese unterschiedliche Entwicklung zwischen Industrie und Landwirtschaft schrittweise zu überwinden, deuten darauf hin, daß die Beseitigung antagonistischer Klassenverhältnisse die eine Seite dieser Voraussetzung und ein hoher Stand der Entwicklung der Produktivkräfte in Landwirtschaft und Industrie die andere Seite dieser Voraussetzung bildet.

Hieraus lassen sich für die Entwicklungsländer ebenfalls prinzipielle Folgerungen ableiten. Die territorial und in ihrer gesellschaftlichen Organisationsform objektiv erforderliche unterschiedliche Entwicklung von

Landwirtschaft und Industrie muß von Anfang an sorgsam beachtet werden. Die Errichtung sogenannter kommunaler Dörfer darf nicht dazu führen, daß, wie im traditionellen Dorfgemeindesystem, landwirtschaftliche und gewerbliche Tätigkeiten im Rahmen des gesamten Landes in einer Weise vereinigt werden, die die genannten Vorzüge einer konzentrierten industriellen Entwicklung unmöglich macht. Bei dem Aufbau und der Errichtung der small-scale-industries innerhalb der Genossenschaftsdörfer sowie einer Reihe ergänzender gewerblicher Einrichtungen zur Absorption überschüssiger Arbeitskräfte kann es sich nur um zeitweise und ergänzende Maßnahmen und um ganz spezifische Aufgaben handeln.

Ein Kernproblem bildet daher auch für Tansania der Aufbau einer modernen Industrie (in Etappen und nach Zweigen, die den Bedürfnissen des Landes entsprechen usw.), die letztlich die Grundlage für den Aufbau einer modernen Landwirtschaft und einer ausreichenden materiell-technischen Basis im Agrarbereich bildet. Diese Erfahrungen der sozialistischen Länder haben gleichfalls prinzipielle Bedeutung.[109]

Die getrennt erfolgende Entwicklung von Industrie und Landwirtschaft und die intensive Entfaltung der Warenbeziehungen zwischen diesen beiden hauptsächlichen Säulen der Volkswirtschaft stellen eine unabdingbare Voraussetzung zur raschen und allseitigen Entfaltung der Produktivkräfte vor allem in der Landwirtschaft dar. Hieraus ergibt sich auch aus ökonomischer Sicht die außerordentliche Dringlichkeit für das zahlenmäßige Wachstum der Arbeiterklasse Tansanias, wie es von Präsident Nyerere bereits deutlich formuliert wurde.

Aus diesen Überlegungen ist aber auch deutlich zu erkennen, wie gefährlich für die ökonomische Entwicklung und das Wachstum der Produktivkräfte maoistische Theorien sind, wonach das Dorf die dominierende Stellung im gesamten ökonomischen und gesellschaftlichen Leben sowie im revolutionären Umgestaltungsprozeß innehaben soll.

Die notwendige, getrennt erfolgende Entwicklung zwischen Industrie und Landwirtschaft hat jedoch noch eine andere Seite. Diese getrennt und unterschiedlich verlaufende Entwicklung darf sich nicht wie im Kapitalismus in ökonomischen, sozialen und politischen Gegensätzen niederschlagen. Die national-revolutionären Führungskräfte Tansanias waren und sind von Anfang an auf die breiteste Unterstützung der gesamten Bauernschaft

[109] „Die einzige materielle Grundlage des Sozialismus kann nur die maschinelle Großindustrie sein, die imstande ist, auch die Landwirtschaft zu reorganisieren" (V. I. Lenin, Werke, Bd. 32, Berlin 1961, S. 481).

angewiesen und müssen ihr gegenüber eine entsprechende Bündnispolitik durchführen. Auch die sich entwickelnde Arbeiterklasse muß dies beachten. Das bedeutet, daß die Staatsmacht als Verkörperung des Willens der herrschenden, nichtkapitalistisch orientierten Schichten und Klassen sofort wirksame Formen und Methoden der Unterstützung und Zusammenarbeit (trotz ökonomisch getrennter Entwicklung) zwischen Industrie und Landwirtschaft entwickeln muß. Es ist dies eine unabdingbare ökonomische und politische Voraussetzung für den Erfolg des nichtkapitalistischen Weges und unterstreicht andererseits aus dieser Sicht auch erneut seine historische Notwendigkeit, denn dem Kapitalismus sind solche Formen und Methoden der Zusammenarbeit absolut fremd.

Noch eine ergänzende Bemerkung zur Vertiefung der ökonomischen Austauschbeziehungen zwischen Stadt und Land.

Die Warenbeziehungen sind in Tansania – wie in vielen Entwicklungsländern – historisch im Grunde nicht im Inneren zwischen Stadt und Land, sondern (oft zwangsweise) über die Vermittlung kolonialer Aufkaufgesellschaften zwischen imperialistischen Metropolen und traditionellen Bauern entstanden. An deren Stelle sind nach der politischen Unabhängigkeit entsprechende nationale (staatliche) Handelsorganisationen getreten (z. B. Tansania Sisal Corporation, Kilombero Sugar Corporation, National Agricultural and Food Corporation usw.).

Ökonomisch drückt sich in den hochentwickelten Ländern die vertiefende Abhängigkeit der Landwirtschaft von der Industrie und anderen nichtlandwirtschaftlichen Bereichen (als progressive Erscheinung) in einem engen Netz ökonomischer Verbindungen zwischen Stadt und Land aus, d. h., die Landwirtschaft wird auf diesem Wege Teil des gesellschaftlichen Gesamtarbeiters, sie wird in die gesellschaftliche Arbeitsteilung Schritt für Schritt einbezogen. Diese Entwicklung, die sich in den kapitalistischen Ländern nach und nach oft über Jahrhunderte hinweg vollzogen hat, muß nunmehr innerhalb kürzester Frist nachvollzogen werden. Das Erbe der Kolonialherrschaft ist hier besonders drückend.

Wie Ngeze[110] berichtet, kommt es gegenwärtig in Tansania nicht selten vor, daß Erzeuger in verschiedenen Landesteilen Dreiviertel ihrer Produkte nicht verkaufen können, weil es keine wirksamen Aufkauforganisationen gibt. Gleichzeitig steigen die Preise z. B. in Dar es Salaam und anderen Städten,

[110] Ngeze, P., Silent Revolution in Agriculture, in: Daily News, Dar es Salaam, v. 29. 4. 1972, S. 3.

weil es nicht genügend Produkte gibt, die an anderer Stelle unverkäuflich sind. Oft gibt es in Dar es Salaam keinen Mais, gleichzeitig aber verkaufen Bauern aus der Kilimandjaro-, Mara- und Tanga-Region einen Teil ihrer Ernte nach Kenia, weil sie dort höhere Preise erhalten als von der staatlichen Handelsgesellschaft (National Agricultural Products Board). Dies weist auf das generelle Problem hin, das in dem bereits erwähnten Beschluß des TANU-Exekutivkomitees von Iringa (20.5.1972) besondere Beachtung gefunden hat, die ökonomischen Tauschbeziehungen zwischen der Landwirtschaft und der Industrie materiell durch ein ganzes System von Maßnahmen sicherzustellen.

Hierzu gehört auch die Überprüfung der Rentabilität der Handelsunternehmen, da teilweise bis zu 50 Prozent der erzielten Verkaufserlöse von innerbetrieblichen Kosten, Transportkosten usw. absorbiert werden[111], was zu einer unerträglichen Belastung der Erzeuger und nur zu einem geringen Anreiz zur Produktionssteigerung bzw. Intensivierung der Agrarproduktion führt. Nach unserer Meinung müssen (und können) einen wichtigen Teil dieser vermittelnden Funktion auch die in Tansania zahlenmäßig sehr starken landwirtschaftlichen Genossenschaften im Zirkulationsbereich erfüllen. 1969 existierten z. B. 1700 Primärgenossenschaften, die in 33 Genossenschaftsunionen vereinigt sind und etwa ein Drittel aller Bauernbetriebe erfassen.[112] Dabei geht es, wie Michalski hervorhebt, nicht schlechthin um eine quantitative Zunahme der Handelstätigkeit, sondern um die Überführung dieser sich oft rein auf die Zirkulationssphäre beschränkenden Genossenschaften in Mehrzweckgenossenschaften, die zunehmend auch Funktionen im Produktionsbereich übernehmen (Einsatz genossenschaftlicher Maschinen, Formen gemeinsamer Feldbestellung usw.).

Jedoch darf keineswegs die außerordentlich wichtige Funktion der sich erweiternden ökonomischen (Ware-Geld-)Beziehungen mittels dieser Genossenschaften übersehen werden, damit sich – wie gesagt – innerhalb der Ujamaa-Genossenschaften nicht eine Tendenz zur wirtschaftlichen Isolierung abzeichnet. Im Rahmen der Ruvuma Development Assoziation entstanden z. B. 12 sog. Communal farms in Südtansania, die als autarke Dorfkommunen kaum auf eine wirtschaftliche Verbindung nach außen angewiesen sind.[113]

111 Ebenda.

112 Michalski, K.-J., Möglichkeiten zur Gestaltung des landw. Genossenschaftswesens, a. a. O., S. 38.

113 Ebenda, S. 193.

Es liegt auf der Hand, daß damit auf Sicht nicht nur die Entwicklung der Produktivkräfte gebremst wird, sondern daß sich hieraus auch eine gewisse Konservierung traditioneller Verhaltensweisen[114] ergibt, die Tendenz, zum Überkommenen zurückzukehren. Neuerungen als ein ständiger Prozeß haben nur wenig Zutritt. Es kann zugleich auch eine gewisse Gefahr dabei nicht übersehen werden, daß nämlich durch die Dominanz „bäuerlicher Lebensweise" die Rolle der sich entwickelnden Arbeiterklasse nur wenig wirksam wird und die Ideen maoistischer Prägung, die die Rolle des Dorfes im revolutionären Umgestaltungsprozeß überbewerten, auf einen günstigen Boden fallen.

Die bereits existierenden Genossenschaften der Zirkulationssphäre müssen also umfassend und organisch in die gegenwärtige Agrarumgestaltung einbezogen werden, und zwar in der Weise, daß einerseits ihr einseitiger Handelscharakter überwunden wird, daß aber andererseits gerade diese außerordentlich wichtige Funktion des ökonomischen Bindegliedes zu den nichtlandwirtschaftlichen Bereichen erhalten bleibt und weiter systematisch erweitert und auf die Ujamaa-Dörfer ausgedehnt wird.

Michalski weist dabei richtig darauf hin, daß zweckmäßigerweise eine Kombinierung staatlicher und genossenschaftlicher Handelstätigkeit im Rahmen gemischter Betriebe oder einer Zusammenarbeit und Funktionsteilung in bestimmten Tätigkeiten (etwa beim überbetrieblichen Maschineneinsatz, landtechnischen Reparaturdienst, Saatgut- und Düngemittelversorgung usw.) erfolgt.

Einige Probleme der Intensivierung

Es kann sich in diesem Abschnitt nur um einige Überlegungen handeln, da der Intensivierungsprozeß in seinen verschiedenen Aspekten eingehender gesonderter Untersuchungen und vor allem auch Berechnungen bedarf, die hier nicht möglich sind.

Entsprechend dem Thema der Arbeit soll jedoch vor allem noch einmal deutlich werden, daß die spezifischen ökonomischen und gesellschaftlichen Verhältnisse, aber auch teilweise die Eigenart des natürlichen Reproduktionsprozesses unter tropischen Bedingungen, ganz spezifische Erschei-

[114] Vgl. hierzu auch Ernst, K., Tradition und Fortschritt im afrikanischen Dorf, a. a. O., S. 111.

nungsformen des Intensivierungsprozesses hervorbringen, die besondere Beachtung verdienen.

Für den ökonomischen Prozeß der Intensivierung fehlen zunächst noch immer ausreichend geeignete nichtlandwirtschaftliche Produktionsmittel zu ökonomisch tragbaren Preisen, es fehlen Transportmittel und -wege, Märkte, leistungsfähige Vermarktungseinrichtungen und Handelsorganisationen, die den Bauern über stabile und ausreichende Preise (im Verhältnis zu den Aufwendungen) einen ökonomischen Anreiz zur Produktionssteigerung und zur Intensivierung geben.[115]

Darüber hinaus spielt auch eine Rolle, daß der Staat z. Zt. noch keine stabilen Preise für die einzelnen Agrarprodukte garantieren kann (der Erzeuger erhält den erzielten Verkaufspreis abzüglich aller den staatlichen oder genossenschaftlichen Handelsorganisationen entstehenden Kosten, was große Unsicherheiten und Nachteile zur Folge hat). Auch sind die Preise gebietsweise unvertretbar unterschiedlich (bei Mais z. B. weichen die Erzeugerpreise bis zu 100 Prozent je nach Marktlage ab), d. h., es entstehen ungerechtfertigte Differentialrenten (Lagerenten), die einzelne Erzeugergebiete empfindlich treffen.

Die Intensivierung, das muß deutlich hervorgehoben werden, ist eine Erscheinung, die an entwickelte Ware-Geld-Beziehungen als ökonomischen Ausdruck der sich von der Landwirtschaft unabhängig entwickelnden Bereiche von Industrie und Wissenschaft gebunden ist. Soweit sich während der Kolonialzeit Ware-Geld-Beziehungen entwickelt haben, stand ihnen jedoch nicht in gleichem Maße wie z. B. in der europäischen Wirtschafts- und Agrargeschichte eine entsprechende Entwicklung von Industrie und Wissenschaft gegenüber. Dieser Zustand konnte auch mit der politischen Unabhängigkeit Tansanias noch nicht überwunden werden. Daher stehen wir vor der Tatsache, daß sich einerseits die Ware-Geld-Beziehungen in der Landwirtschaft durch wachsende Anforderungen an die Agrarproduktion stetig entfalten, ohne daß im gleichen Umfange die Möglichkeiten zur Intensivierung der Agrarproduktion gegeben sind. Dies liegt nicht nur in der kolonialen Vergangenheit begründet, sondern auch in der noch immer fortdauernden imperialistischen Ausbeutung Tansanias und seiner Stellung im kapitalistischen Weltwirtschaftssystem, was beides die Möglichkeiten zur Intensivierung sehr stark beschränkt.[116]

[115] Vgl. S. 272.

[116] Vgl. auch Einleitung, S. 20, sowie S. 219 und Tabelle 19 im Anhang.

Unter diesen Umständen kommt der Errichtung eines staatlichen Sektors der Industrie, der die erforderlichen materiellen Voraussetzungen zur Intensivierung zu *ökonomisch tragbaren Bedingungen* für die Landwirtschaft schafft, die allergrößte Bedeutung zu. Der Intensivierungsprozeß in der Landwirtschaft Tansanias kann sich nicht spontan über den Preis-Markt-Mechanismus vollziehen, sondern er muß von vornherein einen planmäßigen Charakter tragen. Zwar muß die nichtkapitalistische Staatsmacht die Ware-Geld-Beziehungen für den Intensivierungsprozeß voll und vor allem richtig ausnutzen. Jedoch ist das Ziel der Intensivierung eindeutig den Interessen des nichtkapitalistischen Staates und den nationalen Zielen der ökonomischen Unabhängigkeit untergeordnet. Es zeigt sich somit ganz klar, daß das im Rahmen bürgerlicher Entwicklungskonzeptionen angestrebte Ziel der Intensivierung, nämlich die Sicherstellung von Kapitalverzinsung und die Erzielung eines Unternehmerprofits (plus kapitalistischer Grundrente), unter den konkreten Bedingungen Tansanias weder erreichbar noch für die ökonomischen und gesamtgesellschaftlichen Interessen des Landes tragbar ist.

Hierin zeigen sich die spezifischen neuen gesellschaftlichen Bedingungen Tansanias für den Intensivierungsprozeß. Es sind planmäßig Kriterien für den Intensivierungsprozeß zu schaffen (als Orientierung für alle ökonomischen und gesellschaftlichen Maßnahmen), die die gesamtgesellschaftlichen Interessen zum Ausdruck bringen. Dem wird noch nicht immer Rechnung getragen. Beispielsweise arbeiten die Staatsfarmen noch weitgehend nach dem Prinzip der laufenden Rentabilität, wodurch sich beträchtliche ökonomische Hindernisse für die Ausarbeitung neuer ackerbaulicher Nutzungssysteme (pilot schemes) und die wichtige Funktion der Staatsgüter bei der Bereitstellung von hochwertigem Saatgut und Zuchtvieh für die Genossenschaften usw. auftürmen.

Die notwendige Intensivierung der Landwirtschaft Tansanias muß auch davon ausgehen, daß die Investitionsmöglichkeiten für einen geraumen Zeitraum noch außerordentlich begrenzt sind. Das bedeutet, nach Möglichkeiten zur Intensivierung zu suchen, wie sie dem bürgerlichen Profitstreben unbekannt sind. Beispielsweise ist es möglich, durch Mobilisierung und geduldige Überzeugung der Bevölkerung in den ländlichen Gebieten einfache erosionsabweisende Maßnahmen durchzuführen und damit ohne Zerstörung natürlicher Ressourcen die Agrarproduktion zu steigern.[117] Hierzu sind kaum zusätzliche Aufwendungen an vergegen-

117 Damit wird ein bisher noch unterschätzter Akkumulationseffekt erziehlt.

ständlichter Arbeit erforderlich. Dazu gehört auch die Einführung einfacher Fruchtfolgen, wie sie örtlich unter traditionellen Bedingungen bereits mehr oder weniger erfolgreich erprobt wurden.

Der eingesetzte organische Dünger ist dabei meist Ergebnis einer bereits intensiv betriebenen Viehhaltung. Dies setzt eine systematische Futtergewinnung voraus, die der traditionelle Wanderfeldbau mit seinen Brachweiden nicht liefern kann. Das Viehfutter wird bei intensiven ackerbaulichen Nutzungssystemen in der Regel dadurch gewonnen, daß die Brache vollständig verschwindet und an ihrer Stelle nach der Hauptfrucht als Zwischenfrucht (Nebenfutterfläche) Futterpflanzen angebaut werden, oder aber, daß Futterpflanzen als Hauptfrucht (Hauptfutterfläche) – z. B. Klee, Wurzelfrüchte – zum Anbau kommen. Eine solche Integration der Viehwirtschaft in den Ackerbau erfordert aber ständige Absatzmöglichkeiten dieser bäuerlichen Veredlungsprodukte zu gesicherten Preisen, wodurch die Bauern in die Lage versetzt werden, im erforderlichen Umfang z. B. hochwertiges Saatgut und Mineraldünger zum Ersatz der verbrauchten Nährstoffe kaufen zu können usw.

Es gibt zweifellos – unter Ausnutzung örtlicher konkreter Bedingungen – einige Möglichkeiten, in einem gewissen Umfange mit traditionellen Mitteln intensiveren Ackerbau zu betreiben. Ein Beispiel ist der kombinierte Anbau von Kaffee und Bananen im Kihamba-Gürtel des Kilimandjaro. Die Bananenblätter ersetzen zu einem Teil den Humus[118], der Nährstoffentzug wird durch den hohen natürlichen Vorrat der jungen vulkanischen Böden an mineralischen Reserven bisher kaum wirksam. Jedoch müssen mit allem Nachdruck die Grenzen einer solchen, auf traditioneller Basis betriebenen Intensivierung hervorgehoben werden. Solche Verfahren können nur Übergangslösungen unter bestimmten konkreten Bedingungen darstellen, da grundlegende Probleme wie die kontinuierliche *Steigerung* der effektiven ökonomischen Fruchtbarkeit und die Einführung moderner Fruchtfolgen über einen längeren Zeitraum hinweg nicht zu lösen sind.[119] Nicht zu lösen ist auch in der Regel das Problem wachsender finanzieller Aufwendungen, die mit der Einführung intensiver ackerbaulicher Nutzungsformen akut werden.[120]

[118] Inwieweit hier ein wirklich vollwertiger Ersatz möglich ist, wurde bisher nicht ausreichend untersucht.

[119] Vgl. hierzu Schultz, J., Der Sozialismus in der Landwirtschaft Tansanias, a. a. O., S. 115f.

[120] „Auf Grund der bisherigen Erfahrungen muß für Afrika angenommen werden, daß einige Grasjahre nur mit Hilfe einer beträchtlichen Mineraldüngung in der Lage sind, die Funktion der langfristigen Wald- und Buschbrache zu

Man braucht nicht nur bedeutende Ausgaben für Mineraldünger, Vieh, Geräte, Wagen und Saatgut, sondern es ist auch die erforderliche materielle Infrastruktur einzurichten (Wege, Vermarktung usw.). In diesem Zusammenhang erhalten die Ujamaa-Genossenschaften eine grundsätzliche Bedeutung, da sie das Investitionsproblem leichter als der einzelbäuerliche Betrieb zu lösen vermögen. Sie können auch durch Gemeinschaftsleistungen weiterhin Wesentliches zur Ausbildung der materiellen Infrastruktur auf dem Lande beitragen.

Eine gewisse Ausnahme bildete der Anbau von Naßreis und Dauerkulturen (wie z. B. Kokospalmen), die eine Intensivierung des Ackerbaus ohne sofortigen Einsatz von Mineraldünger oder organischen Dünger ermöglichen. Dabei spielt für Tansania besonders der Naßreis eine bestimmte Rolle, dessen Kultivierung gegenwärtig verstärkt propagiert wird. Die Möglichkeit hierzu bietet sich insbesondere mit der Zunahme der Bewässerungsprojekte.

Insgesamt kann man feststellen, daß der Intensivierungsprozeß deutlich den unentwickelten Stand ökonomischer Beziehungen und die allgemeine Rückständigkeit des Landes widerspiegelt, sowie die Tatsache, daß alle entscheidenden ökonomischen Prozesse dem Gesamtziel des Landes – rasche Entwicklung der Produktivkräfte und Erringung der ökonomischen Unabhängigkeit unter Bedingungen unzureichender ökonomischer Ressourcen – unterworfen sind.

Es ist sicher richtig, daß für die meisten Böden Tansanias die unter den Bedingungen gemäßigter Klimate festgestellten Gesetzmäßigkeiten [121] wirksam sind. Jedoch erscheint eine solche Feststellung zu allgemein. Sie erfaßt nicht die Spezifik des jetzigen Entwicklungsabschnittes. Diese ist nach Ansicht des Autors vor allem dadurch gekennzeichnet, daß die umfassende Anwendung vergegenständlichter Arbeit je Bodenfläche aus Kapitalmangel generell noch nicht möglich ist und daß vor allem aus naturwissenschaftlicher und ökonomischer Sicht noch nicht genügend die Wechselwirkung zwischen den einzelnen nichtlandwirtschaftlichen Produktionsmitteln und der Bodenfruchtbarkeit im Hinblick auf gesteigerte Erträge untersucht ist.

übernehmen“ (Ruthenberg, H., Probleme des Übergangs vom Wanderfeldbau zum semi-permanenten Feldbau ..., a. a. O., S. 29).
Vgl. hierzu auch: Kuntze, H., Bodenerhaltung bei zunehmender Belastung, in: Berichte über Landwirtschaft (Ztschr. f. Agrarpolitik u. Landw., hrsg. v. BML), Hamburg u. Westberlin, NF, Bd. 50, H. 1/1972, S. 26f. u. 35.

[121] Das heißt, daß zusätzliche Aufwendungen besonders vergegenständlichter Arbeit je Fläche auch gesteigerte Erträge zur Folge haben.

Zur spezifischen Form der Intensivierung gehört auch die erforderliche Ausnutzung des im Überschuß vorhandenen, in der Regel aber wenig qualifizierten Arbeitskräftepotentials auf dem Lande. Das heißt, daß z. Zt. weitgehend eine Substitution vergegenständlichter durch lebendige Arbeit bei der Intensivierung erfolgen muß. Nur auf diese Weise kann der Arbeitskräfteüberhang produktiv beseitigt und eine Einbeziehung aller Bürger Tansanias in die wirtschaftliche Entwicklung gewährleistet werden. Die Feststellung, daß eine Intensivierung auch dadurch erreicht werden kann, daß je Flächeneinheit mehr *lebendige* Arbeit aufgewandt wird, hat dabei gegenwärtig prinzipielle Bedeutung. Es ist für die Abwehr von Bodenerosionen und die Erhaltung der Bodenfruchtbarkeit im Prinzip gleichgültig, ob die dazu erforderlichen Terrassen- und Dammkulturen mit modernen Maschinen oder primitiven Handarbeitsgeräten angelegt wurden. Es ist auch gleichgültig, ob die zur Erhaltung des geographischen Milieus vorgenommenen Aufforstungen mittels Maschinen oder mit dem Pflanzstock erfolgen usw. Entscheidend ist in der jetzigen Entwicklungsphase Tansanias, daß eine Steigerung der Agrarproduktion in den Ujamaa-Dörfern ohne Zerstörung natürlicher Ressourcen erzielt wird. Dies wird zu ihrer wirtschaftlichen und politischen Festigung und damit zur Stärkung des nichtkapitalistischen Weges des Landes insgesamt beitragen.

Wichtig ist jedoch, den grundlegenden Trend des Intensivierungsprozesses als Zunahme vor allem vergegenständlichter Arbeit je Flächeneinheit immer im Auge zu behalten, da unter der oben angegebenen Orientierung die Steigerung der Arbeitsproduktivität natürlich stark in Grenzen gehalten und die gesamte Agrarproduktion mit außerordentlich hohen Kosten belastet wird. Im Hinblick auf die Entwicklung des inneren Marktes (Lebenshaltungskosten!) sowie die Überwindung des Produktivitätsgefälles gegenüber den entwickelten Ländern und damit im Hinblick auf die Erringung der ökonomischen Unabhängigkeit sind hier deutlich die Grenzen dieser Art Intensivierung zu sehen. Gerade hierin zeigt sich nach Meinung des Autors ein weiteres Mal sehr deutlich die Notwendigkeit einer planmäßigen gesellschaftlichen Leitung der Landwirtschaft, die Schritt für Schritt den Inhalt des Reproduktionsprozesses in der Landwirtschaft – entsprechend den gegebenen Möglichkeiten – in Richtung auf eine *Zunahme der vergegenständlichten Arbeit je Flächeneinheit*, und hier wiederum in Form von konstantem fixem Kapital, verändert.

Eine solche *strategische* und *perspektivische* Orientierung geben die

Beschlüsse des TANU-Exekutivkomitees vom Mai 1972[122] noch nicht, und gerade hierin besteht ein wesentlicher Mangel, der offenkundig einer Korrektur bedarf.

Zur Lösung des Ernährungsproblems

Das Ernährungsproblem, das auch in Tansania nach wie vor brennend und größtenteils ungelöst ist, hat zweifellos eine ganze Reihe von Aspekten. Unter ökonomischer Sicht sind vor allem zwei Gesichtspunkte von großer praktischer Bedeutung.

Erstens. Eine ungenügende Ernährung führt zu einer geringen Auslastung der menschlichen Arbeitskapazität, wodurch das nationale Arbeitskräftepotential ganz erheblich eingeschränkt und die Möglichkeiten zur Erzeugung von Nationaleinkommen begrenzt werden. Auf diese Zusammenhänge wurde bereits hingewiesen.[123] Dies spielt besonders auch deshalb eine so große Rolle, weil der lebendigen Arbeit gegenwärtig umfangmäßig noch die entscheidende Bedeutung zukommt.

Zweitens. „Unsere gegenwärtige niedrige Lebenserwartung (durchschnittlich beträgt das Leben eines Tansaniers etwa 40 Jahre gegenüber etwa 70 Jahre in Großbritannien) ist weitgehend das Ergebnis einer ungenügenden Ernährung, d. h., unserer Nahrung fehlen Eiweiß, Vitamine und andere wichtige Elemente."[124] Durch diese niedrige Lebenserwartung wird gleichfalls das nationale Arbeitskräftepotential erheblich eingeschränkt, und zwar quantitativ (es fehlen durchschnittlich 20 bis 25 Jahre produktive Arbeit je Erwachsenen gegenüber fortgeschrittenen Ländern) als auch qualitativ (im Verlauf des menschlichen Lebens erfolgt eine Akkumulation von Wissen und Arbeitserfahrungen, die bei frühzeitigem Tod ungenutzt bleiben). Der neuen, heranwachsenden Generation kann trotz zusätzlich aufgewandten Mehrprodukts der Gesellschaft nur ein Teil davon vermittelt werden.

Die Erhöhung der durchschnittlichen Lebenserwartung stellt eine außerordentlich wichtige ökonomische Maßnahme für viele Entwicklungsländer – so auch für Tansania – dar, um den Zuwachs an Nationalein-

[122] TANU Outlines Policy to better Farming, a. a. O., vgl. dazu auch die Seiten 73f. der vorliegenden Arbeit.

[123] Vgl. S. 201.

[124] TANU Outlines Policy to better Farming, a. a. O., Part one. Vgl. hierzu auch Tabelle 15 im Anhang.

kommen spürbar zu steigern (es verringern sich z. B. auch *relativ* die Aufwendungen für Bildung und Ausbildung usw.). Auf die dadurch mögliche Erhöhung des kulturellen und geistigen Niveaus der Bevölkerung und die mögliche Rückwirkung auf den Prozeß der ökonomischen (und kulturellen) Befreiung vom Imperialismus sei hier nur der Vollständigkeit halber hingewiesen; diese Seite ist für die jungen Nationalstaaten nicht minder wichtig.

Die Frage ist nun, wie diese verbesserte Ernährung erreicht werden soll, denn sie ist – wie wir bereits verschiedentlich feststellten – nicht einfach ein quantitatives Problem, sondern zutiefst mit strukturellen Wandlungen der agraren Produktivkräfte, mit grundlegenden Veränderungen im sozialen Bereich (besonders traditioneller Verhaltensweisen in der Ernährung, die wiederum in der bestehenden Struktur der Produktivkräfte verhaftet sind) verbunden. Diese Probleme sind auch gebietsweise außerordentlich unterschiedlich, entsprechend den natürlichen und historisch entstandenen Bedingungen der verschiedenen traditionellen ackerbaulichen Nutzungssysteme. Es können daher nur einige grundsätzliche Gedanken vorgetragen werden; im einzelnen bedarf es hier eingehender und komplexer Untersuchungen und Maßnahmen.

Erstens. Die eindeutige Verschlechterung der Ernährung gegenüber der vorkolonialen Periode ist in Tanganyika/Tansania dadurch entstanden, daß

a) die traditionellen Subsistenzkulturen wie Sorghum, Millet, Bohnen usw. zugunsten von cash crops eingeschränkt werden mußten. An deren Stelle traten teilweise Cassava (Maniok) und Yams, die vom Nährstoffgehalt und auch unter ernährungsphysiologischen Gesichtspunkten eine wesentliche Verschlechterung darstellten (geringer Vitamin- und Mineralstoffgehalt usw.).

b) die verschiedenen ergänzenden Nahrungsquellen des traditionellen Ackerbaus (Sammeln wildwachsender vitaminreicher Pflanzen und Früchte, Fischfang, Jagd) beseitigt wurden;

In der Nahrungsbilanz der tansanischen Bevölkerung fehlen daher nicht nur Kalorien, sondern vor allem Eiweiß (besonders tierisches Eiweiß), Vitamine und Mineralstoffe (vgl. Tabelle 15 im Anhang).

Es ist deshalb unbedingt nach praktischen Wegen zu suchen, wie die Anbaustruktur in den einzelnen Gebieten, ggf. unter Ausnutzung örtlich vorhandener und der Bauernschaft bereits bekannter Pflanzen, so verändert wird, daß der Anteil eiweiß- und vitaminreicher Kulturen vergrößert wird. Von großer Bedeutung ist in diesem Zusammenhang der erweiterte

Anbau von Leguminosen, die gleichzeitig eine wichtige Funktion bei der Erhaltung der Bodenfruchtbarkeit spielen könnten (Stickstoffanreicherung, Humusbildung usw.). „Wir könnten bei weitem mehr Nahrungsmittel erzeugen wie Bohnen, Erdnüsse, Gemüse und Früchte, die einen hohen Gesundheitswert besitzen“[125], wird in den TANU-Beschlüssen von Iringa hervorgehoben.

Zweitens. Diese Veränderung der Anbaustruktur ist unmittelbar mit der Lösung der ackerbaulichen und ökonomischen Probleme des Landes verknüpft. Das treffende Beispiel hierfür ist die in der Kolonialzeit erfolgte Anbauausweitung von Cassava (Maniok), besonders in den Baumwoll-Anbaugebieten. Die Baumwolle erschöpft den Boden so sehr, daß nach ein- bis dreijährigem Anbau eine Unterbrechung dieses Anbaus erforderlich wird. Die Bodenausstattung der meisten tansanischen Bauern ist aber so gering, daß eine Brache unmöglich ist, d. h., man mußte zur Sicherung der Ernährung eine geeignete Nutzungsform des Bodens auch in diesem Zeitraum finden. Diese Funktion erfüllt seitdem Cassava, die meist über drei und mehr Jahre den Boden als mehrjährige Pflanze ausreichend bedeckt und eine bescheidene und kontinuierliche Ernährung der Bauern gewährleistet (die Wurzel kann ständig geerntet werden). Cassava stellte und stellt also ein wichtiges Mittel der Bauern dar, die Bodenzerstörung durch den Baumwollanbau zu begrenzen (Brachefunktion) und gleichzeitig zumindest den Kalorienbedarf einigermaßen zu sichern. Dagegen ist Cassava Ausdruck einer qualitativen Verschlechterung der Ernährung der Bevölkerung.[126]

Wenn hier eine Wandlung erreicht werden soll, muß nicht nur das Fruchtfolgeproblem aus ackerbaulicher Sicht zuvor zufriedenstellend gelöst werden, sondern die Bodenbesitzfrage bedarf auch einer grundlegenden Veränderung. Es ist völlig undenkbar, daß auf durchschnittlichen Bodenausstattungen der tansanischen Bauern von 3–5 acres je Familie eine Fruchtfolge möglich ist, die zugleich eine qualitativ ausreichende Ernährung der Familie und den Anbau von Marktkulturen erlaubt. Aus dieser Sicht hat Präsident Nyerere die einzig mögliche Schlußfolgerung gezogen, indem er erklärte, daß unter den Bedin-

125 TANU Outlines Policy to better Farming, a. a. O., Part one.

126 Es zeigt die ganze Problematik gegenwärtig auf diesem Gebiet, daß die TANU den Anbau von Cassava weiter auszudehnen versucht. Vgl. hierzu Thomas, K. M., Cassava Richest in Many Nutriments, Daily News, Dar es Salaam, v. 16. 5. 1972, S. 6.

gungen Tansanias die einzelbäuerliche Wirtschaft keinerlei Perspektive habe.[127]

Die Ujamaa-Genossenschaften bieten hier in der Tat die einzige Möglichkeit (bei entsprechenden Aus- und Umsiedlungen eines Teils der Bauern), beiden Anforderungen gerecht zu werden.

Drittens. Die unzureichende Versorgung mit tierischem Eiweiß erfordert gebieterisch die volle Integration der Viehwirtschaft in Ernährung und Landwirtschaft. Hierzu hat das TANU-Exekutivkomitee 1972 eine Reihe wichtiger Beschlüsse gefaßt wie die Verbesserung der Vermarktung, der Erfassung usw.[128] Die systematische Nutzung der Wildbestände, auf die an anderer Stelle[129] bereits hingewiesen wurde, sollte dabei besondere Beachtung finden, da der Neuaufbau einer leistungsfähigen Viehwirtschaft (zumal die Futterbasis gegenwärtig noch nicht gesichert erscheint) erfahrungsgemäß einen längeren Zeitraum in Anspruch nimmt.

Die Verstärkung der Akkumulation in der Landwirtschaft

In Kapitel I wurde ausführlich dargelegt, welche Bedeutung den Investitionen in der Landwirtschaft zukommt, besonders auch im Hinblick auf die Steigerung der Bodenfruchtbarkeit.

Die traditionelle einzelbäuerliche Wirtschaft ist nicht nur durch eine beträchtliche Aufsplitterung des Hauptproduktionsmittels Boden gekennzeichnet (geringe Bodenausstattung, Parzellierung dieser geringen Flächen in weitere Kleinstflächen), sondern die Produktion und damit die Akkumulationskraft dieser Zwergwirtschaften ist unwahrscheinlich gering, eine Erscheinung, die Lenin bereits für die werktätige Bauernschaft Europas festgestellt hatte. Michalski schreibt zu diesem Zustand: „Das Produktionsvolumen der Baumwollfarmer in Sukumaland liegt durchschnittlich bei 5–6 dt Rohbaumwolle; eine bäuerliche Kaffeepflanzung in der Kilimandjaro-Region produziert im Durchschnitt

[127] „Der Lehrer (volkstümliche Bezeichnung von Präsident Nyerere – D. G.) erklärte den Bauern, daß sie keine andere Alternative haben, als ihre individuellen kleinen Farmen in kollektive Farmen zu überführen. Kleine Farmen, erklärte er, würde Tansania niemals unterstützen" (Ngai, J., Challange to Individual Farmers, in: Daily News, Dar es Salaam, v. 9. 6. 1972, S. 4. Vgl. hierzu auch S. 263).

[128] Daily News, Dar es Salaam, v. 17. 5. 1972, S. 1.

[129] Vgl. S. 249.

4–6 dt Rohkaffee ... und die Getreidebauern produzieren selten mehr als 10–15 dt Getreide pro Jahr.“[130]

Hieraus ergibt sich trotz des zunehmenden Marktcharakters der Produktion für den Markt kaum eine Steigerung der Einkommen und damit der Akkumulationsmöglichkeiten. Michalski veranschlagt die Pro-Kopf-Einkommen der tansanischen Bauern erheblich niedriger[131] als die offiziell für 1966 mit 447 Shs. angegebenen Gesamt-Pro-Kopf-Einkommen.[132] Es ist einleuchtend, daß mit solchem bäuerlichen Einkommen selbst die dringendsten Investitionen in der Landwirtschaft nicht vorgenommen werden können (z. B. betrugen die Preise Ende der 60er Jahre für einen Traktor mit Geräten 25–30000 Shs., für eine Pflugschar 250 Shs., für 1 dt Stickstoffdünger 150 Shs. usw.)

Einer solchen Situation muß vor allem mit einer Verstärkung der Akkumulationskraft der Landwirtschaft begegnet werden. Die Erfahrungen der sozialistischen Länder zeigen eindeutig, daß mit der Bildung landwirtschaftlicher Produktionsgenossenschaften eine grundsätzliche Lösung dieser Probleme erreicht wird, indem einerseits die Produktion gesteigert, andererseits aber über die Bildung unteilbarer Fonds eine kontinuierliche und systematische Akkumulation[133] und Investition in der Landwirtschaft garantiert wird. Die Lösung des Akkumulationsproblems hat dabei bereits für die Ausstattung der Landwirtschaft mit einfacher Technik, für die Einführung einfacher wissenschaftlicher und agronomischer Maßnahmen sowie für einfache Maßnahmen auf dem Gebiet der Bodenverbesserung und der Düngung grundsätzliche Bedeutung, da selbst solche relativ geringen Aufwendungen oft an den noch geringeren Möglichkeiten der einzeln wirtschaftenden Bauern scheitern. Am Beispiel von Akkumulation und Investitionen wird noch einmal die Dringlichkeit nichtkapitalistischer Formen der Entwicklung unterstrichen, um überhaupt einen bescheidenen Fortschritt bei der Entwicklung der landwirtschaftlichen Produktivkräfte zu ermöglichen.

[130] Michalski, K.-J., Möglichkeiten zur Gestaltung des landwirtschaftlichen Genossenschaftswesens ..., a. a. O., S. 92.

[131] Ebenda, S. 26.

[132] Die Einlagen bei den Postsparkassen Tansanias betrugen 1963 z. B. 1,6 Mio eash. Das entspricht einer Pro-Kopf-Einlage von 3,2 eash oder 1,79 DM jährlich (Länderbericht Tansania 1965, Stuttgart/Mainz 1966, S. 37).

[133] Vgl. hierzu das empfohlene Musterstatut für landw. Produktionsgenossenschaften, by-laws 14, 52, 54, 55 auf den S. 341, 350 f. im Anhang.

Es ist darüber hinaus besonders wichtig, den Akkumulationsbegriff nicht auf die materiellen Produktionsbedingungen einzuengen und die gewaltigen Möglichkeiten auszuschöpfen, die in der Qualifizierung der menschlichen Arbeitskraft als der wichtigsten Produktivkraft verborgen liegen. Mit relativ geringen Mitteln kann so – zumindest zeitweise – ein bedeutsamer Akkumulationseffekt erzielt werden.

Zur Wahl der Technik

In diesem Zusammenhang ergab und ergibt sich für Tansania wie für viele Länder Tropisch-Afrikas ein sehr widersprüchlicher Tatbestand. Einerseits ist es dringend erforderlich, die Arbeitsproduktivität der Ackerbauern mittels neuer Arbeitsmittel zu steigern. Jedoch sind viele landwirtschaftliche Gebiete infolge geringer Bodenausstattung der Bauern und hoher Bevölkerungsdichte mit einem beträchtlichen Arbeitskräfteüberschuß versehen, d. h., es existiert eine latente Unterbeschäftigung. Unter diesen Umständen muß jede mögliche Steigerung der Arbeitsproduktivität diesen Arbeitskräfteüberschuß und die latente Unterbeschäftigung vergrößern. In der Praxis bedeutet dies Freisetzung von Arbeitskraft, und trotz vielfältig vorhandener traditioneller Bindungen (an Stammesgebiet, Familie usw.) kommt es in einem bestimmten Umfange zur Abwanderung in die Stadt.

Diese an sich progressive Erscheinung darf jedoch die gegenwärtige Aufnahmefähigkeit der Industrie und der Städte nicht übersteigen, da sonst ernste soziale und politische Folgen unausweichlich sind.[134] Das bedeutet im Hinblick auf die Einführung neuer Arbeitsmittel, bei der Wahl der Technik diesem Umstand eines hohen Arbeitskräfteüberschusses Rechnung zu tragen. Zum gegenwärtigen Zeitpunkt verbietet es sich geradezu, in großem Umfange kapitalintensive (und arbeitsarme) Technik in der Landwirtschaft einzuführen. Es ist daher auch unter diesem Gesichtspunkt notwendig, die Steigerung der landwirtschaftlichen Produktion im gegenwärtigen Entwicklungsstadium vornehmlich mit einfachen und wenig kapitalintensiven Mitteln (Ochsenpflug, Sortensaatgut, Dünger usw.) anzustreben.

Jedoch darf auch hier das Problem nicht einseitig gesehen werden. Für den landwirtschaftlichen Produktionsprozeß ist ein starkes Ausein-

[134] Beispielsweise mußte Kenia im Februar 1969 ein Gesetz gegen Landstreicherei erlassen, da weitaus mehr Menschen das Land verließen, als von der Stadt absorbiert werden konnten (Internationales Afrika-Forum, Nr. 1/1971, S. 157).

anderklaffen zwischen Arbeits- und Produktionsprozeß charakteristisch, d. h., es entstehen einerseits ausgesprochene Arbeitsspitzen (Aussaat und Ernte) und andererseits sog. Arbeitstäler. In den Arbeitsspitzen wird in Tansania gegenwärtig die mögliche Arbeitskapazität der Bauernfamilien meist ausgeschöpft. Es wird sogar Klage geführt, daß die agrotechnisch günstigsten Termine nicht eingehalten und wichtige ackerbauliche Maßnahmen sowie Pflegemaßnahmen nicht ausgeführt werden, weil die Familien bereits mehr Land in Bewirtschaftung genommen haben, als ihrer möglichen Arbeitskapazität *in den Arbeitsspitzen* entspricht. Daraus folgt, daß vor allem aus Gründen der Intensivierung des Anbaus die Einführung neuer Arbeitsmittel dringend erforderlich ist, denn intensivere ackerbauliche Nutzungssysteme erfordern vor allem die Beachtung aller agronomischen und agrarwissenschaftlichen Erkenntnisse und ihre *Anwendung.* Unter diesem Gesichtspunkt besteht sogar ein Arbeitskräftemangel in der Landwirtschaft (in den Arbeitsspitzen), eine Erscheinung, die auch in entwickelten Ländern nicht unbekannt ist und die in jedem Falle die rasche Einführung neuer Arbeitsmittel – in der angegebenen einfachen Form – notwendig macht.

Probleme der Viehwirtschaft

Die Intensivierung in der Landwirtschaft erfordert und berücksichtigt nicht nur Ertragssteigerungen im Feldbau, sondern auch Fortschritte auf dem Gebiet der Viehwirtschaft. Auf der Basis der jeweiligen betrieblichen Einheit (Staatsgut, Genossenschaft usw.) werden die Ertragssteigerungen der Viehwirtschaft in Form von Aufwendungen und Ertrag (als Flächenleistungen) gegenübergestellt und stellen eine wichtige Kennziffer bei der Berechnung des Intensitätsgrades der Landwirtschaft dar.

Für Tansania spielt die Viehwirtschaft aus folgenden Gründen eine außerordentlich große Rolle:

1. In der Ernährung der Bevölkerung Tansanias (wie Ostafrikas insgesamt) fehlt in besonders hohem Maße tierisches Eiweiß. Eine ganze Reihe von Mangelerkrankungen, besonders im Jugendalter, sowie die außerordentlich hohe Kindersterblichkeit sind besonders auf den ausgeprägten Mangel an tierischem Eiweiß zurückzuführen.

2. Die gegenwärtige Etappe der Entwicklung der Technik in der Landwirtschaft Tansanias erfordert in großem Umfange den Einsatz tierischer Zugkräfte. Es ist daher notwendig, für diese Tiere die erforderliche Futter-

basis zur Verfügung zu stellen und sie in die Betriebsorganisation einzubeziehen.

3. Obwohl die Bedingungen für den Einsatz tierischen Düngers unter den Bedingungen der tropischen Landwirtschaft noch ungenügend erforscht sind, und zwar sowohl aus bodenkundlicher als auch insbesondere aus betriebswirtschaftlicher Sicht, kann man doch davon ausgehen, daß für eine Reihe von Böden der Einsatz tierischen Düngers notwendig ist.

Aus diesen Gründen ist es erforderlich, auch in solchen Gebieten, wo bisher eine Tierhaltung infolge der Verbreitung der Tse-tse-Fliege unmöglich war, durch entsprechende veterinärhygienische Bedingungen die Voraussetzungen hierzu zu schaffen. Ebenso wichtig wie entsprechende Maßnahmen auf veterinärhygienischem Gebiet scheint dem Verfasser aber zu sein, überall die Voraussetzungen und Bedingungen im pflanzenbaulichen und agronomischen sowie betriebswirtschaftlichen Bereich zu schaffen, um für die aufzubauenden Tierbestände eine ausreichende Futtergrundlage zu erhalten. Die Erfahrungen entwickelter Länder besagen eindeutig, daß damit allein hohe tierische Leistungen zu erzielen sind, weil gleichzeitig mit einer ausreichenden und gesunden Ernährung die Widerstandsfähigkeit gegen Krankheiten und die Vitalität entscheidend erhöht wird. Hieraus ergibt sich wiederum die Dringlichkeit zur Ausarbeitung leistungsfähiger ackerbaulicher Nutzungssysteme.

Es sind darüber hinaus Maßnahmen zu treffen, damit ein regelmäßiger ökonomischer Umschlag der Tierbestände erfolgen kann (Einrichtung von Märkten sowie Handels- und Vermarktungseinrichtungen usw.). Auf diese Fragen soll hier nicht weiter eingegangen werden.

Die Entwicklung der Viehwirtschaft ist also insgesamt als ein wichtiger Teilbereich der Intensivierung der Landwirtschaft Tansanias zu betrachten. Hierbei sind jedoch die Überlegungen zu berücksichtigen, die im Abschnitt über die ökonomische Nutzung der Wildbestände vorgetragen wurden (Wildlife Management). Hierzu sind komplexe territoriale Untersuchungen erforderlich, um sowohl aus ökonomischer wie auch aus agronomischer (bodenkundlicher) Sicht den jeweils tragbaren und ökonomisch sowie betriebswirtschaftlich erforderlichen Umfang der Entwicklung der Viehbestände (nach einzelnen Tierarten) festzulegen.

Der Schutz der natürlichen Ressourcen und des geographischen Milieus

Sowohl durch multilaterale Vereinbarungen[135] wie auch durch internationale Abkommen und Verpflichtungen ist Tansania gehalten, den Schutz der natürlichen Ressourcen sowie des geographischen Milieus im eigenen Land und damit auch auf dem afrikanischen Kontinent zu gewährleisten. In der vorliegenden Arbeit wurde darauf verwiesen, von welch weittragenden Folgen z. B. eine Degradation der Vegetation und die damit verbundene Verschlechterung des Wasserhaushaltes für die landwirtschaftliche Entwicklung sowie die klimatischen Bedingungen ganzer Gebiete (und damit auch angrenzender Staaten Tansanias) sind. Es stellt somit auch eine zwingende internationale Verpflichtung Tansanias dar, alles in seinem Bereich Mögliche zu tun, um eine nachhaltige Verschlechterung des geographischen und natürlichen Milieus auszuschließen.

Tansania ist aber nicht nur aus den genannten Gründen gehalten, aktive Maßnahmen zur Erhaltung der natürlichen Bodenfruchtbarkeit und natürlicher Ressourcen zu ergreifen, sondern die Beachtung einer solchen Aufgabenstellung bietet ihm zugleich eine Reihe beachtlicher ökonomischer Vorteile. Die gegenwärtig im internationalen Rahmen mit Nachdruck vorangetriebene Forschung und Diskussion über die Rolle des geographischen Milieus im Leben des Menschen und insbesondere auch in der wirtschaftlichen Entwicklung der einzelnen Länder offenbart große Versäumnisse und Rückstände auf diesem Gebiet. Die bisherigen Ergebnisse lassen deutlich werden, daß rechtzeitig eingeleitete Maßnahmen vor großen Schäden und ökonomischen Wachstumshindernissen bewahren, die vor allem im Bereich der industriellen Produktivkräfte oftmals erst zu einem relativ späten Zeitpunkt offenkundig werden. Allein die komplizierten Probleme einer ausreichenden Trink- und Brauchwasserversorgung sowie eine einwandfreie Abwasserbehandlung in führenden Industrieländern zeigen, welche Bedeutung allein dem Faktor Wasser bei der Industrialisierung und der Entwicklung der Städte, zumal unter den äußerst unsicheren Niederschlagsbedingungen z. B. Ostafrikas zukommt. Hierbei werden heute bereits entscheidende Weichen gestellt, d. h., Tansania ist in der Lage, die Erfahrungen führender Länder bereits zu einem sehr frühen Zeitpunkt zu berücksichtigen und sich

135 Vgl. hierzu z. B. die afrikanische „Konvention über die Erhaltung der Natur und der natürlichen Hilfsquellen", Algier 1968, Afrika heute, Nr. 16/1969.

hierbei bereits auch der modernsten wissenschaftlichen und technischen Verfahren und Methoden zu bedienen.

Die neu zu entwickelnden ackerbaulichen Nutzungssysteme Tansanias dürfen daher beispielsweise nicht mehr unter der eingeschränkten Sicht einer nur effektiveren *ackerbaulichen* Nutzung erarbeitet werden, sondern sie müssen von vornherein optimale Wirkungen auf das gesamte geographische Milieu hervorbringen, sie müssen gesamtwirtschaftliche, gesamtgesellschaftliche Erfordernisse berücksichtigen und zum Ausdruck bringen. Wir wissen nur zu gut, daß gerade der Kapitalismus auch ackerbauliche Nutzungsformen hervorbrachte, die im Hinblick auf diese Forderungen einen direkten Gegensatz darstellen, Ausdruck des klassenmäßig bedingten Gegensatzes zwischen den kapitalistischen Einzelinteressen und den Interessen der Gesellschaft sind. Beispiele aus der jüngsten Geschichte Ostafrikas *nach* der politischen Unabhängigkeit zeigen uns, daß die jungen Nationalstaaten von der Gefahr solcher gegensätzlichen Entwicklungen durchaus noch nicht frei sind. Der Zwang zur extremen Steigerung der landwirtschaftlichen Produktion und die kaum vorhandenen materiellen und wissenschaftlichen Voraussetzungen führen in einer Reihe von Fällen noch zu Raubbau am Boden und an seiner Fruchtbarkeit und damit für die Gesamtgesellschaft zu großen und oft kaum zu behebenden materiellen Schäden. Gerade hier liegt ein weiterer Grund dafür, daß die jungen Staaten sich zu einer der Formen nichtkapitalistischer Entwicklung entschließen müssen, wenn die notwendige rasche Entwicklung der Produktivkräfte in der Landwirtschaft überhaupt und dazu in Formen ermöglicht werden soll, die gleichzeitig die Interessen der gesamten Gesellschaft berücksichtigen. Es ergibt sich aus der vorliegenden Arbeit zwingend, diese Zusammenhänge und die wechselseitige Bedingtheit solcher Faktoren weiter zu erforschen[136] und vor allem auch zu quantifizieren.

Es ergibt sich hieraus eine Reihe weitreichender und langfristiger Aufgaben im wissenschaftlichen und technischen Bereich. Es muß hervorgehoben werden, daß die damit verbundenen Entscheidungen besonders auf wissenschaftlichem Gebiet, auf der Grundlage langfristiger Prognose- und Planungsmaßnahmen, nur auf staatlicher Ebene und nur von einer Staatsmacht getroffen werden können, die das wohlverstandene gesamtgesellschaftliche Interesse zum Ziel hat.

136 Vgl. hierzu auch: FAO/UNESCO, C. C. T. A., Proceedings, Symposium on the Conservation of Nature and natural Resources in modern African States, Arusha 1961.

Traditionalismus und Produktivkräfte

Es gibt in der ökonomischen Literatur zahlreiche Bemerkungen zum Traditionalismus, die sich insbesondere auch auf die traditionellen Produktionsweisen in Afrika beziehen. Während die bürgerlichen Ökonomen aus ihrer subjektivistischen Grundhaltung heraus dem Traditionalismus eine oft aus menschlichen Unzulänglichkeiten, aus Gewohnheiten (Max Weber: aus dem „Geist der Zeit") entstandene verzögernde Wirkung hinsichtlich der wirtschaftlichen und gesellschaftlichen Entwicklung zusprechen, hat Marx auf die Doppelfunktion des Traditionalismus wiederholt hingewiesen. Er schreibt im Dritten Band seines „Kapitals": „Es ist indes klar, daß in den naturwüchsigen und unentwickelten Zuständen, worauf dies gesellschaftliche Produktionsverhältnis und die ihm entsprechende Produktionsweise beruht, die Tradition eine übermächtige Rolle spielen muß ... Von allem anderen abgesehen, macht sich dies übrigens von selbst, sobald die beständige Reproduktion der Basis des bestehenden Zustandes ... im Laufe der Zeit geregelte und geordnete Form annimmt; und diese Regel und Ordnung ist selbst ein unentbehrliches Moment jeder Produktionsweise, die gesellschaftliche Festigkeit und Unabhängigkeit von bloßem Zufall oder Willkür annehmen soll. Sie ist eben die Form ihrer gesellschaftlichen Befestigung ... Sie erreicht diese Form bei stagnantem Zustand sowohl des Produktionsprozesses wie der ihm entsprechenden gesellschaftlichen Verhältnisse durch die bloße wiederholte Reproduktion ihrer selbst. Hat dies eine Zeitlang gedauert, so befestigt sie sich als Brauch und Tradition und wird endlich geheiligt als ausdrückliches Gesetz."[137]

Ohne hier auf weitere Wechselwirkungen und methodische Probleme einzugehen, sei hervorgehoben, daß damit der Traditionalismus nicht schlechthin eine „nach hinten, nach den Vorbildern und Mustern und Erfahrungen" gerichtete Verhaltensweise der Menschen in vorkapitalistischen Gesellschaftsformationen darstellt, wie Werner Sombart[138] meint, sondern daß der Traditionalismus eine wichtige positive Funktion im System des Überbaus, und zwar zur Erhaltung der gegebenen Produktionsweise, zur Erhaltung bestimmter notwendiger Kenntnisse und Fähigkeiten der Produzenten erfüllt. Diese Frage hat insofern große

137 Marx, K., Das Kapital, Dritter Band, in: Marx/Engels, Werke, Bd. 25, S. 801 v.

138 Sombart, W., Der moderne Kapitalismus, 3. Auflage, München und Leipzig 1919, Bd. 1, T. 1, S. 27f.

Bedeutung, als man den Systemcharakter bestimmter Verhaltensweisen der Produzenten in Rechnung stellen muß, d. h., daß sich solche Verhaltensweisen notwendig reproduzieren, solange die gegebene Produktionsweise ganz oder zu wesentlichen Teilen noch funktionsfähig ist.

Der Traditionalismus ist deshalb auch nicht als ausschließlich ideologische Erscheinung aufzufassen (wiewohl er als solche nach außen hin meist in Erscheinung tritt), sondern letztlich engstens mit ökonomischen Tatbeständen, genauer gesagt, mit dem Stand der Produktivkräfte, verknüpft. Gerade darin besteht eine Schwierigkeit, zugleich aber auch die Möglichkeit seiner planmäßigen Überwindung. In vielen Fällen scheitern z. B. Versuche zur Einführung von bodenverbessernden Methoden (Düngung, Anbau von Leguminosen als Gründüngung usw.) sowie Maßnahmen zur Abwehr der Bodenerosion am sog. traditionellen Verhalten der Bauern. Was aber ist dieses „traditionelle Verhalten“? Im Grunde nichts anderes als das der traditionellen Produktionsweise entsprechende, historisch entstandene *rationale* Verhalten der Ackerbauern zum Boden und zur Natur. Das Jahrtausende alte traditionelle ackerbauliche Nutzungssystem ist der Wanderfeldbau mit langjährigen natürlichen Brachen, d. h., das traditionelle (rationale) Verhalten fordert, den Boden eine bestimmte Zeit völlig ruhen zu lassen. Man weiß aus Erfahrung, daß er dann die höchsten und sichersten Erträge liefert.[139] Folglich wehrt sich die Tradition zunächst gegen alle Versuche, die Brachezeit abzukürzen, und zwar auch gegen *sinnvolle* Versuche, mittels ökonomischer Maßnahmen in diesem Zeitraum sogar eine erweiterte Reproduktion der Bodenfruchtbarkeit zu erzielen. Beispielsweise ist es möglich, durch Einsatz von Mineraldünger (oder sogar organischen Dünger), verbunden mit der Aussaat eines Klee-Gras-Gemisches, auf vielen Böden die Fruchtbarkeit rascher und nachhaltiger wiederherzustellen, als dies durch langjährige natürliche Brachen möglich ist. Die Tradition behindert daher den Fortschritt, die Entwicklung der Produktivkräfte, indem sie solche modernen Verfahren ablehnt.

Um jedoch einen Durchbruch zu erzielen, haben allein Appelle an die betroffenen Bauern wenig Sinn. Man muß ihnen am Beispiel den Vorteil

[139] „Der Ertrag von Land, das einer Langbrache unterworfen war, ist gewöhnlich etwas höher und sicherer als solcher von Land, das intensiver bewirtschaftet ist (intensiv hier im Sinne von Bracheverkürzung — D. G.). Entsprechend ... erfordert die Produktion von 220 lbs Reis 16 Arbeitstage bei shifting cultivation, aber 21 Arbeitstage (man-days) bei semi-permanentem Feldbau“ (Baum, E., Land Use in the Kilombero Valley, a. a. O., S. 35).

neuer ackerbaulicher Nutzungssysteme nachweisen[140], dazu aber auch die erforderlichen Voraussetzungen schaffen (geeignetes Saatgut für Klee-Gras-Gemische, Verwertungsmöglichkeiten für das anfallende Futter über eine Integration und Intensivierung der Viehzucht, Ausnutzung der so gesteigerten Produktivkraft des Bodens mittels verstärkter Marktproduktion, was seinerseits Entwicklung der Infrastruktur, der Märkte, der ökonomischen Verbindung zur Stadt voraussetzt, allgemeine Hebung des Bildungsniveaus usw.). Hierin zeigt sich die Dialektik und die Vielschichtigkeit der Überwindung des Traditionalismus. Er kann als ideologische, politische und auch institutionelle Erscheinung letztlich nur überwunden werden, wenn es gelingt, im Bereich der Produktivkräfte Fortschritte zu erzielen, wobei seine schrittweise Überwindung seinerseits zum weiteren Fortschritt vor allem in der Entwicklung der menschlichen Produktivkraft (der Arbeitskraft) beiträgt.

Es ist dies im doppelten Sinne zu verstehen. Zum einen wird das „bornierte Verhalten zur Natur" (Marx) schrittweise überwunden, d. h., die Einführung neuer Arbeitsmittel, die Anwendung neuer agronomischer Verfahren erfordert neue Kenntnisse und Fähigkeiten der Arbeitskraft, ihr gesamter Bildungsstand erhöht sich beträchtlich. Die Bauern erfassen auf einer wesentlich höheren Stufe die Kausalbeziehungen Mensch – Produktion – Natur. Zum anderen wird dadurch ihr gesellschaftliches Verhalten ein ganz anderes. Sie werden bewußter, gesellschaftlich und politisch aktiver usw., d. h., es entsteht zunehmend auch die gesellschaftliche Kraft zur bewußten politischen Überwindung des Traditionalismus und seiner noch vorhandenen Institutionen. Auf die führende und leitende Tätigkeit der national-revolutionären Führungskräfte und ihrer Partei und Staatsmacht, d. h. auf die politisch-ideologische Seite dieses ganzen Prozesses, sei hierbei noch einmal besonders hingewiesen. Ohne bewußte gesellschaftliche Leitung wird er sich nicht vollziehen können. Hierauf weist die Führung der TANU immer wieder hin.

IV. Allgemeine Schlußfolgerungen

1. Seit der Erringung der politischen Unabhängigkeit konnte die Vereinigte Republik Tansania bereits eine Reihe Erfolge bei der Entwicklung der agraren Produktivkräfte sowie bei der Erweiterung der materiell-

140 Vgl. hierzu Bakula, B. B., The Effect of Traditionalism on Rural Development, in: Building Ujamaa Villages ..., a. a. O., S. 23 – 29.

technischen Basis der Landwirtschaft erzielen. Beides schuf wichtige Voraussetzungen, um bei der Überwindung der ökonomischen Rückständigkeit und der Hebung des materiellen Lebensniveaus der Bevölkerung ein erkennbares Stück voranzukommen.

Gleichzeitig zeigen sich jedoch ganz klar Grenzen der bisher verfolgten Politik zur Entwicklung der agraren Produktivkräfte und zur Erweiterung der materiell-technischen Basis der Landwirtschaft. Sie bestehen darin, daß im Prinzip der Übergang von ausgesprochen extensiven Formen der erweiterten Reproduktion zu intensiven Formen noch nicht vollzogen werden konnte und daß auch nach den Beschlüssen des TANU-Exekutivkomitees von Iringa ein solcher Übergang nur bedingt erkennbar wird. Zwar wurde die Notwendigkeit hierzu sehr deutlich ausgesprochen, aber die ins Auge gefaßten Maßnahmen sind nicht ausreichend und lassen z. B. die Ausarbeitung neuer und geschlossener ackerbaulicher Nutzungssysteme durch die Agrarwissenschaft weitgehend unberücksichtigt. Die Erfahrungen aller entwickelten Länder bezeugen nachdrücklich, daß ein neues und wirksames ackerbauliches Nutzungssystem (das in Tansania – abgewandelt nach den verschiedenen natürlichen und ökonomischen Bedingungen – generell das ackerbauliche Nutzungssystem des Wanderfeldbaus sowie seine verschiedenen Entwicklungsstadien zum semi-permanenten Feldbau [Landwechselwirtschaft] ersetzen muß) nicht im Wege von trial and error von den Bauern selbst gefunden und erfunden werden kann. Hier ist eine Fülle von Detailfragen durch intensive Forschungsarbeiten zu lösen. Die Beschlüsse von Iringa enthalten noch keine solche Aufgabenstellung.

2. Die mit den Ujamaa-Genossenschaften gefundene neue soziale Form zur Entwicklung der Produktivkräfte in der Landwirtschaft und zur Einbeziehung der Masse der Bauernschaft in den ökonomischen und politischen Aufbau des Landes auf nichtkapitalistischem Wege mit der Perspektive des Aufbaus des Sozialismus ist ein bemerkenswerter und schöpferischer Versuch der TANU und Präsident Nyereres, grundlegende historische Erfahrungen, insbesondere auch der sozialistischen Länder, auf die konkreten Bedingungen Tansanias anzuwenden.

Es kann bereits jetzt schon gesagt werden, daß diese neue bäuerliche Organisationsform zu einem wesentlichen Teil zur nichtkapitalistischen Orientierung auf dem Lande beiträgt und zunehmend die politische und ideologische Haltung der tansanischen Bauernschaft bestimmt. Jedoch darf das grundlegende Problem nicht unbeachtet bleiben, daß die Ujamaa-Genossenschaften vor allem ihre ökonomische Überlegenheit gegenüber der Shamba-Wirtschaft und der privaten Wirtschaft – und zwar ständig – unter Beweis stellen müssen. Das wird jedoch sofort äußerst problematisch, wenn die Ujamaa-Genossenschaften eine ökonomische Reproduktion der Bodenfruchtbarkeit nicht garantieren können, d. h., daß die Flächenerträge nunmehr zum Teil noch niedriger liegen als in der traditionellen Shamba-Wirtschaft. Hierauf muß mit allem Nachdruck hingewiesen werden, weil diese Tatsache letztlich das Schicksal dieser neuen sozialen Organisationsform entscheiden kann. Dabei ist besonders zu unterstreichen, daß es sich nicht etwa um Anfangsschwierigkeiten oder noch um Mängel der Leitung handelt, wie dies naturgemäß bei solchen doch erheblichen sozialen und ökonomischen Umstellungen anfangs meist eintritt, sondern daß die Probleme der ökonomischen Reproduktion der Bodenfruchtbarkeit im Prinzip für viele Böden von der naturwissenschaftlichen und ökonomischen Seite noch nicht gelöst sind.

Gerade hier setzt die außerordentlich wichtige wirtschaftlich-organisatorische Funktion der nichtkapitalistischen Staatsmacht ein, die planmäßig durch den Einsatz wissenschaftlicher Kader und Mittel (bzw. durch Abkommen der wissenschaftlich-technischen Zusammenarbeit mit den sozialistischen Ländern) die Voraussetzungen schaffen muß. Jede Herabminderung der Verantwortlichkeit der nichtkapitalistischen Staatsmacht und der national-revolutionären Führungskräfte bedeutet, die Möglichkeiten und Vorzüge des eingeschlagenen nichtkapitalistischen Weges nicht voll auszuschöpfen.

3. In den ersten 10 Jahren der politischen Unabhängigkeit Tansanias ist schrittweise ein deutliches Hinschwenken der national-revolutionären Führungskräfte Tansanias zu antiimperialistischen und schließlich antikapitalistischen Positionen auf den verschiedensten Gebieten des ökonomischen, sozialen und politischen Lebens festzustellen. Die TANU und Präsident Nyerere bezeichnen alle diese Schritte bereits als Teilschritte zum Sozialismus. Demgegenüber ist davon auszugehen, daß der gegenwärtige Entwicklungsabschnitt des Landes als *nichtkapitalistisch* qualifiziert werden muß, wenn sich auch zunehmend Elemente in der Ökonomie und auf sozialem Gebiet sowie im politisch-ideologischen Bereich herauszubilden beginnen, die in einem späteren Entwicklungsabschnitt wichtige Voraussetzungen und Kennzeichen für den Aufbau des Sozialismus darstellen. Jedoch ist beispielsweise die rasche Zunahme von Ujamaa-Genossenschaften keine hinreichende Bedingung, um auf dem Lande bereits vom Aufbau des Sozialismus sprechen zu können. Eine formale Gegenüberstellung zur Geschichte der sozialistischen Länder, wo der

Aufbau des Sozialismus gerade durch die stürmische Entwicklung landwirtschaftlicher Produktionsgenossenschaften charakterisiert ist, verbietet sich aus zwei Gründen.

Erstens erfolgte der Aufbau des Sozialismus auf dem Lande in den sozialistischen Ländern nicht losgelöst von der Industrie, wo die Arbeiterklasse in der Übergangsperiode sich bereits eine feste Basis geschaffen und die Frage Wer - wen? entschieden hatte. Zweitens konnte gerade dadurch die Arbeiterklasse der Bauernschaft bei der sozialistischen Umgestaltung entscheidende ökonomische und politische Hilfe leisten, d. h., durch moderne Produktionsmittel und Leitungskader konnte die ökonomische Überlegenheit und der sozialistische Inhalt der agraren Produktionsgenossenschaften im wesentlichen gegenüber der einzelbäuerlichen Wirtschaft gesichert werden.

In Tansania fehlen sowohl Industrie als auch Arbeiterklasse im erforderlichen Umfange. Die schwerwiegenden Probleme bei der ökonomischen Reproduktion der Bodenfruchtbarkeit entstehen gerade daraus, daß Industrie (und Wissenschaft) als Bedingung für eine Intensivierung der Landwirtschaft weitgehend fehlt. Sozialismus als *ökonomisch-historische* Formation ist aber gleichbedeutend mit einem bedeutenden Aufschwung der Produktivkräfte in allen Bereichen als wichtiger Voraussetzung für das weitere zahlenmäßige Wachstum der Arbeiterklasse, für ihre Konzentration (und Organisiertheit) und damit ihre politisch-ideologische Einflußnahme auf die Geschicke des Landes.

Unserem Erachten nach liegt das Problem bei der Einschätzung des nichtkapitalistischen Entwicklungsweges Tansanias (wie einer Reihe anderer Entwicklungsländer mit nichtkapitalistischer Orientierung) nicht so sehr darin, ob im Verlaufe dieser Entwicklungsetappe bereits Elemente des Sozialismus entstehen oder nicht; das ist ganz ohne Zweifel der Fall, denn das subjektiv erkennbare Ziel der TANU z. B. ist eine klassenlose Gesellschaft, und eine Reihe mehr oder weniger konsequente Maßnahmen gehen bereits in diese Richtung. (Ein solch dialektisches Herangehen wird im übrigen auch für die Übergangsperiode der sozialistischen Länder zugrunde gelegt.)

Bei der Bewertung, daß Tansania derzeit eine nichtkapitalistische Entwicklungsetappe durchläuft und nicht bereits in die sozialistische eingetreten ist, sollte man dagegen nicht so sehr die subjektiv-erzieherische und ideologische Seite der Tätigkeit der TANU im Auge haben als vielmehr die objektive ökonomische Tatsache, daß ein Vergesellschaftungsprozeß in der Landwirtschaft auf der Grundlage einer Konzentration der Produktionsmittel und einer technischen Revolution, die die Stellung der Bauern im Produktionsprozeß verändert, gegenwärtig kaum möglich ist. Der Ausgangspunkt kann dabei nur die Industrie, d. h. die Arbeiterklasse sein. Wir sehen deutlich, daß Tansania gegenwärtig – vor allem als Folge der Schwäche von Industrie und Wissenschaft (die subjektiven Mängel haben hier letztlich gleichfalls eine wesentliche Ursache) – nicht einmal in der Lage ist, den traditionellen Wanderfeldbau wirkungsvoll zu überwinden.

Eine Produktionsweise aber, die mit äußerster Anstrengung knapp eine einfache Reproduktion der physischen Existenzmittel erreicht, kann bei allen Fortschritten, die es im subjektiven Bereich gibt, noch nicht als sozialistisch bezeichnet werden. Es ist gerade der Sinn und die ökonomisch-historische Notwendigkeit der nichtkapitalistischen Entwicklungsetappe, die objektiven Bedingungen für den Aufbau des Sozialismus in Gestalt eines raschen Aufschwungs der Produktivkräfte in allen Bereichen, in Verbindung mit der zahlenmäßigen und politischen Stärkung der Arbeiterklasse und der Schaffung einer avantgardistischen Partei erst einmal zu schaffen.

Die Ujamaa-Genossenschaften können dabei ein solches wirkungsvolles nichtkapitalistisches Instrument zur Schaffung dieser objektiven Voraussetzungen sein, wobei Schritt für Schritt in diesen Genossenschaften wichtige Elemente des Sozialismus entstehen können.

DRITTER TEIL

Viertes Kapitel

Die Unterstützung der sozialistischen Länder zur Entwicklung der Produktivkräfte in der Landwirtschaft Tansanias

Die ersten zehn Jahre politischer Unabhängigkeit Tansanias haben deutlich gezeigt, daß im Mittelpunkt aller Tätigkeit der national-revolutionären Führungskräfte die Sicherung der politischen Unabhängigkeit und die Lösung der dringendsten ökonomischen und sozialen Probleme des Landes standen und nach wie vor stehen.[1] Diese schrittweise Überwindung der ökonomischen Rückständigkeit bedeutet nach außen die stufenweise Erringung der ökonomischen Unabhängigkeit gegenüber den imperialistischen Ländern und damit die weitere Festigung der politischen Unabhängigkeit. Der Inhalt der ökonomischen Unabhängigkeit ist dabei vielschichtig; gerade die Entwicklung der Produktivkräfte in der Landwirtschaft spiegelt diese Vielschichtigkeit wider, d. h. es geht nicht so sehr um eine Verstärkung der Exporte Tansanias auf den Weltrohstoffmärkten etwa durch weitere Produktionssteigerungen von cash crops, sondern das Problem der ökonomischen Unabhängigkeit (und der Überwindung der ökonomischen Rückständigkeit) ist zutiefst mit notwendigen strukturellen und sozialen Veränderungen im Innern des Landes verknüpft, als deren Ergebnis vor allem qualitative Wandlungen in der Struktur der Produktivkräfte und im Charakter der Produktionsverhältnisse zutage treten. Wir wollen versuchen, an Hand einiger

[1] Vgl. hierzu: Independence Supplement 1961–1971, The Standard, Dar es Salaam, v. 9. 12. 1971.

Überlegungen und Beispiele die mögliche Unterstützung der sozialistischen Länder für Tansania deutlich zu machen, wobei wir diesen Zusammenhang zwischen der Entwicklung der Produktivkräfte in der Landwirtschaft und den erforderlichen strukturellen und sozialen Veränderungen stets zu berücksichtigen haben.

Wir sehen die Bedeutung der Entwicklung der Produktivkräfte in der Landwirtschaft Tansanias vor allem unter zwei Gesichtspunkten.

Erstens. Ein rasches Wachstum und vor allem eine qualitative Veränderung der Struktur der Produktivkräfte in der Landwirtschaft können die derzeit noch immer anwachsenden Disproportionen zwischen dem gegenwärtig genutzten agraren Erzeugungspotential und dem rasch wachsenden Bedarf an Nahrungsmitteln und agraren Rohstoffen allmählich überwinden. Diese Disproportionen sind zumeist ökonomischen Ursprungs und tief in der kolonialen Vergangenheit des Landes und der damit verbundenen Deformierung der traditionellen Produktionsweise verwurzelt. Hier liegt auch eine Hauptursache der sozialen Rückständigkeit und der Massenarmut der Bauern, d. h., die Erhöhung des Lebensstandards und die Sicherung von Mindestanforderungen auf dem Gebiet von Kultur, Hygiene, Bildung usw. auf dem Lande erfordern gebieterisch eine Entwicklung und Veränderung der Struktur der Produktivkräfte. Beides bildet einen wesentlichen Teil des Bündnisses der revolutionär-demokratischen Führungskräfte sowie der (internationalen und der nationalen) Arbeiterklasse mit der Masse der Bauernschaft in der gegenwärtigen Etappe der Entwicklung Tansanias. Dabei muß, was die jeweiligen Mittel und Methoden anbetrifft, die konkrete Situation Tansanias (der konkrete Inhalt der Technik und der Intensivierung) zugrunde gelegt werden, wie dies in den TANU-Beschlüssen von Iringa geschehen ist. Die Einführung tierischer Zugkräfte und einfacher Maschinen (z. B. Vielfachgeräte und Häufelpflüge), einfacher erosionsabweisender Maßnahmen und Fruchtfolgen, die mit dem Anbau der notwendigen Nahrungsmittel verknüpft sind, praktikable Lösungen des Düngerproblems (Gründüngung, Kompostierung, unterstützt durch Mineraldüngung), geeignete Sortenwahl und Vorbehandlung des Saatgutes u. a. m. stellen jene für die Mehrheit der tansanischen Bauern verständlichen und auch möglichen Schritte zur Entwicklung der Technik und der Produktivkräfte dar.

Zweitens. Die qualitative Entwicklung der Produktivkräfte führt zu einer Veränderung des Inhalts der Technik. Wir dürfen nicht übersehen, daß, obgleich die Zunahme der materiellen Arbeitsmittel umfangmäßig (d. h. die organische Zusammensetzung der Fonds) noch geraume Zeit begrenzt sein wird, diese Veränderung des Inhalts der Technik doch objektiv bereits zu einer veränderten Stellung des landwirtschaftlichen Produzenten im Produktionsprozeß führt. Das hängt in Tansania vor allem auch damit zusammen, daß durch die Ujamaa-genossenschaftliche Entwicklung nach der Annahme der Arusha-Deklaration die entsprechenden Voraussetzungen im sozial-ökonomischen Bereich geschaffen werden. Mit anderen Worten: Durch die Entwicklung der Produktivkräfte und der Technik in Verbindung mit sozial-ökonomischen Veränderungen beginnt die tansanische Bauernschaft ihren Charakter zu verändern; an die Stelle des in vielfältiger Weise an das traditionelle Stammessystem gebundenen, in der Regel vereinzelt lebenden und wirtschaftenden armen Shamba-Bauern tritt zunehmend ein kollektiver und bereits materiell wesentlich besser gestellter Produzent, der nicht nur mit moderneren Anbau- und Wirtschaftsmethoden vertraut ist, sondern der durch die Veränderung von Technik und Produktionsmitteln objektiv an moderne kollektive Produktions- und Aneignungsformen herangeführt wird. Hier beginnen sich auch bereits jene neuen Elemente des Bündnisses mit der Bauernschaft herauszubilden, wie sie für die Etappe des sozialistischen Aufbaus zwischen Arbeiterklasse und werktätiger Bauernschaft charakteristisch sind. Es ist notwendig, diesen objektiven Zusammenhang zur Entwicklung von Technik und Produktivkräften im Auge zu behalten, weil hier ein außerordentlich wichtiger Ansatzpunkt dafür liegt, den nichtkapitalistischen und schließlich auch sozialistischen Inhalt der Entwicklung auf dem Lande zu verstärken. (Es versteht sich, daß dies wie in den sozialistischen Ländern von einer systematischen politischen und ideologischen sowie auch organisatorischen Arbeit zur Festigung der Genossenschaften begleitet sein muß.)

Es ist daher voll zuzustimmen, wenn es heißt: „Von Umfang und Tempo der Entwicklung der Produktivkräfte und der Konsequenz der eingeschlagenen gesellschaftlichen Grundrichtung wird der Prozeß der Auseinandersetzung mit den Traditionen bestimmt. Es handelt sich hier um einen äußerst komplexen Prozeß, der in Gesetzmäßigkeiten sowohl der Basis als auch des Überbaus und ihrer gegenseitigen Wechselwirkung und Abhängigkeit zu erfassen ist.“[2] Gerade die Überwindung der durch die Kolonialherrschaft zum großen Teil konservierten und deformierten traditionellen Strukturen mittels nichtkapitalistischer Methoden der

[2] Tradition und nichtkapitalistischer Entwicklungsweg in Afrika (Hrsg. I. Sellnow, H. Mardek, G. Friede), Berlin 1971, S. 15.

Entwicklung der Produktivkräfte bildet eine wesentliche Voraussetzung und einen wirksamen Weg zur Überwindung der wirtschaftlichen Rückständigkeit und zur Verhinderung spontaner Prozesse, die in der einen oder anderen Form zu Ausbeutungsverhältnissen führen.

In welcher Richtung und mit welchen Mitteln kann nun diese Entwicklung seitens der sozialistischen Länder unterstützt werden?

I. Die Festigung der allseitigen politischen und ökonomischen Zusammenarbeit der sozialistischen Länder mit Tansania

Wie im Vorwort der vorliegenden Arbeit bereits hervorgehoben wurde, bestehen gegenwärtig außerordentlich günstige objektive Bedingungen für die jungen Nationalstaaten, ihre nationale Unabhängigkeit und ihre antiimperialistischen Positionen weiter zu festigen und auf dem Wege zum sozialen Fortschritt rasch voranzukommen. Entscheidend zur Ausnutzung dieser objektiven Möglichkeiten sind die Fähigkeiten der Führungskräfte in den jungen Nationalstaaten selbst sowie der internationalen Arbeiterbewegung, die konkreten Wege und Methoden hierzu zu finden.

Die bisherigen Darlegungen haben deutlich werden lassen, daß die Entwicklung der Produktivkräfte in der Landwirtschaft nicht isoliert und losgelöst von der allgemeinen und politischen Entwicklung des Landes sowie auch von den internationalen Bedingungen, unter denen die Entwicklung z. B. in Tansania verläuft, gesehen werden kann. Die Dialektik von Politik und Ökonomie ist hier in besonderem Maße wirksam. In dem Umfange, wie die politischen Einsichten der national-revolutionären Führungskräfte an Klarheit über die Notwendigkeit und Zweckmäßigkeit des nichtkapitalistischen Weges gewinnen, in dem Maße, wie sich ihre eigenen praktischen Erfahrungen bereichern und die Erfahrungen der sozialistischen Länder genutzt werden, vertiefen sich die antikapitalistischen Maßnahmen und beschleunigt sich auch das Tempo der agraren Umgestaltung und der Entwicklung der Produktivkräfte in der Landwirtschaft. Dabei sind nichtkapitalistische Umgestaltungen vor allem auch im nichtlandwirtschaftlichen Bereich eine unabdingbare Voraussetzung. Die Bildung des staatlichen Sektors der Industrie, die Verstaatlichung des Finanz- und Versicherungssystems, die Einführung des Außenhandelsmonopols – all das bildet eine wichtige Voraussetzung für die Vertiefung des nichtkapitalistischen Weges des Landes insgesamt und damit auch auf dem Agrarsektor.

Ein solch komplexes Herangehen an die Entwicklung der Produktivkräfte in der Landwirtschaft bestimmt auch die Unterstützung der sozialistischen Länder auf diesem Gebiet.[3] Die Betrachtung wäre außerordentlich einseitig und letzten Endes auch wenig effektiv, wenn die sozialistischen Länder ihre Unterstützungsmaßnahmen ausschließlich in wissenschaftlichen oder technischen Hilfeleistungen sehen wollten. In der vorliegenden Arbeit kann gerade der Nachweis geführt werden, daß die Entwicklung der Produktivkräfte in der Landwirtschaft weitgehend von ökonomischen und letztlich gesellschaftlichen Bedingungen abhängig ist. Daher muß die Hilfe und Unterstützung der sozialistischen Länder für die Entwicklung der agraren Produktivkräfte Tansanias ebenso komplex gesehen werden. Die Zusammenarbeit und Unterstützung muß in erster Linie die Vertiefung des nichtkapitalistischen Weges in den verschiedensten Teilbereichen von Wirtschaft und Gesellschaft gewährleisten. Wie im Kapitel III gezeigt werden konnte, bildet dies die grundlegende Voraussetzung für die rasche und kontinuierliche Steigerung und Entwicklung der landwirtschaftlichen Produktivkräfte des Landes. Nur aus einer solchen grundlegenden politischen Orientierung, die in der ökonomischen Entwicklung bisher teilweise bereits ihre Bestätigung gefunden hat, ist eine strategisch richtige Orientierung der Unterstützung und Zusammenarbeit der sozialistischen Länder mit Tansania (sowie mit den übrigen jungen Nationalstaaten) gegeben.

Die Ursache hierfür bildet letztlich die gesetzmäßige Verschärfung der Widersprüche zwischen dem imperialistischen System einerseits und den konkreten Erfordernissen der Entwicklungsländer nach ökonomischer Unabhängigkeit und sozialem Fortschritt andererseits. Das dem Kapitalismus immanente Gesetz der ungleichmäßigen Entwicklung führt dazu, daß sich die Kluft in der ökonomischen Entwicklung (Bruttosozialprodukt und Einkommen je Kopf der Bevölkerung, Investitionsmöglichkeiten, Anteil am Welthandel, Stand der Arbeitsproduktivität, Entwicklung von Wissenschaft und Technik usw.) zwischen den imperialistischen Metropolen und den Entwicklungsländern rasch vergrößert.[4]

Die Entwicklungsländer können sich der Wirkung dieser Gesetzmäßigkeiten nur entziehen, wenn sie einerseits im Innern ihrer Länder Schritt für Schritt antikapitalistische Maßnahmen in der Ökonomie und im

[3] Vgl. hierzu Hofmann, O., Scharschmidt, G., Wissenschaftlich-technische Beziehungen mit Entwicklungsländern, Berlin 1972, S. 93 bis 97.

[4] Vgl. hierzu auch Tabelle 20 im Anhang.

übrigen gesellschaftlichen Bereich durchführen und andererseits die politische und ökonomische Zusammenarbeit mit den sozialistischen Ländern auf allen Gebieten verstärken. Vor allem durch diese verstärkte Zusammenarbeit mit den sozialistischen Ländern und den marxistisch-leninistischen Parteien erhält der nichtkapitalistische Weg vieler Entwicklungsländer zunehmend Elemente einer sozialistischen Orientierung, was den verschiedenen antikapitalistischen Maßnahmen vor allem im ökonomischen Bereich letztlich Sinn und Zielstellung verleiht und ihren Erfolg garantiert.

Im Zusammenhang mit der Festlegung einer prinzipiell richtigen Orientierung der Hilfe und Unterstützung seitens der sozialistischen Länder für Tansania ist auch die politische Einschätzung der verschiedenen Unterstützungsmaßnahmen seitens der Volksrepublik China für Tansania von besonderer Bedeutung. Der beträchtliche Einsatz materieller und personeller Kräfte deutet auf den Versuch hin, auf dem afrikanischen Kontinent verstärkt politisch Fuß zu fassen. Dabei stellt die gegenwärtige chinesische Führung „dem Programm der kommunistischen Bewegung, das den Völkern der freigewordenen Länder reale Perspektiven für die Überwindung der Rückständigkeit und einen raschen sozial-ökonomischen Fortschritt auf dem Wege des antiimperialistischen Kampfes und der Zusammenarbeit mit dem sozialistischen Weltsystem bietet, ... ein nationalistisches Programm entgegen, das ... die Völker der ‚Dritten Welt' ... ausnutzt und sie faktisch dem Pekinger Einfluß unterwerfen ... soll."[5] Ausgangspunkt aller außenpolitischen Aktivität der VR China ist der Versuch, selbst zum Zentrum der Weltpolitik, zur führenden Weltmacht zu werden. Diesem strategischen Ziel sind auch alle Aktivitäten gegenüber den Entwicklungsländern untergeordnet[6], d. h. der Maoismus „stellt die Völker der ‚Dritten Welt' nicht nur dem kapitalistischen, sondern auch dem sozialistischen System gegenüber und behindert dadurch den Befreiungskampf, die Lösung der sozial-ökonomischen und politischen Aufgaben der nationalen Befreiungsbewegung".[7]

Die verschiedenen Unterstützungsmaßnahmen der Volksrepublik China in Tansania können daher in Anbetracht der Rolle, die China gegenwärtig

[5] Apalin, G., Das antisozialistische Wesen der Außenpolitik Pekings, in: Meždunarodnaja Žisn, Moskau, Nr. 11/1971, S. 33.

[6] Kotšin, G., China und die „Dritte Welt", in: Neue Zeit, Moskau, Nr. 52/1971; Tarabrin, J., Pekings Umtriebe in Afrika, in: Neue Zeit, Moskau, Nr. 6/1972.

[7] Apalin, G., Das antisozialistische Wesen der Außenpolitik Pekings, a. a. O., S. 39.

in der internationalen Politik spielt, nur als ein weiterer Versuch des Maoismus gewertet werden, die revolutionäre Weltbewegung zu spalten, die nationale Befreiungsbewegung von den sozialistischen Ländern zu isolieren und sie für die Hegemoniebestrebungen Chinas auszunutzen. Diese Taktik besteht darin, anknüpfend an elementaren ökonomischen Bedürfnissen – nämlich der dringend erforderlichen Entwicklung der Produktivkräfte und der Entwicklung einer modernen materiell-technischen Basis – auch in Tansania politisch an Einfluß zu gewinnen. Ohne die gegenwärtigen politischen und ideologischen Einflüsse des Maoismus in Tansania überzubewerten (die national-revolutionären Kräfte Tansanias distanzieren sich bisher betont von der politischen Linie des Maoismus), können die sozialistischen Länder nach Auffassung des Autors solche Fakten in ihrer Gesamtstrategie gegenüber Tansania und den übrigen Entwicklungsländern nicht unberücksichtigt lassen.

Als wichtige Schlußfolgerung ergibt sich hieraus ebenfalls, die politische Zusammenarbeit mit den antiimperialistischen Nationalstaaten Afrikas auf allen Gebieten weiter zu verstärken. Es scheint aber auch notwendig zu sein, diesen Ländern bei der Entwicklung ihrer Produktivkräfte vor allem im Agrarbereich sowie bei der Erschließung ihrer natürlichen Ressourcen weiterhin eine Reihe gezielter Hilfen zu geben. Dabei sollte der Schwerpunkt nicht in kapitalaufwendigen Unterstützungsmaßnahmen liegen, sondern in der Ausarbeitung komplexer wissenschaftlicher Empfehlungen z. B. in Schwerpunktbereichen der Landwirtschaft (Unterstützung bei der Ausarbeitung neuer ackerbaulicher Nutzungssysteme für die verschiedenen Boden- und Klimazonen usw.).

Bei der Unterstützung auf wissenschaftlichem Gebiet verdient insbesondere der Gedanke von Marx stärkere Beachtung, daß gerade in der Landwirtschaft „Naturkräfte, die nichts kosten", verstärkt nutzbar gemacht werden können, und zwar mit Hilfe neuer wissenschaftlicher Erkenntnisse und ihrer Berücksichtigung in der materiellen Produktion. Hierzu sind die sozialistischen Länder mit einem in der Regel starken wissenschaftlichen Potential in der Lage.

II. Wissenschaftlich-technische Zusammenarbeit und Unterstützung

Das koloniale Erbe Tansanias bestand insbesondere auch darin, daß die verschiedenen Grundlagendisziplinen für den Agrarbereich so gut wie nicht vorhanden waren. Am Beispiel führender kapitalistischer und sozialistischer Länder zeigt sich, in welchem Maße der wissenschaftlich-technische Fortschritt im Agrarbereich selbst und darüber hinaus zum volkswirtschaftlichen Wachstum beiträgt. Dabei ist für Tansania (wie für die meisten tropischen Länder Afrikas) charakteristisch, daß solche entscheidenden Disziplinen für die Landwirtschaft wie die Bodenkunde, die Pflanzenzüchtung oder die praktische Betriebswirtschaft wenig entwickelt sind und der praktischen Landwirtschaft noch entschieden zu wenig exakte Unterlagen und Empfehlungen liefern können.

Das starke Auseinanderfallen von Arbeits- und Produktionszeit in der Landwirtschaft zeigt, daß Naturkräfte in großem Umfange und über einen langen Zeitraum in der Agrikultur wirksam sind, um aus Sonnenenergie mit Hilfe des Pflanzenkörpers und einer Reihe chemischer Grundstoffe die Vielfalt agrarer Primärerzeugnisse entstehen zu lassen. Der Mensch kann hierbei nur unmittelbar, nur über bestimmte Hilfsmittel (als Vergegenständlichung seines Wissens über die Natur und ihre Gesetze) und entsprechende technologische (wissenschaftliche) Verfahren eingreifen, d. h. er kann die Wirkung von Naturkräften bei der Pflanzenproduktion nur steigern, indem er zwischen sich und diese Naturkräfte wiederum andere Naturkräfte und Naturprozesse einschiebt, die er als Teilprozesse direkt beeinflussen kann. (Der Mensch kann z. B. kein Eiweiß erzeugen, das kann nur der Pflanzenkörper. Aber der Mensch kann kraft seines Wissens und seiner Technik mit Hilfe der Ammoniaksynthese verschiedene Arten Stickstoffdünger künstlich erzeugen und damit die Eiweißbildung im Pflanzenkörper beträchtlich steigern. Er kann auch systematisch Leguminosen [Erbsen, Bohnen, Klee] anbauen und so über Bakterienkulturen an den Wurzeln dieser Pflanzen Luftstickstoff – gratis – im Boden anreichern usw.). Der Stand der Wissenschaft und des technischen Fortschritts haben daher für die Landwirtschaft eine erstrangige Bedeutung, weil es nicht, wie in vielen anderen Bereichen der Wirtschaft, in erster Linie Werkzeuge sind, mit deren Hilfe der Mensch Produktion und Produktivität steigert, sondern von ihm mehr oder weniger beherrschbare Naturprozesse, die er zwischen sich und seinen Arbeitsgegenstand – die belebte Natur – schiebt.

Diese Problematik gewinnt mit der wissenschaftlich-technischen Revolution erstrangige Bedeutung. Die Fähigkeit der Pflanze, Kohlehydrate und Eiweiß zu erzeugen, kann durch künstlichen Eingriff des Menschen in ihren biogenetischen Mechanismus erheblich gesteigert werden, d. h. die Pflanze kann in der Lage sein, aus der gleichen Menge verfügbarer Sonnenenergie, Wasser und anorganischer Nährstoffe – allein durch eine künstlich veränderte erhöhte Ausnutzungsquote – mehr agrare Primärerzeugnisse zu liefern.[8] Das Hauptziel der Pflanzenzüchtung besteht gerade darin, Pflanzen mit solchen Fähigkeiten „künstlich" zu erzeugen. Diese bedeutenden Mehrerträge als Ergebnis einer künstlich veränderten Pflanze sind aber nur zu erzielen, wenn gleichzeitig die entsprechenden Voraussetzungen im Bereich von Wasser und Nährstoffen, optimalen Standortbedingungen usw. gegeben sind. In diesem Sinne ist es also nicht möglich, die Natur zu überlisten und etwa auf unfruchtbaren und verarmten Böden – allein durch solche Veränderung der Erbanlagen – ständig Höchsterträge zu erzielen.[9]

An diesem Punkt muß auch die Kritik an der sog. grünen Revolution ansetzen, einem Versuch bürgerlicher Agrarökonomen und Entwicklungsplaner, die ernsten Probleme der „Dritten Welt" auf dem Agrarsektor allein mittels neugezüchteter Kulturpflanzen lösen zu wollen.

In der vorliegenden Arbeit wird durchweg ebenfalls die Notwendigkeit und der große Nutzen leistungsfähigerer Kulturpflanzen für die Steigerung der Agrarproduktion und für das Wachstum der agraren Produktivkräfte Tansanias hervorgehoben. Nicht darum geht es also bei der Kritik der „grünen Revolution".

Was diese neue bürgerliche „Entwicklungstheorie" gefährlich macht, ist die Tatsache, daß sie die Gesamtheit von Faktoren unberücksichtigt läßt, die zur Erzielung *dauerhafter* hoher Erträge notwendig ist. Hierzu

[8] Baade weist z. B. darauf hin, daß die Vegetation der Erde die Sonnenenergie bei der Photosynthese (also bei der Erzeugung von Kohlehydraten) nur zu etwa einem Tausendstel ausnutzt.
Für die Erzeugung von 1 Tonne Getreidewert (z. B. als Mais) benötigen die Maispflanzen im subtropischen Klima rund 4000 Tonnen Wasser (Addison, H., Land, water and food, London 1955, S. 25), zitiert bei Baade, F., Welternährungswirtschaft, S. 48. Es leuchtet auf den ersten Blick hin ein, daß jede durch Züchtung erzielbare höhere Ausnutzung *vorhandener* Sonnenenergie und Wassermengen die landwirtschaftliche Produktion enorm steigert, ohne daß hierfür wesentlich höhere ökonomische Aufwendungen notwendig sind (wenn man die zusätzlichen Aufwendungen zur Züchtung leistungsfähigerer Kulturpflanzen einmal unberücksichtigt läßt).

[9] An diesem Beispiel zeigt sich zugleich noch einmal die grundsätzliche methodische Bedeutung des Begriffs der effektiven ökonomischen *Bodenfruchtbarkeit* (vgl. S. 78). Gerade die gegenwärtige „Biologisierung" könnte, wenn man die eigenständige Bedeutung der Bodenfruchtbarkeit und der übrigen Faktoren, wie z. B. der Düngung, für das Pflanzenwachstum unterschätzt, zu recht unangenehmen Folgen führen.

gehören erstens Faktoren im Bereich des natürlichen Reproduktionsprozesses (Boden, Wasser, Düngung). Die Beispiele der Kolonialperiode Tanganyikas zeigen sehr drastisch, daß einseitige Verbesserungen des Arbeitsmittels Pflanze zur raschen Bodenerschöpfung und zur Zerstörung natürlicher Ressourcen in der Landwirtschaft führten. Zur Gesamtheit der Faktoren für die Erzielung stabiler Höchsterträge gehören aber auch gesellschaftlich-ökonomische Veränderungen. Die „grüne Revolution" kann als ein besonders eklatanter Versuch der bürgerlichen Wissenschaft und „Entwicklungshilfe" angesehen werden, von den sozialen Problemen der „Dritten Welt" zu abstrahieren und die Lösung derart komplexer und komplizierter Probleme wie die Entwicklung der agraren Produktivkräfte unter den Bedingungen der Entwicklungsländer mittels politisch-ökonomisch „neutraler" Zielstellungen erreichen zu wollen.

Die propagierte „grüne Revolution" weckt die Illusion, als seien die notwendigen agraren Produktionssteigerungen z. B. einseitig durch solche Maßnahmen wie die Einführung neuartiger Maishybriden oder neuer Weizensorten zu erzielen, d. h. man orientiert auf einen Teilbereich des wissenschaftlich-technischen Fortschritts, ohne die konkreten Bedingungen seiner Anwendbarkeit zu beachten. Gerade die Erfahrungen der entwickelten kapitalistischen Länder bezeugen nachdrücklich, daß ein komplexes System von Voraussetzungen im naturwissenschaftlichen, ökonomischen, technischen und sozialen Bereich erforderlich ist, um über einen längeren Zeitraum – ohne nachhaltige negative Folgen für Böden, natürliche Ressourcen und geographisches Milieu – stabile und steigende Erträge je Flächeneinheit auf der Basis verbesserter Kulturpflanzen zu erzielen.

Für die gegenwärtige Entwicklungsetappe Tansanias ist charakteristisch, daß selbst gewisse Erfahrungen und ackerbauliche Techniken im Rahmen der shifting cultivation auf ihre Tauglichkeit und Zweckmäßigkeit für die Erhaltung und Steigerung der Bodenfruchtbarkeit hin untersucht werden müssen.[10] Die Wirklichkeit weist auf eine nüchterne und harte wissenschaftliche Arbeit hin, die noch geleistet werden muß, um schließlich einen sinnvollen und spürbaren Durchbruch bei der Steigerung der Agrarproduktion und der Entwicklung der Produktivkräfte in der Landwirtschaft zu erreichen. Dabei stellt die Einführung neuer und verbesserter Kulturpflanzen eine sehr wichtige, aber eben nur eine Teilmaßnahme dar.

[10] Vgl. z. B. Kellogg, C. E., Shiftung Cultivation, in: Soil Science, Nr. 95/1963, S. 221–230.

In diesem Zusammenhang wäre es erforderlich,

a) die Bodenkunde als einen der wichtigsten wissenschaftlichen Teilbereiche nachhaltig voranzutreiben. Die Besonderheiten aller unter ökonomischen Gesichtspunkten zur Bebauung in Betracht gezogenen Böden müßten ausreichend erforscht werden (ihre Genetik, Klassifikation, ihr Verhalten bei bestimmten Anbau- und Fruchtfolgesystemen, ihre Reaktion auf Düngung und Bewässerung usw.). Auf diese Probleme haben Pagel[11] und andere Bodenforscher nachdrücklich und wiederholt hingewiesen;

b) die mit der Pflanzenzüchtung verbundenen Wissenschaften (Botanik, Ökologie, Genetik u. a.) in besonderer Weise zu fördern, um von seiten des Arbeitsmittels Pflanze die erforderlichen Voraussetzungen zur maximal möglichen Steigerung der effektiven ökonomischen Bodenfruchtbarkeit sicherzustellen.[12] Hierzu sind in Zusammenarbeit mit den Bodenkundlern auch umfassende Feldversuche notwendig, um die Wechselwirkung zwischen Pflanze und bestimmten Böden bei der Erzielung von Höchsterträgen zu erforschen und auf dieser Grundlage die Klassifikation der Böden zu vervollständigen usw. Es ist die Möglichkeit zur Einführung neuer Kulturpflanzen für Tansania zu prüfen;[13]

c) den Gesamtkomplex Bewässerung für Tansania noch genauer zu erforschen, wobei hier die Interessen der Landwirtschaft mit den übrigen volkswirtschaftlichen Interessen abzustimmen sind (Anlage von Staubecken zur Energieerzeugung und Brauchwasserversorgung der Industrie usw.). Viele einschlägige Untersuchungen von Agrarwissenschaftlern weisen heute darauf hin, daß die größten Produktionsreserven in den

[11] Pagel, H., Bodenkunde, Teil 1, Leipzig 1966, S. 9–17. Vgl. hierzu auch: UN/E/Conf. 39/Vol. III, S. 15–21.

[12] Vgl. hierzu z. B.: UN/E/Conf. 39/Vol. III, C/299, Brown, K. J., Cotton Breeding in the Lake Region of Tanganyika; E/Conf. 39/Vol. III, C/304, Auckland, A. K., Soyabean breeding in Tanganyika.
In beiden Fällen konnte durch züchterische Verbesserungen eine Ertragssteigerung um 30 bzw. 10 v. H. erreicht werden.

[13] In der VR Kongo wurden recht gute Erfahrungen z. B. mit dem Anbau von Zuckerrohr gemacht. Der Anbau ist auch in Tansania bekannt, jedoch müßte vor allem unter dem Gesichtspunkt einer Großflächenproduktion und der dabei auftretenden Probleme der Bodenerosion die Zweckmäßigkeit dieser Pflanze stärker beachtet werden, zumal der Zuckerbedarf Tansanias bei weitem nicht gedeckt ist. Vgl. hierzu auch Tabelle 14 im Anhang.
Vgl. hierzu auch: Caesar, K., Möglichkeiten zur Einführung neuer Kulturpflanzen in den Tropen und Subtropen, in: Ztschr. f. ausländische Landwirtschaft, Hannover, Nr. 3/1969, S. 260–272.

Tropen (aber nicht nur dort!) durch eine ausreichende und gesicherte Wasserversorgung in Verbindung mit der Lösung des Düngerproblems zu erschließen sind. Eine besondere Rolle spielen hierbei die Probleme der primären und sekundären Versalzung, eine Gefahr, die unter tropischen und subtropischen Bedingungen vor allem im Hinblick auf die sekundäre Versalzung sehr groß ist.

Die bis 1980 geplanten Hydroobjekte zur Energiegewinnung bieten hierbei zur Intensivierung des landwirtschaftlichen Anbaus noch große Reserven (s. Kapitel III, S. 245 ff.);

d) einen möglichst genauen Überblick über die Nährstoffversorgung der Böden (Nährstoffkarten) zu erhalten. Für die einzelnen Böden und Fruchtarten müßten optimale Düngernormen erarbeitet werden;

e) die Erforschung der Wechselbeziehungen Landnutzung – geographisches Milieu zu verstärken, da besonders im Bereich der Tropen und Subtropen spezifische Schadwirkungen bei letzterem außerordentlich rasch und in großem Umfange auftreten, wenn unzweckmäßige ackerbauliche Nutzungssysteme zum Einsatz kommen. Insbesondere sind die vielfältigen Erfahrungen der traditionellen Ackerbauern unter diesem Gesichtspunkt auszuwerten, da sichere Erkenntnisse oft erst nach jahrelangen Überprüfungen in der landwirtschaftlichen Praxis gewonnen werden können. Für die Gegenwart Tansanias kommt es jedoch darauf an, möglichst rasch zu milieufreundlichen und wenigstens teilweise in der Praxis erprobten ackerbaulichen Nutzungssystemen zu kommen, so daß die Erfahrungen der traditionellen Landwirtschaft durchaus wertvolle Hinweise geben können;

f) schließlich geschlossene moderne ackerbauliche Nutzungssysteme für die einzelnen Klima- und Bodenzonen Tansanias ausarbeiten zu helfen. Hierin müssen alle unter a) bis e) aufgeführten Teilmaßnahmen gipfeln, d. h. es muß ein geschlossener und effektiver Reproduktionsprozeß aller natürlichen und ökonomischen Elemente für die einzelnen Böden und Kulturarten erreicht werden, der insgesamt eine *intensiv erweiterte* Reproduktion garantiert. Wir haben dazu einige Gesichtspunkte angeführt. Es ist jedoch einleuchtend, daß die Komplexität dieser Aufgabe den Einsatz eines leistungsfähigen Teams von Vertretern verschiedenster wissenschaftlicher Disziplinen erfordert, geraume Zeit in Anspruch nimmt und auch nicht unbeträchtliche Mittel erfordert. Erforderlich sind vor allem umfangreiche wissenschaftliche Versuchsreihen an Ort und Stelle, die auch die bereits vorhandenen Erfahrungen des traditionellen Wanderfeldbaus einem weiteren intensiven Studium unterziehen.

Aus diesem Grunde scheint es hier nicht angebracht, irgendwelche Details für solche ackerbaulichen Nutzungssysteme anzuführen, die in der einen oder anderen Richtung bereits mögliche Teillösungen anzudeuten scheinen. Wichtig sind bei der Ausarbeitung neuer geschlossener ackerbaulicher Nutzungssysteme nicht irgendwelche Teilerfolge in einem oder in zwei Jahren, sondern stabile und möglichst kontinuierlich *steigende* Flächenerträge, die über einen sehr langen Zeitraum – unter den gegebenen vorherrschenden, aber doch deutlich von Jahr zu Jahr auch abweichenden Klima- und Niederschlagsbedingungen – erzielt werden können.

Weitgehend offen sind dabei noch die ökonomischen und betriebswirtschaftlichen Probleme solcher neuen ackerbaulichen Nutzungssysteme, die zu einem erheblichen Teil von der verfolgten ökonomischen Gesamtstrategie Tansanias beeinflußt werden. Das heißt, der konkrete Verlauf des Intensivierungsprozesses in der Landwirtschaft Tansanias – und darum muß es sich ja im wesentlichen bei der Konzipierung solcher neuen ackerbaulichen Nutzungssysteme handeln – wird zu einem wesentlichen Teil durch den weiteren Verlauf des nichtkapitalistischen Entwicklungsweges Tansanias beeinflußt. Auf diesen grundlegenden Zusammenhang haben wir bereits an anderer Stelle hingewiesen (vgl. S. 275).

Die genannten Aufgaben im wissenschaftlichen Bereich erfordern eine weitgehende internationale Kooperation und Zusammenarbeit besonders der sozialistischen Länder. Es sind ernsthafte Strukturentscheidungen und Abstimmungen im Bereich Kader und Forschungsmittel notwendig.

Die DDR ist auf agrarwissenschaftlichem Gebiet ein fortgeschrittenes Land. Sowohl, was den Stand der theoretischen Forschungen als auch die Kader betrifft, verfügt sie über gute Voraussetzungen für eine wirksame Unterstützung. Die speziellen Probleme z. B. Afrikas (und hier wiederum Tansanias) sind jedoch erst teilweise be- und erarbeitet und entsprechen nicht immer bereits den tatsächlichen Möglichkeiten der DDR.[14] Auch die Vorarbeiten marxistischer Gesellschaftswissenschaftler im Hinblick auf Probleme der Entwicklung der landwirtschaftlichen Produktivkräfte sind noch in den Anfängen. Es dominieren mehr historische als ökonomische Arbeiten.

[14] Vgl. hierzu auch: Münch, S., Zur Entwicklung der ökonomischen und wissenschaftlich-technischen Zusammenarbeit der DDR mit den Ländern Asiens, Afrikas und Lateinamerikas, Internationale Konferenz, Berlin, vom 8.–12. 12. 1969. Autorreferat. Die jüngsten abgeschlossenen Vereinbarungen der DDR mit der VRT berücksichtigen dabei besser als bisher die Vielgestaltigkeit der Aufgaben zur Entwicklung der Landwirtschaft.

III. Unterstützung auf dem Gebiet der genossenschaftlichen Organisation und Produktion

Die Bedeutung des Genossenschaftswesens für Tansania ist in Kapitel III deutlich gemacht worden. Damit diese Form der Organisation bäuerlicher Produktion und bäuerlichen Lebens noch wirksamer gemacht werden kann, müssen – unter Berücksichtigung der konkreten Bedingungen Tansanias – die Erfahrungen gerade der sozialistischen Länder auf diesem Gebiet weitaus stärker nutzbar gemacht werden. Das betrifft in erster Linie Fragen der praktischen Organisation genossenschaftlicher Produktion (z. B. Verwirklichung des Leistungsprinzips und der Verteilung entsprechend dem Verständnis der tansanischen Bauern), der innergenossenschaftlichen Demokratie und des innergenossenschaftlichen Aufbaus sowie der Leitung. Aber auch die generelle Frage der Rolle und der Stellung der landwirtschaftlichen Genossenschaften im Rahmen des nichtkapitalistischen Staates, das Verhältnis zentraler staatlicher Leitung und der Selbständigkeit der Genossenschaften, des Charakters der Genossenschaften im Rahmen des nichtkapitalistischen Weges (Produktionsgenossenschaften bzw. Mehrzweckgenossenschaften an Stelle reiner An- und Verkaufsgenossenschaften usw.) spielen eine bedeutsame Rolle.[15]

Die sozialistischen Länder sind in der Lage, nicht nur mit Beratern an Ort und Stelle Unterstützung zu geben, sondern auch die leitenden Funktionäre des tansanischen Genossenschaftswesens mit den Erfahrungen der bereits weit fortgeschrittenen Organisation genossenschaftlicher Produktion (die nunmehr die Frage industrieller Produktionsmethoden auf die Tagesordnung setzt) im Sozialismus und damit auch mit realen Perspektiven der tansanischen Bauern vertraut zu machen.

Die Vertiefung der nichtkapitalistischen Orientierung Tansanias wird vor allem in der Landwirtschaft dadurch erreicht werden, daß die Genossenschaften des Ujamaa-Typs zahlenmäßig weiter zunehmen und sich wirtschaftlich festigen.[16]

Die politökonomische Bedeutung besteht dabei darin, daß trotz des derzeit relativ niedrigen Standes der materiellen Agrartechnik diese Form der Organisation der landwirtschaftlichen Produzenten bereits eine qualitativ völlig neue und höhere Form der Kooperation der Arbeit dar-

[15] Vgl. hierzu auch: Michalski, K.-J., Landwirtschaftliche Genossenschaften in afro-asiatischen Entwicklungsländern. a. a. O., Drittes Kapitel.

[16] Vgl. dazu vor allem S. 292 f.

stellt und daß sich objektiv die Stellung des Produzenten in der Produktion zu verändern beginnt. Zwar ist es hierbei in der Regel notwendig, an die Stelle der Handhacke einfache Geräte zu setzen und statt menschlicher Energie wenigstens tierische Zugkräfte für eine Reihe von Arbeiten einzusetzen. Der dadurch erreichte Effekt hinsichtlich der Produktions- und Produktivitätssteigerung hat jedoch (eine sachgemäße Leitung der Genossenschaft vorausgesetzt) eine potenzierende Wirkung. Es ist bereits eine Arbeitsteilung und Spezialisierung möglich[17], außerhalb der Arbeitsspitzen können dringende Gemeinschaftsarbeiten (Wegebau, Vorratshaltung, Meliorationsarbeiten usw.) ausgeführt werden, die staatliche Beratungstätigkeit erstreckt sich über die Genossenschaft zugleich auf hunderte Bauern und ist dadurch weitaus wirkungsvoller usw.

Mit der Veränderung und Konzentration der Produktionsmittel entsteht zugleich die materielle Basis für die Herausbildung neuer, in der Perspektive sozialistischer Produktionsverhältnisse sowie für die endgültige Überwindung traditioneller Beziehungen. Das heißt, die für die Masse der tansanischen Bauern verständliche Form einer Entwicklung der Produktivkräfte und der Verbesserung ihrer ökonomischen und sozialen Lage erfolgt zugleich in einer Form, die die nichtkapitalistische Orientierung des Landes verstärkt und vertieft. Darin verwirklicht sich die besondere Form des Bündnisses der internationalen Arbeiterklasse mit der Bauernschaft, eines Bündnisses, das aus einem Kampfbündnis gegen den Imperialismus sich unter bestimmten Bedingungen in ein Klassenbündnis zum Aufbau des Sozialismus verwandeln kann.

Die Einführung einfacher technischer Hilfsmittel

Ein Kernproblem besteht auch für die Landwirtschaft Tansanias darin, die Arbeitsproduktivität zu steigern. Neben der Steigerung der effektiven ökonomischen Fruchtbarkeit spielt die Einführung neuer technischer Hilfsmittel eine wichtige Rolle, um die Produktivkraft der menschlichen Arbeit zu steigern und zu einer modernen Form gesellschaftlicher Kooperation der Arbeit zu kommen. Die vielfältigen Bestrebungen zur Einführung tierischer Zugkräfte (Ochsen) im Zusammenhang mit der Benutzung von Pflügen sind jedoch nur ein Teilproblem, um zunächst die mögliche urbar

[17] Vgl. hierzu besonders das vom tansanischen Landwirtschaftsministerium empfohlene Musterstatut für landwirtschaftliche Produktionsgenossenschaften, by-laws 45 bis 48, S. 348 f.

zu machende Fläche je Arbeitskraft zu erhöhen. Mindestens ebenso wichtig sind aber laufende Bodenbearbeitung und Unkrautbekämpfung sowie die Ernte, die Weiterverarbeitung und die Lagerhaltung. Es wäre von großer Bedeutung, mittels eines Teams erfahrener Landtechniker für die einzelnen Fruchtarten eine Reihe aufeinander abgestimmter einfacher und zuverlässig arbeitender Geräte – zunächst vorgesehen für tierische Zugkräfte – für die tropischen Bedingungen zu entwickeln und in die Produktion einführen zu helfen. Solche einfachen Geräte könnten z. B. die in Europa bekannten und bewährten Vielfachgeräte sein, die einfach handhabbar und für einen vielfältigen Einsatz geeignet sind (Anlage von Dammkulturen, Bodenbearbeitung, Aussaat, Pflege usw.). Die Einführung solcher nicht allzu teurer Geräte würde zur wirtschaftlichen Festigung der Ujamaa-Genossenschaften wesentlich beitragen und gegenüber dem traditionellen Ackerbau jene technische Revolution in der Landwirtschaft Tansanias vorbereiten, die die Voraussetzungen für den Übergang zu einer neuen Produktionsweise bildet. Auch hierbei sollte der Kernpunkt der Hilfeleistung seitens der sozialistischen Länder in der wissenschaftlich-technischen Unterstützung (Landtechniker und Agronomen als Berater) liegen. Die Produktion der Geräte sollte unbedingt im Lande selbst erfolgen.

Schlußbemerkungen

Die Vereinigte Republik Tansania beschritt den nichtkapitalistischen Weg der ökonomischen und gesellschaftlichen Entwicklung, da sich nach der Erringung der politischen Unabhängigkeit als Folge einer spontanen kapitalistischen Entwicklung sowie bürgerlicher Entwicklungskonzeptionen die sozialen Widersprüche im Lande vergrößerten und der Raubbau an natürlichen Ressourcen sowie die ökonomische Ausbeutung durch die imperialistischen Metropolen weiter zunahmen.

Die Arusha-Deklaration sowie in der Folgezeit weitere programmatische Verlautbarungen machen deutlich, daß die TANU-Führungskräfte mit der Ausarbeitung von Prinzipien einer nichtkapitalistischen Entwicklung ihre ursprünglichen, zumeist utopischen Vorstellungen eines spezifischen *afrikanischen* Sozialismus weitgehend überwanden. Sie beginnen, sowohl hinsichtlich der inneren Entwicklung ihres Landes als auch der Beziehungen Tansanias zu den kapitalistischen und sozialistischen Ländern eine klassenmäßige Position zu beziehen.

Als Ergebnis ihres realistischen Herangehens an die Grundfragen und -bedürfnisse der ökonomischen und sozialen Entwicklung ihres Landes konnte die TANU ein enges und festes Bündnis zwischen den nationalrevolutionären Führungskräften und den breiten Massen der zumeist noch traditionellen Bauernschaft herstellen. Dieses Bündnis ist die Grundlage für eine stabile Staatsmacht, die in der nationalen Befreiungsbewegung der Gegenwart einen hervorragenden Platz einnimmt und im aktiven Kampf gegen die Reste imperialistischer Kolonialherrschaft sowie neokolonialistischer Bestrebungen im Süden Afrikas an vorderer

Stelle steht. Dieses breite und stabile Bündnis bildet zugleich ein sicheres Fundament für alle weiteren Maßnahmen im Inneren zur Überwindung wirtschaftlicher und sozialer Rückständigkeit und zur Erringung der ökonomischen Unabhängigkeit.

Die Veränderung der Position der revolutionären Demokraten Tansanias, ihre konsequente und aktive antiimperialistische Politik sowie ihre beginnende Annäherung an die sozialistischen Länder (teilweise auch ihre antikapitalistischen Positionen) führten zu einer weiteren Schwächung des Imperialismus im Süden Afrikas. Das Beispiel Tansanias unterstreicht somit die Bedeutung der nationalen Befreiungsbewegung als Teil des revolutionären Weltprozesses und macht deutlich, welche gewaltigen Potenzen in der revolutionär-demokratischen Bewegung der breiten Bauernmassen der Entwicklungsländer noch immer für den weltweiten Kampf gegen den Imperialismus liegen, wenn sie organisiert und richtig geführt werden. Dies trifft nicht nur für die gegenwärtige Rolle Tansanias im revolutionären Weltprozeß zu, sondern durchaus auch mit Blickrichtung auf die Zukunft, indem mit der erfolgreichen Weiterführung des nichtkapitalistischen Entwicklungsweges zugleich Schritt für Schritt Bedingungen und Voraussetzungen für den schließlichen Übergang zur sozialistischen Revolution geschaffen werden können.

Hierbei darf jedoch nicht übersehen werden, daß ein solcher Übergang vor allem bestimmter Voraussetzungen bedarf: Ein Industrieproletariat und damit eine entsprechende industrielle Basis sowie eine avantgardistische Partei müssen vorhanden sein. Beides gestattet erst eine *tatsächliche* Sozialisierung der Landwirtschaft und eine sozialistische Umgestaltung aller Bereiche des Landes. Das heißt, der nichtkapitalistische Weg stellt gebieterisch die Frage nach einer qualitativ neuen materiell-technischen Basis des gesamten Landes mit einer einschneidenden Veränderung der Sozialstruktur.

Tansania steht dabei wie viele andere Entwicklungsländer vor einem auf den ersten Blick hin unlösbaren Widerspruch: Die Industrie bildet die Voraussetzung für eine moderne, intensive und sozialistische Landwirtschaft, während es gegenwärtig und sogar für einen längeren Zeitraum gerade die Landwirtschaft sein soll und sein muß, die durch rasche Produktionssteigerungen die erforderlichen Mittel zur Industrialisierung abwirft.

Ist dieser Widerspruch überhaupt lösbar?

Man kann annehmen, daß der nichtkapitalistische Weg Tansanias eine interessante und vielversprechende Antwort gerade auf diese Frage gibt. Der springende Punkt dabei ist, daß es sich bei der Ujamaa-Konzeption um eine Entwicklungsstrategie handelt, die bewußt und planmäßig bürgerlich-kapitalistische Effektivitäts- und Rentabilitätskriterien und hierauf fußende Entwicklungsstrategien ausschließt. Das kann auch nicht anders sein, da bei deren Beibehaltung weder eine einschneidende Veränderung der Struktur der agraren Produktivkräfte, noch eine Diversifizierung der Anbaustruktur noch schließlich eine Erringung der ökonomischen Unabhängigkeit zu erreichen wären.

Ungeachtet bestimmter Erfolge ist der von der TANU eingeschlagene Weg nicht einfach und er bedarf offenbar – darauf wurde besonders in Kapitel III hingewiesen – weiterer Korrekturen und Ergänzungen, die auf Grund der breiten Erfahrungen der TANU mit Sicherheit auch erwartet werden dürfen. Insbesondere erfordert der nichtkapitalistische Weg Tansanias konkrete und umfassende Maßnahmen des Staates auf dem Gebiete der Leitung der Produktivkräfte im Agrarbereich. Der außerordentlich rasche Übergang zu neuen Formen der ackerbaulichen Nutzung im Rahmen der Ujamaa-Genossenschaften wirft z. B. eine Fülle komplizierter und teilweise noch nicht gelöster Probleme im boden- und pflanzenkundlichen Bereich auf. Auch auf agronomischem Gebiet (Anbautechnik, Fruchtfolgen, Düngetechnik usw.) harren noch zahlreiche Aufgaben der Lösung. Es besteht durchaus die Gefahr, wenn solche, der Eigenart der tropischen Böden Ostafrikas angepaßten ackerbaulichen Nutzungssysteme mit Hilfe der verschiedenen Grundlagenwissenschaften und angewandten agronomischen Disziplinen *nicht* rasch genug entwickelt werden, daß auf vielen, von den Ujamaa-Genossenschaften bewirtschafteten Böden die Bodenfruchtbarkeit weiter absinkt, Erosionsprozesse großen Umfangs sich fortsetzen und damit diese neue soziale Organisationsform, die eine wichtige Grundlage für den nichtkapitalistischen Entwicklungsweg darstellt, sich in der Praxis als Fehlschlag erweisen kann.

Die verstärkte großflächige *Dauernutzung* von Böden im Rahmen der Ujamaa-Genossenschaften beseitigt im Prinzip endgültig die Brachen. Daher sind umgehend eine ganze Reihe von Maßnahmen erforderlich, um die sich bisher weitgehend auf natürliche Weise regenerierende Bodenfruchtbarkeit nunmehr mit ökonomischen Mitteln künstlich zu reproduzieren. Auf die vielfältigen Aspekte dieser Zielstellung wurde in der vorliegenden Arbeit durchweg verwiesen. Dabei spielen Grundlagenforschung und angewandte Wissenschaften eine hervorragende Rolle, die zu einem erheblichen Wachstumseffekt im Agrarbereich beizutragen vermögen, ohne daß hierzu *gegenwärtig* eine nur sehr begrenzt mögliche umfassende technische Neuausstattung der Landwirtschaft erforderlich wäre. Dies trifft besonders auch auf den Schutz des geographischen Milieus und die Begrenzung der gefährlichen Bodenerosionen zu.

Nach Ansicht des Autors besteht eine wichtige Aufgabe der sozialistischen Länder darin, unter Beachtung dieser Zusammenhänge dazu beizutragen, den generellen Übergang der traditionellen tansanischen Bauern zu den von der TANU entwickelten nichtkapitalistischen Formen der Agrarbewirtschaftung möglich und effektiv zu machen und somit die Vertiefung und Beschleunigung der nichtkapitalistischen Entwicklung in diesem Lande zu unterstützen.

Die vielfältigen Erfahrungen der Vereinigten Republik Tansania bei der nichtkapitalistischen Umgestaltung ihrer Ökonomik sowie des sozialen Lebens des Landes sind von großer Bedeutung für die Ausarbeitung einer *Theorie* der nichtkapitalistischen Entwicklung und bereichern zugleich auch die marxistisch-leninistische Agrartheorie.

Anhang

Tabelle 1

Bevölkerung, Bevölkerungsdichte und Anteil der in der Landwirtschaft tätigen Bevölkerung Tansanias 1965 und 1970 (absolut und in v. H.)

	1965	1967	1970
Gesamtbevölkerung (in 1000)	11674	11909	12900
davon			
in der Landwirtschaft	11090		
in v. H.	95		80–90
Ökonomisch aktive Bevölkerung (in 1000)	4695	5577	
davon			
in der Landwirtschaft	4460	5077	
in v. H.	95	91	90
Bevölkerungsdichte (Einw./km²)	12,6	12,8	13,9
landwirtschaftliche nutzbare Fläche* pro Kopf (in ha)	2,6	2,6	2,4

* entsprechend der Tabelle 13 auf S. 251

Quellen: A Survey of Economic Conditions in Afrika, UN Economic Commission for Africa, New York 1968, S. 59; Internat. Biograph. Archiv (Munzinger Archiv), Ravensburg 1972; TANU Outlines Policy for better Farming, in: Sunday News, Dar es Salaam, v. 17. 5. 1972, S. 1; The Economic Survey 1971–72, S. 52, sowie Tabelle 7 auf S. 169.

Tabelle 2

Brutto-Inlandprodukt (BIP) industrieller Herkunft zu Faktorkosten in Mio. Shs. und in Prozent (in Preisen von 1966)

	1964	1966	1968	1970	1971
absolut (in Mio. Shs.)					
BIP insgesamt	5619	6518	7174	7779	8127
davon:					
Landwirtschaft	2623	2952	3062	3189	3143
Subsistenzproduktion in der Landwirtschaft*	1377	1550	1660	1615	1598
in v. H.					
BIP insgesamt	100,0	100,0	100,0	100,0	100,0
davon:					
Landwirtschaft*	46,7	45,3	42,7	41,0	38,7
Subsistenzproduktion in der Landwirtschaft*	24,5	23,8	23,1	20,8	19,7

* einschließlich Jagd, Forstwirtschaft, Fischerei

Quelle: The Economic Survey 1971–72, a. a. O., S. 7, 8 (Table 3, 4)

Tabelle 3

Nationaleinkommen Tanganyikas/Tansanias 1960 und 1968

Bereich	1960 in Mill. Shs.	1960 in Prozent	1968 in Mill. Shs.	1968 in Prozent
Subsistenzeinkommen	1362	37,2	1664	30,6
Einkommen ländl. Haushalte	574	15,6	922	17,0
Bezahlung von Beschäftigten[1]	1066	29,1	1684	31,0
Öffentlicher Sektor	122	3,3	236	4,3
Einkommen aus Grundbesitz	76	2,1	131	2,4
andere Einkommen von Unternehmen	466	12,7	796	14,7
	3666	100,0	5433	100,0

1 Einschließlich der Entlohnung von nichtständigen Lohnempfängern in kleinbäuerlichen Betrieben auch für Nicht-cash-crop-Produktion.

Quelle: The Annual Economic Survey 1968 (A Backround to the 1969/70 Budget) Ed. The United Republic of Tanzania, Dar es Salaam 1969, S. 4.

Tabelle 4

Gesamtexporte Tanganyikas 1962

Erzeugnis	1000 DM	v. H.
Sisal	15734	30,7
Baumwolle	7393	14,4
Kaffee	6575	12,8
Diamanten	5425	10,6
Cashew-Nüsse	2335	4,6
Fleisch-(waren)	2320	4,5
Ölfrüchte	2015	3,9
Tee	1612	3,2
Häute/Felle	1491	2,9
Gold	1270	2,5
Hülsenfrüchte	779	1,5
Ölfrüchte	500	1,0
sonstige	3792	7,4
Gesamt	51241	100,0

Quelle: Massow, H. v., Industrialisierungsmöglichkeiten in Tanganjika, Hamburg 1964, S. 115.

Tabelle 5

Produktion wichtiger landwirtschaftlicher Marktkulturen Tanganyikas/Tansanias im Zeitraum 1960/62 bis 1971 (Marktproduktion in 1000 t)

Erzeugnis	1960/62 Durchschnitt	1968	1969	1970	1971*
Sisal	205,6	196,9	209,3	202,2	181,1
Baumwolle	34,0	51,3	69,4	76,4	66,0
Kaffee (gereinigt)	24,0	51,5	46,1	49,7	45,8
Cashew-Nüsse	45,8	117,0	114,6	111,0	126,3
Zucker	32,2	82,4	92,0	87,3	95,8
Tee	4,1	7,9	8,8	8,5	10,5
Tabak	2,2	7,3	11,7	11,0	11,9
Pyrethrum (Blüten)	1,7	4,8	3,8	2,3	3,7
Weizen	11,5	.	.	40,0	47,1
Erdnüsse	16,2	.	.	.	.

* Vorläufig

Quellen: Central Statistical Bureau, in: The Annual Economic Survey 1968, a. a. O., S. 43 (Table 33a); The Economic Survey 1971–72, a. a. O., S. 71 (Table 46), S. 79.

Tabelle 6

Produktionswert wichtiger landwirtschaftlicher Marktkulturen Tansanias/Tanganyikas im Zeitraum 1960/62 bis 1971 (in Mill. Shs.)

Erzeugnis	1960/62 Durchschnitt	1968	1969	1970	1971*
Sisal	285,3	156,8	185,2	157,3	141,9
Baumwolle	114,0	157,7	223,3	244,6	220,0
Kaffee (gereinigt)	109,3	227,8	169,8	266,3	231,3
Cashew-Nüsse	26,5	91,9	106,6	102,6	115,7
Zucker	29,0	34,7	37,6	34,9	38,3
Tee	30,7	53,1	55,9	51,7	61,6
Tabak	10,6	30,0	47,9	49,3	49,2
Pyrethrum (Blüten)	7,9	18,8	14,4	8,6	13,2
Weizen	6,1	.	.	.	.
Erdnüsse	16,0	41,0	29,0	25,0	28,0

* Vorläufig

Quellen: Central Statistical Bureau, a. a. O., S. 43 (Table 33b); The Economic Survey 1971–72, a. a. O., S. 72 (Table 47), S. 81.

Tabelle 7

Anbaufläche und Erzeugung sowie Pro-Kopf-Produktion von Cassava in Tanganyika/Tansania 1948/52 bis 1968 (in 1000 ha und 1000 t, Ertrag in 100 kg, Pro-Kopf-Produktion in kg, 1948/52 = 100)

	1948/ 1952	1952/ 1956	1964	1965	1967	1968
absolut:						
Anbaufläche	257	268*	260*	260*	260*	270*
Erzeugung	816	940	1050	1050*	1120	1125*
Ertrag/ha	32	35*	40*	40*	43*	42*
Erzeugung pro Kopf	99	114	91	89	89	88
in v. H.:						
Anbaufläche	100	105	101	101	101	105
Produktion	100	114	129	129	137	138
Ertrag/ha	100	109	125	125	135	133
Produktion pro Kopf	100	115	92	90	90	89

* auf Farmen und Besitzungen (estates)

Quelle: Production Yearbook 1969, FAO, Vol. 23, Rom 1969, S. 121; Tabelle 7 auf S. 169

Tabelle 8

Anbaufläche und Erzeugung sowie Pro-Kopf-Produktion von Süßkartoffeln und Yams in Tanganyika/Tansania 1948/52 bis 1968 (in 1000 ha und 1000 t, Ertrag in 100 kg, Pro-Kopf-Erzeugung in kg, 1948/52 = 100)

	1948/ 1952	1952/ 1956	1964	1965	1967	1968
absolut:						
Anbaufläche	79	52*	41*	37	35*	36*
Erzeugung	238	246*	250	238	250*	275*
Ertrag/ha	30	48*	61*	64	71*	76*
Erzeugung pro Kopf	29	29	22	20	20	22
in v. H.:						
Anbaufläche	100	66	52	47	45	46
Produktion	100	103	105	100	105	129
Ertrag/ha	100	158	205	212	243	251
Produktion je Kopf	100	100	86	69	69	86

* auf Farmen und Besitzungen (estates)

Quelle: Production Yearbook 1968, FAO, Vol. 23, Rom 1969, S. 115; Tabelle 7 auf S. 169

Tabelle 9

Anbaufläche und Erzeugung sowie Pro-Kopf-Produktion von Millet und Sorghum in Tanganyika/Tansania 1948/52 bis 1968 (in 1000 ha, 1000 t, Ertrag in 100 kg/ha, Pro-Kopf-Erzeugung in kg, 1948/52 = 100)

	1948/ 1952	1952/ 1956	1964	1965	1966	1967	1968
absolut:							
Anbaufläche	1096	1000 *	1300 *	1300 *	1300 *	1300 *	1300 *
Erzeugung	551	703 *	1087	1100	1122	1145	1100 *
Ertrag/ha	5,0	7,0 *	8,4	8,5 *	8,6 *	8,8 *	8,5 *
Erzeugung pro Kopf	6,6	8,4	9,2	9,3	9,5	9,1	8,7
in v. H.:							
Anbaufläche	100	91	129	129	129	129	129
Erzeugung	100	127	196	200	206	208	200
Ertrag/ha	100	140	167	169	171	175	169
Erzeugung pro Kopf	100	127	139	140	145	137	132

* auf Farmen und Besitzungen (estates)

Quellen: Production Yearbook 1969, Vol. 23, FAO Rom 1970, S. 71, Tabelle 7 auf S. 169

Tabelle 10

Anbaufläche und Erzeugung sowie Pro-Kopf-Produktion von Mais in Tanganyika/Tansania 1948/52 bis 1968 (in 1000 ha und 1000 t, Ertrag in 100 kg, Pro-Kopf-Erzeugung in kg, 1948/52 = 100)

	1948/ 1952	1952/ 1956	1964	1965	1967	1968
absolut:						
Anbaufläche	262 *	309 *	525	524	1000 *	1000 *
Erzeugung	347 *	406 *	588	512	800 *	1000 *
Ertrag/ha	13,2 *	13,1 *	11,2	9,8	8,0 *	10,0 *
Erzeugung pro Kopf	41,7	49,0	49,5	49,5	64,0	78,5
in v. H.:						
Anbaufläche	100	118	200	199	328	328
Produktion	100	117	169	146	227	289
Ertrag/ha	100	99	85	74	60	74
Produktion pro Kopf	100	117	118	118	154	189

* Auf Farmen und Besitzungen (estates)

Quelle: Production Yearbook 1969, FAO, Vol. 23, Rom 1969, S. 62; Tabelle 7 auf S. 169

Tabelle 11

Anbaufläche und Erzeugung sowie Pro-Kopf-Produktion von Baumwolle (Faser) in Tanganyika/Tansania 1948/52 bis 1968 (in 1000 ha und 1000 t, Ertrag in 100 kg, Pro-Kopf-Produktion in kg, 1948/52=100)

	1948/ 1952	1952/ 1956	1964	1965	1967	1968
absolut:						
Anbaufläche	74	98	330*	440	440*	400*
Erzeugung	10	18	53	67	68	52*
Ertrag/ha	1,4	1,8	1,6*	1,5	1,6*	1,3*
Erzeugung pro Kopf	1,4	2,2	4,6	5,9	5,4	4,1
in v. H.:						
Anbaufläche	100	133	405	595	595	541
Produktion	100	180	530	670	680	520
Ertrag/ha	100	129	118	107	118	95
Produktion pro Kopf	100	156	328	421	358	293

* Auf Farmen und Besitzungen

Quelle: Production Yearbook 1969, FAO, Vol. 23, Rom 1969, S. 284; Tabelle 7 auf S. 169

Tabelle 12

Anbaufläche und Erzeugung sowie Pro-Kopf-Produktion von Kaffee in Tanganyika/Tansania 1948/52 bis 1968 (in 1000 ha und 1000 t, Ertrag in 100 kg, Pro-Kopf-Produktion in kg, 1948/52 = 100)

	1948/ 1952	1952/ 1956	1964	1965	1967	1968
absolut:						
Anbaufläche	42	49	.	114	.	.
Erzeugung	141	185	366	414	513	616*
Ertrag/ha	34	37	.	36	.	.
Erzeugung pro Kopf	14	23	.	35	41	48
in v. H.:						
Anbaufläche	100	113	.	270	.	.
Erzeugung	100	131	229	289	362	437
Ertrag/ha	100	109	.	106	.	.
Erzeugung pro Kopf	100	164	.	250	296	343

* Auf Farmen und Besitzungen (estates)

Quellen: Production Yearbook 1969, FAO, Vol. 23, Rom 1969, S. 269; Tabelle 7 auf S. 169

Tabelle 13

Durchschnittliche Flächenerträge in Tansania, Welt-Durchschnittserträge und Spitzenerträge in ausgewählten Regionen 1968 (in 100 kg je ha)

	Tansania	Welt-Durchschnitt	Spitzenerträge
Mais	10,0 *	23,7	49,4
Reis	10,9	21,5	58,3
Weizen	11,8 *	14,6	25,3
Millet und Sorghum	8,5	7,7	33,2
Cassava	42,0	87,0	135,0
Süßkartoffeln und Yams	76,0	84,0	142,0
Baumwolle (Faser)	1,3	3,6	10,3
Tabak	8,0	11,6	13,8
Erdnüsse	2,7	8,8	8,5
Sesam	2,5	2,9	6,6
Sonnenblumen	3,3	12,7	14,6
Bananen	30,0	150,0	392,0
Zuckerrohr	217,0	522,0	931,0

* auf Farmen und Besitzungen (estates)

Quelle: Production Yearbook 1969, Vol. 23, FAO, Rom 1970.

Tabelle 14

Produktion und Verbrauch von Zucker in Tanganyika/Tansania im Zeitraum 1960/62 bis 1971

Kalenderjahr	Produktion (t)	Verbrauch	
		Tonnen gesamt	pro Kopf in kg
1960/62	37 738	60 393	5,75
1967	71 751	75 802	6,18
1968	82 429	82 911	6,59
1969	92 043	88 713	6,86
1970	87 254	102 786	7,74
1971	95 787	119 830	8,79

Quelle: The Economic Survey 1971–72, a. a. O., S. 80 (Table 54).

Tabelle 15

Entwicklung des Verbrauchs an Kalorien und Protein je Person und Tag in Tanganyika/Tansania und Großbritannien

Durchschnitt des Jahres		Kalorien	Protein in g	
			insgesamt	dar. tier. Eiweiß
Tanganyika/Tansania	1961/63	2080	58,1	9,1
	1964/66	2140	60,1	12,4
Großbritannien	1968/69	3180	88,0	54,0

Quelle: Production Yearbook 1969, FAO, Rom 1969, S. 450.

Tabelle 16

Entwicklung des Verbrauchs nichtlandwirtschaftlicher Produktionsmittel in der Landwirtschaft Tansanias
Mineraldünger (in 100 t)

	1948/49–1952/53	1952/53–1956/57	1964/65	1965/66	1966/67	1968/69
N	4	3	15	40	50	60
P_2O_5	1	3	8	10	13	20
K_2O	3	1	16	20	25	50

Traktoren

1952/56	1956	1969
2623	3500*	4500*

* einschl. Erntemaschinen

Quellen: Production Yearbook 1969, Vol. 23, FAO, Rom 1970, S. 466–476, Internat. Biograph. Archiv (Munzinger Archiv), S. 485; Ravensburg, 1971, 1972 lfd.

Tabelle 17

Aufgliederung von Entwicklungsausgaben (einschließlich Regierung, Parastatals, Tazara*) in Mio Shs. und in Prozent

Art der Ausgabe	1969/70 absolut Mio Shs.	in Prozent			
		1969/70	1970/71	1971/72	1972/73
Direkte produktive Aktivitäten	180	25	25	18	14
Forschung, Begutachtung, Untersuchungen	23	3	3	4	6
Ökonomische Infrastruktur	353	52	38	34	35
Tazara	—	—	16	24	26
Soziale Dienste	75	11	10	9	10
Sicherheit	54	8	8	11	8

* Tazara = Tanzania Zambia Railway Authority

Quelle: The Economic Survey 1971–72, a. a. O., S. 19 (Table 10)

Tabelle 18

Ujamaa Villages Statistik 1971 (Dezember)

	Gesamtzahl	davon		
		Stufe 1	Stufe 2	Stufe 3
Ujamaa-Dörfer	4484	4125	261	(98)
Personenzahl	1599307	.	.	.
Co-operative Societies*	187**	—	—	—

* Mai 1972

** davon 27 vorläufige

Quelle: The Economic Survey 1971–72, a. a. O., S. 61.

Tabelle 19

Exportpreis – Indices wichtiger Waren (1960=100)

Ware	1960	1966	1967	1968	1969	1970	1971
Rohbaumwolle	100,0	90,9	92,6	100,7	92,4	91,1	98,3
Kaffee (ungeröstet)	100,0	103,0	91,6	93,8	90,3	121,1	111,3
Sisal (Faser)	100,0	80,4	67,0	57,2	63,3	56,1	56,8
Cashew-Nüsse	100,0	121,5	114,1	111,9	126,9	130,4	108,5
Tee	100,0	99,4	99,5	93,6	88,7	84,9	82,7
Fleisch- und Fleischerzeugnisse	100,9	100,4	105,8	122,9	116,4	126,8	149,1

Quelle: The Economic Survey 1971–72, a. a. O., S. 19 (Table 17).

Tabelle 20

Entwicklung des Brutto-Inlandsproduktes (BIP) und des Pro-Kopf-Einkommens in Entwicklungsländern und kapitalistischen Industrieländern im Jahresdurchschnitt 1950/60 und 1960/68

	Jährliche Wachstumsraten des BIP in v. H.				Pro-Kopf-Einkommen (in US-Dollar)	
	1950/60		1960/68		1960	1968
	insgesamt	pro Kopf	insgesamt	pro Kopf		
Entwicklungsländer	4,5	2,1	4,8	2,0	132	155
kapitalistische Industrieländer	4,6	3,6	4,5	3,5	1493	1966

Quelle: Die Weltwirtschaft Heft 1/1970, Tübingen, S. 104.

STATUT

des Ujamaa-Dorfes Nyabange, Region Mara/Tansania[1]

1. *Einleitung*

Dies ist das Statut des Ujamaa-Dorfes Nyabange. Es wurde am 24. März 1971 in dem Kata von Bukiroba im Bezirk Musoma gegründet. Die Bewohner dieses Gebietes beschlossen in Erwiderung des Rufes der Arusha-Deklaration, unter der Leitung der TANU-Partei gemeinsam auf genossenschaftlicher Basis zu leben und gründeten dieses Dorf.

2. *Seine Ziele*

sind, den Dorfbewohnern bei der Erhöhung ihres Lebensstandards durch folgende Maßnahmen zu helfen:

a) Zusammenleben und Zusammenarbeit für das gemeinsame Wohl,

b) jedem Dorfmitglied Arbeitsmöglichkeit zu gewährleisten, denn jeder Mensch hat das Recht auf Arbeit,

c) die Erhöhung des Dorfeinkommens auf dem Wege der Gründung des genossenschaftlichen landwirtschaftlichen Ackerbaues, genossenschaftlicher Viehzucht, konsumgenossenschaftlicher Läden, genossenschaftlicher Hüttenindustrien, genossenschaftlichen Handels zu erreichen, vorausgesetzt, daß alle diese genossenschaftlichen Beschäftigungen im Interesse des Dorfes liegen,

d) Teile der erhaltenen Produkte durch gemeinsame Handelsgenossenschaften abzusetzen,

e) Ankauf oder Errichtung sowie Unterhaltung von Büros zur Herstellung einfacher Werkzeuge und Maschinen, die sehr notwendig für die Entwicklung des Dorfes sind,

f) Ansammlung von Geld durch monatliche Gebühren, verschiedene Abgaben und finanzielle Hilfen für die Entwicklung des Dorfes, vorausgesetzt, daß dieses nicht gegen die Zielrichtungen der Dorfleitung bzw. gegen die Prinzipien der TANU-Partei verstößt,

[1] Entnommen: Bugengo, J., Zu grundlegenden sozialen Entwicklungsproblemen auf dem Lande ..., a. a. O. (Anhang). Die vorliegende Fassung ist stilistisch geringfügig überarbeitet gegenüber dem Original, das in Kiswahili abgefaßt ist (d. Verf.).

g) Zusammenarbeit auf dem Gebiet des Handels mit anderen Ujamaa-Dörfern und allen interessierten Vereinigungen, wenn diese nicht gegen die Ziele der Dorfleitung und der TANU verstoßen,
h) den Dorfbewohnern die Möglichkeit zur Ausbildung, sanitärmedizinischen Betreuung und anderen wichtigen Betreuungen zu geben, die notwendig für das Leben und das Wohl des einzelnen sind,
i) als Musterbeispiel für diejenigen zu dienen, die noch nicht bereit sind, sich in Ujamaa-Dörfern zusammenzuschließen, gemeinsam zu leben, zu arbeiten und das Dorf gemeinsam zu entwickeln,
j) die Dorfbewohner über die Ausbeutung des Menschen durch den Menschen aufzuklären und stattdessen den Geist der Zusammenarbeit und des Zusammenlebens zu entwickeln bzw. zu sichern.

Um die Sicherheit der Dorfbewohner zu garantieren, wird festgelegt

a) den Geist der Zusammenarbeit, des Zusammenlebens sowie des gegenseitigen Respekts zu entwickeln und zu sichern,
b) einen Teil des Dorfeinkommens auf die Bank für die Zukunft zu überweisen,
c) die älteren Leute sowie die Kinder und Waisen zu schützen,
d) alle Probleme der Dorfbewohner gemeinsam durch das Dorfkomitee zu beraten.

3. *Die Dorfmitgliedschaft:*

Folgende Bedingungen werden für den Eintritt in das Ujamaa-Dorf Nyabange festgelegt:

a) Jeder Einwohner Tansanias, Mann oder Frau, der das 18. Lebensjahr erreicht hat und die Zielrichtungen, die Pflichten und das Statut des Ujamaa-Dorfes akzeptiert, darf seinen Antrag einreichen, um sich für die Mitgliedschaft im Dorf zu bewerben,
b) die Anträge für die Dorfmitgliedschaft sind an den Dorfsekretär zu richten, und die Zulassung wird von dem Exekutivkomitee beraten und beschlossen,
c) nach der Aufnahme in das Dorf wird jedem neuen Mitglied eine Probezeit von 6 Monaten auferlegt. Danach wird seine Mitgliedschaft von der Vollversammlung des Dorfes bestätigt,
d) jedes Dorfmitglied hat das Recht, seine Meinung über das Dorfstatut zu äußern,
e) die Kinder der Dorfmitglieder sowie die Frauen, die vor der Heirat außerhalb des Dorfes lebten, sind gleichzeitig Mitglieder des Dorfes,

f) jedes Mitglied, das in den öffentlichen Institutionen für Gehalt bzw. Lohn arbeitet, zahlt die Hälfte seines eintägigen Gehaltes für jeden Arbeitstag im Dorf an die Dorfkasse,
g) jedes Dorfmitglied wird an allen Dorfversammlungen teilnehmen, ohne sich von den Lügen und Drohungen der Gegner der Ujamaa-Politik abschrecken zu lassen.

Die Beendigung der Dorfmitgliedschaft:

a) Wenn das Mitglied auf seinen eigenen Wunsch ausscheidet,
b) wenn das Mitglied aus dem Dorf wegen Verstoß gegen das Dorfstatut ausgeschlossen wird,
c) wenn es stirbt,
d) wenn es sich an ein anderes Ujamaa-Dorf anschließt.

Das ausgeschlossene Mitglied darf nicht mehr in dem Dorf leben, es kann aber sein Vermögen verkaufen. Es ist ihm auch möglich, das tote und lebende Inventar mitzunehmen. Bis zum Ablauf der Erntezeit darf das ausgeschlossene Mitglied von außerhalb des Dorfes seine Anbaufläche weiter bewirtschaften. Das feste Vermögen (z. B. Haus) wird von Regierungsexperten in Zusammenarbeit mit dem Dorfexekutivkomitee geschätzt. Das ausgeschlossene Mitglied ist in jedem Falle verpflichtet, sein Vermögen an das Dorf zu verkaufen.

4. *Die Leitung*

Der Vorsitzende

a) Der Dorfvorsitzende wird von der Dorfvollversammlung gewählt.
b) Er bleibt zwei Jahre im Amt, er kann aber wiedergewählt werden, wenn es gegen ihn keine Einwände gibt.
c) Er wird gleichzeitig Vorsitzender des TANU-Komitees im Dorf.
d) Er ist der Dorfälteste.

Der stellvertretende Vorsitzende

a) Der stellvertretende Vorsitzende wird von der Dorfvollversammlung gewählt,
b) er bleibt zwei Jahre im Amt, aber er kann wiedergewählt werden, wenn es gegen ihn keine Einwände gibt,
c) er arbeitet im Auftrage des Vorsitzenden und vertritt ihn während seiner Abwesenheit.

Der Sekretär

a) Der Sekretär wird vom Dorfexekutivkomitee ernannt und seine Ernennung wird von der Dorfvollversammlung bestätigt. Danach wird die TANU-Bezirksleitung davon informiert.

b) Er wird sowohl als Dorfsekretär und als TANU-Zweitsekretär tätig.
c) Er wird alle Akten des Dorfes aufbewahren.
d) Er wird alle Tätigkeiten des Dorfes leiten und lenken.
e) Er bleibt zwei Jahre im Amt, er kann aber wiedergewählt werden, wenn es gegen ihn keine Einwände gibt.

Schatzmeister

a) Der Schatzmeister wird vom Dorfkomitee ernannt und seine Ernennung wird von der Dorfvollversammlung bestätigt,
b) er bewahrt das Geld des Dorfes auf und leitet die Buchhaltung,
c) er wird die Erträge und alle Geräte im Dorf unter Sicherheit halten. Bei dieser Arbeit wird er vom Lagerverwalter unterstützt;
d) er bleibt zwei Jahre im Amt, aber er kann wiedergewählt werden, wenn es gegen ihn keine Einwände gibt.

Lagerverwalter

a) Der Lagerverwalter wird vom Dorfexekutivkomitee ernannt und von der Dorfvollversammlung bestätigt,
b) er arbeitet im Auftrage des Schatzmeisters,
c) er verwaltet alle Lagerhäuser,
d) er bleibt zwei Jahre im Amt, er kann aber wiedergewählt werden, wenn es gegen ihn keine Einwände gibt.

Gremien:

Es gibt folgende Gremien im Dorf:
1. Die Vollversammlung
2. das Exekutivkomitee
3. das Finanzkomitee
4. das Arbeitskomitee

Die Dorfvollversammlung

Die Vollversammlung besteht aus folgenden Mitgliedern:
a) Der Vorsitzende
b) der Stellvertretende Vorsitzende
c) der Sekretär
d) der Schatzmeister
e) alle Dorfmitglieder (Männer und Frauen)
f) die Regierungsexperten, jedoch ohne Stimmrecht.

Rechte und Pflichten der Vollversammlung

a) Auf der Vollversammlung werden die folgenden Funktionäre gewählt oder bestätigt: der Vorsitzende, der Stellvertretende Vorsitzende, der Sekretär, der Schatzmeister und der Lagerverwalter,
b) die Vollversammlung wählt das Exekutivkomitee,
c) die Vollversammlung bestätigt, die vergangene Arbeitsperiode des Exekutivkomitees sowie den Arbeits- und Finanzplan für das kommende Wirtschaftsjahr,
d) sie bestätigt die Berichte des Sekretärs sowie des Schatzmeisters,
e) die Dorfvollversammlung hat das Recht, ein Dorfmitglied auszuschließen, aber nur entsprechend den folgenden Bedingungen:
 - wenn das Mitglied schon drei schriftliche Verwarnungen vom Exekutivkomitee erhalten hat und vor der Vollversammlung Stellung genommen hat,
 - zum Ausschluß des Mitgliedes ist eine Zweidrittel-Mehrheit erforderlich,
f) die Vollversammlung ist berechtigt, das Dorfstatut zu ändern, hierzu ist jedoch eine Zweidrittel-Mehrheit erforderlich,
g) die Vollversammlung tritt drei Mal im Jahr zusammen oder wenn dringende Probleme auftauchen,
h) in Abwesenheit des Vorsitzenden sowie des Stellvertretenden Vorsitzenden wird ein Dorfmitglied gewählt, um die Vollversammlung zu leiten,
i) normalerweise werden bei den einfachen Beschlüssen nur die Hände gezeigt, während bei der Wahl der Dorffunktionäre eine geheime Wahl durchgeführt wird,
j) die Vollversammlung kann beginnen, wenn die Hälfte der Dorfmitglieder, darunter entweder der Vorsitzende oder der Sekretär, anwesend sind.

Das Dorfexekutivkomitee

a) Das Exekutivkomitee besteht aus folgenden Personen:
 1. der Vorsitzende
 2. der Stellvertretende Vorsitzende
 3. der Sekretär
 4. der Schatzmeister
 5. weitere Dorfmitglieder, die von der Vollversammlung gewählt wurden,

6. alle Regierungsexperten, jedoch ohne Stimmrecht.

b) Aufgaben des Exekutivkomitees:
   1. Es hat den Auftrag, alle Beschlüsse der Dorfvollversammlung durchzuführen,
   2. im allgemeinen sorgt dieses Komitee dafür, daß alle Pläne gemäß dem Statut schrittweise durchgeführt werden,
   3. Einkommen und Ausgaben des Dorfes zu planen,
   4. es beschäftigt sich mit den Berichten aller kleinen Gremien des Dorfes und bestätigt diese,
   5. es tagt nur einmal im Monat, aber es kann auch kurzfristig einberufen werden,
   6. in Abwesenheit des Vorsitzenden oder seines Stellvertreters wird ein Dorfmitglied gewählt, um die Sitzung zu leiten,
   7. die Sitzung des Exekutivkomitees kann nur beginnen, wenn die Hälfte der gewählten Mitglieder, darunter der Vorsitzende oder der Sekretär, anwesend sind.

Das Finanzkomitee

a) Das Finanzkomitee wird von dem Exekutivkomitee gewählt, und seine Mitglieder bestehen aus folgenden Personen:
   1. Der Dorfvorsitzende
   2. der Stellvertretende Vorsitzende
   3. der Dorfsekretär
   4. der Schatzmeister des Dorfes
   5. zwei Mitglieder, die vom Exekutivkomitee gewählt sind.

b) Aufgaben des Finanzkomitees:
   1. Es beschäftigt sich hauptsächlich mit Finanzfragen,
   2. es tagt einmal im Monat, es kann aber auch kurzfristig einberufen werden,
   3. der Vorsitzende dieses Komitees ist der Stellvertretende Dorfvorsitzende, und während seiner Abwesenheit wird ein Mitglied gewählt, um die Sitzung zu leiten,
   4. die Sitzung des Finanzkomitees kann nur beginnen, wenn die Hälfte seiner Mitglieder anwesend ist, darunter entweder der Vorsitzende oder der Sekretär.

Allgemeine Vorschriften des Ujamaa-Dorfes Nyabange

1. Jedes Dorfmitglied soll die Leitung und die Vorschriften des Dorfes respektieren,

2. jede Person darf nur Mitglied eines Ujamaa-Dorfes werden,
3. kein Dorfmitglied darf sich in irgendeiner Weise an der Ausbeutung des Menschen durch den Menschen beteiligen,
4. das gemeinsame Einkommen gehört allen Dorfmitgliedern, und das persönliche Einkommen gehört dem einzelnen,
5. ein Ujamaa-Dorf kann mit einem anderen Ujamaa-Dorf auf verschiedenen Ebenen kooperieren, wenn dies im Interesse beider Dörfer liegt.

Die Verteilung des Dorfeinkommens

Der Plan, wie das Gesamteinkommen des Dorfes zu verwenden ist, ist vom Exekutivkomitee auszuarbeiten und von der Dorfvollversammlung zu bestätigen. Die Planung der Ausgaben im Dorf wird unter Berücksichtigung folgender Gesichtspunkte durchgeführt:

1. Der Anteil für die Durchführung der Ujamaa-Tätigkeiten im Dorf, z. B. für den Ankauf von Maschinen und anderen Arbeitsgeräten, für die Erweiterung der gemeinsamen Anbauflächen, für die Errichtung von Hüttenindustrien usw.,
2. der Anteil für die verschiedenen Betreuungen im Dorf, z. B. für die Errichtung von Kindergärten, Schulen, Ambulatorien usw.,
3. der Anteil für die Verteilung unter die Dorfmitglieder. Hier wird die Verteilung nach dem Leistungsprinzip durchgeführt,
4. der Anteil für die Betreuung älterer Leute und Invaliden,
5. der Vorrat, der in der Notzeit verwendet wird, z. B. während einer Hungersnot, bei Überschwemmungen usw.,
6. diejenigen, für die Gehalt oder Lohn arbeiten, zahlen gemäß den Beschlüssen der Dorfvollversammlung sowie des Exekutivkomitees einen Teil ihres Einkommens an das Dorf und werden auch an der Verteilung beteiligt,
7. jedes Mitglied kann seine „heshima"* verwenden wie es will. Es gibt keine Vorschrift. Wenn aber ein Mitglied sein Geld *nur* für das Trinken verwendet und dabei seine Familie vernachlässigt, haben die Dorfmitglieder das Recht, gemeinsam zu beschließen, welche Sanktionen auf dieses Verhalten folgen und welche Erziehungsmaßnahmen notwendig sind.

* Die heshima (wörtlich etwa: Ehre) entspricht einer pro Tag geleisteten Arbeitseinheit. Jedoch gibt es so gut wie keine Differenzierung nach Kompliziertheit und Schwere der geleisteten Arbeit, d. h. die heshima entspricht der Vergütung für etwa 5 Stunden Arbeitszeit (d. Verf.).

Erbschaft

Falls ein Dorfmitglied stirbt, wird sein Vermögen von demjenigen, den es selbst vor seinem Tode ernannt hat, geerbt. Bei Streitigkeiten wird das Exekutivkomitee angerufen. Ist der Erbe mit dieser Entscheidung nicht einverstanden, wendet er sich an das Zivilgericht.

Die Dorfbewohner bekommen Arbeitszeit zur Verfügung gestellt, um sich mit ihrem individuellen Besitz an Vieh und Anbaufläche beschäftigen zu können. Diese Arbeit darf aber keineswegs gegen die Wirtschaftspolitik des Ujamaa-Dorfes verstoßen.

Das Dorfterritorium:

Folgendes sind die Grenzen des Ujamaa-Dorfes Nyabange:
(Es folgen eine Reihe von Flurbezeichnungen).

Das Konto

Das gesamte Geld des Dorfes wird auf der Bank deponiert. Bei der Abholung bzw. Auszahlung sind die folgenden drei Unterschriften zu leisten:

1. Der Dorfvorsitzende,
2. der Schatzmeister,
3. ein Komiteemitglied.

Amtliche Rechnungsprüfung

Die Buchhaltung wird vom Schatzmeister geleitet. Alle Kontobücher bzw. Quittungen werden sowohl vom Musoma-Bezirksleiter (Co-operative officer) als auch vom TANU-Bezirkssekretär kontrolliert.

Die Prinzipien des Dorfes sind

1. Gemeinsam das Eigentum des Dorfes zu sichern und das Vieh auf genossenschaftlicher Basis zu züchten,
2. jedes Dorfmitglied ist verpflichtet, fleißig zu arbeiten, ohne Zwang, und wenn es krank ist, muß es sich unbedingt entschuldigen.

Strafmaßnahmen

Im Falle, daß ein Dorfmitglied unentschuldigt fehlt oder durch Arbeitsbummelei in Erscheinung tritt, wird es gemäß dem Beschluß des Arbeitskomitees bestraft, wobei das Mitglied eine angemessene Strafe (von 0,50 Cent bis 5 Schilling) bezahlen muß oder auch eine andere Strafe erhalten kann.

Alle Strafmaßnahmen müssen von zwei Dritteln der Mitglieder des Dorfexekutivkomitees oder von zwei Dritteln der Mitglieder der Dorfvollversammlung bestätigt werden.

Inventar

Das feste Inventar, z. B. Häuser und Ställe, bleibt in persönlichem Eigentum des jeweiligen Dorfmitgliedes, wobei bei notwendigen Reparaturen alle anderen Dorfmitglieder aufgefordert sind, uneigennützige Hilfe zu leisten.

Anbauflächen

Alle Anbauflächen im Dorf werden allmählich, entsprechend den Vorschlägen der landwirtschaftlichen Experten in der Regierung bzw. den Beschlüssen der Dorfgremien, zu genossenschaftlichen Anbauflächen umgewandelt.

Stimmrecht

Hier herrscht das Prinzip: ein Mann – eine Stimme. Ob geheim oder offen abgestimmt wird, hängt vom Beschluß der jeweiligen Versammlung ab.

Entlassung der führenden Kader

Führende Kader im Dorf können ihres Amtes enthoben oder beurlaubt werden, wenn sie feindliche Tätigkeit zur Sabotage der Wirtschaft bzw. der Sicherheit des Dorfes unternehmen. Zur Abberufung der führenden Kader ist eine Zweidrittel-Mehrheit der Vollversammlung notwendig. Jedes Komiteemitglied, das dreimal hintereinander nicht an den Sitzungen teilgenommen hat, wird ab sofort aus dem Komitee ausgeschlossen; Das Exekutivkomitee ist beauftragt, alle Streitigkeiten im Dorf zu beenden bzw. die betreffenden Personen zu versöhnen. Jedoch müssen alle zivil- und strafrechtlichen Fragen an die ordentlichen Gerichte weitergeleitet werden;

der Dorfsekretär gibt die Termine für die Sitzungen aller Dorfgremien drei Tage im voraus bekannt. In dringenden Fällen werden die Sitzungen kurzfristig einberufen.

Die Sicherheit

Alle Dorfmitglieder nehmen gemeinsam an der politischen Erziehung teil, die eine militärische Ausbildung einschließt. Hierfür ist besonders die TANU-Jugendliga verantwortlich gemacht.

SUGGESTED BY-LAWS

for an agricultural production Co-operative Society*

Name of the Society

By-law No. 1. The name of the society shall be the .... Co-operative Society Limited and its registered address shall be ....

Area of operations of the society:

By-law No. 2. The area of operation of the society shall be ....

Objects of the society:

By-law No. 3. The objects of the society shall be to promote the economic and social welfare of its members in accordance with co-operative principles and to ensure the full agricultural development of the area farmed by its membership and in particular and without prejudice to the generality of the foregoing to:–

(a) arrange the collection and marketing of the agricultural produce of the society in accordance with the directions of the general meeting and to undertake such grading and processing action as may be required or necessary in the economic interest of membership;

(b) promote and initiate good farming practices amongst membership;

(c) plan and organise the productive activity of membership to its maximum capacity;

(d) arrange for technical advice and assistance to be made available to membership as required;

(e) arrange the purchase of seeds, agricultural implements and other agricultural requirements on behalf of the society and its membership;

(f) arrange the supply of consumer goods for members to the extent determined by the general meeting;

* Das vorliegende Statut wurde vom tansanischen Ministry of Agriculture and Co-operatives (Co-operative Development Division) als Empfehlung an alle Regionen (Regional Officers) herausgegeben.

(g) encourage the spirit and practice of thrift, mutual help and self-reliance amongst membership through the development of savings action; and
(h) to do all such other things as may be conducive to the attainment of the above and other objects designed to improve both social and economic position of the members.

By-law No. 4. For the furtherance of the above objects the society may take up shares and enter into membership in other registered co-operative societies the liability of which is limited.

Membership:

By-law No. 5. Membership shall be open to all citizens, both men and women, who:–
(a) are of good character;
(b) have attained the apparent age of eighteen years;
(c) are engaged in the cultivation of land or are willing to be so engaged, or are engaged in the operations of the society or in the service of the community associated with the society;
(d) reside in the area of the society's operations or are willing to do so;
(e) agree to abide by the provisions of these by-laws;
(f) accept the principles of Self-reliance and of the Ujamaa community; and
(g) undertake to:–
  (i) continuously strengthen co-operative husbandry, which is the source of co-operative wealth and the prosperity of membership;
  (ii) actively take part in co-operative work, co-operative management and social life;
  (iii) consistently abide by co-operative operative methods, co-operative organisation of labour and the co-operative principle of equity in the return for labour; and
  (iv) protect public and co-operative property and honourably meet all obligations to the State.

By-law No. 6. Members shall be admitted after approval by the Managing Committee, subject to confirmation by the general meeting.

By-law No. 7. Every member on admission shall sign his or her name or make his or her thumbmark in the Register of Members in the presence of two members of the committee and shall receive a Membership Book containing his or her full particulars. Such book shall be produced at all general meetings of the society before he or she may vote at such meeting.

If such book is lost, a duplicate may be issued by the committee upon payment of such fee as the committee may decide.

By-law No. 8. Every member shall pay an entrance fee of Shs .... on joining. Such entrance fee is not refundable.

By-law No. 9. Membership shall be terminated by:–

(a) death;

(b) ceasing to hold a share or shares as required by these by-laws;

(c) withdrawal after three months notice in writing to the Secretary;

(d) expulsion by resolution of a general meeting carried by a two-thirds majority of the members present and voting; and

(e) removal of residence from the area of operation of the society.

By-law No. 10. Each member shall hold at least one share which shall be paid for on admission. A Share Certificate or other receipt shall be issued to the members by the society.

By-law No. 11. A member may be expelled for any of the reasons stated in Rule No. 13 of the Co-operative Societies Rules 1968, or for repeatedly neglecting his or her co-operative obligations in respect of safeguarding co-operative property or refusing to accept co-operative work discipline regulations as determined by general meeting. A member may be expelled with immediate effect, ordinarily, however, a member should only be expelled after all efforts to bring such member to a full understanding of his or her obligations under these by-laws have failed.

Land usage:

By-law No. 12. The land of the co-operative consists of:–

(a) the land which is in the name of or held on lease by the members and which is contributed to the society by the members; and

(b) the land transferred to the society for usage by the State.

By-law No. 13. (1) Every person on joining the society contributes his or her land to the society. The general meeting shall decide the area of land that may be retained for individual usage by members.

(2) The land contributed by members for common usage to the society shall remain in the name of the members.

(3) The land of the society, consisting of that contributed by members together with any land transferred by the State, shall form one large undispersed area and any boundary lines, posts or stones indicating previous limits shall be removed to allow the fullest use.

(4) The land contributed to the society by members shall be inspected by a committee elected by the general meeting and a record showing the

acreage and quality of the land contributed by the members shall be kept. This committee may invite Government Land Officers to assist in this inspection.

(5) The society shall keep a Land Register in which shall be recorded:–

(a) the area and quality of land contributed by member;

(b) the land transferred to the society by the State; and

(c) detail of other areas subsequently acquired by the society through its own development action.

(6) Members joining without any land whatsoever or with little land may receive a land allocation from the society where this is possible out of land which does not form part of individual member contribution, i. e. out of land which may have been acquired by the society as a society. Detail of such allocation shall be entered in the Land Register in the name of such members. Any acreage so allocated, together with any land held by the member, shall not exceed the average acreage contributed by the other members.

(7) On leaving the society a former member shall be given back land only on the border of the society's land area according to the acreage and quality of the land contributed as recorded in the Land Register, decision in this regard being made by the general meeting.

Funds of the society:

By-law No. 14. The funds of the society shall consist of:–

(a) an undetermined number of shares of the value of Shs. . . . . . each;

(b) any levy or levies imposed in accordance with these by-laws;

(c) loans from financing institutions and other sources as approved by the Registrar;

(d) such portion of the Reserve Fund and other funds as may be sanctioned by the Registrar;

(e) selling commission and other commercial charges accruing from business transacted for the members;

(f) undistributed balance of accumulated funds; and

(g) miscellaneous income.

By-law No. 15. The society shall be authorised to levy and retain each year such contribution upon all produce or types of produce marketed by or through the society as the general meeting may decide subject to the approval of the Registrar.

By-law No. 16. The society may charge a commission on sales and purchases and raise other commercial charges on business transacted for

members to the extent fixed from time to time by the general meeting.

Liability of members:

By-law No. 17. **The liability of the members for the debts of the society shall be limited to the nominal value of the shares held by each member.**

General meeting of the society:

By-law No. 18. **The supreme authority of the society is vested in the general meeting of members. In addition to the Annual General Meeting of the society which shall be held in the month of .... or as soon thereafter as may be practicable Ordinary General Meetings shall be held from time to time to acquaint members with the progress of the society and to dispose of necessary business. Special General Meetings of the society may be held at other times when summoned by the Registrar or at the written request of not less than .... members.**

By-law No. 19. **Fourteen days notice shall be given in the case of the Annual General Meeting and seven days in the case of Ordinary or Special General Meetings. The notice shall specify the date, time and place of the meeting and the business to be transacted and shall be made known in the manner customary in the area of society's operations and also by posting outside all premises of the society and on the Notice Board in all Community Centres in the area.**

By-law No. 20. **The presence of two-thirds of the membership shall be necessary for the disposal of the business on the agenda for each meeting.**

By-law No. 21. **The Chairman shall preside at every general meeting of the society other than Special General Meetings convened by the Registrar when the Registrar or any officer nominated by him shall preside over the meeting. If there is no such Chairman, or if at any meeting he is not present within fifteen minutes after the time appointed for holding the meeting, or if he is unwilling to act, the members present shall elect someone of their number to be Chairman.**

By-law No. 22. **If in the case of an Annual or Ordinary General Meeting a quorum is not forthcoming within one hour of the time appointed for the meeting, the Chairman shall postpone the meeting to the same time and place seven days later and the business to be transacted at the postponed meeting shall be the same and no other that proposed for the original date of the meeting. At such postponed meeting if a quorum is still not forth-**

coming within thirty minutes of the time appointed for the meeting such members as are present shall constitute a valid quorum and resolutions and other decisions may be approved by a majority of three-fourths of the members present. If in the case of a Special General Meeting convened at the request of membership a quorum is not present within one hour of the time appointed for the meeting then the meeting shall be considered cancelled and no further action taken. In the case of a Special General Meeting convened by the Registrar the presence of any number of members shall constitute a valid quorum to conduct the business determined by the Registrar.

By-law No. 23. The General Meeting shall elect a Chairman and vice-Chairman from amongs those members elected to serve on the Managing Committee. The Chairman and vice-Chairman shall automatically retire from office on completion of their term of office on the Managing Committee. A retiring Chairman or vice-Chairman re-elected to the Managing Committee for a further term of service shall not reassume the office of Chairman or vice-Chairman but shall be eligible for election as Chairman or vice-Chairman.

By-law No. 24. The duties of the Chairman shall be:–

(a) to preside over all General Meetings of the society other than Special General Meetings convened by the Registrar when the Registrar himself shall nominate the presiding officer;

(b) to preside over all meetings of the Managing Committee;

(c) to convene General Meetings of the society in accordance with these by-laws or any internal regulations established by General Meeting;

(d) to convene meetings of the Managing Committee in accordance with any regulations established by that body;

(e) to sign the minutes of all General Meetings and Managing Committee meetings at which he presides; and

(f) to sign on behalf of the society all documents requiring the seal of the society to be affixed thereto.

By-law No. 25. The General Meeting of members shall have, inter alia, the following duties and functions:–

(a) to confirm the minutes of the previous General Meeting and to resolve any matters arising therefrom;

(b) to elect, suspend or dismiss members of the Managing Committee and other office-holders, including the Chairman and vice-Chairman, if any;

(c) to confirm the admission and/or expulsion of members;

(d) to consider and adopt the Annual Statement of Account and the

Audited Balance Sheet and to consider the Auditor's Report and the Inspection Notes of the Registrar;

(e) to determine the distribution of income and the application of the various funds established subject to the approval of the Registrar;

(f) to consider and approve the agricultural production plan to be carried out by the society in respect of each season;

(g) to approve such Rules and Regulations concerning the operations of the society and member/society relations as are necessary for the attainment of the objects of the society;

(h) to approve work standards and work evaluation factors;

(i) to approve the appointment of 'team leaders' and other leading members as suggested by the Managing Committee;

(k) to elect delegates to represent the society/or meetings of other organisations to which the society may be affiliated;

(l) to fix the maximum liability the society may incur as required by Rule 36 of the Co-operative Societies Rules 1968.

By-law No. 26. All business discussed or decided ar a General Meeting shall be recorded in a Minute Book, which shall be signed by the Chairman and the Secretary.

Managing committee:

By-law No. 27. The Managing Committee shall consist of............. members, including the Chairman. The members of the Committee shall be elected for a period of three years and are eligible for re-election. One third of the members of the Committee shall retire each year, the order of retirement being determined in the manner stated in section 36 (2) of the Co-operative Societies Act.

By-law No. 28. The Managing Committee shall meet once each month and at such other times as the business of the society may require. The Chairman or vice-Chairman shall preside at all meetings of the Committee. In the absence of the Chairman or vice-Chairman, or if they are unwilling to act, the members present for a meeting may elect a Chairman from amongst themselves and proceed with the business on the agenda.

By-law No. 29. The presence of a majority of the committee shall constitute a valid quorum for the transaction of the business on the agenda.

By-law No. 30. Any member who fails to attend three consecutive meetings of the committee without acceptable reason may be removed from the committee.

By-law No. 31. The committee may draw up rules of procedure of govern their conduct of affairs.

By-law No. 32. The committee shall exercise all the powers necessary to ensure the full and proper administration of the society subject to the by-laws of the society, the Co-operative Societies Rules, 1968, and any resolutions or directions passed at a general meeting and in particular shall:–

(a) implement in full all resolutions and/or directions of the general meeting;

(b) ensure that the Rules and Regulations approved by the general meeting are applied within the society and carried out in full;

(c) ensure that true and accurate accounts are maintained;

(d) maintain a correct Register of Members;

(e) maintain an accurate and up-to-date Register of Land;

(f) lay before the Annual General Meeting an Income and Expenditure Account and an Audited Balance Sheet together with the Auditor's Report in respect of the previous financial period;

(g) present to the general meeting of members for approval the Estimates of Income and Expenditure required by the Registrar in accordance with Rule 36 of the Co-operative Societies Rules, 1968;

(h) assist in the inspection of the books of the society by any person duly authorised by the Registrar in this regard;

(i) arrange all matters and affairs that are necessary for the collection, grading and marketing of the produce handled by the society;

(j) ensure that the Production Plan determined and approved by the general meeting is implemented to the fullest extent within the resources of the society;

(k) ensure that all measures necessary for the prevention and irradication of diseases and pests endagering the crops and animals produced and owned by the society and its members are effectively carried out;

(l) admit new members subject to confirmation by the general meeting and/or suspend members for improper conduct or actions in contravention of these by-laws or of the Rules and Regulations determined by the general meeting pending consideration of such suspension by the general meeting;

(m) arrange for the safe custody of all produce, stock and cash handled by the society and also of the books and records of the society; and

(n) present an account of its activities to the general meeting of members at least twice in each year.

By-law No. 33. In the conduct of the affairs of the society the committee shall exercise the prudence and diligence of ordinary men of business.
By-law No. 34. The committee may delegate to the officers of the society such of its own powers as may be prescribed by the general meeting.
By-law No. 35. All business discussed and decided at a meeting of the committee shall be recorded in a Minute Book which shall be signed by the Chairman of the meeting and all the committee members present.

Managing secretary:

By-law No. 36. The Managing Committee shall appoint, with the approval of the general meeting and subject to confirmation by the Registrar, a suitably experienced person to be the Managing Secretary of the society. The terms and conditions of engagement of the Managing Secretary shall be in accord with the provisions of Rule 36 (3) of the Co-operative Societies Rules, 1968.
By-law No. 37. The Managing Secretary so appointed shall be responsible to the general meeting through the Managing Committee for the overall control, direction and supervision of the affairs of the society in accordance with the policy established by the general meeting.
By-law No. 38. The Managing Secretary shall work closely with such subsidiary committees, sub-committees and Production Teams as may be established and shall co-ordinate their activities, on behalf of the Managing Committee, in the fulfilment of the society's operational and development plans.
By-law No. 39. The powers and duties of the Managing Secretary are:–
(a) to superintend the working of the office of the society.
(b) to ensure the due execution of receipts and other acknowledgements in respect of all purchases and sales made by the society;
(c) to receive deposits and issue receipts as prescribed by the committee;
(d) to control the collection, grading and marketing of all produce handled by the society in accordance with the directions of the committee;
(e) to receive money due the society and to issue receipts for same;
(f) to pay money due from the society as directed by the committee;
(g) to incur contingent expenditure subject to the sanction of the committee;
(h) to sign on behalf of the society and to conduct its correspondence;
(i) to attend general meetings of the society and meetings of the committee as directed by the committee and to provide such information regarding the affairs and operations of the society as may be required;

(j) to conduct the general business of the society and to perform duties entrusted to him by the committee; and

(k) to keep in safe custody all monies, books and records of the society.

By-law No. 40. Copies of the by-laws of the society, of the Annual Balance Sheet and of the Co-operative Societies Act and Rules shall be available to any member for scrutiny during office hours.

By-law No. 41. All charges or other instruments executed on behalf of the society, other than receipts or documents requiring the affixing of thy seal of the society, shall bear the signature of the Managing Secretary and of two members of the committee, duly appointed for this purpose, as representing the society.

Treasurer

By-law No. 42. A separate Treasurer may be appointed by the general meeting. If such an appointment is made the Treasurer shall take charge of all money entrusted to him by the society and shall account daily for the same and shall make such payments as the committee or Managing Secretary may order in accordance with their powers. The Treasurer shall not keep on hand an amount of money in excess of his immediate requirements as fixed from time by the committee and shall pay all sums exceeding this amount into the bank account of the society. He shall produce the Cash Books and other records maintained by him whenever called upon to do so by the committee or the auditor. The committee may delegate such of the financial duties of the Managing Secretary to the Treasurer as are considered fitting. If no Treasurer is appointed these duties shall be performed by the Managing Secretary.

Co-operative organisation, discipline and evaluation of work:

By-law No. 43. In order to organise the operating work of the society in accordance with co-operative principles and to evaluate the work done adequately the general meeting shall establish Internal Operating Rules and Regulations. These operating Rules and Regulations shall apply to every member.

By-law No. 44. All work in the society shall be done by the members themselves. In exceptional cases only and for limited periods the society may engage hired labour, such as experts in agronomy, animal husbandry, engineers, technicians, accountants etc. Temporary employment of hired labour is permissable only if urgent work cannot be carried out in time by the members and their families.

By-law No. 45. (1) The general meeting shall decide the annual minimum number of work units or working days to be performed by members.

(2) The general meeting shall also decide on the individual amount of work to be performed by old or sick members and those engaged in social activities within the society.

(3) The annual minimum work units/days shall be divided proportionately over the seasons of the agricultural cycle.

(4) Regardless of having fulfilled their quota of work all members are bound to be ready for further work if the fulfilment of production plans or the property of the society are endangered by weather or other circumstance.

(5) The general meeting may decide that shares in the income of the society due in respect of land contributed and work units completed shall not be awarded in full to members failing to complete the work minimums set by the general meeting without reasonable justification.

By-law No. 46. (1) Subject to the approval of the members the Managing Committee shall organise membership into Production Teams. The types of Production Teams, including Groups in charge of special jobs, and their duties shall be defined in the Operating Rules and Regulations approved by the general meeting. Each Production Team or Group shall be directed by a Team Leader chosen by the Managing Committee and approved by the general meeting. Each Team/Group Leader is responsible for the work of his or her Team/Group and may issue directions.

(2) In meetings or discussions concerned with production or other special tasks, Team/Group members are both entitled and required to submit proposals aimed at improving work output and to criticise the work of the Team Leader or other members of the Team/Group where necessary.

By-law No. 47. (1) Work done for the society is evaluated and paid for on the basis of work standards established within the society according to the co-operative principle of equity.

(2) A Work Standards Commission shall be appointed by the general meeting. This commission shall draw up proposals for work standards and work evaluation factors for the various job operations within the society and both standards and factors shall be considered and approved by the general meeting prior to deciding the production plan of the society.

(3) Members employed in management, administrative or service jobs within the society shall each be allotted a certain number of work

units per year proportionate to the task undertaken. This will represent their remuneration and the unit allocation made will be subject to approval by the Registrar and detail shall be submitted annually to the Registrar with the Estimates of the society.

By-law No. 48. (1) The work done by each member is calculated by the Team Leader.

(2) Each week the Team Leader shall sum up the work units performed by his team and enter them into the record sheet of the team.

(3) Each month the Managing Committee shall draw up a record sheet showing the number of units worked by each member. This record sheet shall be exhibited at a point where it can easily be seen by all members.

(4) The total number of work units worked by each member in the course of the year shall be made known by the Managing Committee within one month of the end of the financial year of the society.

By-law No. 49. The income of the society shall be distributed in cash and kind in accordance with the annual economic report approved by the general meeting.

By-law No. 50. (1) Out of the total harvest of the society certain quantities shall be set aside and retained by the society. The balance remaining shall be marketed through the normal channels.

(2) The quantities to be set aside are:–

(1) that quantity of necessary food crops required for distribution amongst membership;

(2) those quantities necessary to provide the seed required for the following year's production plan and to maintain the Seed Reserve Fund at the required level; and

(3) a quantity of between 1% and 2%, as may be determined by the general meeting, of total food crop production to establish a Relief Fund.

(3) In respect of (2) above the yearly Production Estimates of the society shall show:–

(1) the quantities of food crops to be set aside for distribution to membership;

(2) the quantities of food crops to be set aside for the Relief Fund; and

(3) the quantity of all crops estimated as available for market sale.

By-law No. 51. The food crop availabilities for distribution to membership shall be distributed, after harvesting, either in proportion to the number of work units completed by each member, or on the basis of a family allocation as the general meeting may decide.

By-law No. 52. From the Cash Income received from the sale of crops marketed the following payments and provisions shall be made in respect of:—

(1) the expenses incurred in the provision of fertilisers, insecticides and other measures necessary to safeguard production;
(2) the hire of any technical or advisory services necessary in the course of operations;
(3) taxes, if any, and insurance charges;
(4) the current administrative expenses of the society, stationery equipment etc. etc.;
(5) depreciation of property and equipment;
(6) the Reserve Fund at the rate of .....%
(7) such items in the Produce Costings as are applicable;
(8) the Educational and Cultural Fund, an amount not exceeding 2% as may be approved by the general meeting;
(9) such levy or levies as the general meeting may determine subject to the approval of the Registrar; and
(10) such other items as the general meeting, with the approval of the Registrar, may from time to time decide.

The balance remaining shall represent the Net Cash Income of the society.

By-law No. 53. (1) Of the Net Cash Income of the society at least 80% shall be distributed to members in proportion to the number of work units completed by each. A Work Unit Value shall be determined by dividing that part of the Net Cash Income allocated for distribution in this manner by the total number of work units completed by all members. In calculating the share due to each member this Work Unit Value shall be multiplied by the number of work units completed by each individual member.

(2) The balance remaining shall be distributed amongst membership in proportion to the amount and quantity of land contributed to the society by each member in accordance with the detail entered in the Register of Land.

(3) The proportions payable in respect of labour and land shall be determined by the general meeting each year.

(4) Payments as above shall be made annually as soon after total receipts from crop sale have been received as is possible.

By-law No. 54. The Statutory Reserve Fund may be used in the business of the society or for capital expenditure to the extent approved by the Registrar.

By-law No. 55. The Seed Fund is established to secure crop production under determined production plans. The Seed Reserve Fund is established to provide a safeguard against the possibility of the partial or total failure of initial sowings through drought or other damage. These funds are built up from seed allocated from the harvest or seed acquired by exchange or purchase.

By-law No. 56. The Relief Fund is established to assist members who are unable to work or are otherwise in need of relief.

By-law No. 57. The Educational and Cultural Fund is established to cover educational and cultural activities undertaken within the society's community and to support members attending special training away from the society.

Individual Husbandry:

By-law No. 58. (1) Each member is entitled to carry out individual husbandry. However if any household contains two or more members such members can only exercise this right jointly.

(2) Co-operative husbandry is the main source of a member's income. Individual husbandry is intended only to allow an additional means of satisfying the needs of members and their families through personal effort.

(3) Individual husbandry shall be subordinate to the interests of the society. It cannot be allowed to develop to an extent where it impairs the proper observance of the member's obligations to the society.

(4) The general meeting shall make such rules in respect of individual husbandry and the disposal of any surplus production as may be necessary and proper.

Thrift and savings:

By-law No. 59. The members of the society shall form a Savings and Credit Society as an independent section within the community of the society.

General:

By-law No. 60. The rights and obligations of family members who are not themselves members of the society but who work in the society shall be determined by agreements made between such persons and the society.

Personenregister

Abel, W. 147
Addison, H. 305
Aereboe, F. 41, 59, 126
Andrae, B. 27, 56, 58, 93, 96, 99, 106, 117, 191, 243, 261
Apalin, G. 302
Attems, M. 115, 134, 160, 164, 169, 179, 182, 185, 189, 193, 203
Auckland, A. K. 307

Baade, F, 305
Babu, A. M. 17
Bakula, B. B. 182, 258, 291
Barajev, A. I. 55
Baren, F. A. van 95
Baum, E. 130, 131, 134, 139, 225, 242, 290
Behrendt, R. F. 208
Behrens, F. 82
Blochin, L. F. 169
Blohm, W. 119
Bohnet, M. 14, 15, 208, 262
Bomani, P. 214, 216, 218, 223, 226, 238
Borgius, W. 36
Brežnev, L. I. 9, 21, 46
Brewin, D. R. 140, 178, 183, 225
Brown, K. J. 307
Bugengo, J. 162, 218, 231, 329
Buringh, P. 102

Caesar, K. 307
Clemm, M. v. 140, 177, 178, 180, 186, 221
Correa, H. 201
Cory, H. 180

Efimov, V. P. 55, 71
Engels, F. 28, 36, 63, 64, 83, 124, 126, 164
Ernst, K. 13, 273

Fickendey, E. 196
Finck, A. 93, 118, 190, 194, 261
Finckenstein, H. W. F. v. 32
Fliedner, H. 160
Franz, G. 147
Friede, G. 299

Ganssen, R. 97, 98, 99
Gilman, H. H. 184, 252
Gillmann, C. 193
Gossen, I. F. 55
Gourou, P. 40

Greenland, D. J. 117, 119
Grzimek, B. 192
Gulliver, P. H. 179, 180, 181, 183
Guruli, K. M. 202

Hädrich, F. 97
Hailey, W. M. 129, 132, 140, 161, 162, 163, 176, 185, 195
Hardenberg, K. A. 32
Herzog, J. 128, 175, 176, 181
Hodgskin, Th. 127
Hofmann, O. 301
Horn, K. 43

Iskenderov, A. 9

Jacoby, E. H. 205
Jaeger, F. 98, 193, 194
Jordanskij, V. 81

Karstedt, O. v. 153
Kautsky, K. 41, 42, 45
Keldyš, M. 55
Kellogg, C. E. 120, 306
Khalatbari, P. 168, 173
Kimambo, J. N. 151
Klose, M. 57
Koch, R. 173
Kollontaj, V. M. 244
Kotšin, G. 302
Kuczynski, R. R. 169
Kuntze, H. 277

Lenin, V. I. 9, 70, 107, 182, 207, 230, 270
Liebig, J. v. 49
Löhrke, L. 43
Ludwig, H. D. 140, 149, 170, 195

Magome, G. 267
Malthus, Th. R. 59
Manshard, W. 118, 190
Marcus, A. 97
Mardek, H. 112, 299
Marx, K. 24, 25, 31, 33, 43, 51, 52, 53, 54, 58, 62, 63, 64, 66, 68, 71, 73, 76, 81, 82, 83, 84, 85, 86, 87, 88, 89, 90, 91, 92, 110, 120, 121, 122, 123, 124, 125, 126, 127, 135, 170, 206, 289, 291, 303
Massow, H. 158, 320
Mehring, F. 147
Meleščenko, J. S. 34
Michalski, K.-J. 183, 221, 251, 272, 282, 283, 310
Mohr, E. C. J. 95
Morley, S. G. 150
Mottek, H. 39, 59
Münch, S. 309
Mutscher, H. 48, 65, 103, 105
Mwanatongoni, M. 237

Neubaur 94
Newiger, N. 242
Ngai, J. 237, 263, 282
Ngeze, P. 271
Ngororo, A. 236
Nippold, W. 133
Ntirukigwa, E. N. 182, 225, 231
Nye, P. H. 117, 119
Nyerere, J. K. 19, 112, 114, 219, 220, 221, 222, 224, 227, 228, 230, 231, 233, 234, 239, 240, 247, 253, 264, 281, 282, 292, 293
Nyoka, K. J. 263

Obst, E. 153
Oldaker, A. A. 110, 111, 170, 176, 177, 180
Olejnikov, I. N. 169
Otto, K.-H. 147

Pagel, H. 12, 98, 99, 102, 106, 195, 307
Pearson, R. W. 204
Penn, R. J. 204
Petty, W. 82

Ponomarev, B. 10, 16, 17, 18
Proctor, J. H. 182
Purrit, P. 161
Potechin, J. J. 119, 146, 199, 202

Raup, P. M. 204
Ravenstone, P. 89
Reichelt, H. 262
Reining, P. C. 175, 222
Ringer, K.-E. 123
Roscher, W. 41
Rotenhan, D. v. 127, 132, 134, 155, 165, 166, 167, 179, 181, 183, 187, 188, 200, 203, 225
Rounce, N. V. 200
Russell, E. J. 100
Russell, E. W. 100
Ruthenberg, H. 130, 132, 136, 158, 163, 179, 203, 215, 219, 241, 244, 251, 277

Salim, S. 236
Salin, E. 208
Sellnow, I. 12, 90, 109, 112, 119, 122, 299
Sombart, W. 289
Surét-Canale, J. 112
Suslov, M. 10
Sutton, J. E. G. 151

Scharschmidt, G. 301
Schilling, H. 12
Širakov, M. S. 236
Schlippe, P. de 117, 119, 150
Schmidt, Geo. A. 97
Šokal'skaja, J. 97, 99, 101, 102, 103
Schulze, E. 57
Schultz, J. 222, 225, 276
Schütte, H. 236

Stanis, V. A. 230
Stegmann, H. 43
Stein, K. Frhr. von und zu 32
Stern, R. 114
Steuart, J. 92
Stingl, M. 150
Strahler, A. N. 103
Stuhlmann, F. 94, 114, 153, 156, 157

Tacitus, C. 41
Tarabrin, J. 302
Tempany, H. A. 204
Temu, A. J. 151
Thomas, K. M. 281
Thomas, W. L. 40
Thünen, J. H. v. 41
Tjagunenko, V. 38, 81

Ul'janovskij, R. 16, 18
Ullrich, W. 192

Vageler, P. 79, 117

Weber, M. 289
Weitzenberg, H. 20, 191, 192, 193, 194
Werder, P. v. 153
Wohltmann, F. 94, 95, 193
Wright, J. W. 161

Zak, S. D. 112, 113
Zmeev, B. M. 16

Sachregister

Abarbeit 222
Abhängigkeit
–, ökonomische 32, 208
– von den kapitalistischen Weltmärkten 208, 218
(Ab-)wanderung (Migration) 184
– in die Stadt 284
Ackerbau, s. Agrikultur
Ackerbauern, s. traditionelle Bodenbauern
Ackerbaugesellschaft, s. a. Stammesgesellschaft
–, klassenlose afrikanische 151
Ackerbaukultur 21
–, traditionelle 172
ackerbautreibende Gesellschaften, s. a. Stammesgesellschaft, traditionelle Bodenbauern
–, Entwicklungsstand 146
– in der vorkolonialen Zeit 151
– in Ostafrika 150
ackerbauliche Maßnahmen, s. a. Verfahren 51, 53, 67
ackerbauliche Nutzung, s. a. ackerbauliches Nutzungssystem 27, 49, 51, 58, 66, 68, 69, 70, 93, 94, 103, 106, 117, 140, 144, 147, 148, 249
–, effektivere 288
–, Formen der 128
–, waldursprüngliche Form der 125
ackerbauliches Nutzungssystem (Nutzungsform) 12, 14, 25, 26, 27, 28, 29, 30, 36, 41, 42, 55, 58, 70, 74, 79, 94, 100, 103, 105, 106, 110, 114, 115, 116, 117, 119, 125, 127, 144, 145, 147, 148, 150, 163, 171, 185, 206, 210, 232, 237, 254, 257, 258, 267, 308
–, Definition (Begriff) des 40
–, deformiertes traditionelles 190
– –, Entwicklungsfähigkeit des 209
–, fortgeschrittenes traditionelles 149
–, geschlossenes 254, 257, 258, 292, 308, 309
–, intensives 262, 276, 285
–, leistungsfähiges 286
–, neues 56, 148, 209, 228, 275, 291
–, traditionelles 28, 29, 58, 145, 161, 166, 170, 171, 172, 198, 204, 230, 280
– und gesellschaftliche Bedingungen 42
–, Variationsbreite 114, 118
–, verändertes 14, 185
Acker–Wald–Wechselwirtschaft 116
Ackerwertzahl 79
African Chiefs Bill 221

Afrika 46, 91, 104, 112, 114, 128, 151, 153, 172, 173, 194
–, Ost-, s. Ostafrika
– südlich der Sahara 58, 192, 205
–, Tropisch-, s. Tropisch-Afrika
–, West- 110, 196
Agrarexport 215
– Tanganyikas 215
– Tansanias 214, 215
Agrargeschichte, s. a. Geschichte
–, deutsche 41
–, europäische 147, 274
Agrarprobleme
– tropischer Länder Afrikas 23
Agrarproduktion
–, kapitalistische 63
–, Kosten 89
–, natürliche Grundlagen 36
–, primäre 42
–, Steigerung der 22, 23, 80, 229, 305
Agrarreform 22
Agrartechnik, s. a. Technik
–, materielle 43, 44
–, moderne 33
Agrarverfassung
–, Begriff der 205
–, Reform der 204, 205
– ssysteme 123
Agrarwissenschaft, s. a. Agronomie, Wissenschaft 46, 257, 260, 262, 292
Agrikultur (Ackerbau) 14, 31, 53, 54, 63, 64, 65, 69, 71, 78, 80, 81, 85, 86, 87, 90, 96, 106, 120, 121, 126, 137, 147, 189, 304
–, intensive 276
–, traditionelle afrikanische 198, 201, 312
–, tropische 24, 59, 257
–, waldursprüngliches System der 126
Agronomie (als Wissenschaft) 42, 48, 50, 61
–, Zweigdisziplinen der 49, 61, 276, 315
agronomische Verfahren, s. Verfahren
Akkumulation, s. a. Investitionen 284
– skraft der werktätigen Bauern 282
–, Lösung des ~ sproblems 283
–, verstärkte ~ in der Landwirtschaft 282
– von Wissen und Arbeitserfahrung 279
Aktivität, mikrobielle, s. a. Bodenorganismen, Mikroflora 47, 99, 100
Allmende 182
Anbau
– intensität 66, 68, 69
–, kombinierter 276
– methoden, s. a. Technik des Anbaus 11, 57, 79, 203, 237
–, Misch- 177, 186, 188
–, Rein- 56
– system, s. a. Fruchtfolge, ackerbauliches Nutzungssystem 307
–, traditioneller 26
–, Variationsbreite des traditionellen 134
– zyklus 137
Anbauausweitung 27, 224
Anbaustruktur 26, 27, 262
Anbauzyklus, s. a. Rotation, Fruchtfolge 137
Anspruchsrechte, s. a. Eigentumsrecht
–, gleiches ~ an Boden 133, 141
–, individuelles 127
– der lokalen Gruppe 111, 127
– –, unbeschränktes 127, 129
– des einzelnen 111
antiimperialistische Position
– Tansanias 32, 293
– der jungen Nationalstaaten 300
antiimperialistischer Kampf 9, 17, 302
antiimperialistische Nationalstaaten 303
antikapitalistische Maßnahmen 300, 301, 302, 313
Arbeit
–, agrikole 80, 84

Arbeit
—, Freisetzung agrikoler 80, 86, 87, 206, 248, 284
—, im Boden vergegenständlichte 44, 66
—, lebendige 52, 54, 56, 66, 72, 74, 278, 279
—, Naturbedingungen der 125
—, nichtagrikole 84
—, notwendige 151
—, Recht auf 232, 333
—, Substitution lebendiger durch vergegenständlichte, s. Substitution
—, vergegenständlichte 24, 44, 52, 54, 56, 66, 72, 73, 74, 206, 277, 278
Arbeiter 222
— bewegung, internationale 300
Arbeiterklasse 16, 18, 19, 45, 265, 270, 273, 294, 295, 298, 299
—, internationale 46, 298
— und Bündnispolitik 271, 298
Arbeitsaufwand 39
Arbeitsfertigkeit 119
Arbeitsgegenstand 36, 43
— Boden 52, 53, 55
—, Natur als 304
Arbeitsintensität 201
Arbeitskapazität 88, 279
— der Bauernfamilie 285
— der Stammesbevölkerung 159
Arbeitskraft
—, Arbeitserfahrung 36, 55
— als ökonomischer Faktor 59, 72
—, Ausbildung der 59
—, Bildung der 59
—, Entwicklung der 54, 58
—, Geschicklichkeit 36, 55
—, Qualifikationsstand 74
—, Qualifizierung der 59
—, Stand der Entwicklung 55, 114, 115
Arbeitskräfte
— potential 278, 279
— überschuß 88, 284
Arbeitsleistung
— der traditionellen Bevölkerung 159
— zur Erzeugung von cash crops 159
Arbeitslosigkeit 17, 81, 232, 233
Arbeitsmittel 34, 35, 37, 41, 43, 54, 83
— Boden 55, 58, 67
—, fruchtbarkeitsverbessernde 55
—, mechanische 82, 83
—, maschinelle 31
—, materielle 44, 55, 252
—, neue (moderne) 56, 198, 285
— Pflanze 29, 43, 66, 306, 307
—, sachliche 200
—, technische 42, 43, 114
—, traditionelle, s. Handarbeitsgeräte
—, verbesserte 260
Arbeitsproduktivität 24, 33, 39, 53, 71, 72, 73, 82, 86, 145, 269, 301
—, agrikole (agrare) 23, 31, 74, 80, 81, 85, 88, 89, 92, *268*
— als Ergebnis eines historischen Prozesses 92
—, Begrenzung der 74
—, nichtagrikole (allgemeine) 85, 89
— —, Steigerung der 247, 284, 311
Arbeitsspitze 88, *285*, 311
Arbeitstal, s. a. Arbeitsspitze 285
Arbeitsteilung 127, 168, 311
—, gesellschaftliche 32, 38, 44, 75, 87, 88, 89, 91, 122, 142, 206, 271
—, natürliche 122, 142
Arbeitswerkzeug, s. a. Arbeitsmittel 38
Arbeitszeit 201
—, notwendige 90
Armut (Massenarmut) 17, 19
Arusha 221, 222
— Deklaration 215, 223, 226, 228, 229, 234, 237, 238, 240, 244, 263, 299, 313
asiatisches Gemeinwesen *83*
Asien 46, 191
—, Südost- 190
—, Südwest- 191
Aufforstung 74, 224, 278
Ausbeutung 64, 162, 207

Ausbeutung
– des Landes (Dorfes) durch die Stadt 84
– des Menschen 229
–, imperialistische 32, 274
– in der Vorklassengesellschaft 113
–, kapitalistische 222
–, koloniale 210
– menschlicher und natürlicher Ressourcen 206
–, ökonomische 20, 84, 128, 184, 313
– sverhältnisse 300
Ausbildung, s. a. Bildung 280
Ausgaben, Betriebs- 277
Ausgangsgestein 47, 49, 98, 105
Aussaat 88, 312
Außenhandel
– smonopol 226, 300
– sstruktur 26
Austausch- und Sorptionsfähigkeit des Bodens 57, 61

Bauern
– dörfer 245
– betriebe, tansanische 183
– –, größere 221
–, Groß- 221, 263
–, Klein- 220
–, Kleinst- (Zwerg-) 220
–, landarme 181, 182, 222
–, landlose 181, 184, 222
– massen als soziale Stütze 226
–, materielle und soziale Lage 239
–, traditionelle, s. traditionelle Bodenbauern
Bauernschaft 45
–, Massenarmut 298
–, staatliche Hilfen 265
–, Stellung im Produktionsprozeß 295
–, werktätige 45, 46, 299
– –, Europas 282
bäuerliche Landwirtschaft 258
–, individuelle ~ 264, 294
–, klein- 41
– Tansanias 38
Banane (*Musa sapiéntium, M. paradisiaca*) 177, 197
– anbau 115, 186, 276
Basen, austauschbare 101
Baumwolle (*Gósspium herbáceum*) 20, 26, 29, 156, 178, 189, 197, 200, 215, 216, 219, 253, 254
– anbau 132, 155, 158, 165, 187, 188, 281
– erzeugung in Tanganyika 158
– Farmer 283
–, Flächenerträge 254
Bedürfnisse
– als Stimulus zur Produktivkraftsteigerung 90, 91
– befriedigung 62
–, Grad der 28
–, ökonomische 18
–, soziale ~ der Bauernmassen 18
–, unentwickelte 62
Beschäftigungsmöglichkeiten 19
Besiedlungsdichte s. a. Bevölkerungsdichte 132, 177
Besitz
– formen 132, 133, 139, 149
– –, individuelle 125, 139, 140
– –, feste 176
– –, ihre ökonomische Befestigung 133, 134
–, individueller 177
–, privater 139, 140
Besömmerung 41
Bestellung
–, Zeitpunkt der, s. a. Bodenbearbeitung 57, 76
Besteuerung, koloniale 153, 155
Betriebssysteme 183
Betriebswirtschaft 286
–, praktische 304
Bevölkerungsdichte 28, 115, 126, 127, 128, 129, 131, 140, 145, 148, 161, 169, 171, 172, 173, 179, 184, 203, 284

Bevölkerungsdichte
—, relative 168, 174
—, tragbare 169
— —, unter Naß-Reis-Anbau 172
—, wachsende 131, 145, 168, 169, 176, 188, 206, 210, 211, 224
Bevölkerungsexplosion 173
Bevölkerungswachstum 19, 42, 144, 174
— in Tanganyika/Tansania 169
—, natürliches 168, 169, 172, 185, 188, 197, 207, 210
Bevorratung 115
Bewässerung 23, 57, 115, 199, 241, 307
— sbodenbau 27, 142, 145, 171
—, Kanal- 177
— smaßnahmen 245, 252, 256
— smöglichkeit 141, 178
— sprogramm 224, 228, 241
— ssystem 140
—, traditionelle 115
Bildungswesen (-system) 44, 72
— in der Kolonialzeit 202
Böden
— Afrikas 99
—, „alte" 101
— als Arbeitsgegenstand und Arbeitsmittel 54
—, bebaute 52
—, ferrallitische 100, 195
—, nährstoffarme 188
—, „junge" 98, 150, 151, 187, 276
—, jungfräuliche 52
— Ostafrikas 25, 97
—, sozial bedingtes Verhalten zum 59
— Tansanias 98, 101, 106, 277
—, tropische (tropical soils) 25, 29, 56, 70, 93, 94, 95, 100, 101, 102, 117, 120, 147, 148, 150, 209, 258, 267, 315
Bodenart 79, 95, 96, 257
Bodenausbeutung (soil mining) 149, 187
Boden- (Land-)ausstattung 282, 284
— der tansan. Bauernbetriebe 183, 184, 281
— der Stämme 185
—, extrem niedrige 185
Bodenbauern, s. traditionelle Bodenbauern
Bodenbearbeitung 57
—, agrotechnisch günstigste Termine der 50, 185
—, einzelne Maßnahmen der 50, 61, 58
Bodenbedeckung 25, 26, 56, 57, 186
—, ausreichende 200, 255
—, ständige 101
— zur Abwehr der Bodenerosion 186
Bodenbesitz (land tenure) 281
—, dauerhafter individueller 180
— form, gesellschaftliche (ökonomische) Befestigung 133, 134, 149
—, für Weidezwecke 132
—, Individualisierung des 202
—, individueller 111, 130, 133, 145, 149, 166, 176, 182, 220
—, privater 145, 149, 176, 177, 178, 180, 182, 220, 241
— recht, traditionelles 220
— reform, kapitalistische 208
—, traditioneller (customary land tenure) 132, 177, 180
— verhältnisse, Reform der 204, 205
Bodenbildung 47, 48, 50, 56, 58, 100, 104, 105
—, Faktoren der 47, 50, 58, 95, 97, 98, 100, 209
—, Prozeß der 47, 48, 50, 99, 100, 101, 103, 105, 209
—, Teilsysteme der 60
Bodendegradierung 127
Bodeneigenschaften, s. a. Austausch- und Sorptionsfähigkeit d. B. 52, 94
—, chemische 60, 102
—, natürliche 27, 93, 114
—, objektive, s. a. Nährstoffgehalt, Textur, Relief 51, 52, 93, 94, 95, 103, 105, 106, 150, 209

Bodeneigenschaften
–, physikalische 60
–, unveränderliche 27
Bodenbesitz 110, 111, 122, 127
Bodeneigentum, s. a. Eigentum,
–, de-jure-Anerkennung des 175, 176
– sdifferenzierung 113
– sform 116, 128, 140, 144, 171, 178
– –, individuelle 113, 175, 176, 179, 180, 220
– –, private 113, 171, 175, 176, 180
– in der vorkolonialen Periode 111
– in der Kolonialzeit 111
–, kapitalistisches 220, 242
– –, seine Beseitigung 220
–, kollektives 135, 227
–, privates 133, 134, 220
– sverhältnisse, s. a. Produktionsverhältnisse 175
Bodenerhaltung (soil conservation) 159, 249, 254, 256, 261
Bodenerosion (soil erosion) 20, 25, 26, 29, 58, 64, 65, 101, 102, 103–107, 117, 138, 149, 170, 189, 192, 194 bis 197, 198, 200, 204, 206, 209, 211, 250, 254, 267, 315
–, Abwehr der 55, 57, 74, 140, 224, 278, 290, 298, 307
– –, Maßnahmen zur 171, 209, 275
– als soziale Erscheinung 105
–, Bekämpfung der 21
–, Erscheinungen der 79
– in Tanganyika 195
–, Schäden durch E. 65
– sschutz 145, 200
–, wachsende (zunehmende) 255, 259
Bodenerschöpfung 68, 94, 118, 137, 157, 161, 189, 238
– im europäischen Mittelalter. 137
Bodenfond, s. a. Landreserve 169
–, gemeinschaftlicher 182
–, Verringerung des 211
Bodenforscher 99, 102, 103
–, marxistische 104
Bodenfruchtbarkeit (soil fertility)
–, Absinken 79, 207, 209
– als natürliche Kategorie 47–52
–, Definition 50
–, Erhaltung der 94, 100, 102, 126, 145, 146, 255, 278, 281, 306
–, Elemente zur einfachen Reproduktion 255
–, Erschöpfung der 127, 136
–, Erhaltung der 21, 41, 149, 150
–, ihre Verwandlung in eine gesellschaftliche Produktivkraft 206
–, Naturkraft 69, 80, 206
–, natürliche (anfängliche) 29, 48, 51, 65, 86, 92, 103, 104, 106, 115, 116, 136, 142, 157, 192
–, natürliche Regeneration der 58, 67, 95, 100, 117, 126, 128, 148, 159, 169, 173, 193, 267
– –, unvollständige 67
–, ökonomische (künstliche) 29, 30, 51, 52, 53, 61, 63, 67, 69, 73, 78, 80, 83, 92, 110, 135, 137, 138, 141, 142, 143
– –, negative 53, 67, 68, 78, 141
– –, positive 53, 56, 59, 92, 141
– –, wachsende 54
–, ökonomische Reproduktion 260, 293, 294, 315
–, potentielle 55, 77, 79
–, Reproduktion der 100, 138, 207, 257
– –, erweiterte 259, 290
–, Regenerationszeit, s. a. Brache 135
–, Steigerung der 21, 30, 42, 69, 78, 83, 102, 126, 146, 243, 306
–, Verfall der 100
–, Vernichtung (Zerstörung) 194
–, Vernutzung der 66, 67, 207
–, Wesen der 68

Bodenfruchtbarkeit, effektive ökonomische, s. a. Flächenertrag 23, 24, 25, 40, 43, 76–82, 135, 136, 257, 305, 307
–, Steigerung 261, 276
Bodengesetz, s. a. Gesetz vom abnehmenden Ertragszuwachs
–, marxistische Kritik des 69, 70
Bodenkarte 97
Bodenklassifizierung (soil classification) 61, 102, 103, 307
Bodenkunde (soil science) 204, 262, 286, 304, 307, 315
–, Grundlagen der 61
–, tropische 102
Bodennutzung 56, 68, 105, 123
–, Art (Form) der, s. a. ackerbauliches Nutzungssystem 56
–, individuelle, s. a. individ. Bodenbesitz 115
–, naturwidrige Form 56
–, Stand der ~ in Tansania 251
–, kollektive 232
– ssysteme, s. ackerbauliches Nutzungssystem
–, traditionelle Form der 143
Bodenorganismen 49, 61, 195
Bodenpflege 21, 102
Bodenpotential, nationales 20, 257, 264
Bodenprofil 98, 102
Bodenrecht
–, afrikanisches 219
–, individuelles 179
–, traditionelles (land custom) 130, 178, 180
–, Übergangs- 177
Bodenreform 45, 265
Bodenrente 128
–, absolute, s. a. Grundrente 220
Boden- (Flächen)reserven, s. Landreserve
Bodenschutz, s. a. Bodenerhaltung 20, 21, 57
–, natürlicher, s. a. Bodenbedeckung 151
Bodenstruktur 49, 51, 57, 60, 101
Bodentemperatur 95, 99
Bodentyp 97, 98, 100, 101, 134
Bodenverbesserung 283, 290
Bodenverknappung 127, 129, 130, 141, 184, 186, 188
Bodenzerstörung 61, 281
–, Prozesse der 99, 101, 103
Bohne (*Phaséolus vulgaris*) 139, 157, 160, 177, 186, 280, 281, 304
Botanik 307, 315
Bourgeoisie 63, 64
–, afrikanische 167
–, städtische 168
Brache 41, 131, 134, 137, 148, 165, 182, 188, 189, 199, 276, 281
–, Beseitigung 264, 315
–, Cassava-, s. Cassava-Brache
–, Dauer- 132, 188
– – als Voraussetzung der tradit. Produktionsweise 161
– effekt 192
– formen 132
–, gemeinschaftliche 171
–, Kurz- 132, 188
–, mehrjährige 267
–, Mittel- 132, 188
–, natürliche 67, 290
–, reguläre 132
– verkürzung 14, 116, 130, 132, 135, 136, 137, 145, 159, 187, 188, 198, 199, 224, 255
– zeit 66, 67, 118, 128, 130, 131
Brachland 159
Brandrodewirtschaft 117
Bundesrepublik Deutschland (BRD) 182
Bündnis(frage)
– als Grundlage der Staatsmacht 313
– beim Aufbau des Sozialismus 299, 311

Bündnis(frage)
– der internationalen Arbeiterklasse mit der Bauernschaft 311
– der revolutionär-demokratischen Führungskräfte mit der Bauernschaft 46, 85, 229, 268, 271, 298, 313
– mit der Bauernschaft 18, 19, 234
– mit der werktätigen Bauernschaft 85, 299
–, klassenmäßiger Inhalt 19
– –, Veränderung des 299
Bungwe 222
bürgerliche
– Agrarexperten 241
– Autoren 14, 42, 66, 70, 122, 150
– Agrarökonomen 27, 70, 116, 136, 217, 289, 305
– Entwicklungskonzeptionen 218, 238 240, 275, 313, 314
– –, Kritik 240
– Forschung 66, 199, 200, 206, 207, 208
– politische Ökonomie 15, 208, 243
– Terminologie 205
– Wissenschaft 81, 126, 139, 174, 205, 208, 306
Buschmesser (Panga) 113, 158, 200

Cash crops, s. a. Exportkulturen 27 112, 141, 156, 157, 158, 159, 165, 166, 167, 169, 172, 174, 176, 181, 187, 189, 208, 211, 216, 218, 224, 240, 241, 247, 280, 297
–, Einführung von ~ in Ostafrika 156
– Produktion 178, 210, 220, 221, 224, 238
Cashew-Nuß, (*Anacárdium óccidentale*) 215, 281
Cassava (*Mánihot utilíssima*), auch Manjok, Maniok 26, 139, 160, 182, 188, 198, 216
–, Anbauausweitung in der Kolonialzeit 281
Cassava-Brache 26, 132, 188, 198, 257, 281
Catena 134
Chagga 111, 115, 140, 141, 176, 177, 180, 183, 186, 189, 221, 222, 225
– Council 178
China, VR 226, 302, 303
Chemie 60, 64
–, anorganische 60
–, organische 60
chief 176
– dom 162
Co-operative, s. a. Ujamaa
– officer 223
– Society 338

Dammkultur 40, 139, 255, 257, 278, 312
–, versetzte 171
Dammriegelverfahren 171
Dar es Salaam 245, 246, 247, 272
Dauerkulturen 61, 68, 139
Dauernutzung
– des Bodens 61, 70, 98, 246, 261, 267, 315
– tropischer Böden 70
DDR 21, 48, 309
Degradation
– der Vegetation 189, 197, 249, 250, 287
–, fortschreitende ~ von Vegetationsgebieten 190
demographischer Faktor 42, 126
Deutschland 31, 40, 79, 94, 156, 157, 161
Differentialrente 141
– Ia 51, 52, 166, 178
Differenzierung
–, Beschleunigung der ~ in der Kolonialperiode 113
–, Bodenbesitz- 223
–, Eigentums- 110, 111, 113, 151, 174, 181, 227, 228

Differenzierung
–, gesellschaftliche 109, 110, 111, 147, 185, 206
– in der afrikanischen Dorfgemeinde 228
–, individuelle 133
–, klassen(-mäßige) s. a. Klassendifferenzierung 15, 110, 113, 228
–, ökonomische 109, 147, 185, 221
–, Reichtums- 141
–, soziale 13, 81, 180, 221
Distribution 142
Diversifizierung 26
– des Anbaus 286, 314
Dorfältester 162, 331
Dorfgemeinde (-system) 110, 112, 126, 128, 133, 139
–, afrikanische 42, 236
–, traditionelle 125, 227, 270
– –, deformierte 210
– –, spontaner Zerfall 81, 220, 226, 233
Dreifelderwirtschaft 41
–, verbesserte 41
„Dritte Welt" 10, 302, 305
Düngemittel (Dünger) 43, 63, 72, 94, 140, 189, 199, 253, 284
– anwendung, s. a. Düngung 58
–, mineralische 30, 54, 73, 117, 139, 198, 243, 256, 276, 277, 290, 298
–, organische 23, 57, 68, 140, 164, 186, 276, 290
– produktion (traditionelle) 171
–, tierische 286
Düngung 57, 61, 70, 94, 102, 118, 145, 161, 234, 283, 290, 298, 305, 307, 308, 315
–, Grün-, s. Gründüngung
–, Mineral- 101
–, organische 172, 203
Dynamik des Bodens 98, 99, 101
dynamischer Sektor 22

Effektivität
– der Agrarproduktion 260
– des Arbeitsmittels Boden 73
– skriterien 73
– –, bürgerlich-kapitalistische 242
–, Kriterien der laufenden 244
–, landwirtschaftliche 253
– smessung 79
– srechnung in Settlement schemes 241
Eigentum 63, 89, 122
– als Verhalten zu natürlichen Produktionsbedingungen 121, 122, 123
– als Gehören zu einem Stamm 122
– sbegriff 133
–, de-facto- 179
– sformen 110, 111, 121, 128, 144 147, 149, 151
–, gesellschaftliches 142
–, kapitalistisches 269
– skonzentration 181
–, Privat- 64, 142
–, srecht 111
– –, individuelles 111, 142
–, urgemeinschaftliches ~ an Boden 120, 149
– sverhältnisse 63, 71, 142, 143, 144, 205, 269
Einkommenssteigerung 149
Eisenbahnbau 152, 154, 155
Eisengewinnung 113, 114
endogene (innere) Faktoren 113, 184, 207, 208
Energie
– formen 36, 200, 246
– –, neue 252, 260, 269
– quelle 225
Entdeckung
–, naturwissenschaftliche 31
–, wissenschaftliche 83
Entwicklungshilfe 306
Entwicklungspolitik (-strategie) 243, 265
Entwicklungsländer 10, 15, 19, 22, 26, 27, 31, 32, 37, 38, 46, 70, 72, 73, 74, 85, 168, 173, 210, 233, 242,

Entwicklungsländer
243, 244, 265, 266, 267, 268, 269, 279
294, 301, 303, 314
– der Tropenzone 259
Erbregeln 171
Erbteilung 179
Erbse (*pisum sativum*) 304
Erdekapital 53
Erdnuß (*Árachis hypogaéa*) 198, 215, 218
Erfahrungen
–, ackerbauliche 14
–, agronomische 14
–, traditionelle 257
Erfindungen 68, 69
–, naturwissenschaftliche 31
Erkenntnisse
–, naturwissenschaftliche 12
–, wissenschaftliche 21, 59, 61, 63, 72, 75
„Ermüdung" des Bodens 60
Ernährung 160, 164, 171, 201, 285
–, ausreichende 239
– sproblem 279
– ssituation der Stammesbevölkerung 159, 160
–, verbesserte 280
–, Verschlechterung der ~ der tradit. Bevölkerung 188, 202
– –, in der Kolonialzeit 280
Ernte 88
– ertrag 55
– termin 109
Erosion
–, accelerierte, vom Menschen, s. a. Bodenerosion 103, 105, 195
–, geologische 103, 104
Erosionspanzer 195
Erschließung, wirtschaftliche 252
Ertragsfähigkeit 21
Ertragsminderung (Ertragsabfall) 25, 68
Ethnographie 204
Europa 27, 68, 151, 168, 310, 311
–, Landwirtschaft in 200
europäische Agrarentwicklung 23, 67
Evolution
– der Produktivkräfte 144
– des afrikanischen Ackerbaus 199
– des traditionellen ackerbaulichen Systems 120, 146
– des traditionellen Bodenrechts 180
–, Gesetzmäßigkeiten der 146
exogene (äußere) Faktoren 14, 63, 113, 126, 159, 161, 172, 174, 184, 200, 202, 206, 208, 255
Export 218, 297
–, Agrar- 255
– überschüsse 19
– quote 219
Exportkulturen, s. a. cash crops 27, 61
–, einjährige 27
–, mehrjährige 61

Farmer
–, kapitalistische 263
–, kleine 263
FAO 205, 216, 288
Feldbau
– nomadisierender 116
–, permanenter 116, 145, 171, 199, 264
–, Regen- 177
–, semi-permanenter 14, 116, 130, 135, 137, 149, 292
–, stationärer 129, 130, 180
–, wandernder, s. Wanderfeldbau
Feldbestellung, gemeinsame 272
Feldforschung 15, 110
– sergebnisse 110
Feld-Gras-Wirtschaft
–, geregelte 116
–, ungeregelte (wilde) 116
Feudalismus (Feudalsystem) 13, 31, 42
–, europäischer 168
Feudalzeit 42
Field assistant 223

Fischfang 90, 202, 280
Flächenerträge, s. a. effektive ökonomische Bodenfruchtbarkeit 23, 24 43, 51, 52, 54, 55, 57, 72, 76, 77, 78, 79, 81, 82, 116, 135, 136, 137, 150, 157, 158, 187, 293
—, sinkende 78, 135, 255, 259
—, stagnierende 198, 200
—, Steigerung der 247, 306, 309
Flächenproduktivität 31, 80, 82
Flurzwang 31
Fonds
—, Grund- 71
—, technische Zusammensetzung 73, 74
— unteilbare 283
Forschung, s. a. Wissenschaft
—, agrarwissenschaftliche 257
—, bodenkundliche 30
—, Grundlagen- 257, 315
— —, naturwissenschaftliche 30
forstwirtschaftliche Nutzung 102, 224
Fortschritt
— der landwirtschaftlichen Produktion 74, 342
— der Produktion 64
—, Grad des 33
—, ökonomischer 45, 83, 91
—, sozialer 17, 300, 301
—, technischer 63, 69, 70, 71, 83, 304
—, wissenschaftlich-technischer 86, 304, 306
Fragmentierung, s. a. Realteilung 133, 134
Fruchtbarkeit, s. Bodenfruchtbarkeit
fruchtbarkeitserhaltende Maßnahmen, s. Bodenfruchtbarkeit
Fruchtbarkeitsrente, s. Differentialrente
Früchte, s. Obst
Fruchtfolge 23, 25, 31, 40, 41, 60, 61, 70, 79, 140, 200, 281, 298, 315
—, einfache 276
—, moderne 276
—, traditionelle 145, 188
— system 171, 199, 307
Fruchtwechsel 203
— wirtschaft 41, 116
— —, moderne 41
Fünfjahrplan
— Tansanias 223
— —, erster 241
Futterpflanzen 276
Futterrübe (*Beta vulgaris*) 157

Geburten
— rate 173
— überschüsse 174
Gegensatz
—, soziale, ökonomische, politische i. Kapitalismus 270
— zwischen Arbeit und Eigentum 84
— zwischen Industrie und Landwirtschaft 83, 85
— zwischen kapitalist. Einzelinteresse u. Gesellschaft 288
— Stadt und Land 84, 85, 87, 168 268,
gemäßigtes Klima 14, 25, 27, 76, 79, 91, 99, 102, 103, 106, 118, 147, 157, 277
Gemeinde (traditionelle) 124, 128, 135
— als Hemmnis für die Entwicklung der Produktivkräfte 149
—, Bodenfonds der 141
— grundeigentum 122, 125, 127, 128, 132, 138, 144, 145, 147, 149, 151
— —, Aushöhlung des 125, 148, 176, 182
— in Form von Viehweiden 166
— struktur 112
Gemeineigentum 122
—, agrikoles 83
—, soziale Regeln zur Nutzung 122
—, urgesellschaftliches 126
Gemeinschaftsfeld 232
Gemeinschaftsleistungen 233, 234, 311
Gemeinwesen 123, 124, 170
—, Form des 123

Gemeinwesen natürliches 120
–, ursprüngliches 124
–, Zweck der 124
Gemüse 281
Genetik 307
Genossenschaften (Co-operative), s. a. Ujamaa 275
–, Ausgangspunkt bei der Bildung 232
– in der Zirkulationssphäre 229, 237, 272, 273, 310
– kapitalistischen Charakters 229
–, tansanische 129
–, Mehrzweck- 272, 310
–, Unterstützung durch den Staat 229
Genossenschaftsplan Lenins 230
Gentilgesellschaft (-ordnung) 28, 64, 109, 110, 125, 139
geographisches Milieu 12, 21, 36, 80, 106, 114, 184, 189, 200, 207, 212, 250, 253, 288, 306, 308
–, Schutz des 261, 278, 287, 315
–, Veränderung des 12, 206
– –, negative 12, 200, 209
geologischer Kreislauf 49
germanische Gens 42
Gerste (*Hórdeum satívum*) 41, 157
Geschichte, s. a. Agrargeschichte, Wirtschaftsgeschichte
– des Ackerbaus (Landbaus) 23,56
– der Bodennutzungssysteme 147
–, europäische 90, 91
Geschichtsbewußtsein 151
Gesellschaften, s. Stammesgesellschaft
Gesellschaftsstruktur, traditionelle 162
gesellschaftliche(r) Gesamtarbeit(er) 14, 44, 168, 271
Gesetz
– der ungleichmäßigen ökonomischen Entwicklung 207, 301
– gegen Landstreicherei 284
–, ökonomisches 73
– –, des Kapitalismus 255, 265
–, ökonomisch-materialistische 151
–, spontan wirkende ökonomische 259
– vom abnehmenden Ertragszuwachs („Ertragsgesetz") 70, 126, 243
–, Wert- 75, 84, 265
gesellschaftliche Verhältnisse
–, Analyse 13
– und agrare Produktivkräfte 146
–, präkapitalistische 15
–, traditionelle 31, 140, 174
–, urgemeinschaftliche 120
–, Veränderung der 31
Gesetzmäßigkeiten
– der Entwicklung der Bodenfruchtbarkeit 27, 209, 277
– der Evolution des traditionellen Systems 146
– der gewaltsam deformierten tradit. Produktionsweise 201
– des Kapitalismus 301
–, ökonomische 27
–, stochastische 28
– zwischen sozialen Systemen und Bodenfruchtbarkeit 98
– zwischen agraren Produktivkräften u. traditionellen gesellschaftlichen Verhältnissen 144, 146
Gewalt
– bei der Einführung von Neuerungen 172, 203
–, Rolle der 113
Gewürznelke (*Eugénia aromática*) 197
Gleichgewicht, inneres
– der traditionellen Produktionsweise 161
– zwischen Bevölkerungsdichte und Bodenfonds 169
Gogo 235, 236
Gräser (*Gramíneae*) 192
–, ausdauernde (mehrjährige) 191
–, einjährige 191
Grundeigentum, s. a. Bodeneigentum 14, 121, 124, 135

Grundeigentum
– als Basis der ökonomischen Ordnung 121
–, kapitalistisches 75, 84, 217, 220
–, kollektives 109
–, privates 133
–, als ökonomische Potenz 168
Grundmittel (Grundfonds) 43, 44, 71
Grundrente
–, kapitalistische 75, 76, 220, 275
Gründüngung 57, 102, 298
–, Anbau von Leguminosen als 140, 290
Grundwasserspiegel
–, Absinken des 192, 193, 195
grüne Revolution 305, 306
Grünlandzahl 79
Guinea 22

Ha 225
Hacke (Jembe) 43, 55, 113, 118, 158, 200, 225, 234, 311
Hafer (*Avéna satíva*) 157
Handarbeitsgeräte, s. a. Hacke, Tragkorb, Buschmesser, Pflanzstock 40, 74, 278
Handel 11, 42, 167, 229, 260
– skapital 168
– sorganisationen, staatliche 271, 272, 274
– –, Rentabilität der 272
Handwerk 34, 114
–, Dorf- 113
Häuptling(schaft) 109, 110, 111, 127, 128, 129, 162, 175, 180, 181, 184, 185, 233
– als gentile Institution 174
– als Institution der Klassenherrschaft 174, 181
–, Besitz der 181
–, Beseitigung der Rechte u. Privilegien 221
–, Oberschicht der 175, 176, 181, 184
– und Bodenkonzentration 176
Hauptfrucht 276
Haya 110, 111, 165, 175, 176
headmen 162
Hehe 111, 130, 134, 225, 234
Hektar-Erträge, s. a. Flächenerträge 43
Hirse (*Pánicum miliáceum*) 160
historisch-logische Methode 13
Hülsenfrüchte, s. Leguminosen
Humifizierung 57
Humus 60, 118, 276
– abbau 25, 94, 100, 101, 117
– anreicherung 262
–, aktiver 261
– aufbau (-bildung) 100, 197
– ersatz 117
– forschung 49
– gehalt 102, 103
–, saurer 101
– säuren 49, 61
– verlust 117
– versorgung des Bodens 49
– zufuhr 199
Hunger 17, 19
Hydrokultur 54

Immigranten 130, 163, 178
Imperialismus 17, 18, 64, 242, 244, 313, 314
imperialistische Länder 241, 242, 297
–, strategische Grundkonzeption 242
Indien 64
indirect rule 162, 163, 184, 185
–, konservierende Rolle 163
Indonesien 127
Industrialisierung 22, 30, 45, 46, 240, 243, 247, 287, 314
Industrie 42, 59, 64, 68, 69, 71, 75, 80, 83, 85, 86, 87, 88, 137, 199, 200, 206, 237, 247, 257, 269, 270, 274, 284, 294, 295, 307, 314
–, Leicht- 247
–, nationale 44

Industrie
–, moderne 270
– zweige 167
industrielle Revolution 68
Industrieproletariat 16
Industriestaaten (-länder) 15, 39, 84
Infrastruktur 32, 167, 184, 277, 291
Insektizide 256
Intensitätsgrad d. Landwirtschaft, s. a. Intensivierung
–, Kennziffern 285
Intensivierung 65, 70, 73, 136, 259, 273, 274, 278, 286, 309
– als ökonomische Kategorie 73
– als volkswirtschaftliche Kategorie 71
– als Entwicklung der Produktivkräfte 72
–, Besonderheit der ~ in der Landwirtschaft 71
– der Agrarproduktion 248, 272, 274
– der Landwirtschaft 11, 257, 259, 260, 294
– –, Grenzen der ~ Tansanias 75, 278
– des Wanderfeldbaus 136
– des Ackerbaus 26, 257, 258
–, Inhalt 298
–, kapitalistische 75, 243
–, Kriterien 275
– nach nichtkapitalistischen Prinzipien 246
– und Produktionsverhältnisse 75
– unter Bedingungen unzureichender ökon. Ressourcen 277
–, Wesen der 70–73
– zu ökonomisch tragbaren Bedingungen 275
Interessen
–, imperialistische 156
–, ökonomische 128
– –, am Boden 171
– –, der Bauernschaft 46
Investition(en) 43, 44, 74, 224, 259, 283, 284
–, Bildungs- 30, 59
–, Sach- 30
– smöglichkeit 275, 301
– sproblem 277
– für technische Arbeitsmittel 43
– und Bodenfruchtbarkeit 282
imperialistische Länder 32
Iringa, s. a. TANU-Beschlüsse 222
Ismani 254

Jagd 90, 120, 129, 202, 280
junge Nationalstaaten 22, 25, 80, 267, 280, 288, 300, 301

Kaffee (*Cóffea arábica*) 20, 26, 27, 61, 156, 161, 177, 187, 189, 200, 214, 215, 216, 219
– anbau 94, 160, 177, 186, 187, 193, 276
– – gebiet 221
– –, in Tanganyika 186
– –, in Uganda 187
Kali 94
Kalk 94
Kapital 68, 243, 255
–, Anlage von 52, 53, 63, 69
– anlagen, ausländische 240, 241
– aufwand 29, 30
–, Auslands-, Verzinsung 241
–, Boden- 58
– investitionen 241
–, konstantes 44
–, konstantes fixes 73, 74
–, Konzentration von 66
– markt 243
– mangel 277
–, technische Zusammensetzung (Struktur) 73, 74
– verhältnis, s. a. kapitalistische Produktionsweise 92
– verzinsung 241, 242, 275
Kapitalismus 13, 29, 31, 42, 45, 63, 64, 69, 75, 83, 84, 85, 104, 135, 168, 207, 270, 271, 288

Kapitalismus
—, europäischer 153, 206, 210, 227
—, Früh- 42, 210
—, einheimischer (afrikanischer) 167, 207
—, Entwicklung des 168, 242
—, progressive Phase 211
kapitalistische Bewirtschaftung des Bodens 220
kapitalistische(s) Entwicklung(-sstadium) 9, 42, 85
kapitalistische Länder, s. a. imperialistische Länder 22, 23, 33, 45, 73, 81, 86, 87, 243, 271, 306, 313
kapitalistische Welt(rohstoff)märkte 20, 26, 27, 84, 95, 167, 187, 200, 208, 247, 297
kapitalistisches Welt(wirtschafts-)system 30, 242
kapitalistisches Wirtschaftssystem (Wirtschaftsweise) 29
Kartoffel (*Solánum tuberósum*) 31, 41, 157, 178
—, Süß-, s. Süßkartoffel
Kationensorption 100, 102
Kenia 15, 22, 157, 160, 161, 204, 263, 272, 284
Kenntnisse der Ackerbauern
—, moderne 59
—, traditionelle 28
— von Naturgesetzen 35
Kikuyu 160, 161
Kilimanjaro 98, 151, 177, 185, 186, 195, 276
— region 220, 222, 229, 263, 272, 283
Kilombero valley 130, 139, 225, 234, 236, 242
Kindersterblichkeit 17, 173, 223, 285
Klassen (soziale) 13, 16, 64, 83, 89, 91, 113, 134
— bildung 113, 145
Klassendifferenzierung s. a. Differenzierung, soziale 89, 91, 92, 110, 113, 146
—, kapitalistische 214, 220, 223, 228
Klassenkampf (Klassengegensätze) 18, 63, 65, 93
klassenlose Gesellschaft, s. a. Urkommunismus 112
Klassenverhältnisse (Klassenbeziehungen) 13, 45, 112
Klee (Subspecies *Trifólium*; Subspecies *Melilótus*) 31, 41, 276, 304
Klee-Gras-Gemisch 61
Klima 105
— ablauf 96
— daten 96
— gebiet 96
—, Makro- 193
—, Mikro- 96
—, subtropisches 305
— veränderung 192, 193
— zonen 47, 100, 117, 257, 262
Klimaschutz 21
klimatische Bedingungen des Ackerbaus 47, 61
Klimax 48, 103, 195
Kokospalme (*Cocos nucífera*) 61, 197
koloniale Aufkaufgesellschaft 157, 166, 167, 271
Kolonialmacht (-mächte) 27, 29, 30, 66, 80, 155, 169, 170, 172, 173, 193
—, britische 161, 203, 204, 209, 228
—, deutsche 160
—, imperialistische 29
—, Reaktion der ~ auf die Veränderung der Bodenfruchtbarkeit 202 bis 205
Kolonialperiode (Kolonialzeit) 26, 62, 66, 79, 91, 105, 126, 143, 306
Kolonialsteuern 152, 153
Kolonialsystem (Kolonialherrschaft) 14, 27, 59, 81, 104, 112, 126, 156, 159, 163, 167, 168, 170, 174, 175, 184, 185, 202, 210, 227, 299
—, Apologetik des 206, 209
—, Beendigung des 213

Kolonialsystem
–, Beginn des 205
–, direkte Maßnahmen 152
–, deutsches 155
–, europäisches 113, 206
–, Folgen 254, 271
–, imperialistisches 25, 28, 30, 205, 211, 313
– –, als notwendiger Bestandteil des Kapitalismus 207
–, indirekte Wirkungen 152
–, kapitalistisches 167, 196, 199, 204, 206, 207
–, Überreste des 229
Kolonialverwaltung 152, 153, 154, 161
–, britische 162, 205
Kolonie(n) 10, 84, 153, 156, 205, 242
–, Aufteilung der 156
Kommunikationssystem 32, 44
Kommunismus 9
–, naturwüchsiger 124
Kompost 57, 117, 298
Kongo 127
Konkurrenz 63
Konsumtion
–, individuelle 62
–, produktive 62, 63
Konzentration
– der Produktionsmittel i. d. Landwirtschaft 230, 294, 295, 311
– des Bodens 222
Kooperation 142
– der Arbeit 238
– –, höhere Form 269, 310, 311
– –, einfache gesellschaftliche 239
Kronland 160, 161
–, deutsches 160, 161
– Großbritanniens 160
Krümelstruktur 50, 197
Kultur 52, 99, 143
– anfänge 58, 62, 86, 90, 92
– böden 69
– form 133, 143
– leben 133
Kulturpflanzen (Nutzpflanzen) 29, 56, 70, 72, 189, 192, 198, 202, 304, 306
–, einjährige 25, 27, 30, 56, 61, 66, 118, 187, 192
–, gezüchtete (verbesserte) 166, 305
–, mehrjährige 26, 61, 200, 281
–, Standortbedingungen 57, 86, 305
–, neue 29, 30, 41, 42, 143, 200, 307
–, Wahl der 40
Küstenregion 157

Lagerente, s. a. Differentialrente 141
Land
– erschließung 228
–, Familien- 179
–, Individual- 179
– recht, s. Bodenrecht
–, Stammes- 160, 179, 180
–, Weide- 179
Landbesitz, s. Bodenbesitz
Landbewirtschaftung
–, individuelle bäuerliche 264
–, kollektive 264
Länderanalysen 15
Landnutzung, s. Landverteilung, Bodenbesitz, Feldbau, ackerbauliches Nutzungssystem
Landreserve (Reserveland), traditionelle 169, 183, 184, 250, 252
–, Erschöpfung der 148
land rotation, s. Landwechselwirtschaft
Landschaftsschutz 21
– gesetz 21
Landtechnik, s. a. landw. Maschinen 38, 311, 312
Landverkauf 171, 176, 177
Landverknappung, s. Bodenverknappung
Landverteilung, s. a. Bodenbesitz 129, 132, 163, 180
– in der vorkolonialen Periode 129

Landverteilung
–, permanente 111, 177
–, traditionelle 176, 180
Landwechselwirtschaft, s. a. ackerbauliches Nutzungssystem 115, 116, 118, 119, 129, 131, 135, 136, 137, 138, 145, 149, 159, 292
Landwirtschaft, s. a. Agrikultur
– des europäischen Mittelalters 67
– in Europa 68
–, tropische 70, 93, 103, 286
landwirtschaftliche Arbeitsgeräte 33, 43, 113
landwirtschaftliche Arbeitskräfte
–, Fähigkeiten der 24
–, Kenntnisse der 24
landwirtschaftliche Maschinen, s. a. Landtechnik, Technik 30, 38, 63, 70, 73, 74, 82, 221
–, genossenschaftliche 272
– system 43
–, Verleih von 222
landwirtschaftliche Nutzfläche
–, Erweiterung der, s. Anbauausweitung
– –, extensive 158
landwirtschaftliche Produktionsnossenschaften (LPG), s. a. Cooperative Society 21, 283
landwirtschaftliche Primärerzeugnisse 30
landwirtschaftlicher Beratungsdienst 72, 223, 311
late comers 266
Lebenserwartung 17
–, gegenwärtige Tansanias 19
– in der Kolonialzeit 201, 223
Lebensstandard 149
– der Bevölkerung 292
– der Bauernschaft 46
– –, Erhöhung 298
– der Massen 17
Leguminosen 140, 188, 221, 281, 304
Lohnarbeit 152, 153, 155, 181
Lohnarbeiter (Lohnarbeitskräfte) 153, 154, 221
–, afrikanische 156, 215

Mächtigkeit des Bodens 98
Mais (*Zea mays*) 26, 41, 116, 157, 182, 188, 198, 200, 235, 272, 274, 305
– anbau 133, 139
– ertrag 254
– hybride 306
Maja 150
Mali 14, 22
Mandatsgebiet 154, 203
Mangelkrankheiten, s. a. Kindersterblichkeit 17, 285
Maniok, s. Cassava
Maoismus 19, 270, 273, 302, 303
Mara 162
– region 272
Markt 184, 274
–, freier ~ an Grund und Boden 222
–, innerer, Binnen- 200, 243, 247, 278
–, imperialistischer 247
– kulturen, s. cash crops
–, lokaler 155
– produktion, s. a. Warenproduktion
– –, bäuerliche 241
–, städtischer 246
Marktbeziehungen, s. Warenaustausch
marxistische Ökonomen 32, 110, 112, 268
marxistische politische Ökonomie 266
marxistisch-leninistische Agrartheorie 13, 316
marxistisch-leninistische Gesellschaftswissenschaft 10
marxistisch-leninistische Partei 302
marxistisch-leninistische Theorie 15
Masai 236, 250
– steppe 222
Maschinen (s. landwirtschaftliche M.)
materiell-technische Basis 35–38, 42, 81, 136, 144, 148, 303

materiell-technische Basis
– der Landwirtschaft 225, 270
– –, Erweiterung der 218, 224, 226, 246, 247, 251, 252, 260, 292, 314
– der traditionellen Gesellschaft 81, 113, 150, 174, 186, 189, 198, 200, 206, 210
–, extensive Erweiterung 253
–, Rolle der 144
– und Bevölkerungswachstum 210
– unter der Kolonialherrschaft 197
Mechanisierung 82
– sgrad 269
Mechanismus
–, gesellschaftlicher 206
–, ökonomischer 210, 211, 266
–, sozialer 144, 204, 266
–, Preis- Markt- 275
Mehrarbeit, s. a. Mehrprodukt 159
Mehrprodukt, s. a. Mehrarbeit 62, 91, 92, 110, 155
–, agrikoles 88, 89, 168
– –, Abzug von 167
–, Akkumulation von 166
– der traditionellen Stammesproduzenten 172
–, rituale Beseitigung von 62
– und traditionelle Verwendung 168
Mehrwert 90
–, absoluter 64
–, agrikoler 87
Melioration 57, 58
– smaschinen 54
– maßnahmen 74, 311
Meru 98, 151, 161
Methoden, s. Verfahren
Metropole
–, imperialistische 80, 81, 84, 91, 168, 271, 313
–, kapitalistische 19, 20
Mineralisation 57, 117
– srate 99
Miombo, s. a. Trockenwald 61, 147, 190
Mikroflora, s. a. Bodenorganismen 56, 101
Millet (*Pennisétum spicátum*) 216, 280
Mineraldünger, s. Dünger
Modernisierung der ackerbaulichen Produktion 264
Monopol an günstigen natürlichen Bedingungen 178
Monopole, imperialistische 156
Moshi 246
Mulchen, s. a. Bodenbedeckung, Bodenerosion 57, 94, 145, 186
– der Kaffee-Pflanzungen 189
Muttergestein, s. a. Ausgangsgestein 48, 49, 51

Nachfrage
– nach Agrargütern 225
– nach Bodenprodukten 42
Nährstoffe
–, biologischer Aufschluß 190, 304
– des Bodens 60
– ersatz, s. a. Düngung 188, 262, 276
– –, geregelter 137
–, mineralische 101
– karte 308
–, Kreislauf der 60, 118
–, Pflanzen- 60
– versorgung 308
Nährstoffarmut d. Bodens 261
Nährstoffauswaschung 25
Nährstoffgehalt des Bodens 51, 94
–, hoher natürlicher 149, 151
Nährstoffreserve des Bodens 98, 187, 189
Nahrungsmittel 172, 174, 238, 255
–, Bedarf 298
– bilanz 280
– erzeugung 216, 217
– reserve, traditionelle 181
–, steigender Bedarf durch steigende Bevölkerungsdichte 129
Nahrungsmittelerzeugung 31, 151, 219

Nahrungsmittelerzeugung
—, Modernisierung der 255
Nahrungsspielraum 59
Naßreis-Anbau 27, 40, 171, 172, 277
National Agricultural Products Board 272
National Credit Agency 224
National Development Corporation 226
Nationaleinkommen 279
Nationalpark 249
Nationale Befreiungsbewegung (Befreiungsrevolution) 9, 15, 18, 19, 30, 242, 303, 313
nationaler Befreiungskampf 18, 302
— und Rolle der Dorfhäuptlinge 184
Nationalisierung
—, de-facto 220, 221
— der Banken 226
— der Industrie 226
— von Grund und Boden 219, 220, 222
Nationalökonomie 208
national-revolutionäre Führungskräfte 10, 18, 19, 138, 146, 185, 213, 223, 265, 291, 293, 300
— und Bauernschaft 270, 271
Native Authorities 163, 170, 175, 177
Native Authority Ordinance 162
Natur 23, 24, 28, 37, 52, 56, 62, 66, 82, 85, 90, 92, 99, 103, 107, 114, 121, 123, 124, 125, 148, 192, 211, 212
— abhängigkeit d. Menschen 147, 148
—, Auseinandersetzung des Menschen mit d. 24
—, Anpassung des Menschen an die 114
—, borniertes Verhalten zur 124
— eigenschaften d. Bodens, s. a. Bodeneigenschaften 93
— gesetze 35, 51, 68, 304
— haushalt 224
—, Identität von ~ und Mensch 124
— kraft Bodenfruchtbarkeit 69, 150
— kräfte 64, 76, 82, 85, 148, 150, 303, 304
—, Kausalbeziehung Mensch ~ 114
— prozeß 51, 196, 304
—, Verhalten zur 123, 290
— umstände 33, 34, 91, 94
— zustand (des Bodens) 51, 68, 85, 103, 105, 106
Naturalwirtschaft 182
naturhistorischer Prozeß 51, 52
natürliche Bedingungen (Naturbedingungen) 20, 23, 27, 36, 37, 82, 119, 127, 133, 141, 147, 148
—, günstige 91, 149, 150, 161, 263
—, ungünstige 61, 151
—, Verschiedenartigkeit 134
natürliche Reichtümer, s. Ressourcen, natürliche
Neokolonialismus (neokolonialistisches System) 29, 30, 37, 70, 84, 242
— der Gegenwart 205
— im Süden Afrikas 313
—, Theorien und Auffassungen 210, 258
Neuerungen (innovations) 139, 198, 205, 273
— im Feldbau 185
Neulandprojekt 245
nichtkapitalistische Methoden (Formen) 218, 284, 295, 299
— der Agrarbewirtschaftung 315
— zur Umgestaltung der Ökonomik 316
nichtkapitalistische Prinzipien 10
nichtkapitalistische Entwicklung (Entwicklungsweg) 10, 15, 16, 32, 46, 223, 226, 231, 239, 240, 250, 254, 255, 259, 266, 268, 278, 288, 292, 293, 294, 295, 300, 302, 309, 314
—, Beschleunigung 10, 315
—, Gefahr für die 256
—, Vertiefung 10, 292, 300, 301, 310, 311, 315
—, Voraussetzung 271
—, Vorzug 267
—, Weiterführung der 314

nichtkapitalistische Entwicklung
–, Theorie der 316
Niederschläge
–, Höhe 95, 151
–, zeitliche Verteilung 95, 96
Ngoni 130, 134, 225
Nyakusa 179, 180, 181, 183
Nyamwezi 110, 111, 114
Nyassa-See 246

Objektive Bedingungen der Produktion 123
Obst 197, 281
– bäume 130
Oelfrüchte 27, 153
ökologische Instabilität 97, 101, 190
Okkupation 120, 130, 184
– srecht 178
Ökologie 307
Ökonomie der vergegenständlichten Arbeit 73
ökonomisch rückständige Länder, s. a. Entwicklungsländer 20, 33
Orientierung
–, antiimperialistische 213
–, antikapitalistische 213, 214
Ostafrika 14, 16, 20, 25, 27, 29, 39, 59, 62, 91, 93, 96, 98, 109, 110, 113, 122, 144, 153, 156, 158, 173, 190, 191, 249, 285, 287

Pächter 175
Pangani 157, 246
Panzerbildung 49, 94, 102, 138, 195
Parastatals 226
Partei, avantgardistische 295, 314
Parzellierung, s. a. Realteilung 114, 282
Pase-Gebirge 157
Pauperismus 81, 223
Pemba 213
Pflanzenertrag, s. a. Flächenertrag
– als Ziel menschlicher Tätigkeit (Arbeit) 51
Pflanzenschutzmittel 30
Pflanzenwachstum 305
–, höheres 51, 52
Pflanzenzüchtung 30, 57, 65, 66, 304, 305, 307
Pflanzstock 113, 118, 200, 278
Pflegemaßnahmen 76, 285, 312
Pflug, s. a. landw. Maschinen, Technik 43, 55, 113, 222
–, Häufel- 298
–, Ochsen- 38, 198, 225, 234, 235, 253, 256, 284, 311
– –, Zahl der 158
–, Traktoren- 225
Phosphorsäure 94
ph-Wert 58
pilot schemes 275
Plantage (Pflanzung) 152, 153, 155, 156, 157, 193, 203, 214
–, bäuerliche 220
– ngesellschaft, europäische 156, 157, 160, 161
–, Kaffee- 193
–, Sisal- 215, 237
Politik, s. a. Strategie
–, ökonomische ~ der revolutionären Demokraten 18
politische Instabilität 81
Preise
–, Agrar- 75
–, Produktions- 84
–, Waren- 75, 84
–, Weltmarkt-, kapitalistische 84
Preisschere 84
Preußen 32
Privatisierung des Bodens, s. a. Bodeneigentum 242
Produktionserfahrung, s. a. Erfahrungen 119
Produktionsfonds, s. a. Fonds
–, Wert 71
Produktionskapazität 39
Produktionsmittel, s. a. Technik

Produktionsmittel
–, nichtlandwirtschaftliche (industrielle) 23, 24, 30, 69, 75, 83, 87
Produktionsmittel Boden 12, 20, 23, 24, 25, 42, 47–68, 111, 138, 198, 282
–, Reproduktion des ~ mit ökonomischen Mitteln 199
–, Vernutzung des 199
–, intensiv erweiterte Reproduktion 261
Produktionsverhältnisse 32, 41, 61, 63, 75, 123, 124, 139, 142, 143, 147, 150, 175, 178, 179, 269, 289, 295
–, bürgerliche 266
–, feudale 31
–, herrschende 36
–, Konservierung alter 161
–, sozialistische 311
– und Wechselwirkung mit d. Produktivkräften 146
–, urgemeinschaftliche 63
Produktionsweise 43, 63, 73, 75, 92, 114, 121, 123, 128, 133, 143, 147, 149, 205, 290
–, asiatische 110, 112, 113, 139
–, kapitalistische 45, 68, 135, 206
–, traditionelle, s. traditionelle Produktionsweise
–, urgemeinschaftliche 28, 122, 124
–, vorkapitalistische 83, 85, 173, 289
–, vorkapitalistisch-deformierte 173
–, Ziel der 125
Produktivität 239, 241, 304
– der Landwirtschaft 72, 87, 89, 241
– der agrikolen Arbeit, s. agrikole Arbeitsproduktivität
– sgrad der Arbeit, s. a. Arbeitsproduktivität 73
– des Ackerbaus 128
– ssteigerung d. Landwirtschaft 225, 311
–, sinkende 254
Produktivitätsgefälle 22, 84
Produktivkräfte 123
–, Bevölkerungswachstum und Wachstum der 210
–, Entwicklung der agraren 198
–, einzelne Elemente 37
–, gesellschaftliche 69, 124
–, Hemmnisse für die Entwicklung 149
–, industrielle 16, 247
–, materielle (sachliche) 32, 142, 145
–, menschliche 24, 32, 37, 59, 72, 125, 142, 143, 144, 145, 150, 202, 223, 268
–, landwirtschaftliche
– –, Struktur der ~ in Tansania 184, 314
– –, Struktur der ~ in der Kolonialperiode 202
– –, rascher Aufschwung 244
–, Stand der Entwicklung 80, 124
–, Struktur der 30, 262
– –, in der Landwirtschaft 39, 256, 280, 297, 298
–, Revolutionierung 68
–, soziale Voraussetzung des Wachstums 208
–, System der landwirtschaftlichen 43
–, traditionelle 39, 140
– und Produktionsverhältnisse (Wechselwirkung) 13, 16, 36, 141, 146
–, Zerstörung (Vernichtung) 199, 202, 256
–, Zwang zur Entwicklung 135, 148, 149
Profit
– der Kolonialzeit 29, 80, 167
– der kolonialen Mutterländer 159
–, Durchschnitts- 75, 76
– erzielung, Prinzip 242
– für Auslandskapital 241
– gesetz 69
–, Maximal ~, imperialistische 30, 211
– maximierung 242

Profite
– streben, bürgerliches 275
–, Unternehmer- 275
Proletariat 9, 15, 16
–, Industrie- 314
Prozeß, ökonomisch-historischer 15
Pyrethrum (*Pýrethrum partheniifólium*) 20, 214, 215

Raubbau 27, 30, 105, 136, 158, 187, 211, 288
– an natürlichen Ressourcen 313
Raub traditioneller Bodenflächen 160, 161
Raubwirtschaft 30, 80, 211
Realteilung, s. a. Fragmentierung, Parzellierung 171, 177
Recht
– auf Land als Privileg 127
–, deutsches 147
–, feudales ~ zur Pachterhebung 176
– zur Verfügung von Fremden 176
Regeneration (natürliche)
– der Bodenfruchtbarkeit 66, 67
– – im Wanderfeldbau 67
– speriode, Verkürzung, s. a. Brache 196
Regenfeldbau 114
Regenwald, tropischer 61, 95, 98, 118
Regenzeit 62, 96, 97, 114, 134, 191
–, große 133
–, kleine 133
–, Zwischen- 133
Reis (*Orýza satíva*) 197
–, Trocken- 130
– –, -anbau 130, 131
Relief 47, 48, 57, 97, 98, 105, 106
Religion 142, 144
–, Natur- 124
Rentabilität
–, laufende 275
– skriterien 275
Reproduktion
–, Charakter der 65
– des Arbeitsmittels Pflanze 29
– der Bodenfruchtbarkeit, s. Bodenfruchtbarkeit
–, einfache 65, 149
–, eingeschränkte 137, 198
–, extensive 65, 66
–, extensiv erweiterte 149, 158, 292
–, intensiv erweiterte 24, 25, 65, 71, 78, 253, 259, 292, 308
–, intensive einfache 74
–, intensiv erweiterte im Ackerbau 25
Reproduktionsprozeß der Landwirtschaft 43, 198
–, einheitlicher 77
–, gesellschaftlicher 248
–, natürlicher 12, 31, 40, 65, 71, 72, 78, 256, 258, 306
–, ökonomischer 31, 40, 78, 256
–, Verflechtung des natürlichen und ökonomischen 40, 65, 211, 260
Research officer 224
Reservat 195
– spolitik 160, 161
–, Tier- 249
Ressourcen
–, Ausbeutung natürlicher 137
–, menschliche 30, 211
–, natürliche 27, 30, 36, 64, 74, 136, 137, 189, 199, 200, 206, 211, 223, 229, 239, 240, 248, 249, 275, 303, 306
– –, Ausnutzung 250
–, ökonomische 229, 240
–, örtliche 234
–, Raubbau an natürlichen 224
–, Schutz natürlicher 203, 261
–, Zerstörung natürlicher 74, 80, 202, 256, 278, 306
revolutionäre Demokraten (rev.-demokrat. Führungskräfte) 18, 64, 215, 218, 227, 230, 240, 244, 254, 259, 313
revolutionäre Weltbewegung 10, 303, 313, 314

Rhodesien 127
Rinder 159, 167, 181, 235, 250
– bestände Tanganyikas/Tansanias 163
Roden 56
Rohstoffe 247
–, agrare 298
– bedarf 156
Rotation, s. a. Brache, Wanderfeldbau 130, 134
–, Gesamt- 130, 136, 137
–, Lang- 129, 132
–, Kurz- 129, 130, 132
– szyklus, traditioneller 159
–, Verkürzung der 130
Royal Commission 111
Ruanda-Urundi 154
Rückständigkeit 213, 277
–, gesellschaftliche 210
–, kulturelle 210
–, ökonomische (wirtschaftliche), 27, 31, 32, 64, 70, 81, 209, 210, 213, 223, 226, 228, 233, 238, 240, 255, 257, 292, 297, 300, 313
–, soziale 213, 223, 238, 298, 313
–, technische 37, 39
Rufiji 157, 245, 246
– River Basin 249

Saat
– gut 43, 76, 237, 253, 255, 275, 276, 284, 298
– – aufbereitung 247
– – verbessertes 254
– termine 109
Saisonarbeit 155
Safari 155
Sambia 238
Sansibar 213
Savanne 97, 118, 158, 261
–, Baum- 96, 190
–, Busch- 96, 190, 261
– waldzone, s. a. Miombo 147, 194
–, wechselfeuchte 95, 116, 118
–, Gras- 190, 194
–, Kurzgras- 194
Seeregion(-gebiet), s. a. Victoria-See 176, 195, 209, 221
Selbsthilfe (self help) 257
Selbstkosten der Agrarproduktion 24, 74
Self-reliance 240
Senegal 196
Serengeti 192, 249
Sesquioxyde 102
Settlement, s. a. Siedlung
– schemes 217, 218, 224, 226, 241
– management 242
Shamba 116, 178, 263
– bauer 299
– rigth 177
– siedlung 232
– wirtschaft 110, 114, 232, 264, 267, 293
Shambala 115, 159, 164, 179, 182, 189
Shifting cultivation, s. a. Wanderfeldbau, traditionelle Produktionsweise 28, 58, 115, 118, 120, 126, 131, 132, 142, 145, 146, 147, 150, 190, 204, 259, 306
Siedler
–, bäuerliche 217
–, europäische 157, 160, 161
–, englische 160
Siedlung, s. a. villagisation, settlement schemes
–, Dorf- 110
–, Streu- 110, 232
– sdichte 146
– sweise 110
– smaßnahmen, kapitalistische 208
Sisal (*Agâve sisalâna*) 20, 26, 27, 29, 197, 200, 214, 215, 219
– plantage 226
Somalia 22
Sorghum (*Andropógon sorghum*) 186, 188, 216, 280

Sorptions- u. Wasserhaltefähigkeit des Bodens 101, 102
soziale Reformen 31
soziale Regeln 122
soziale Sicherheit 233
soziale Triebkräfte 15, 16, 18
– des nichtkapitalistischen Weges 18, 223
soziale Umgestaltungen (Reformen, Veränderungen) 9, 18
Sozialisierung der Landwirtschaft 314
Sozialismus 19, 231
–, afrikanischer 221, 222, 255, 313
–, Aufbau des 265, 292, 293, 294, 295
–, Elemente des 295
sozialistische(s) Entwicklung(-sstadium) 16
sozialistische Landeskultur 21
sozialistische Länder (Staaten) 21, 23, 27, 33, 45, 46, 61, 73, 231, 250, 257, 265, 267, 293, 303, 304, 313
–, Erfahrungen der 265, 270, 283
–, Zusammenarbeit mit den 302
sozialistische Revolution 16, 314
sozialistische Umgestaltung 294, 314
sozialistisches Weltsystem 266, 302
Soziologie 15
sozialökonomische Formation, s. Produktionsweise
Spurenelemente 85
Subsistenz
– bauern 182
– bedürfnisse 156, 169
– betriebe 159
– flächen 165
– kultur 62, 159, 186
– –, traditionelle 280
– –, Verringerung durch cash crops 159
– nahrungsmittel 188, 216
– produktion 160, 215
– wirtschaft 166
Substitution vergegenständlichter durch lebendige Arbeit 74, 278
Subtropen 26, 43, 70
Sudan 22
Sukuma 111, 127, 132, 134, 155, 179, 180, 181, 183, 187, 188, 225
– land 222, 283
Süßkartoffel (*Ipomoéa batátas*) 139, 198, 216
System
–, dynamisches 49, 58, 197, 211
– gekoppelter Wirkungen (Boden) 58
– gesellschaftlicher Beziehungen 121
–, Lenkung des ~ Boden 67
–, natürliches 107, 121
–, naturwüchsiges 121
–, selbstregulierendes 49, 58
–, soziales 28, 98, 120, 209, 266
–, Steuerung des ~ Boden 58
–, Teil- 60
–, technisches 38
–, traditionelles 230, 231
–, waldursprüngliches 28

Schädling
– sbekämpfung 57
Schafe 167, 181, 191, 250
Schwarzerde 102, 103

Staat
–, aktives Eingreifen in die Wirtschaft 229, 240
–, bürgerlicher 245
–, materielle Hilfe für die Landwirtschaft 229, 240
–, nichtkapitalistischer 245, 247, 248, 252, 266, 310, 315
– –, ökonomische Funktion 240 bis 250
–, wirtschaftlich-organisatorische Funktion 244, 247, 250, 259, 265, 266, 293
staatlicher Sektor 258
– der Industrie 226, 227, 229, 238, 247, 275, 300
– des Handels 229

staatlicher Sektor
– der Landwirtschaft 38, 230, 237, 258
– des Finanzwesens 229, 300
Staatsbildung 110, 145
–, Ansätze zur 145
Staatsfarmen, s. a. Staatsgüter 275
Staatsgüter 38, 237, 257, 258
Staatsmacht 18
–, nichtkapitalistische 266, 275, 288
–, sozialistische 268
Stadt, s. a. Gegensatz
–, Aufnahmefähigkeit von Bauern 284
–, ökonomische Verbindung zur 291
– und Entwicklung der Produktivkräfte 168
Stagnation
– der Produktivkräfte 209
–, historische 150
–, ökonomische 150, 200
Stallfütterung 41, 171
Stamm, s. a. Stammesgesellschaft
–, ackerbautreibender 128
– eseigentum an Boden 133
– esgebiet 28, 110, 133, 161, 176, 184, 185, 217, 224
– esinstitution 122, 142, 161, 168, 170, 185
– esorganisation 110
– esbevölkerung 157, 185, 242
– esland, s. Land
– essystem (naturwüchsiges) 121, 122, 123, 125, 184, 299
– esgrundeigentum, s. a. Gemeindegrundeigentum 161, 170, 205
– esstruktur 163
Stammesgesellschaft (-gemeinschaft) 29, 110, 121, 152
–, ackerbautreibende 44
–, egalitäre 111, 180
–, naturwüchsige 121, 122
–, ostafrikanische 44
–, vorkoloniale afrikanische 113
Stammesproduzenten, s. traditionelle Bodenbauern
Stammesverhältnisse 121
stationärer Bodenbau, s. a. Feldbau 127
Steppe 97
– nbildung 118
–, Dornbusch- 98
Sterberate 173
Steuer 157, 162, 164
– einführung 162
Stickstoff 101, 283, 304
– anreicherung 281
Strategie
– der Führungskräfte Tansanias 22, 238, 255, 258
– der wirtschaftlichen Entwicklung 15
– der imperialistischen Länder 205
–, wirtschaftliche 33
–, wirtschaftliche, der Entwicklungsländer 259
Struktur
–, sozialökonomische 22
– –, Veränderung der ~ Tansanias 22

Tabak (*Nicotiána*) 20, 41, 197, 214, 215
Tanga-Region 272
Tanganyika 28, 36, 80, 91, 110, 116, 128, 142, 145, 147, 148, 150, 157, 161, 165, 166, 168, 182, 183, 187, 193, 196, 200, 204, 205, 209, 218
– Erdnußprojekt 103
– see 98
TANU 17, 19, 20, 38, 213, 214, 219, 221, 222, 223, 226, 228, 229, 231, 232, 233, 234, 238, 240, 247, 253, 254, 255, 257, 291, 292, 314, 315
– Beschlüsse von Iringa 251, 253, 256, 257, 258, 260, 262, 264, 267, 272, 281, 292, 298
– Funktionäre 230
– Führungskräfte 313
– Outlines to better Farming 20, 253, 254, 256, 259, 279, 282

TANU
–, politisch-ideologische Arbeit unter den Bauern 231
– Regierung 220
Tauschbeziehungen, s. a. Ware-Geld-Beziehungen 62, 168, 247
– Industrie – Landwirtschaft 247
– Stadt – Land 200, 271
technische Entwicklung, s. a. Fortschritt, technischer 38
technische Revolution 295, 312
Technik 72, 243, 244, 262, 285, 301
–, Begriff der 34, 38, 40, 74
–, Charakter der 34, 44, 74
– der traditionellen Landwirtschaft 186
– des Anbaus landw. Kulturen 40, 61
– –, ihre zwangsweise Veränderung 203
– –, Fortschritt 140
–, einfache 239, 283
–, extensive 40
–, gesamte ~ der Produktion und d. Transports 36
–, Inhalt des Begriffs 34, 35, 37, 44, 74, 237, 298, 299
– im weiteren Sinne 127
–, kapitalintensive 284
–, materielle 36, 37, 38, 40, 41, 113, 158, 234
– und Produktivkräfte d. Landwirtschaft 44
–, moderne (neue) 22, 39, 59, 198, 237
–, Rolle der nichtmateriellen 144, 145, 210
–, Rolle der 34, 268
–, Stand der 69, 93
–, rückständige (alte) 37, 39, 55, 140
–, Wahl der 263, 284, 285
Tee (*Thea sinensis*) 20, 26, 27, 29, 61, 156, 197, 200, 214, 215
Teilpacht 222
terms of trade 219
Terrassen
–, Anlage von T. (Terrassierung) 74, 94, 145, 171, 172, 203, 209, 255, 257, 278
Textur des Bodens 57
Tiefenlockerung 55
Tonbildung 102
Tomate (*Solánum lycopérsicum*) 178
Tourismus 238, 249
Tradition (Traditionalismus) 92, 112, 119, 142, 144, 162, 165, 166, 167, 172, 290, 299
– als Gesetz 289
–, Überwindung der 291
– und Produktivkräfte 289
traditionelle Abgaben 188
traditionelle Ansprüche 29
traditionelle Bodenbauern (Ackerbauern) 14, 56, 67, 68, 122, 133, 138, 145, 161, 169, 170, 171, 189, 198, 199, 209, 308
–, afrikanische 114
–, Verhalten der 59, 60
– –, rationales 290
traditionelle Landwirtschaft (Ackerbau), s. a. traditionelle Bodenbauern, 36, 66, 79, 171
traditionelle Mittel (und Verfahren) 28, 138
– des tansan. Landbaus 184, 258
– zur Erhaltung der Bodenfruchtbarkeit 171, 172
traditionelle Produktionsweise 60, 62, 116, 126, 127, 136, 141, 143, 146, 149, 150, 155, 156, 158, 159, 161, 163, 167, 184, 207, 210, 289
– ackerbautreibender Stämme 126, 141, 142, 205
– Deformierung der 199
–, despotische Form 139
–, Entwicklungsmöglichkeit der 211
–, gewaltsam deformierte 14, 168, 172, 173, 192, 196, 206, 208, 210, 254, 298

traditionelle Produktionsweise
– –, Erscheinungsformen 201, 202
–, relative Begrenztheit der 206
–, Reproduktion der 129
Tragkorb 113, 200
Traktor, s. a. landwirtsch. Maschinen, Technik 221, 234, 253, 256, 283
Transformations- u. Speicherungsvermögen d. Bodens 50, 190
Transport 11, 36
– mittel 274
– system 43, 44
Tribalismus 185
Triebkräfte, s. a. soziale Triebkräfte
– der Evolution des traditionellen Systems 146
Trockenzeit (-periode) 96, 97, 151, 191, 193
Trockenzone 116
Tropen 26, 40, 43, 56, 66, 70, 93, 99, 103, 190, 243, 308
–, äußere 97
–, feuchte (humide) 99, 100, 101, 102, 193, 194
–, wechselfeuchte (subhumide) 99, 102, 114, 193
Tropisch-Afrika 11, 15, 16, 17, 32, 61, 64, 81, 112, 118, 169, 199, 284
tropische Höhenlagen Ostafrikas 96

Überbau 11, 120, 123, 124, 139, 142, 143, 161, 173, 174, 289, 299
– als Teil des traditionellen Systems 161
–, aktive Rolle des 144
–, despotische Form 139
überbetrieblicher Maschineneinsatz 273
Übergangsperiode v. Kapitalismus zum Sozialismus 45, 231, 244, 265, 294
Übergangsökonomik 28
überregionaler Produktenaustausch 27
Überschüsse
–, Anlage von ~ in Vieh
– der traditionellen Landwirtschaft 164
– der Stammesproduzenten 166
– durch cash crops 166
–, produktive Verwertung von 167
UdSSR 21, 34, 55, 250
Uganda 22, 204
Ujamaa
– bewegung 231, 236
– Dörfer 232, 233, 234, 235, 236, 246, 264, 273, 278
– –, Zahl der 235
– Dorfgenossenschaften 38, 220, 229, 230, 231, 232, 237, 259, 262, 264, 267, 272, 277, 282, 292, 293, 299, 310, 312, 315
– –, sozialökonomischer Inhalt 231
– Konzeption 314
– Lebensweise 235, 237
– politik 230
Ukara 149, 170, 195
Ukerewe 132, 176
Umwelt, s. a. geographisches Milieu
– der Pflanze, s. a. Kulturpflanze 56
–, Mensch – ~ – Beziehung 211
–, natürliche 211
Umlagewirtschaft 146
–, Steppen- 116
–, Wald-Feld- 116
Unabhängigkeit
–, nationale 10, 16
–, ökonomische 17, 19, 23, 30, 32, 226, 266, 275, 278, 297, 301, 313, 314
–, politische 19, 30, 183, 208, 215, 219, 224, 228, 238, 239, 245, 253, 255, 257, 271, 274, 288
– –, Festigung der 213
–, staatliche 214
Ungleichheit, s. a. Differenzierung
–, gesellschaftliche 141
–, ökonomische 141
UNESCO 116, 205, 288

Unkrautbekämpfung 57, 311
UNO 120, 127, 203, 205, 217, 262
Unterbeschäftigung, s. a. Arbeitslosigkeit, Arbeitskräfteüberschuß 19, 74, 159, 238, 241
–, latente 284
Unterdrückung 64, 184, 203
–, koloniale 210
Unterentwicklung, s. a. Rückständigkeit 207
Unterernährung 17, 19, 201, 202, 238
Unterschied Stadt – Land 268
Unterstützung durch die sozialistischen Länder 10, 12, 46, 61, 297, 301
– –, bei der genossenschaftlichen Produktion 310
–, wissenschaftlich-technische 312
Urgemeinschaft (-sordnung), Urgesellschaft 28, 61, 90, 109, 128, 129, 151
–, Anfangsperiode der 61
–, Auflösungsstadium der 28, 109, 147
Urwechselwirtschaft, s. a. Wanderfeldbau 14, 116, 145
– als historische Erscheinung 147
– mit Brandrodung 147
USA 65, 104
Usambara 94, 179, 185, 188, 189, 224
– berge (Gebirge) 115, 116, 169, 193
–, Ost- 153, 157, 193
–, West- 157, 159
– projekt 203

Vegetation 95, 96, 101, 105
–, degradierte, s. Degradation
–, Gras- 190
–, natürliche 117, 192
–, natürliche Regeneration 189, 190
–, tropische 100
–, ursprüngliche 193
–, Vernichtung der 191, 194, 195, 290
Vegetationsperiode 47, 76, 86
Vegetationszonen 47, 95, 97, 101, 117
–, natürliche 261
– Tansanias 100, 261
–, Veränderung der 190
Veränderungen, technische 38
Verbesserungen (improvements) 224, 234
Veredelungsprodukte, bäuerliche 276
Veredelungswirtschaft 246
Verfahren, s. a. Technik 44
–, agrarbiologische 106
–, agronomische 61, 67, 68, 157, 234, 252, 283
–, agrotechnische 106
–, arbeitsintensive 37
–, wissenschaftliche 23, 41, 289
Vereinte Nationen, s. UNO
Vergesellschaftung
– der Produktion 230
– sprozeß in der Landwirtschaft 294
Vergleichserträge, s. a. Flächenerträge 79
Verhältnisse
–, gesellschaftliche 38
–, ökonomische, s. a. Produktionsverhältnisse, Produktionsweise 36
Vermarktung 260, 277, 282
– seinrichtungen 248, 249, 274
Vermögensungleichheit, s. a. Differenzierung 113
Versauerung d. Bodens 94
Versteppung, s. a. Degradation 192
Verteilung, s. a. Distribution
– sprinzip, traditionelles 230
–, urkommunistische 121
Veterinärwesen 167
Verwitterung
–, chemische 101, 102
Victoria-See 170, 176, 179, 187, 229
Vieh 43, 182
–, Aufstallung von 41
– als Schatzbildner 164
– als Zahlungsmittel 164
–, Arbeits- 73

Vieh
– bestände 62, 163, 181, 189, 203
– –, Zunahme der 163–167, 192
– dünger 41
– haltung 140, 260, 276
– für Düngerzwecke 186
– märkte 248
– seuchen 165
– züchter 122
– zucht 90, 120, 167
–, Zucht- 275
Viehwirtschaft 25, 167, 215, 224
–, Ertragssteigerungen 285
–, genossenschaftliche 232
–, Integration der ~ in den Ackerbau 140, 171, 248, 276, 282, 290
–, Intensivierung der 290
Villagisation, s. a. bürgerliche Entwicklungskonzeption, Settlement schemes 217
Vielfachgerät, s. landw. Maschinen 298, 311
Völkerbund 203
Volkseigene Güter (VEG), s. a. Staatsgüter 21
Volkswirtschaft 11, 244, 265, 270
–, Leitung der 266
–, Wachstum 304
Vorklassengesellschaft, s. a. Urgemeinschaftsordnung 112
vorkoloniale Periode (Zeit) 91, 109, 128, 129, 138, 139, 147, 151, 159, 168, 176231,
vorsozialistische Formationen 87

Wachstum
– der Agrarproduktion, s. Steigerung
– srate, agrare 248
Wald
–, Feucht- 261
–, Trocken- s. a. Miombo 97, 98, 261
Waldbrandwirtschaft 117
Wanderfeldbau, s. a. shifting cultivation 67, 115, 116, 117, 119, 120, 126, 128, 129, 132, 133, 146, 147, 148, 150, 171, 183, 290, 295, 308
–, Deformierungsprozeß 255
– der Savanne 118
– des Waldes 117
– des Graslandes 118
–, einzelne Entwicklungsstufen 259, 267
– in reiner Form 127, 131
– mit Brandrodung 117
–, traditioneller 130, 255, 256, 276
– –, Ablösung des 258
Ware-Geld-Beziehungen, s. a. Tauschbeziehungen 72, 75, 270, 274, 275
Warenaustausch 114, 141, 236
Warenproduktion, s. a. Tauschbeziehungen, 51, 111, 112, 146, 167, 206, 291
–, Entwicklung der 199
–, kapitalistische 81, 167
Warenproduzenten, bäuerliche kleine 84
Wasser
–, Brauch- 307
–, Trink- 17, 246
– versorgung 245, 307
– vorräte 193
– wirtschaft 247
Wasserhaushalt
– des Bodens 21, 56, 192
– des Landes 192, 287
–, Regulierung des 56
–, Verschlechterung des 193
Wasserhaltevermögen des Bodens 100, 190, 191
–, Verminderung des 190, 193, 197
Weide 41, 129, 182
– wirtschaft 191
– technik 200
Weizen (*Triticum vulgáre*) 41, 157, 197, 214, 235, 253
–, Sommer- 55

Weizen
–, Winter- 41
– sorten 306
Weltbank 218, 228, 240, 241, 252
Welthandel 42
Weltwirtschaftssystem, kapitalistisches 19, 30, 274
Wert
–, individuelle 84
–, Markt- 220
Westeuropa 14, 31, 48, 60
Wild
– bestände Ostafrikas 196, 282
– –, Betreuung durch Nomaden 250
– life management 238, 249
– reichtum, natürlicher 248–250
wirtschaftliches (ökonomisches) Wachstum 21, 86
Wirtschaftsform, s. a. ackerbauliches Nutzungssystem 141, 142
–, neue 143
Wirtschaftsgeschichte 83, 86
–, europäische 274
Wissenschaft, s. a. Forschung 29, 36, 42, 72, 80, 137, 199, 200, 244, 259, 262, 274, 294, 295
–, angewandte 60, 315
–, biologische 60
–, chemische 60
–, moderne 243
–, Potential 303
–, Rolle der 60
–, Stand der 69, 93
–, technologische Anwendbarkeit in der Agrikultur 206
wissenschaftliche Methoden (Verfahren) 23, 41
wissenschaftlich-technische Revolution 31, 34, 35, 36, 37, 304
Wucherkapital 46
Wurzelfrüchte 276
Wüste(n) 261
– bildung 194, 196
–, Halb- 98, 190

Yams (*Dioscórea batátas*) 216, 280

Ziegen 159, 167, 181, 191, 250
Zinza 225
Züchtung, s. Pflanzenzüchtung
Zucker 215
– bedarf 307
Zuckerrohr (*Sáccharum officinárum*) 197
Zugkräfte, tierische, s. a. Energie 43, 285, 298, 311, 312
Zwang
–, äußerer 90, 91, 159
–, außerökonomischer 28, 206
– bei der Umsiedlung von Stämmen 203
–, ökonomischer 28, 156, 206
– – zur Produktionssteigerung 156, 197, 206, 288
Zwangsarbeit(er) 154
Zweifelder(-umlage)-wirtschaft 41
Zwischenfrucht 68, 276

Summary

The present book is devoted to a basic problem characteristic of the economic development of many countries of the "third world": the advance of agriculture and agricultural productive forces. The latter are, as a rule, the starting point for the overcoming of the economic backwardness, as it takes a considerable time for the non-agricultural branches of the national economy to fulfil development functions.

The book is of a rather complex character. It is based on a large number of studies in quite different fields, such as economy, history, geography, ethnography and natural sciences, which have contributed to new insight into the development of the agricultural productive forces in latitudes south of the Sahara, and into the theory of the non-capitalist development.

Of special importance is the fact that the productive forces are examined in their close connection with the dominating social relations. In Chapter I, the author describes this connection from a historic point of view, comparing and contrasting the developing countries with the developed capitalist countries and studying the natural and economic process of reproduction in agriculture in its relationship with, and significance for, the system of African "shifting cultivation".

Chapter II is devoted to changes in the utilization pattern (system of land uses) of the shifting cultivation method, which took place during the precolonial and colonial periods as a result of socio-economic factors. The author point sout that the European colonial rule at the end of the 19th and the beginning of the 20th century lead to a *violent deformation of the traditional mode of production* as it was common among the agricultural tribes of Tanganyika, resulting in its turn in a deterioration of the land utilization pattern of the shifting cultivation method. Thus, the dangerously increasing soil erosion and the destruction of natural resources (degradation of vegetation, lowering of the water-table, destruction of naturally fertile lands) are the immediate results of the deformation of the traditional mode of production.

The broad discussion of scientific, especially pedological problems, permits of a well-founded criticism of bourgeois views alleging that the soil erosion and backwardness of the agricultural productive forces of tropical Africa are due to the specific properties of tropical soils.

In Chapter III proof is furnished that the non-capitalist way of development of Tanzania envisaged by TANU was an objective necessity to stop the further destruction of natural resources (productive forces) caused by the advancing capitalist development in rural areas and to cut off the further spontaneous decay of the traditional village community with its negative consequences for the social and political development of the country.

The author then discusses the main stages of the economic policy pursued by TANU after the winning of political independence, demonstrating that the formation of the UJAMAA-villages as the main link in the progressive and non-capitalist transformation of the traditional village community is due to the negative experiences that Tanzania had made with bourgeois concepts of agricultural development. Even after the proclamation of the Arusha-Declaration the economic policy of TANU has obviously been in a state of unbroken development, so that the UJAMAA-villages are taking on a more pronounced cooperative character. This provides one of the essential social prerequisites for the development of the productive forces and the expansion of the material-technological basis of agriculture.

On the other hand, the decisions recently taken by TANU indicate that Tanzania is lacking an adequate industrial and scientific level to be able to intensify the system of land utilization without deteriorating its national soil potential and geographic conditions. In Chapter IV the author therefore gives some important points on the scientific-technological cooperation between Tanzania and socialist countries as well as on the assistance received from them for an effective and uniform direction of the natural and economic process of agricultural reproduction within the framework of the non-capitalist development. This inevitably strengthens the economic and organisational functions of the non-capitalist state power, enlarges the state sector in the national economy and deepens, as a result of the relations with socialist countries, the antiimperialist and anticapitalist orientation of Tanzania.

The investigations submitted by the author show that the non-capitalist way of development can maintain its superiority only under the condition that it is able to contribute to new efficient uses of land to secure the indispensable rapid rise of agricultural production and the protection of natural resources and the geographical environment. This implies that the non-capitalist way of development has to go hand in hand with a further rapid expansion of agricultural productive forces. Only under these conditions will agriculture be in a position to contribute to the overcoming of the economic backwardness and to make possible the political organisation and mobilization of the masses of peasants for the revolutionary and democratic aims of the country on the basis of new socioeconomic relations in the country.

The results presented in this book with relation to the United Republic of Tanzania hold also true for the majority of African countries south of the Sahara and a number of developing countries in the tropical zone.

Résumé

Le travail en présence traite d'un problème fondamental du développement économique pour toute une série de pays du «tiers monde»: le développement de l'agriculture et de ses forces productives constituent en général le point de départ pour pouvoir vaincre le retard économique, puisque dans la règle il passe beaucoup de temps avant que les autres secteurs non-agricoles soient en mesure d'assurer de leur côté des fonctions allant dans le sens du développement.

Le travail présenté par l'auteur revêt un caractère d'une complexité extrême. Il s'appuye sur des multiples recherches économiques, historiques, géographiques, ethnografiques et faites sur le terrain des sciences naturelles, sur la base desquelles – et à travers des recherches ultérieures – on a pu découvrir des connaissances nouvelles en faveur du développement des forces productives dans l'agriculture de l'Afrique au sud du Sahara ainsi que pour la théorie du développement non-capitaliste. D'une importance particulière est dans ce contexte le traitement par l'auteur des forces productives en liaison étroite avec la situation sociale et économique du passé. Dans le premier chapitre il présente cette liaison d'une façon générale et du point de vue historique ainsi qu'en comparant les pays en voie de développement avec les pays capitalistes développés. Le processus de reproduction naturel et économique dans l'agriculture est traité dans son entrelacement et sa spécificité pour la culture itinérante de l'Afrique.

Dans le deuxième chapitre l'auteur examine les changements dans les formes d'utilisation des terrains cultivés en culture itinérante, primairement conditionnés par des facteurs sociaux et économiques, aussi bien pour la période pré-coloniale que pour la période coloniale. Il est possible d'apporter la preuve que la domination coloniale européenne, à la fin du 19e siècle et au début du 20e siècle, a mené à *une déformation forcée des for-*

mes de production traditionnelles chez les tribus cultivateurs du Tanganyika; ceci avait comme suite que le système de la culture itinérante a été également déformé dans une forme extrèmement nuisible pour le développement des forces productives. Ainsi les érosions du sol se multipliant d'une façon dangereuse et les destructions des ressources naturelles (dégradation de la végétation, diminuation du niveau des eaux souterraines, destruction de terres fertiles) sont une suite directe de la déformation forçée de la manière traditionnelle de production.

Le traitement détaillé des problèmes scientifico-naturelles, en particulier des questions pédologiques, permet une critique fondée des opinions petits-bourgeoises selon lesquelles les érosions du sol ainsi que le retard des forces productives dans les parties agricoles de l'Afrique tropique sont le résultat de la spécificité tropique du sol.

Dans le troisième chapitre du livre, l'auteur apporte la preuve que la voie de développement non-capitaliste de la Tanzanie, inspiré par la TANU, était devenu une nécessité objective afin de pouvoir arrêter la destruction des ressources naturelles (forces productives) allant en se développant avec le développement capitaliste ultérieur à la campagne, et afin d'empêcher une décomposition spontanée ultérieure des communautés traditionnelles avec tous ses suites négatives pour le développement social et politique du pays.

L'auteur présente les étappes principales de la politique économique de la TANU après la conquête de l'indépendance politique et il montre que les villages UJAMAA ont été créés comme maillon principal pour surmonter d'une manière progressiste et non-capitaliste la communauté villageoise traditionelle avec des idées bourgeoises sur le développement de l'agriculture, comme résultat des propres expériences négatives de la Tanzanie. Il devient clair qu'aussi après la proclamation de la déclaration d'Arusha, ont peut constater un développement ultérieur et permanent de la politique économique de la TANU; un des résultats de cette politique p. e. consiste dans le fait que dans les villages UJAMAA l'importance de la production collectif s'augmente de plus en plus. Par ce fait ont voit naître une des conditions sociales et économiques les plus importantes pour le développement des forces productives et pour celui de la base matérielle et technique de l'agriculture.

A travers les récentes décisions de la TANU ont peut aussi constater que les conditions industrielles et scientifiques préalables de la Tanzanie ne suffissent pas encore à intensifier l'utilisation agraire sans risquer des suites négatives pour le potentiel national en terres ainsi que pour le milieu geographique. Dans le quatrième chapitre du livre l'auteur cite des points de touche importants de la collaboration scientifico-technique et de l'aide apportée par les pays socialistes à la Tanzanie, afin de pouvoir diriger – dans le cadre du développement non-capitaliste – d'une manière unifiée et effective le processus économique et naturel dans l'agriculture. Dans ce cadre se renforce obligatoirement la fonction économique et organisatoire du pouvoir d'état non-capitaliste, tandis que se développe aussi le secteur étatique de l'économie nationale. L'intensification des relations avec les pays socialistes approfondie de son côté l'orientation anti-impérialiste et anti-capitaliste de la Tanzanie.

Il ressort des recherches que la voie de développement non-capitaliste ne peut affirmer sa supériorité, à la fin, que s'il assure l'apport de nouvelles et effectives formes d'utilisation agricoles; des formes qui assurent non seulement l'augmentation vite et nécessaire de la production agricole, mais qui garantissent en même temps la protection des ressources naturelles et du milieu geographique. Tout celà signifie que la voie de développement non-capitaliste doit être lié d'une manière indestructible à un développement vite et ultérieur de la production agraire. Alors seulement l'agriculture est capable d'apporter son aide à surmonter le retard économique; en même temps elle aidera à réaliser l'indépendance économique et à permettre une organisation politique et une activation des masses paysannes en faveur des objectifs révolutionnaires et démocratiques du pays à travers des nouveaux rapports sociaux et économiques à la campagne.

Les connaissances acquises pour la Republique-Unie de Tanzanie sont aussi valables pour la plus grande partie des pays d'Afrique au sud du Sahara, ainsi que pour une série d'autres pays en voie de développement de la zone tropicale.

Bei Fragen zur Produktsicherheit wenden Sie sich bitte an:
If you have any questions regarding product safety,
please contact:

Walter de Gruyter GmbH
Genthiner Straße 13
10785 Berlin
productsafety@degruyterbrill.com